電子工業出版社
Publishing House of Electronics Industry
北京·BEIJING

内容简介

本书内容涵盖了目前最受欢迎的图像处理与合成软件的基础知识，如Photoshop CC、Illustrator CC、3ds Max、Sketch及Image Optimizer，对主流UI设计流程和制作技巧进行了全面、细致的剖析。

本书共7章。第1章，了解UI设计；第2章，UI常见组件设计；第3章，应用软件界面设计；第4章，移动APP界面设计；第5章，播放器界面设计；第6章，网页界面设计；第7章，游戏界面设计。书中将最实用的技术、最快捷的操作方法和最丰富的内容介绍给用户，使用户在掌握软件功能的同时，提高UI设计效率和从业素质。

本书提供的光盘中包括书中案例的素材、源文件和教学视频，用户可以结合本书、练习文件和教学视频，提升界面设计学习效率。

本书结构清晰、由简到难，实例精美实用、分解详细，文字阐述通俗易懂，与实践结合非常密切，具有很强的实用性，适合UI设计爱好者、APP界面设计从业者阅读，也适合作为各院校相关设计专业的参考教材，是一本实用的APP界面设计操作宝典。

图书在版编目（CIP）数据

UI设计必修课：游戏+软件+网站+APP界面设计教程 /高金山编著. -- 北京：电子工业出版社, 2017.7

ISBN 978-7-121-31773-6

Ⅰ. ①U… Ⅱ. ①高… Ⅲ. ①人机界面－程序设计－教材 Ⅳ. ①TP311.1

中国版本图书馆CIP数据核字(2017)第124052号

责任编辑：姜　伟
特约编辑：刘红涛
印　　刷：中国电影出版社印刷厂
装　　订：三河市良远印务有限公司
出版发行：电子工业出版社
　　　　　北京市海淀区万寿路173信箱　　邮编：100036
开　　本：720×1000　1/16　印张：20.75　字数：531.2千字
版　　次：2017年7月第1版
印　　次：2022年9月第20次印刷
定　　价：79.90元（含光盘1张）

参与本书编写的还有张艳飞、鲁莎莎、吴溹超、田晓玉、佘秀芳、王俊平、陈利欢、冯彤、刘明秀、解晓丽、孙慧、陈燕、胡丹丹。

凡所购买电子工业出版社图书有缺损问题，请向购买书店调换。若书店售缺，请与本社发行部联系，联系及邮购电话：（010）88254888，88258888。
质量投诉请发邮件至 zlts@phei.com.cn，盗版侵权举报请发邮件至dbqq@phei.com.cn。
本书咨询联系方式：（010）88254161～88254167转1897。

前　言

随着智能设备和网络的飞速发展，各种通信与网络连接设备与大众生活的联系日益密切。用户界面是用户与机器设备进行交互的平台，人们对各种类型UI的要求越来越高，促进了UI设计行业的兴盛，这就为UI设计人员提供了很大的发展空间。而作为从事相关工作的人员则必须要掌握必要的操作技能，以满足工作的需要。

本书由浅入深地讲解了初学者需要掌握和感兴趣的基础知识和操作技巧，全面解析各种元素的具体绘制方法。全书结合实例进行讲解，详细地介绍了制作的步骤和软件的应用技巧，使读者能轻松地学习并掌握。

内容安排

本书共分为7章，采用基础知识与应用案例相结合的方法，循序渐进地向用户介绍了不同类型UI设计的方法和技巧，以下是每章所包含的主要内容。

第1章，了解UI设计。主要介绍了UI设计基础、良好的UI用户体验、UI设计风格、UI设计的构成法则、UI设计中的色彩搭配技巧、UI设计的原则及UI设计的一般流程等。

第2章，UI常见组件设计。主要介绍了UI设计中的基本视觉元素、图标设计知识、图标设计的风格、扁平化图标、按钮设计及菜单与工具栏设计等。

第3章，应用软件界面设计。主要介绍了应用软件界面设计、软件启动界面、应用软件界面面板设计、应用软件界面设计规范及应用软件界面设计风格等。

第4章，移动APP界面设计。主要介绍了什么是APP界面设计、iOS系统界面设计、Android系统界面设计及移动APP软件界面设计的要求等。

第5章，播放器界面设计。主要介绍了播放器界面设计概述、播放器界面设计特点、个性化播放器界面设计及播放器界面设计原则等。

第6章，网页界面设计。主要介绍了网页界面设计概述、网页界面设计的设计要点、网页界面设计的原则、网页界面创意设计方法及网页界面的设计风格等。

第7章，游戏界面设计。主要介绍了游戏界面设计概述、游戏UI设计的准备工作、网页游戏界面设计、手机游戏界面设计及大型网络游戏界面设计。

本书特点

本书内容全面、结构清晰、案例新颖，采用理论知识与操作案例相结合的教学方式，向读者全面介绍了不同类型元素的处理和表现的相关知识和所需的操作技巧。

通俗易懂的语言

本书采用通俗易懂的语言全面地向读者介绍了各种类型UI设计所需的基础知识和操作技巧，综合实用性较强，确保读者能够理解并掌握相应的功能与操作。

基础知识与操作案例结合

本书摒弃了传统教科书式的纯理论式教学，采用少量基础知识和大量操作案例相结合的讲解模式。

技巧和知识点的归纳总结

本书在基础知识和操作案例的讲解过程中列出了大量的提示和技巧，这些信息都是结合作者长期的UI设计经验与教学经验归纳出来的，可以帮助用户更准确地理解和掌握相关的知识点和操作技巧。

用户对象

本书适合UI设计爱好者，想进入UI设计领域的用户朋友，以及设计专业的大中专学生阅读，同时对专业设计人士也有很高的参考价值。希望读者通过对本书的学习，能够早日成为优秀的UI设计师。

作者在本书写作过程中力求严谨，由于时间有限，疏漏之处在所难免，望广大读者批评指正。

编者

目　录

01

Chapter

了解UI设计

手机和计算机是当代社会人们接触和使用最为频繁的媒体类型之一。与平面设计一样，UI不仅要时尚美观，还需注重各个功能的整合，力求使用户毫无障碍、快捷有效地使用各个功能，从而提高用户体验。

本章知识点：

★ 了解UI设计基础
★ 了解UI设计风格
★ 了解UI设计的构成法则
★ 了解UI设计的原则和一般流程
★ 基本掌握UI设计中的色彩搭配技巧

1.1 UI设计基础

用户界面在我们的生活中随处可见，什么是用户界面？那么什么是用户界面设计？用户界面主要包括哪些类型？用户界面设计有哪些具体的规则和要求？本节就向用户介绍一些与用户界面设计相关的基础理论知识。

1.1.1 什么是 UI 设计

UI 包含 UI 交互、UI 界面和 UI 图标 3 个部分。UI 设计是指对软件的人机交互、操作逻辑和界面美观的整体设计。UI 的本意是用户界面，是英文 User 和 Interface 的缩写。从字面上看由用户与界面两个部分组成，但实际上还包括用户与界面之间的交互关系。

UI 设计是为了满足专业化、标准化需求而对软件界面进行美化、优化和规范化的设计分支，具体包括软件启动界面设计、软件框架设计、按钮设计、面板设计、菜单设计、标签设计、图标设计、滚动条即状态栏设计、安装过程设计、包装及商品化等，如图 1–1 所示。

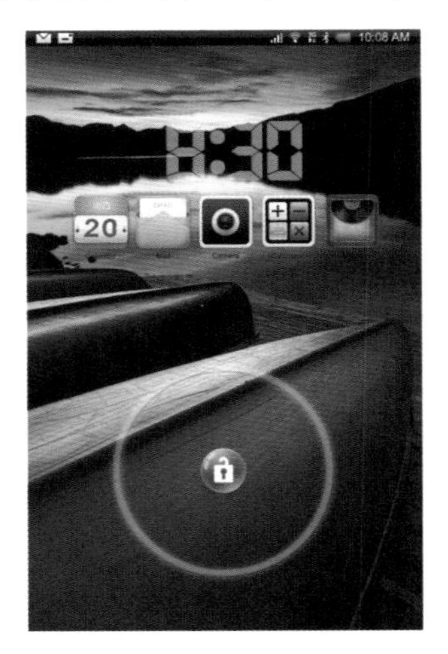

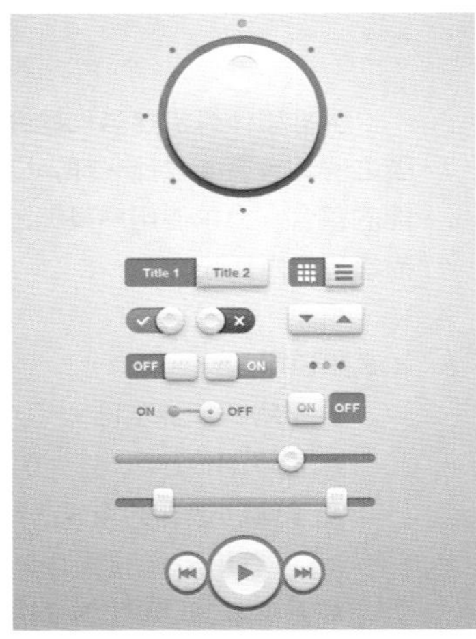

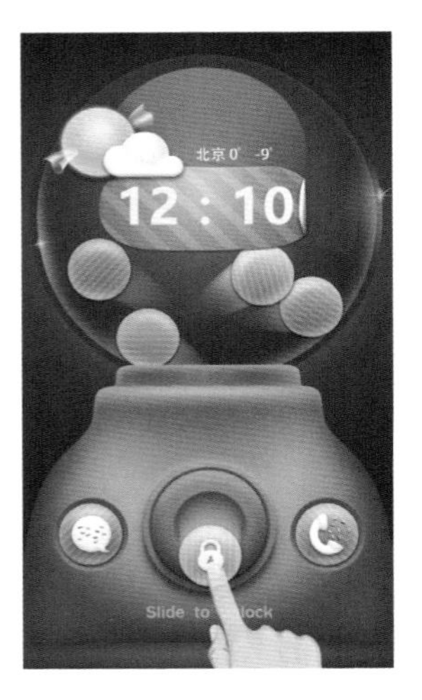

图 1–1

1.1.2 UI 设计的常见类别

由于网站类型不同，用户需求也会不同，UI 设计人员设计出的图稿可能会有很大差别。

随着信息技术的高速发展，人们对信息的需求量不断增加，图形界面的设计也越来越多样化。UI 设计主要可以分为手机 UI 设计、网页 UI 设计、软件 UI 设计和游戏界面设计等，不同类型的界面设计风格和特点各不相同。

1. 手机 UI 设计

如今，手机已经成为普通大众的生活必需品，而手机的功能也越来越完善，很多高端手机的性能甚至与计算机不分高下。手机 UI 设计最大的要求就是人性化，不仅要便于用户操作，还要美观大方，如图 1–2 所示为一套成功的手机 UI 设计作品。

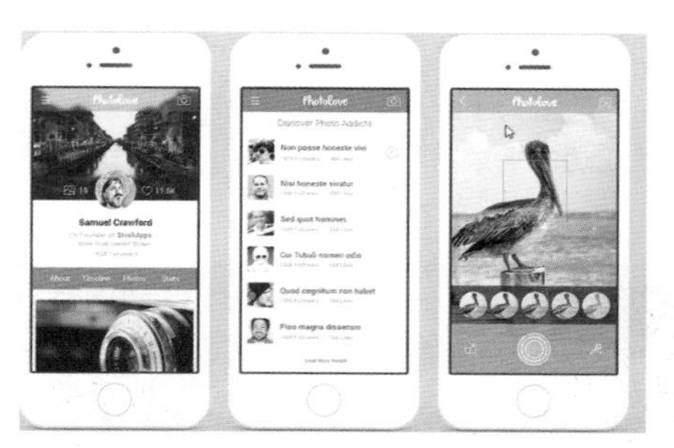

图 1-2

2. 网页 UI 设计

近年来，随着电子商务的飞速发展，国内网页设计行业也正在快速崛起。从最初的纯文本网页到版式古板、配色拙劣的网页，再到如今配色新奇、版式多元化的网页，网页设计得到了长足发展。

网页 UI 设计必须具有独立性和创意性，能够最大限度地方便用户检索信息，从而提升用户的操作体验，如图 1-3 所示为一些成功的网页 UI 设计作品。

图 1-3

3. 软件 UI 设计

用户主要通过软件与各种机器设备进行交流，更确切地说，是通过软件界面达到这一目的的。为了方便用户使用，软件 UI 设计应该简洁美观、易于操作。如图 1-4 所示为一些成功的软件 UI 设计作品。

图 1-4

4. 播放器界面设计

如今，市场上的各种音乐播放器软件层出不穷，体验者们不再局限于追求软件的强大功能，更对软件界面风格提出了新的要求。如图 1–5 所示为两款成功的播放器界面设计作品，这两款界面无论在款式还是在质感上都极为出色。

图 1–5

5. 游戏界面设计

相较于其他软件界面来说，游戏界面通常都更加华丽、主题鲜明，三维效果应用非常普遍，具有较强的视觉震撼力。如图 1–6 所示为两款成功的游戏界面设计作品。

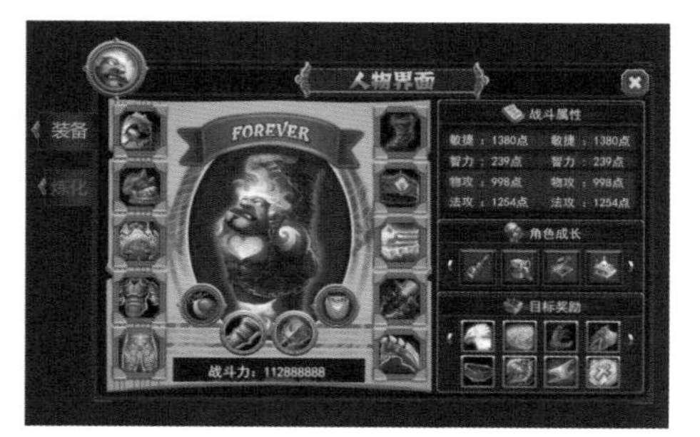

图 1–6

1.1.3 UI 设计的规范

由于用户浏览网页的习惯或者是由于 Web 前端技术的限制或界面限制，网页设计和移动端界面设计不能任意进行天马行空的设计，需要遵守一些设计规范，下面为用户详细地进行介绍。

1. 界面不同

PC 端 UI 设计指的是计算机端网页的设计，移动端 UI 设计指的是手机端用户页面设计，因为屏幕尺寸不同，因此设计稿也会有很大不同。

（1）操作方式。

PC 端的操作方式与移动端已经有了明显的差别，PC 端使用鼠标操作，包括滑动、左击、右击、双击操作，操作相对来说单一，交互效果相对较少；而对于手机端来说，包括点击、滑动、双击、双指放大、双指缩小、五指收缩和苹果最新的 3DTouch 按压力度，除了手指操作外还可以配合传感器完成摇一摇、陀悬仪感应灯等，操作方式更加丰富，通过这些丰富的操作可以设计新颖、吸引人的交互设计，如图 1–7 所示。

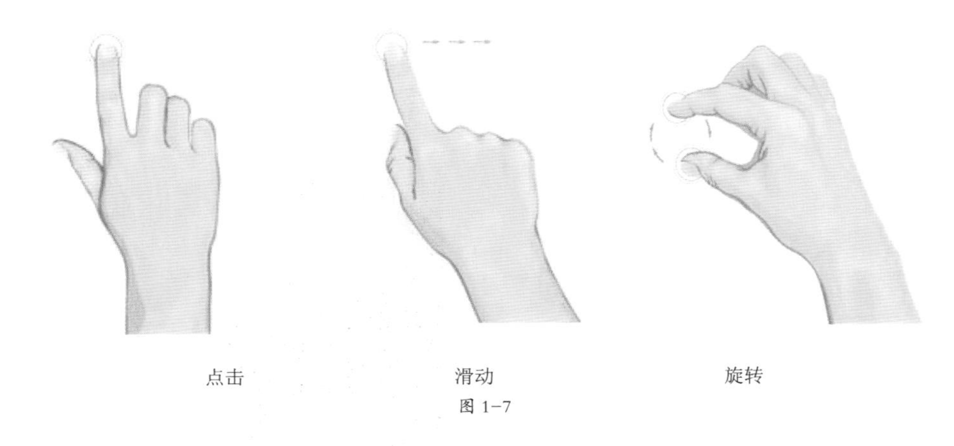

点击　　　　滑动　　　　旋转

图 1-7

（2）屏幕尺寸。

随着时间的推移，移动端的设备屏幕逐渐增大，但是再大也是大不过 PC 屏幕的。PC 端屏幕大，所以视觉范围更广，可设计的空间更大，设计性更强，相对来说容错度更高，有一些小的纰漏不容易被发现。移动端设备相对来说屏幕较小，操作局限性大，在设计上可用空间显得尤为珍贵，在小小的屏幕上使用粗大的手指操作也需要在设计中避免元件过小、过近，如图 1-8 所示。

图 1-8

（3）网络环境。

当下不管是移动端还是 PC 端都离不开网络，PC 端设备连接网络更加稳定，而移动端可能会遇到信号问题导致网络环境不佳，出现网速差甚至断网的问题，这就需要产品经理在设计中充分考虑网络问题，更好地设计相应的解决方案。

（4）使用场景与使用时间。

PC 端设备的使用场景多为家里或者学校、公司等一些固定的场景，所以其使用时间偏向于持续化，在一个特定的时间段内持续使用，而移动端设备不受局限，所以它的使用时间更加灵活，时间更加碎片化，所以在操作上更偏向于短时间内可完成的。

（5）文字的输入。

对于文字输入，PC 端一般使用文本框解决。在移动端中，因为手机屏幕尺寸及 UI 风格的原因，我们基本没有在手机上看到过 PC 端这样的展现形式，而是采用另起一页输入或者在文字后直接输入的方式，这些都是各个平台根据自身的特性选择的展现形式，如图 1-9 所示。

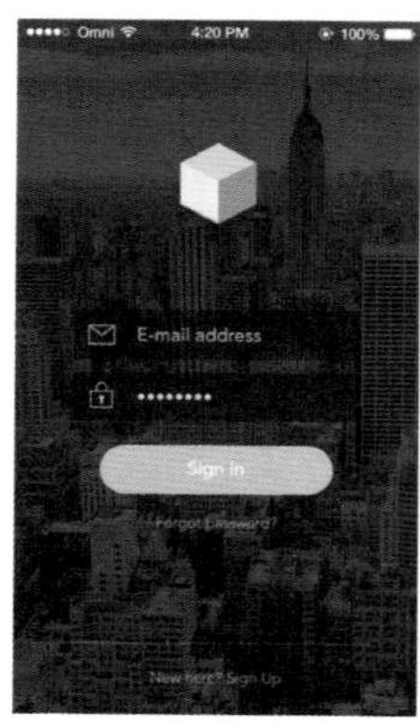

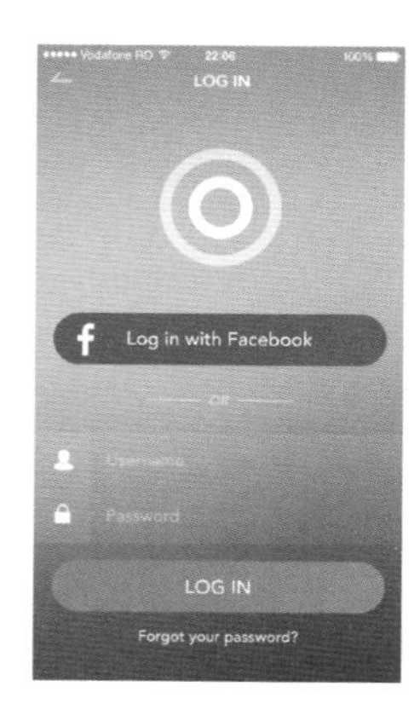

图 1-9

（6）内容选择。

在 PC 端，由于鼠标的灵活性，可以使用下拉菜单或者是单选按钮完成内容的选择。而在移动端，由于手指操作的便捷性，一般不采用 PC 端的选择方式，而是通过列表选择或者其他交互来完成，如图 1-10 所示。

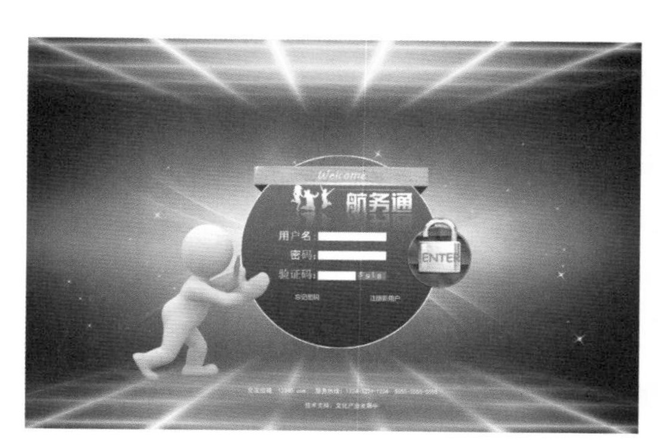

图 1-10

提示：这样的设计点不胜枚举，就不一一展开了，还需要在日常生活和工作中多留意，切不可把PC端的设计模式照搬到移动端。

2. PC 端设计规范

前面为用户详细讲述了 PC 端与移动端设计上的区别，相对于移动端而言，PC 端比较简单，本节主要为用户详细介绍 PC 端的设计规范，如图 1-11 所示。

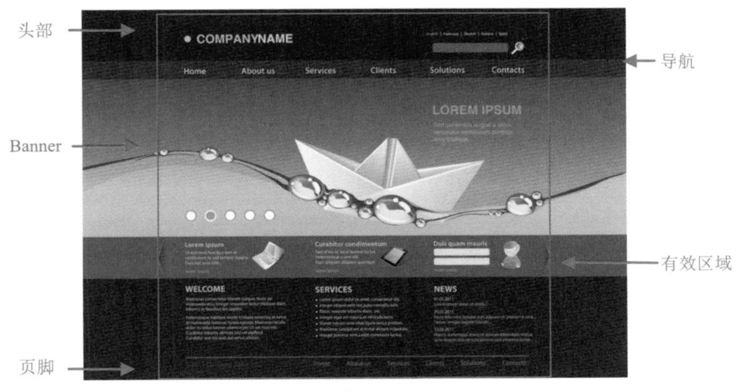

图 1-11

PC 端网页设计画布宽度一般为 1920px，在设计时，网页高度随着需求变化，页面宽度有效范围应该控制在 1000px~1200px，网页的宽度都在 1000px 左右。

由于整体的计算机屏幕向大尺寸及高分辨发展，不少网页也正朝着更宽的方向发展。有效范围就是显示内容的地方，比如打开一个网页后，除浏览器的工具栏和侧边栏，真正显示有用内容的地方。

主体内容字体网页默认的是宋体，字体种类不要超过 3 种，配色不要超过 3 种，一般使用 12px 或 14px。导航和标题可使用 18px 或者更大的字体，也可根据需要设计字体加黑或者变化颜色，避免大面积地使用加黑字体。

字体之间的间距一般根据字体大小选择 1~1.5 倍，段间距可以选择加大点，正文的文字颜色为深灰色，建议选用 #333333 或 #666666。

图片上使用文字或装饰，要确保文字清晰、易识别、整体搭配协调统一，需要全屏显示的图片比如 banner 可以设计成 1920px，图片上的有效内容不得超过有效区域，比如图片上可能出现的按钮等，就是为了保证分辨率比较低的用户也能够看到有效内容。将图片设计成 1920px，是因为开发人员会通过代码实现 100% 显示，UI 设计只要保证有效范围就行。

页脚部分的内容，比如许可证书、版权信息或者备案编号等，各超链接之间统一使用 "|" 或者空格，禁止使用加粗字体。

上述规范只是实践中比较常用的一些，并不是一成不变的，可根据实际情况进行调整，保证网页的美观性、协调性、实用性即可。

3. 移动端设计规范

PC 端的设计思路和移动端的不一样，移动端更多的是从用户体验来思考的，而且因为屏幕的限制尽量要去繁就简，PC 端因为只有单击操作而且可视面大，所以布局流程和移动端不是一个思路。

当你使用一个在移动端和 PC 端均可打开的网页时，就会发现两者有很大的不同。经过多年的发展，在设计上形成了很多规则，下面为用户详细介绍移动端 UI 设计。

（1）内容精简。

手机界面交互过程不宜设计得过于繁杂，交互步骤不宜过多，可以提高用户操作的便利性，提高用户体验。

（2）色彩鲜明。

手机的显示屏比较小，设计人员需要在有限的屏幕下抓住用户的视线，需要色彩鲜明简洁的设计。手机支持的色彩范围有限，也要求设计做得简洁。PC 端和移动端最大的区别就是尺寸有很大不同，PC 端可以通过有效范围来解决这个问题，如当前的手机种类繁多，手机屏幕的大小、比例各异，并且手机的屏幕本身就小，因此既要考虑应用在不同屏幕大小上的适配，又要保持其一致性，这就存在着很多矛盾点。

4. 移动端 UI 设计尺寸

当今，移动端的界面设计主要集中在 iOS 和 Android 这两种操作系统中，两者界面设计尺寸基本相同，下面为用户详细进行介绍。

（1） iOS 系统手机尺寸。

下面主要通过表格和一些图稿来介绍一下 iPhone 手机设计规范。目前，很多 APP 设计师的 APP UI 设计稿是先做 iPhone 6 的，方便向上适配 iPhone 6 Plus，也方便向下适配 iPhone 5 和 iPhone 4 的尺寸，如图 1–12 所示。

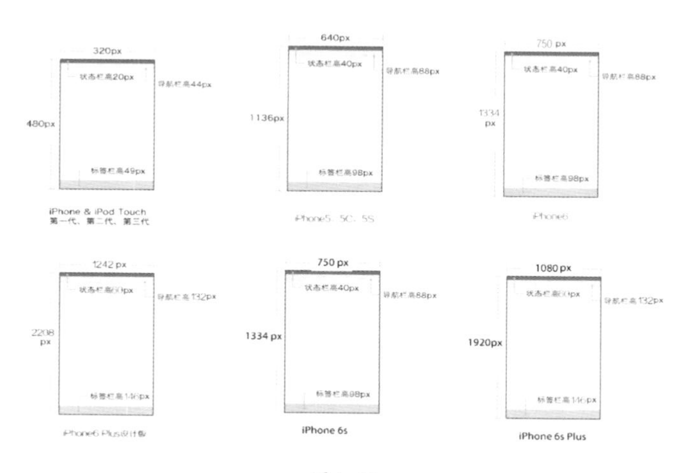

图 1–12

不同设备的界面尺寸不同，那么其设计元素的大小也就各不相同，如表 1–1 所示。

表 1-1

设备	分辨率	状态栏高度	导航栏高度	标签栏高度
iPhone 6S Plus	1920px×1080px	60px	132px	147px
iPhone 6S	1334px×750px	40px	88px	98px
iPhone 6 Plus	1242px×2208px	60px	132px	147px
iPhone 6	750px×1334px	40px	88px	98px
iPhone 5/5s/5c	640px×1136px	40px	88px	98px

提示：从手机的设计尺寸上大致可以将iPhone 1、iPhone 2、iPhone 3划分为@1x，iPhone 4、iPhone 4s、iPhone 5、iPhone 5c、iPhone 5s、iPhone 6为@2x，iPhone 6s Plus为@3x。比如导航栏的高度@1x为44px、@2x为88px、@3x为132px，@2x就是@1x设计稿的2倍。也就是说，在设计iPhone 6尺寸时，需要给开发人员再切一个@3x去做适配。

图像最好为矢量图，放大 1.5 倍不变形。所有能点击的图片不得小于 44px。定制界面或图片位图必须额外制作大图，非矢量素材，就可以做尺寸最大的，之后再进行缩小。

比如你需要兼容 @3x 的屏幕，就直接做 @3x 的图片，后台开发人员再进行缩放。工具栏、状态栏、导航栏的高度规范和设计字体大小等均以 2:3 的比例放大即可。

（2）iOS 界面图标尺寸。

在 iOS 应用中，图标作为动作执行的视觉表现，下面简单向用户介绍不同设备的界面图标尺寸，如表 1–2 所示。

表 1-2

设备	App Store	程序应用	主屏幕	spotlight 搜索	标签栏	工具栏和导航栏
iPhone 6S Plus	1024px×1024px	180px×180px	144px×144px	87px×87 px	75px×75px	66px×66px
iPhone 6S	1024px×1024px	120px×120px	144px×144px	58px×58px	75px×75px	44px×44px
iPhone 6 Plus	1024px×1024px	180px×180px	144px×144px	87px×87 px	75px×75px	66px×66px
iPhone 6	1024px×1024px	120px×120px	144px×144px	58px×58px	75px×75px	44px×44px
iPhone 5/5s/5c	1024px×1024px	120px×120px	144px×144px	58px×58px	75px×75px	44px×44px
iPad3/4/Air/Air2/mini2	1024px×1024px	180px×180px	144px×144px	100px×100px	50px×50px	44px×44px

（3）iOS 界面文本尺寸。

Apple 为全平台设计了 San Francisco 字体以提供一种优雅的、一致的排版方式和阅读体验。在 iOS 10 及未来的版本中，San Francisco 是系统字体。

当用户在 APP 中使用 San Francisco 时，iOS 会自动在适当的时机在文本模式和展示模式中切换。文本模式 (Text) 和展示模式 (Display) 在不同字号下的间距值分别如图 1–13 所示和图 1–14 所示。

@2x (144 PPI)下字号	字间距
6	41
8	26
9	19
10	12
11	6
12	0
13	-6
14	-11
15	-16
16	-20
17	-24
18	-25

图 1–13

@2x (144 PPI)下字号	字间距
20	19
22	16
28	13
32	12
36	11
50	7
64	3
80 以及以上	0

图 1–14

提示：San Francisco有两类尺寸，分别为文本模式(Text)和展示模式(Display)。文本模式适用于小于20点(points)的尺寸，展示模式适用于大于20点(points)的尺寸。

一个视觉舒适的 APP 界面，字号大小对比要合适，并且各个不同界面大小对比要统一，其各个元素中的文本大小如下所示：

- 导航栏标题：34px~42px，如今标题越来越小，一般 34 或 36 比较合适。
- 标签栏文字：20px~24px。iOS 自带应用都是 20px。
- 正文：28px~36px，正文样式在大字号下使用 34px 字体大小，最小也不应小于 22px。
- 在一般情况下，每一档文字大小设置的字体大小和行间距的差异是 2px。一般为了区分标题和正文，字体大小差异至少要为 4px。
- 标题和正文样式使用一样的字体大小，为了和正文样式区分，标题样式使用中等效果。

提示：在一般情况下。每一档文号设置的文字和行间距的差异是2px。一般为了区分标题和正文字号差异至少要为4px。

（4）Android 系统界面尺寸。

Android 的 APP 界面和 iPhone 的基本相同，状态栏、导航栏、主菜单栏及中间的内容区域，这和网页有很大不同，安卓适用于很多媒介，尺寸各种各样，设计师在设计应用程序 UI 时，怎样实现在各个媒介上看到的效果都一样或者差不多呢？一般 Android 的 UI 以 720×1280 为标准，这样的手机有 vivo 智能手机、三星 Galaxy A5、华为荣耀等手机。

在 Android 规范中对于导航栏、工具栏等的尺寸没有明确的规定，根据一些主流的 Android 应用的截图分析，总结一下尺寸要求，如表 1-3 所示。

表 1-3

导航栏	主菜单栏高度	内容区域	操作栏	状态栏
320px×480 px	48px×48 px	32px×32 px	16px×16 px	24px×24 px

（5）Android 系统界面图标尺寸。

由于 Android 系统涉及的手机种类非常多，所以屏幕尺寸很难统一，根据屏幕尺寸的不同，相应的界面元素尺寸如表 1-4 所示。

表 1-4

屏幕尺寸	启动图标	操作栏图标	上下文图标	系统通知图标	最细笔画
320px×480px	48px×48px	32px×32px	16px×16px	24px×24px	不小于 2px
480px×800px 480px×854px 540px×960px	72px×72px	48px×48px	24px×24px	36px×36px	不小于 3px
720px×1280px	48dp×48dp	32dp×32dp	16dp×16dp	24dp×24dp	不小于 2dp
1080px×1920px	144px×144px	96px×96px	48px×48px	72px×72px	不小于 6px

提示：在Android设计规范中，使用的单位是dp，转换成px是不一样的。

在设计图标时，对于 5 种主流的像素密度（MDPI、HDPI、XHDPI、XXHDPI 和 XXXHDPI）应按照 2:3:4:6:8 的比例进行缩放。例如，一个启动图标的尺寸为 48 dp×48 dp，这表示在 MDPI 的屏幕上其实际尺寸应为 48 px×48 px，在 HDPI 的屏幕上其实际大小是 MDPI 的 1.5 倍 (72 px×72 px)，在 XDPI 的屏幕上其实际大小是 MDPI 的 2 倍 (96 px×96 px)，以此类推。

提示：虽然Android也支持低像素密度(LDPI)的屏幕，但无须为此费神，系统会自动将HDPI尺寸的图标缩小到1/2进行匹配。

1.1.4　UI 设计的常用工具

在制作 APP UI 的过程中，比较常用的手机 UI 设计软件有 Photoshop、Illustrator 和 3ds Max 等，利用这些软件各自的优势和特征，可以分别用来创建 UI 中的不同部分。此外，IconCool Studio 和 Image Optimizer 等小软件也可以用来快速创建和优化图像。接下来就简单对这几种软件进行介绍。

1. Photoshop

Adobe Photoshop，简称 PS，是美国 Adobe 公司旗下最为出名的图像处理软件之一，是集扫描、编辑修改、图像制作、广告创意、图像输入与输出于一体的图形图像处理软件，如图 1–15 所示。本书中的案例将使用 Photoshop 目前的最新版进行制作。

图 1–15

Photoshop 的软件界面主要由 5 部分组成：工具箱、菜单栏、选项栏、面板和文档窗口。

- **面板：**用户可以通过“窗口”菜单打开不同的面板，这些面板主要用于对某种功能或工具进行进一步的设置，最为常用的是“图层”面板，如图 1-16 所示。
- **文档窗口：**文档窗口是显示用户文档的区域，也是进行各种编辑和绘制的操作区域，如图 1-17 所示。
- **菜单栏：**菜单栏中包括“文件”“编辑”“图层”“类型”“选择”“滤镜”“3D”“视图”“窗口”和“帮助”等 11 个菜单项，涵盖了 Photoshop 几乎全部的功能，用户可以在一个菜单中找到相关的功能，如图 1-18 所示。
- **工具箱：**工具箱中存放着一些比较常用的工具，例如“移动工具”“画笔工具”“钢笔工具”“横排文本工具”和各种形状工具等。此外，设置前景色和背景色也在工具箱中进行，如图 1-19 所示。

图 1–16　　图 1–17　　图 1–18　　图 1–19

● **选项栏**：选项栏位于菜单栏底部，主要用于显示当前使用工具的各项设置参数，是实现不同处理和绘制效果的主要途径之一。不同工具的选项栏会显示不同的参数，如图 1-20 所示分别为“油漆桶工具”“吸管工具”和“文本工具”的选项栏。

图 1-20

2. Illustrator

Adobe Illustrator是美国 Adobe 公司推出的应用于出版、多媒体和在线图像的工业标准专业矢量绘图工具，如图 1-21 所示。

图 1-21

作为一款非常好用的图片处理工具，Adobe Illustrator 广泛应用于印刷出版、专业插画、多媒体图像处理和互联网页面的制作等，也可以为线稿提供较高的精度和控制，适合生产任何小型设计到大型设计的复杂项目。

Adobe Illustrator 的界面同样由 5 部分组成：菜单栏、选项栏、工具箱、文档窗口和面板，如图 1-22 所示。

提示：Adobe Illustrator软件使用Adobe Mercury支持，能够高效、精确地处理大型复杂的文件。可以快速地设计流畅的图案及对描边使用渐变效果，快速又精确地完成设计，其强大的性能系统提供各种形状、颜色、复杂的效果和丰富的排版，可以自由尝试各种创意并传达用户的创作理念。

图 1-22

- **菜单栏**：菜单栏用于组织菜单内的命令。Illustrator CC 有 10 个主菜单，每一个菜单中都包含不同类型的命令。例如，“滤镜”菜单中包含各种滤镜命令，“效果”菜单中包含各种效果命令。
- **选项栏**：显示当前所选工具的选项。所选工具不同，选项栏中的选项内容也会随之改变。选项栏也称控制栏。
- **工具箱**：工具箱中包含用于创建和编辑图像、图稿和页面元素的工具。
- **文档窗口**：文档窗口显示了正在使用的文件，它是编辑和显示文档的区域。
- **面板**：用于配合编辑图稿、设置工具参数和选项等内容。很多面板都有菜单，包含特定于该面板的命令，可以对面板进行编组、堆叠和停放等操作。

3. Sketch

Sketch 是一款适用于所有设计师的矢量绘图软件。矢量绘图也是目前进行网页、图标及界面设计的最好方式。但除了矢量编辑功能之外，我们同样添加了一些基本的位图工具，比如模糊和色彩校正。如图 1-23 所示为 Sketch 的操作界面。

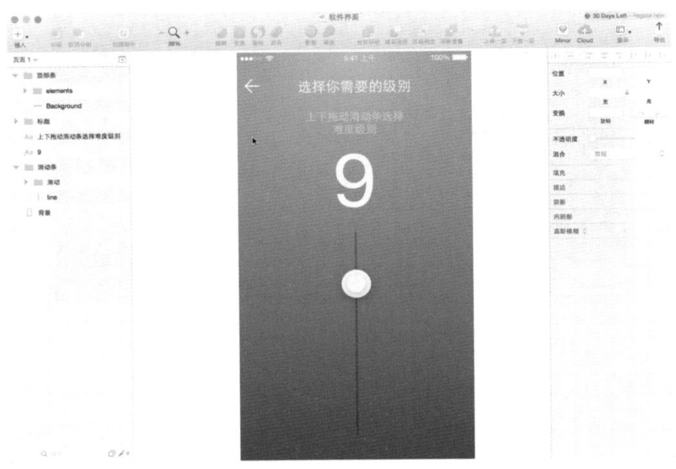

图 1-23

提示：目前Sketch只推出了苹果操作系统Mac OS X的安装版本，Windows暂时不能安装和使用该软件。

4. 3ds Max

3ds Max 2015 是 Autodesk 公司开发的三维动画渲染和制作软件，如图 1–24 所示为该软件的启动界面。

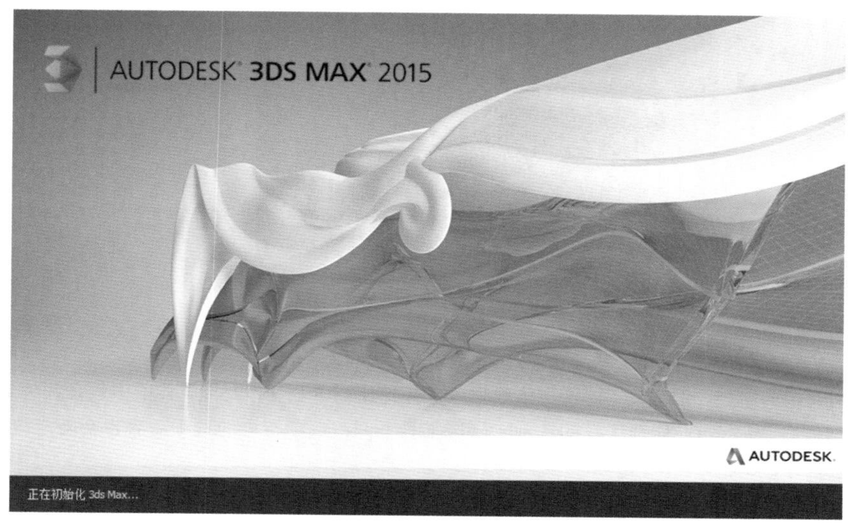

图 1–24

3ds Max 广泛应用于广告、影视、工业设计、建筑设计、多媒体制作、游戏、辅助教学及工程可视化等领域。如图 1–25 所示为 3ds Max 的操作界面。

图 1–25

- **菜单栏：**菜单栏位于 3ds Max 2015 界面的上端，其排列与标准的 Windows 软件中的菜单栏有相似之处，其中包括“文件”“编辑”“工具”“组”“视图”“创建”“修改器”“动画”“图形编辑器”“渲染”“自定义”“MAX Script”和“帮助”13 个项目。

- **主工具栏**：主工具栏位于菜单栏的下方，由若干个工具按钮组成，通过主工具栏上的按钮可以直接打开一些控制窗口，如图 1-26 所示。

图 1-26

- **动画时间控制区**：动画时间控制区位于状态行与视图控制区之间，它们用于对动画时间的控制。通过动画时间控制区可以开启动画制作模式，随时对当前的动画场景设置关键帧，并且完成的动画可在处于激活状态的视图中进行实时播放，如图 1-27 所示。

图 1-27

- **命令面板**：命令面板由 6 个用户界面面板组成，使用这些面板可以访问 3ds Max 的大多数建模功能，以及一些动画功能、显示选择和其他工具，如图 1-28 所示。

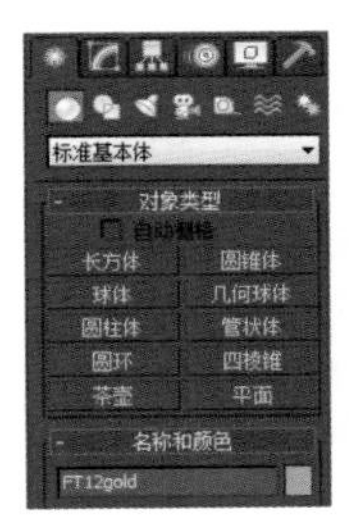

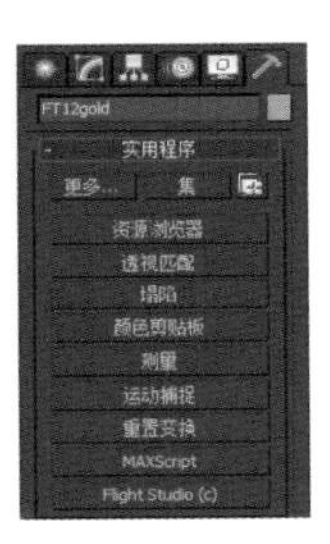

图 1-28

- **视图区**：视图区在 3ds Max 操作界面中占据主要面积，是进行三维创作的主要工作区域，一般分为顶视图、前视图、左视图和透视视图 4 个工作窗口，通过这 4 个不同的工作窗口可以从不同的角度观察创建的模型，如图 1-29 所示。

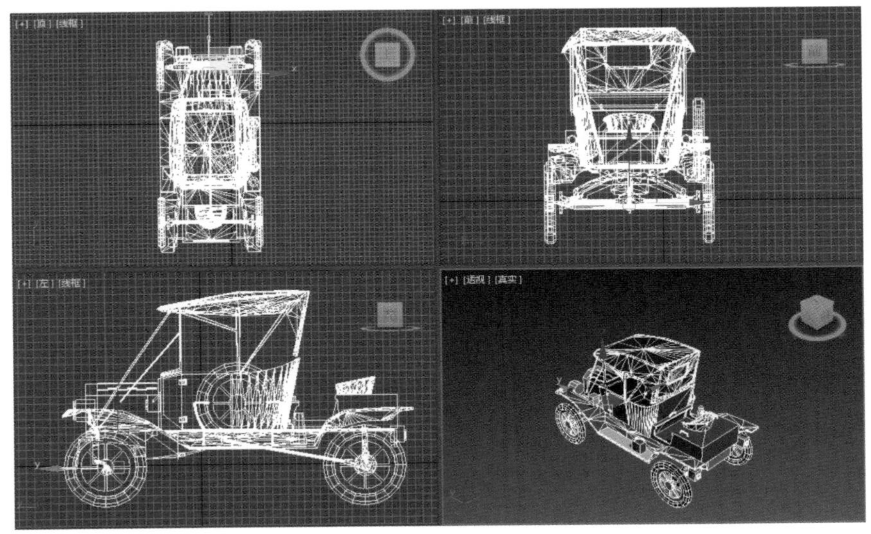

图 1-29

- **状态行和提示行**：状态行位于视图左下方和动画控制区之间，主要分为当前状态行和提示信息行两部分，用来显示当前状态及选择锁定方式，如图 1-30 所示。

图 1-30

- **视图控制区**：视图控制区位于视图右下角，其中的控制按钮可以控制视图区各个视图的显示状态，例如视图的缩放、选择和移动等。

如图 1-31 所示为几张立体图标示意图，若使用其他的二维绘图软件制作起来很麻烦，而使用 3ds Max 很快就可以完成。

图 1-31

5. Image Optimizer

Image Optimizer 是一款图像压缩软件，可以对 JPG、GIF、PNG、BMP 和 TIFF 等多种格式的图像文件进行压缩。

该软件采用一种名为 Magi Compress 的独特压缩技术，能够在不过度降低图像品质的情况下对文件体积进行“减肥”，最高可减少 50% 以上的文件大小，如图 1-32 所示为 Image Optimizer 的操作界面。

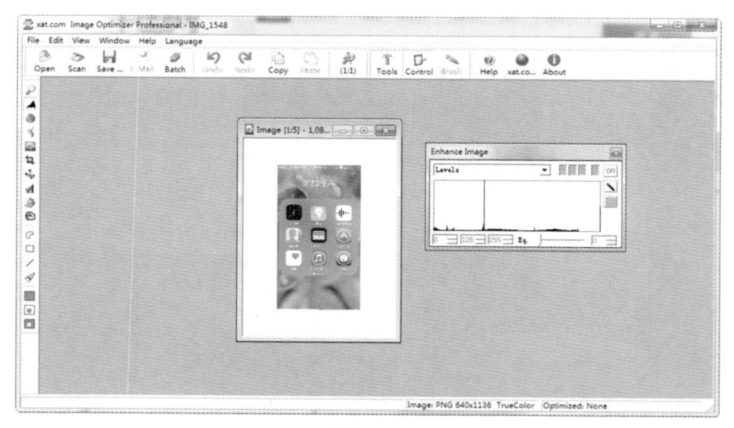

图 1-32

6. IconCool Studio

IconCool Studio 是一款非常简单的图标编辑制作软件，里面提供了一些最常用的工具和功能，如画笔、渐变色、矩形、椭圆和选区创建等。此外，它还允许从屏幕中截图以进行进一步的编辑。

IconCool Studio 的功能简单，操作直观简便，对 Photoshop 和 Illustrator 等大型软件不熟悉的用户可以使用这款小软件制作出比较简单的图标。如图 1-33 所示为 IconCool Studio 的操作界面。

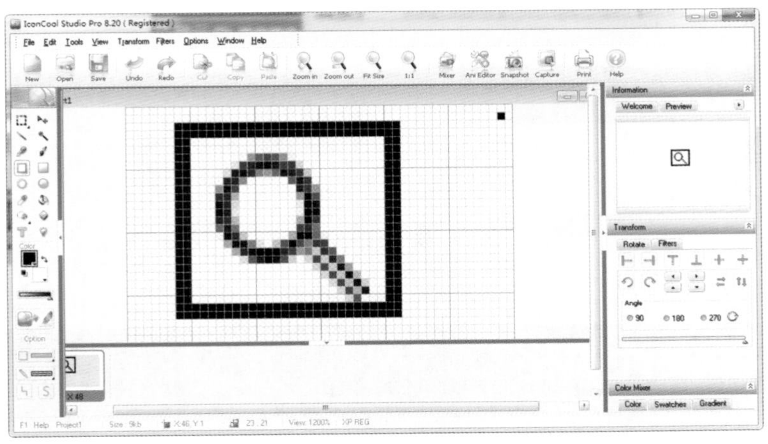

图 1-33

1.2 良好的UI用户体验

在 UI 设计中，视觉 UI 和用户体验是相辅相成的，好的视觉 UI 可以吸引用户来用，而优秀的用户体验则可以留住客户。

1.2.1 UI 设计和用户体验

用户体验（User Experience，UE）是一种纯主观的在用户使用一个产品（服务）的过程中建立起来的心理感受。因为它是纯主观的，因此带有一定的不确定因素。个体差异也决定了每个用户的真实体验是无法通过其他途径来完全模拟或再现的。但是对于一个界定明确的用户群体来讲，其用户体验的共性是能够经由良好的设计来认识到的。

UI 设计人员设计的网页布局是否合理、色彩是否符合用户审美要求，直接关系到网站的浏览量。

1.2.2 影响用户体验的因素

良好的用户体验是成功的一半，好的设计能使使用者感觉方便和舒适。那么如何提高用户体验，提高用户黏性呢?

1. 情感共鸣

互联网经济时代，消费的是认同感，我们要在情感上做体察人心的产品，强调出交互的友好性和人性化。一个新用户给予新产品的机会可能只有一次，抓住一次情感共鸣，或许就是永久。

2. 功能体验

产品为何而生? 解决了什么问题？功能上切莫忘记产品最根本的定位，一个做求职招聘的网站，去做社交，最后只能一事无成。而定位清晰、功能简捷的产品更容易俘获人心，比如 QQ、百度等，如图 1-34 所示。

图 1-34

1.3 UI设计风格

随着设备和前端技术的飞速发展，UI 设计早已突破了过去单一框架的限制，变得更加灵活多变。比如许多音乐网站页面设计得极富海报和杂志的版式感，时尚且有冲击力，如图 1-35 所示。

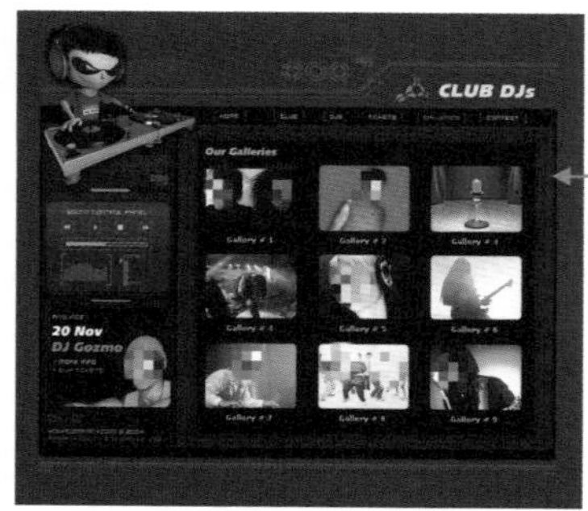

图 1-35

拟物化设计在很长一段时间内都是设计的主流，扁平化设计是近几年发展起来的，也是最为流行的一种设计风格，特别是在移动 APP 软件界面设计中，扁平化的设计越来越多。扁平化的 UI 会减少 UI 对系统资源的占用，从而为用户带来更好的体验，使用户的视觉效果更好。

1.3.1 拟物化

拟物化设计在很长一段时间内都是设计的主流，其视觉美感无与伦比，给人一种带入感，如果可视化对象和操作与现实世界中的对象与操作相仿，用户就能够快速地领会如何使用它，但拟物化设计方式有时会降低用户体验。

1. 认识拟物化设计

拟物化设计是指在设计过程中通过添加高光、纹理、材质和阴影等效果，力求对实物对象的再现，在设计过程中也可以适当地进行变形和夸张，使界面模拟真实物体。拟物化设计可以使用户第一眼就能够认出对象是什么，拟物化设计的交互方式也模拟现实生活中的交互方式，如图 1-36 所示为拟物化设计。

图 1-36

2. 拟物化设计的优点

拟物化设计因其完全模拟现实生活中的物体，其优势也很明显，主要包括以下几点：

（1）认识度高。

拟物化设计的认知度非常高，任何肤色、性别、年龄或文化程度的人都能够认知拟物化的设计。如图 1-37 所示为认知度很高的拟物化 UI 设计。

图 1-37

（2）人性化。

拟物化设计能够较好地体现人性化，其设计的风格与使用方法和现实生活中的对象相统一，在使用上非常方便。如图 1-38 所示为人性化的拟物化 UI 设计。

图 1-38

（3）质感和交互性强。

拟物化设计的视觉质感非常强烈，并且其交互效果能够给人很好的体验，以至于人们对拟物化设计已经养成了统一的认知和使用习惯。如图 1–39 所示为质感强烈的拟物化 UI 设计。

图 1–39

3. 拟物化设计的缺点

拟物化设计的缺点主要表现在，在设计中花费大量的时间和精力实现对象的视觉表现和质感效果，而忽略了其功能化的实现。许多拟物化设计并没有实现较强的功能化，而只是实现了较好的视觉效果，如图 1–40 所示。

图 1–40

1.3.2 扁平化

扁平化设计是近几年才发展起来的一种新的设计趋势，特别是在移动设备的界面设计中，扁平化设计越来越多，而且也为用户带来了良好的体验。

1. 认识扁平化设计

扁平化设计从其字面意义上理解是指设计的整体效果趋向于扁平，无立体感。扁平化设计的核心是在设计中摒弃高光、阴影、纹理和渐变等装饰性效果，通过符号化或简化的图形设计元素来表现。在扁平化设计中去除了冗余的效果和交互，其交互核心在于突出功能本身的使用。如图 1–41 所示为扁平化设计。

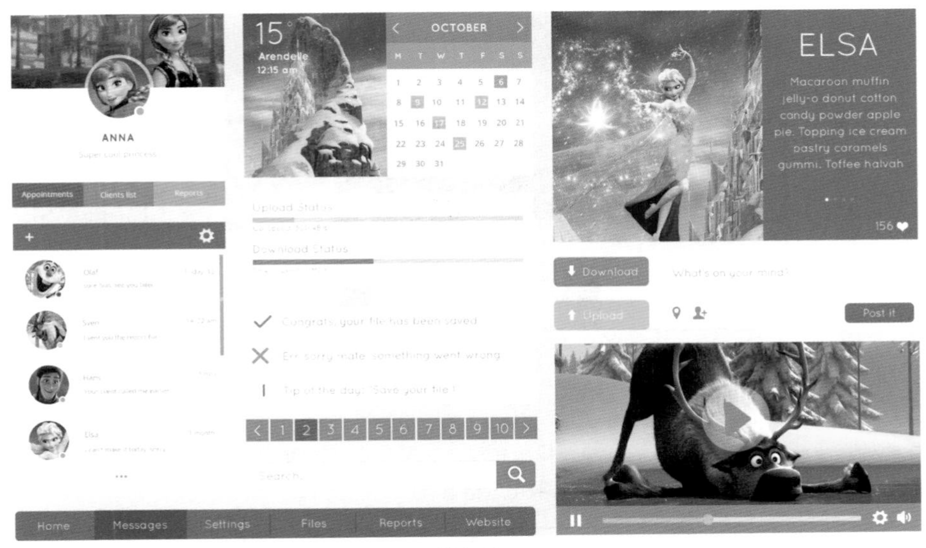

图 1-41

2. 扁平化设计的优点

扁平化设计与拟物化设计是两种完全不同的设计风格，扁平化设计的优点主要表现在以下几个方面：

（1）时尚简约。

扁平化设计中常常使用一些流行的色彩搭配和图形元素，使看多了拟物化设计的用户有一种焕然一新的感觉，扁平化设计可以更好地表现出时尚和简约的美感。如图 1-42 所示为时尚简约的扁平化设计。

图 1-42

（2）突出主题。

扁平化设计中很少使用渐变、高光和阴影等效果，使用的大都是细微的效果，这样可以避免各视觉效果干扰用户的视线，使用户专注于设计内容本身，突出主题，也使得设计内容更加简单易用。如图 1-43 所示为突出主题的扁平化设计。

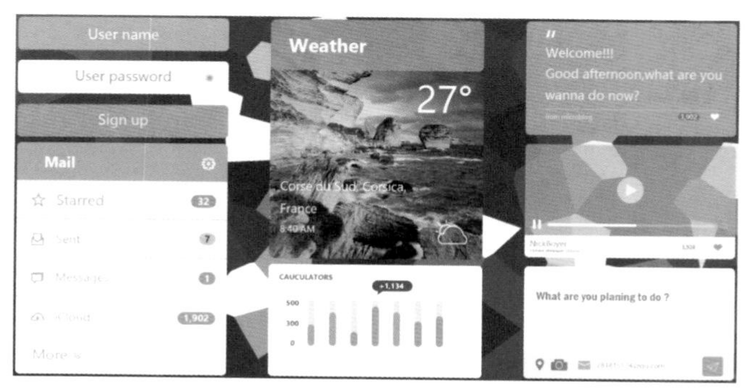

图 1-43

（3）**更易设计。**

优秀的扁平化设计具有良好的架构、排版布局、色彩运用和高度的一致性，从而保证其易用性和可识别性，如图 1-44 所示为设计精美的扁平化风格设计。

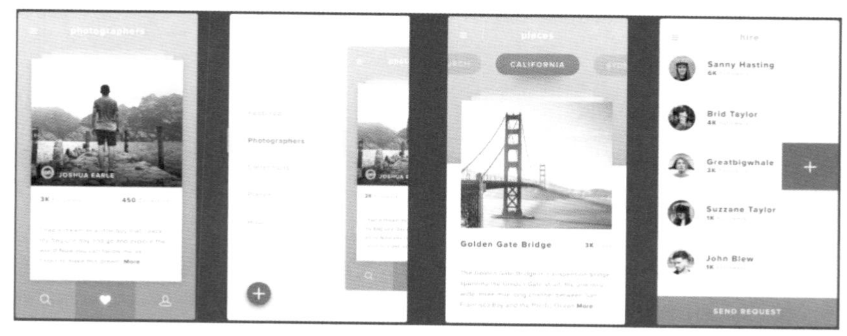

图 1-44

2. 扁平化设计的缺点

扁平化设计虽然具有许多优点，但是其缺点同样也非常明显，因为扁平化设计主要使用纯色和简单的图形符号，所以其在表达感情方面不如拟物化设计丰富，甚至过于冰冷，如图 1-45 所示。

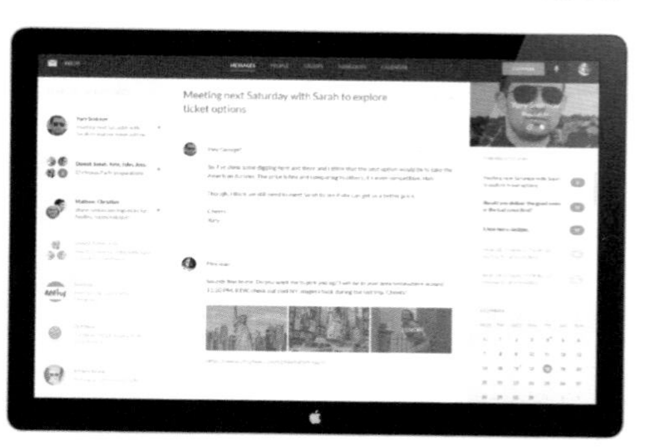

图 1-45

特别是在游戏界面设计中，游戏界面需要给玩家营造一种真实感和带入感，使玩家能够身临其境，扁平化设计就无法达到这样的效果。

1.3.3 扁平化设计所带来的改变

随着社会的高速发展，人们可以看到的质感厚重、图层样式繁多的设计越来越少；反之，各种轻质感、布局大胆、创意新颖的设计慢慢进入了大家的视野。

人类发展至今，审美、时尚标准总是无时无刻不在改变，设计也是这样的，扁平化设计已经慢慢成为目前的设计潮流。

1. 潮流的设计风格

提到“设计”这个词，人们通常会联想到美、酷、奇特、让人眼前一亮，这是人们对设计的普遍期待，它通常被等同于美的外观。无论是平面设计、网页设计，或者其他任何一个设计领域，都是一个由简到繁再到简的过程，在简单的设计中体现主题内容和美观的视觉效果，一直是设计的精髓。

扁平化的概念最近备受关注的最初原因，非 Windows 8 的发布莫属了，瓷片设计，大色块，简洁化，抛弃阴影、高光等设计元素，这样的风格顿时让人眼前一亮，备受瞩目，此为扁平化设计的初次引爆点，如图 1-46 所示。

图 1-46

二次引爆点就是 iOS7 的发布，艾维统领苹果的软硬件设计部门之后，抛弃了苹果手机系统中的拟物化设计，推崇扁平化设计，也因此惊爆了一堆人的眼球，不过这跟艾维一贯简洁化的设计风格有关系，并非追随 Windows 8 后尘。

提示：扁平化再往前追溯，应该就是瑞士国际平面主义设计了，即瑞士20世纪中期流行的一种平面设计风格，此风格可以算是扁平化设计的始祖。

2. 设计变得简单直接

在各种不同的设计领域中，拟物化设计的好处与优势是非常明显的，特别是对于特殊人群来说，拟物化设计更加直观和富有趣味性。

随着科技的发展和数码产品的普及，生活中对于数码设备的依赖程度越来越高，人们对于设计的需求也逐渐转变为美观大方、简单清晰，这就使得拟物化的优势不再那么明显，如图 1-47 所示为拟物化和扁平化对比图。

提示：同样是天气界面，拟物化设计的表现更为真实，而扁平化设计的表现更加直接，并且人们对于这两种图标的认识都很明确，扁平化的设计更加简洁和直观。

高光、阴影制作复杂

美观大方，制作简单

图 1-47

在拟物化设计中为了实现各种效果，设计相对比较复杂，扁平化设计大多采用纯色，并且尽量避免使用各种效果，这就使得扁平化设计变得更加简单，如图 1-48 所示。

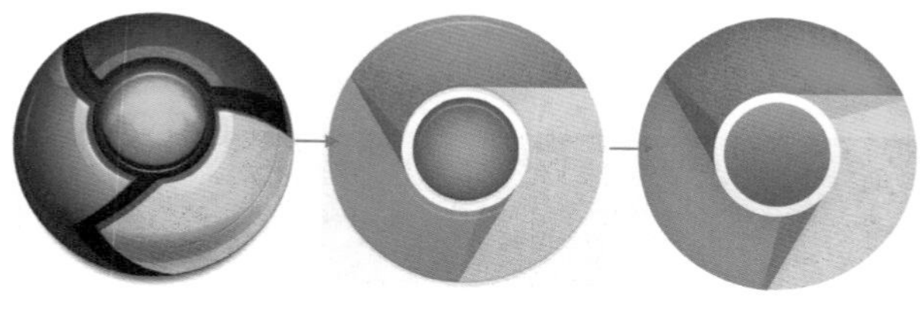

图 1-48

提示：拟物化设计是通过渐变、高光和阴影等效果模拟对象的质感的，而扁平化设计主要采用纯色或微渐变表现对象，简约而又清晰。

3. 使用更加高效

一个先进的设备需要通过模仿古老的东西让用户快速理解，是时代更迭中的不得已。随着社会的发展，人们的日常生活、学习、办公和娱乐都离不开计算机等数码设备，我们还需要担心用户不会用而刻意去“拟物”吗?

随着数码设备的普及和发展，人们对产品的要求也在发生着变化，人们需要的是便捷、高效、易操作的设计，拟物并不等于高效，刻意在交互上拟物，有时候反而降低了效率，如图 1-49 所示。

拟物化的设计更加真实，效果更加精美，但其设计过程也十分复杂

扁平化设计同样具有很高的识别性，操作性也很强，扁平化的设计更加高效和易用

图 1-49

1.3.4 扁平化设计的突出特点

不管是什么方面的设计师，都是在为用户服务的，做的都是用户体验设计，好的设计都需要减少用户的思考，降低用户的学习成本。

1. 强调简约

扁平化设计强调简约主义，提倡功能大于形式。提倡一种少即是多、留白大于填充的美学，仅仅具有色彩、形状、线条等基本元素，在字体选择上也力求简单。

对于那些页面不多或者用于推广移动应用的简单设计界面来说，扁平化设计非常符合它们的需求，因此广泛流行。同时扁平化设计也遭到一些非议，认为这种全面简化的风格无法更好地引导用户，用户界面过于简单，可能会使一些用户无法理解，如图 1–50 所示。

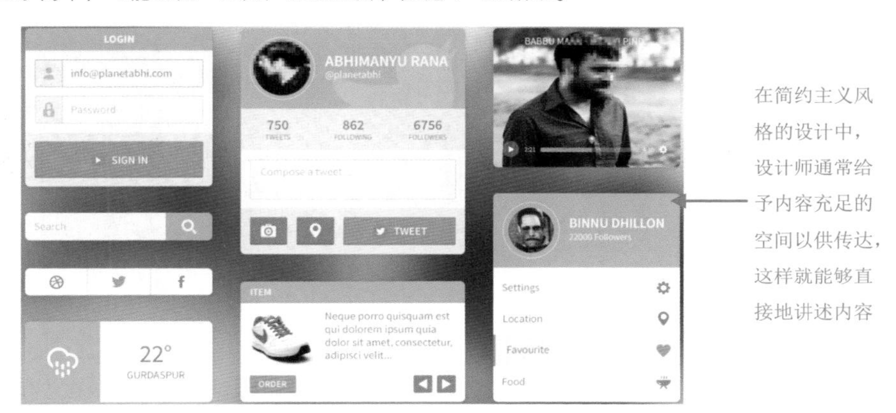

图 1–50

从整体的角度来讲，扁平化设计是一种简约主义美学，附以明亮柔和的色彩，最后搭配上粗重醒目而风格复古的字体，如图 1–51 所示。

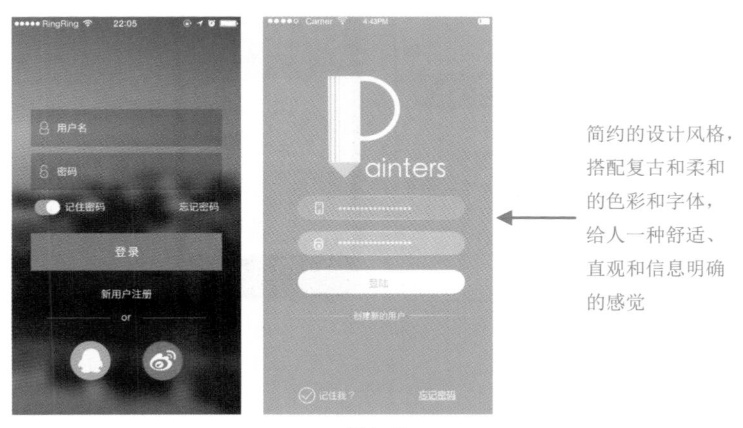

图 1–51

2. 快速高效

在当代社会中，时间就是金钱，如何在信息更新如此之快的互联网时代跟上时代发展的脚步呢？

快速而高效是扁平化设计一个很重要的基因，这也是很多交互设计选择扁平化的原因之一，如图 1–52 所示。

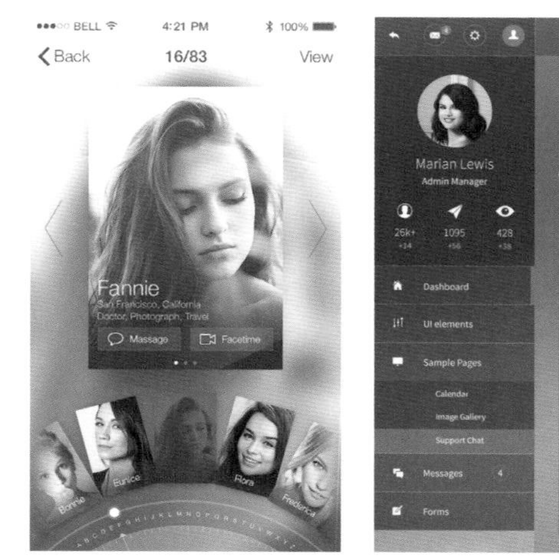

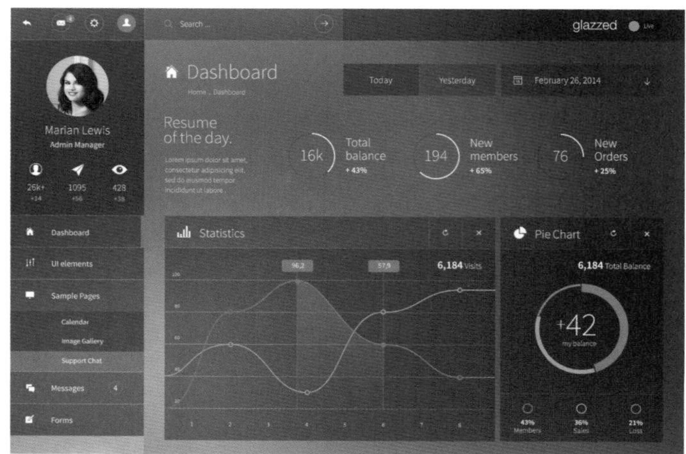

图 1–52

3. 信息突出

在扁平化设计中，可以通过颜色的对比、大小不同的字号，将设计中的重要信息放在首要位置，对不重要的元素进行弱化，如图 1–53 所示。

界面顶部放置设计精美的推广图片，能够有效地突出推广信息

图 1–53

提示：这样的设计让使用者可以很容易地将注意力聚焦在产品和信息上，而不会被设计界面中的其他视觉元素所干扰，从而突出核心信息和操作，这些都能够有效地增强设计的可读性。

4. 简洁清晰

简洁的设计总是让人喜爱的，在一个设计简洁、逻辑清晰的界面中，用户能够很快地找到自己所需要的内容，能够在使用过程中减少误操作，从而提高用户体验，如图 1–54 所示。

重点文字以大
字号或不同的
背景色的方式
着重显示

图 1–54

5. 修改方便

很多设计都需要定期进行改版或者更新，从而保持新鲜感。使用扁平化设计，可以在最短的时间内对设计内容进行更新和修改，甚至只需要修改设计相应的颜色值就可以使设计焕然一新，大大节省了操作时间，也方便下次再更新，如图 1–55 所示。

图 1–55

1.4　UI设计的构成法则

合理地布局和安排各种元素，使图形和文字在画面中达到最佳位置，产生最优的视觉效果，是 UI 设计人员完成界面设计首先要考虑的内容。

通常我们提到的“三道构成”即平面构成、色彩构成与立体构成，是现代艺术设计基础的重要组成部分。所谓“构成”是一种造型概念，其含义是将不同形态的几个单元重新组合构成一个新的单元。

1.4.1 什么是构成

构成是一种造型概念，是现代艺术兴起的流派之一，将不同或相同的形态、单元重新组合成新的单元形象，即艺术家主观地考察宏观和微观世界，探求各事物间的组合关系、组合规律，按照自己的情感意向进行创作，直观抽象地表达客观世界，以新的形态或形象，给人一种视觉感受。

1.4.2 形式美法则

形式美法则是人类在创造美的形式、美的过程中对美的规律的经验总结和抽象概括，主要包括对称均衡、单纯齐一、调和对比、比例、节奏韵律和多样统一等。

形式美的概念有广义和狭义之分。广义形式美，就是作品外在形式所独有的审美特征，因而形式美表现为具体的美的形式。狭义的形式美包含两个方面，一是指构成作品外在形式的物质材料的自然属性，二是指这些物质材料的组合规律。

提示：形式美法则是研究、探索形式美的法则，能够培养人们对形式美的敏感，指导人们更好地创造美的事物；掌握形式美法则，能够使人们更自觉地运用表现美的内容，达到美的形式与美的内容高度统一。

1. 秩序的美感

秩序广泛应用于各种艺术形式中，通过对称、比例、连续、渐变、重复、放射等方式，表达出严谨、有序的设计理念，是创造形式美最基本的方式。

秩序产生的美感具有简洁、直观的特点，如线条、色块、图形的规则排列等。UI 设计中的各种构成元素及它们之间的编辑都可以体现出秩序。

文字的排列方式、色彩的搭配与变化、图形的分布，都能够以秩序的方式表现设计的美感，如图 1–56 所示。

通过线框图可以明显地看出图形的分布很有秩序，文字排列在右上角更加醒目

图 1-56

2. 和谐的美感

和谐产生的美感体现在设计的整体性上。就 UI 视觉设计的形式美而言，应该保持一个基本趋向，即 UI 视觉设计形式的有机整体性。

UI 设计中的和谐，是指构成 UI 的诸多要素相互依存、彼此联系所具有的不可分离的统一性。

提示：构成UI的文字、图形、色彩等因素，都是为实现UI的功能价值和审美价值服务的，它们之间相互作用、相互协调映衬，UI设计也由此成为具有艺术特质的作品。

优秀的UI设计作品都很好地体现了和谐的法则，界面中的各个元素及不同页面之间都具有很好的整体性，如图1–57所示。

页面顶部的绿色和底部的蓝色相辅相成，黄色的图片点缀在交界的位置，使界面交界处不突兀，更加和谐

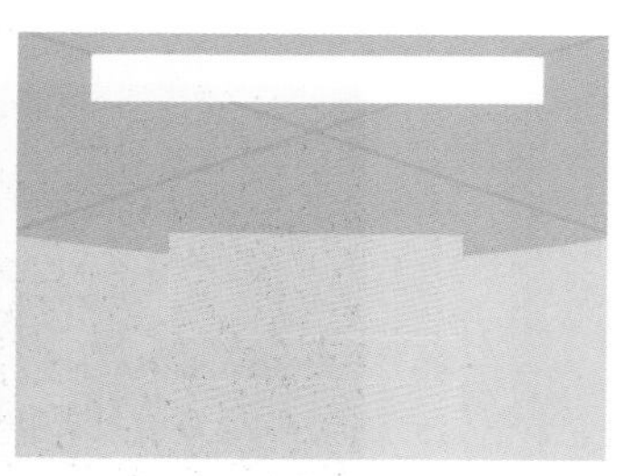

图 1–57

3. 变化的美感

变化即不断地推陈出新，不断地创造新的形式。变化是界面设计活力的体现，也是创造形式美的要求。

变化使界面形式具有了不同的审美倾向。设计的多样化是与别具一格的独特性相联系的，变化绝不是少数样式的翻版和模仿，而是通过界面设计作品的个性形式表现出来的各具风采的生命力，如图1–58所示。

想要给浏览者留下印象，就要有自己的个性，该页面中采用盆景和水墨画相结合的方式，古色古香而又生机十足

图 1–58

提示：UI设计中内容的主次与轻重、结构的虚实与繁简、形体的大小、形体视觉效果的强弱，以及色彩的明暗、冷暖，各种关系对立统一、彼此相争，形成动静相宜、多样统一的美感效果。从多样到统一，是寻求变化与和谐之间的联系，从而达到令人赏心悦目的效果。

1.4.3 构成的思维方式

在 UI 设计的实际操作过程中，对界面的构成可以采用以下思维方式，有利于界面的美化及用户体验的提升。

1. 变化和统一

变化与统一是形式美的总法则，是对立统一规律在页面构成上的应用。两者完美结合，是页面构成最根本的要求。

最能使页面达到统一的方法是版面构成要素要少，而组合的形式却要丰富。统一的手法可借助均衡、调和、顺序等形式法则，如图 1-59 所示。

采用矩形和圆形制作出的页面，通过大小长短的变化使页面不显得单调

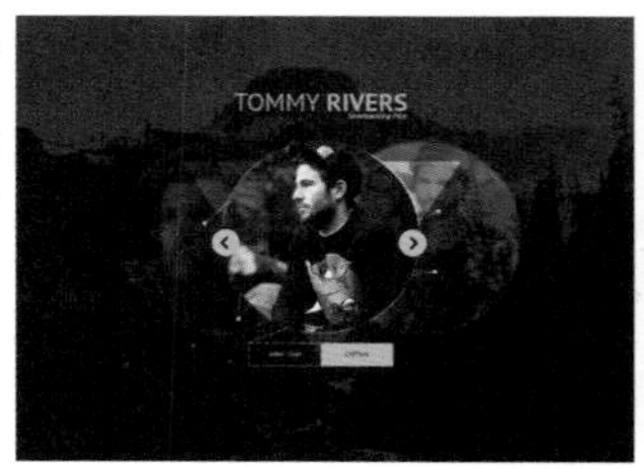

只采用矩形制作出的页面，通过大小长短的变化使页面不显得单调

图 1-59

2. 对称和平衡

视觉平衡就是将页面中的每一板块做得基本一致，从而达到相互平衡。视觉平衡主要分为对称平衡与不对称平衡，也叫均衡。均衡是一种最常见的构成手法，也常用于网页界面设计中，如图 1-60 所示。

摒弃了颜色和其他干扰的画面，从线框图可以明显看出两个板块基本相同

图 1-60

3. 对比和调和

页面中视觉元素强调差异性就会产生对比。比如图形、文字和色彩三者在页面中互相比较，就会产生大小、明暗、强弱、粗细、疏密、动静和轻重的对比，如图 1-61 所示。

提示：调和是指适合、舒适、安定、统一，是近似性的强调，使两者或两者以上的要素相互具有共性，从而达到协调的效果。

颜色色块的对比分布明显

颜色色块的对比和版式布局的对比分布明显

图 1-61

4. 重复和交错

在页面设计中，会不断地重复使用基本形或线，它们的形状、大小、方向都是相同的。重复使得设计安定、整齐、规律，但重复构成在视觉效果上有时很容易显得呆板、平淡、缺乏趣味性。因此，我们在页面中宜安排一些交叉，打破页面呆板、平淡的格局，如图 1-62 所示。

水平的页面看得太多，出现斜线角度的页面会让浏览者眼前一亮。线条的重复打破了页面的呆板

图 1-62

5. 节奏与韵律

在页面设计中，图文的安排具有一定的条理、顺序，重复连续的排列会形成一种律动，这种形式就是页面的节奏。既有等距离的连续，也有渐变。在明暗、形状、高低等的排列构成的节奏中注入美的因素和情感就形成了韵律。节奏与韵律来自于音乐概念，有节奏就会有情调，可以增强网页的感染力和吸引力，如图 1-63 所示。

简单的圆弧状排列，让界面拥有了节奏感，形成了韵律，增强了网页的吸引力

图 1-63

6. 联想与意境

平面构图通过视觉传达使人产生联想，感受到某种意境。联想是思维的延伸，它是指由一种事物延伸到另外一种事物上。

例如，图形的色彩，红色使人联想到温暖、热情、喜庆等；绿色则使人联想到大自然、生命、春天，从而使人产生平静感、生机感和春意等。各种视觉形象及其要素都会让人产生不同的联想与营造不同的意境，由此而产生的图形的象征意义作为一种视觉语义的表达方法被广泛地运用在平面设计构图中，如图 1-64 所示。

红色使人联想到温暖、热情、喜庆

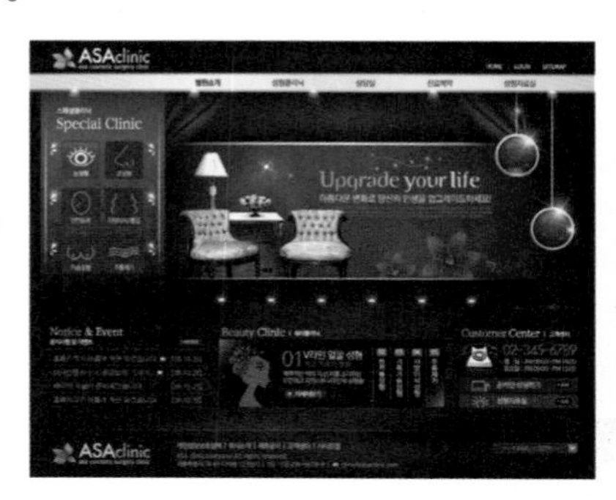

绿色使人联想到大自然、生命、春天，使人产生平静感、生机感

图 1-64

1.5 UI设计中的色彩搭配技巧

在 UI 设计中，色彩是很重要的一个设计元素。运用得当的色彩搭配，可以为 UI 设计加分。UI 要给人简洁整齐、条理清晰感，依靠的就是界面元素的排版和间距设计，以及色彩的合理、适度搭配，如图 1-65 所示。

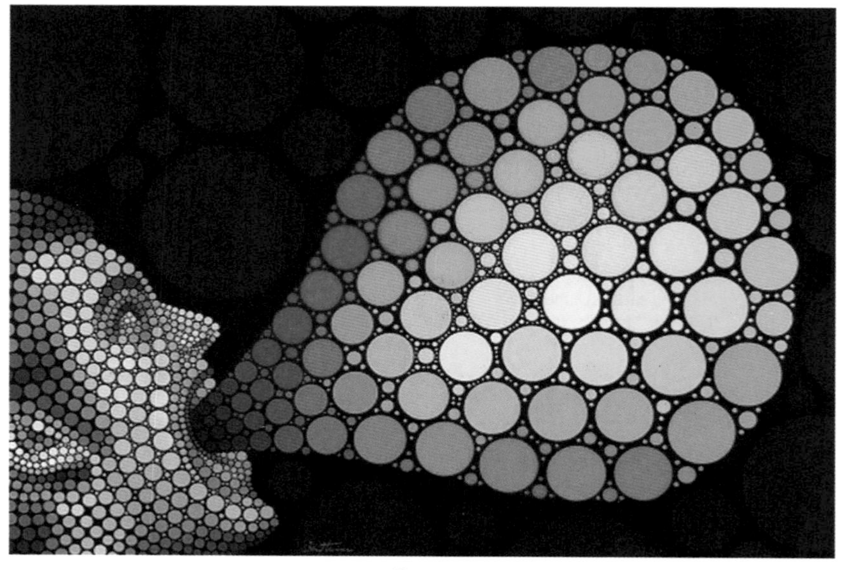

图 1-65

1.5.1 色彩的基本理论

色彩在 UI 设计中占有很大的比例，界面的成功与否一定程度上取决于设计者对色彩的运用。下面为用户详细介绍色彩搭配的相关知识。

1. 光源色、物体色和固有色

凡是自身能够发光的物体都被称为光源，物体色与照射物体的光源色、物体的物理特性有关。可见，光源色、物体色和固有色有着必然的联系。

（1）光源色。

不同光源发出的光，由于光波的长短、强弱、光源性质的不同，形成了不同的色光，称为光源色。同一物体在不同的光源下将呈现不同的色彩，例如一面白色的背景墙，在红光的照射下，背景墙呈现红色：在绿光的照射下，背景墙呈现绿色。

（2）物体色。

物体色是指物体本身不发光，而是光源色经过物体的吸收反射，反映到视觉中的光色感觉。如建筑物的颜色、动植物的颜色等。具有透明性质的物体所呈现的颜色是由自身所透过的色光决定的。

（3）固有色。

物体在正常日光照射下所呈现的固有色彩称为固有色。世界上的任何物体，都有着具固有的物理属性，对白光有固定的选择吸收特性，也就具有固定的反射率和透射率，因此固有色是稳定的，如香蕉、柠檬、菠菜和葡萄等。

2. 色彩的三属性

色彩的属性是由色彩可用的色相、饱和度和明度来描述的，人眼看到的彩色光都是这 3 个特性的综合效果，这 3 个特性即色彩的属性。

提示：色相与光波的波长有直接关系，亮度和饱和度与光波的幅度有关，明度高的颜色有向前的感觉，明度低的颜色有后退的感觉。

（1）色相。

色相是指色彩的相貌，是区分色彩种类的名称，是色彩的最大特征。各种色相是由射入人眼的光线的光谱成分决定的。可见光谱中的每一种色相都有自己的波长与频率，它们从短到长按顺序排列，就像音乐中的音阶顺序，有序而和谐，光谱中的色相发射出色彩的原始光，它们构成了色彩体系中的基本色相。一般色相环有十二色相环、二十四色相环、四十八色相环和九十六色相环等，如图 1-66 所示。

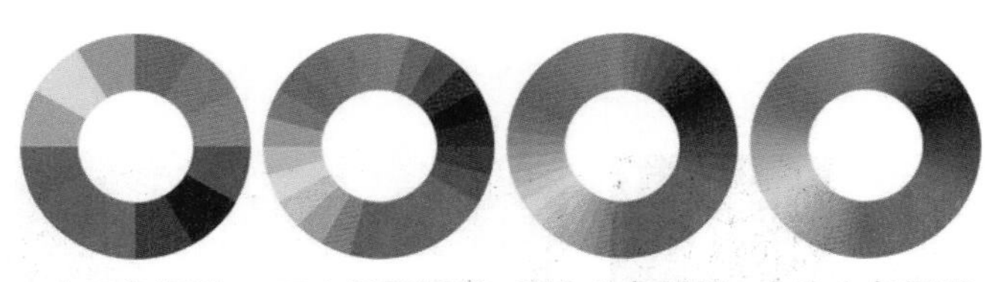

图 1-66

（2）饱和度。

饱和度是指色彩的鲜艳程度，也称色彩的纯度。表示色彩中所含色彩成分的比例。色彩成分的比例越大，则色彩的纯度越高；含有色彩的成分比例越小，则色彩的纯度越低。

从上至下色彩的饱和度逐渐降低，上面是不含杂色的纯色，下面则接近灰色，如图 1-67 所示。

提示：从科学的角度看，一种颜色的鲜艳度取决于这一色相发射光的单一程度。不同的色相不仅明度不同，纯度也不相同。

（3）明度。

表示颜色所具有的明暗程度称为明度。明度是眼睛对光源和物体表面的明暗程度的感觉，明度决定于照明的光源的强度和物体表面的反射系数。

明亮的颜色明度高，暗淡的颜色明度低。明度最高的颜色是白色，明度最低的颜色是黑色。如图 1–68 所示表示色彩的明度变化，越往上的色彩明度越高，越往下的色彩明度越低。

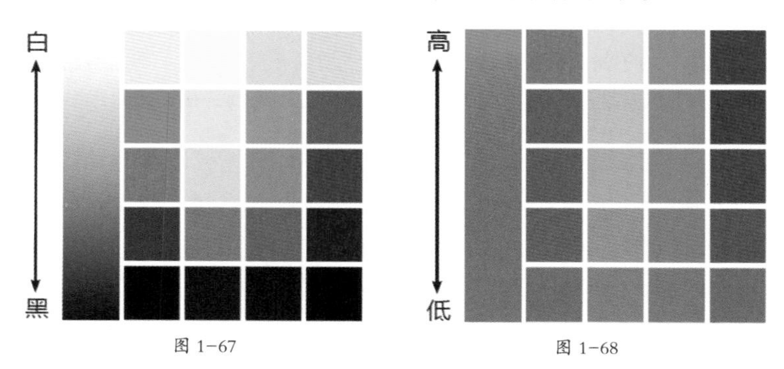

图 1–67　　图 1–68

3. 色彩的分类

现代色彩学根据全面、系统的观点，应用科学的方法将色彩分为无彩色和有彩色两大类，以便于表现和应用。

（1）有彩色。

有彩色是指带有标准色彩倾向，具有色相、明度、纯度 3 个属性的色彩。光谱中的所有色彩都属于有彩色。红、橙、黄、绿、青、蓝、紫为基本色。不同比例的基本色混合，以及基本色与无彩色之间不同比例的混合，产生了成千上万种有彩色，如图 1–69 所示。

（2）无彩色。

无彩色是指黑、白及各种明度的灰色等只具备明度不含色彩倾向的颜色。由于这 3 类颜色不包含在可见光谱中，因此被称为无彩色，如图 1–70 所示。

（3）特别色。

特别色使用效果不同于上述两类色彩，包括金色、银色和荧光色等。特别色除了有不同的色相外，通过特殊技术的处理，能够表现出不同的光泽效果，如图 1–71 所示。

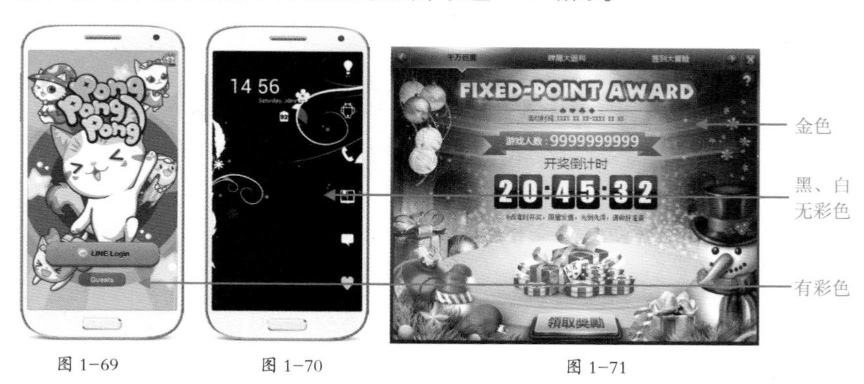

图 1–69　　图 1–70　　图 1–71

3. 色彩的表示方法和体系

色彩并不是随便搭配就可以使用的，色彩的搭配需要按照一定的规律和秩序排列起来，这样在设计中才能够快速有效地应用，目前使用最为广泛的是色相环和色立体。

（1）色相环。

色相环以黄、红和蓝三色为基础，由此三原色配置组合而成，如图 1–72 所示。一般色相环有 5 种或 6 种甚至 8 种主要色相，若在各主要色相中添加中间色相，就可做成十色相、十二色相或二十四色相等色相环。

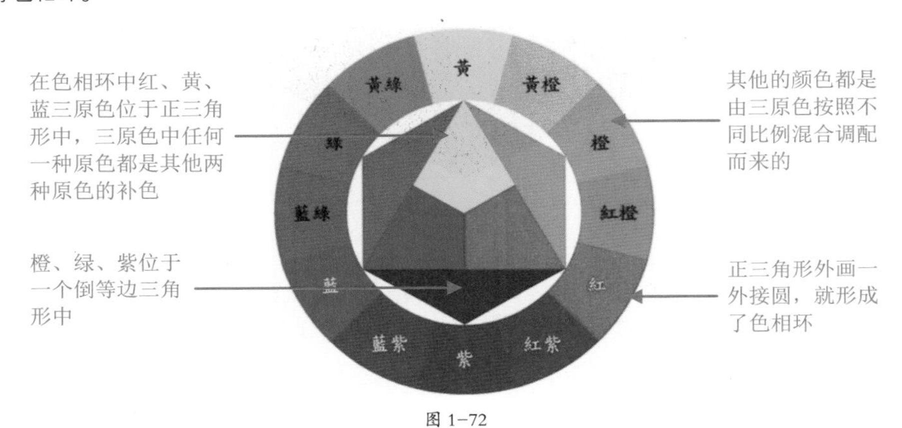

图 1–72

（2）色立体。

为了认识、研究与应用色彩，人们将千变万化的色彩按照它们各自的特性，按一定的规律和秩序排列，并加以命名，称为色彩的体系。

提示：色立体的基本结构对于整体色彩的整理、分类、表示、记述，以及色彩的观察、表达及有效运用，都有极大的帮助。比较通用的色立体有两种：孟赛尔立体和奥斯特瓦德色立体。

具体地说，色彩的体系就是将色彩按照三属性，有秩序地进行整理、分类而组成系统的色彩体系。这种系统的体系如果借助三维空间形式，来同时体现色彩的明度、色相、纯度之间的关系，则被称为“色立体”。

孟塞尔所创建的颜色系统是用颜色立体模型表示颜色的方法。它是一个三维的类似球体的空间模型，把物体各种表面色的 3 种基本属性色相、明度、饱和度全部表示出来。以颜色的视觉特性来制定颜色分类和标定系统，以按目视色彩感觉等间隔的方式，把各种表面色的特征表示出来，如图 1–73 所示。

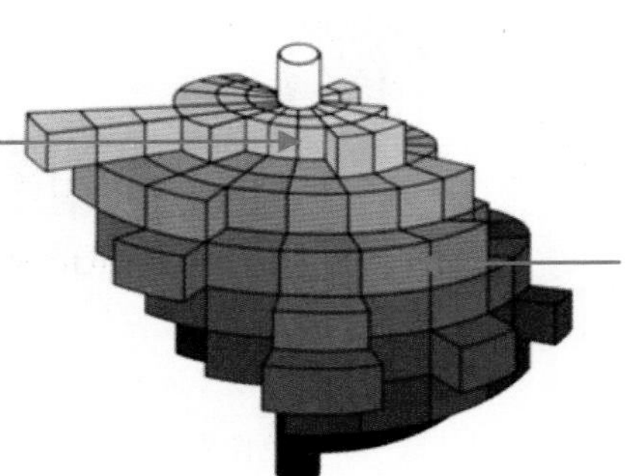

图 1–73

奥斯瓦德是德国化学家，他在染料方面做出了很大贡献。奥斯瓦德色立体创立于 1921 年，后来被简称为奥氏色立体，如图 1–74 所示。

奥斯瓦德色立体是由两个底部相合的圆锥体构成的，两顶点之间的垂线为垂直中心轴，作为明度标尺，将明度分成八等份

顶点为纯色，上端为明色

横断面外圈是色相环，由二十四色组成。直径两端互为补色

下端为暗色

图 1–74

提示：奥斯瓦德色立体每块色都有色相号、含白量、含黑量。如2ge，就能通过色立体查到2为黄色，含白量为22，含黑量为65，这个色即为暗黄色。

1.5.2　色彩搭配原则

每一种颜色都有其独特的含义，将它们组合起来也就能传递出无限的可能，也能使用户在界面上停留得时间更持久，增加点击率。

UI 设计要给人简洁整齐、条理清晰的感觉，依靠的就是界面元素的排版和间距设计，还有色彩的合理、适度搭配。

总体而言，UI 设计配色应遵循以下 4 条原则，分别是协调统一、有重点色、色彩平衡和对立色调和，下面详细为用户进行介绍。

- **设计色调的统一：**针对软件类型及用户工作环境选择恰当的色调，例如安全软件，绿色体现环保、紫色代表浪漫、蓝色表现时尚等。总之，淡色系让人感觉舒适，以此为背景不会让人觉得累。总体而言，需要保证整体色调的协调统一、重点突出，使作品更加专业和美观，如图 1-75 所示。

主色使用绿色，体现环保和健康的理念，辅色用到了白色。无彩色的加入没有打破页面整体氛围，整体色调统一

RGB(120,167,50)　　RGB(255,255,255)

图 1–75

- **有重点色：**配色时，用户可以选取一种颜色作为整个界面的重点色，这个颜色可以被运用到焦点图、按钮、图标或者其他相对重要的元素，使之成为整个页面的焦点，如图 1-76 所示。

重点色：
绿色

重点色：
橙色

图 1-76

- **色彩平衡：**整个界面的色彩尽量少使用类别不同的颜色，以免眼花缭乱，反而让整个界面出现混杂感，界面需要保持干净，如图 1-77 所示。

这两款APP界面色彩整体色调统一。用尽量少的颜色呈现出不同的界面效果

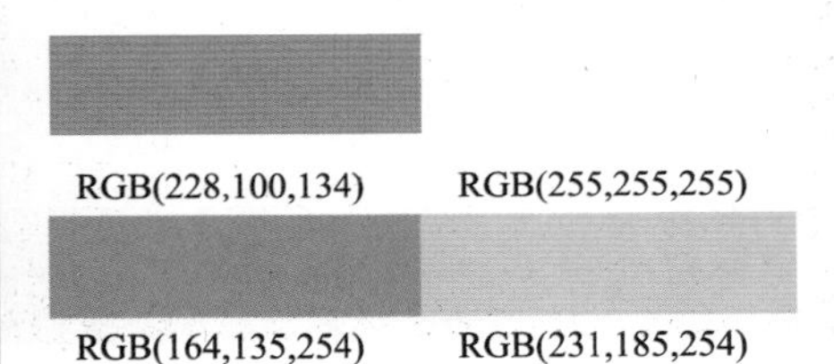

RGB(228,100,134) RGB(255,255,255)

RGB(164,135,254) RGB(231,185,254)

图 1-77

- **对立色调和:** 对立色调和的原则很简单，就是浅色背景使用深色文字，深色背景上使用浅色文字。例如蓝色文字配以白色背景容易识别，而搭配红色背景则不易分辨，原因是红色和蓝色没有足够的反差，但蓝色和白色反差很大。除非特殊场合，杜绝使用对比强烈、让人产生憎恶感的颜色，如图 1-78 所示。

黄色和蓝色作为对立色，背景的反差使对立色的内容更容易吸引浏览者

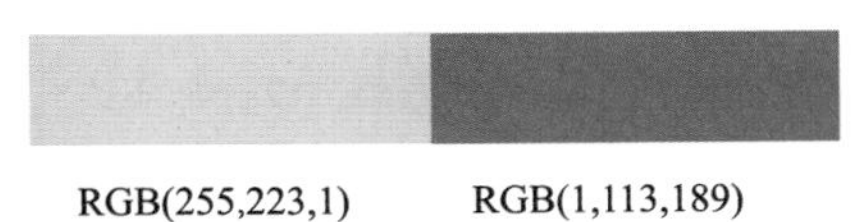

RGB(255,223,1) RGB(1,113,189)

图 1-78

1.6 UI设计的原则

UI是展现企业形象、介绍产品和服务、体现企业发展战略的重要方式。设计之前首先要明确设计页面的目的和用户需求，从而规划出切实可行的设计方案。

成功的UI应该根据消费者的需求、市场的状况和企业自身的情况，以“消费者”为中心进行设计，而不是以“美术”为中心进行设计规划，下面介绍网页界面的设计原则。

1.6.1 视觉美观

视觉美观是UI设计最基本的原则。作为UI设计师首先需要使UI作品引起浏览者的注意，由于界面内容的多样化，传统的设计即将被淘汰，取而代之的是融合了动画、交互设计和三维效果等多媒体形式的UI设计，如图1-79所示。

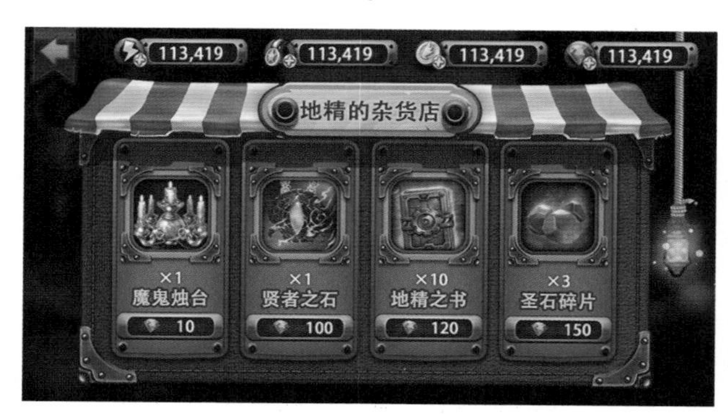

图1-79

UI设计应该灵活运用对比与调和、对称与平衡、节奏与韵律及留白等技巧，通过空间、文字、图形之间的相互联系建立整体的均衡状态，确保整个界面效果协调统一。

提示：巧妙运用点、线、面等基本元素，通过互相穿插、互相衬托和互相补充构成完美的页面效果，充分表达完美的设计意境。

1.6.2 突出主题

UI设计表达的是一定的意图和要求，有些UI只需要简洁的文本信息即可，有些则需要采用多媒体表现手法。这就要求设计不仅要简练、清晰和精确，还需要在凸显艺术性的同时通过视觉冲击力来体现主题。

为了到达主题鲜明的效果，设计师应该充分了解客户的要求和用户的具体需求，以简单明确的语言和图像体现页面的主题，如图1-80所示。

斜线引导浏览者的视角，视角中心是最被浏览者所关注的位置，将主题内容放置在此处，可以使其更突出

图 1-80

1.6.3 整体性

UI 界面的整体性包括内容和形式两方面。在网页界面设计中主要是指 LOGO、文字、图片和动画等要素，形式则是指整体版式和不同内容的布局方式，一款合格的界面设计应该是内容和形式高度统一的，如图 1-81 所示。

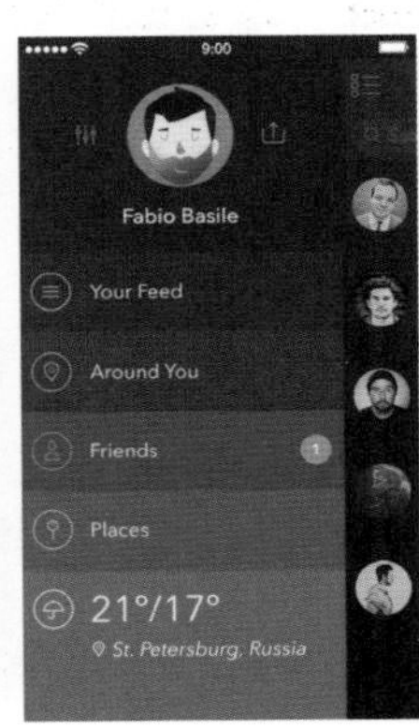

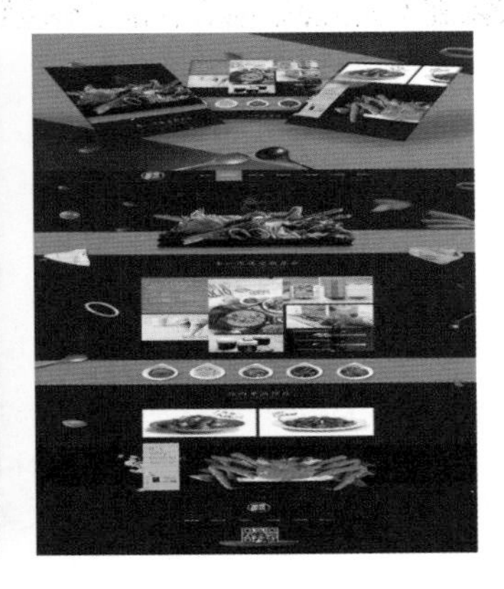

图 1-81

为了实现网页界面的整体性，需要做好两方面的工作。

- **表现形式要符合主题的需要**：一款页面如果只是追求过于花哨的表现形式，过于强调创意而忽略主要内容，或者只追求功能和内容，却采用平淡无奇的表现形式，都会使页面变得苍白无力。只有将二者有机地融合在一起，才能真正设计出独具一格的页面。
- **确保每个元素存在的必要性**：设计页面时，要确保每个元素都有其存在的意义，不要单纯为了展示所谓的高水准设计和新技术添加一些毫无意义的元素，这会使用户感到强烈的无所适从感。

1.6.4 为用户考虑

为用户考虑的原则实际上就是要求设计者要时刻站在用户的角度来考虑，主要体现在以下几个方面：

1. 使用者优先观念

UI 设计的目的就是吸引用户使用，所以无论什么时候都应该谨记以用户为中心的观念。用户需要什么，设计者就应该去做什么。一款界面设计得再具有艺术感，若非用户所需，那也是失败的。

2. 简化操作流程

依靠界面美观可以吸引浏览者，但是否能够留住用户靠的是界面中的各种功能及操作流程。此处需要遵循 3 次单击原则，任何操作不应该超过 3 次单击，如果违背这一原则就会导致用户失去耐心。

3. 考虑用户带宽及网速

UI 设计需要考虑用户的带宽及网速。对于当前网络高度发达的时代，可以考虑在用户界面中加入一些动画、音频、视频和插件等多媒体元素，借此塑造立体丰富的界面效果，如图 1–82 所示。

图 1–82

提示：在网页界面设计中，要想让所有浏览者都可以畅通无阻地浏览页面内容，那么最好不要使用只有部分浏览器才支持的技术和文件，而是采用支持性较好的技术，例如文字和图像。

1.6.5 快速加载

快速加载也是界面设计中需要考虑的一条准则。就现在的发展趋势而言，最重要的当属图片元素，为了加快界面的加载速度，需要从页面切图和优化图片的存储下手，能够通过代码实现的部分尽量不要切图，能用 1 像素平铺出来的就不切成 2 像素，能用 32 色存储的就不用 64 色，如图 1–83 所示。

图 1–83

1.7 UI设计的一般流程

一句话描述 UI 设计流程：产品调研→设计产品原型→用户体验小组讨论修改→交互视觉设计→产品经理提出修改→用户体验小组确认→前端开发师→程序开发→测试调试→评估。

一般公司的项目经理会根据用户需求制作出设计产品的原型，UI 设计师需要了解产品，然后对产品的各个基本功能进行设计。

1. 需求阶段

软件产品依然属于工业产品的范畴，依然离不开 3W 的考虑（Who、where、why），也就是使用者、使用环境、使用方式的需求分析。所以在设计一个软件产品之前我们应该明确什么人用（用户的年龄、性别、爱好、收入、教育程度等）、什么地方用（在办公室、家庭、厂房车间、公共场所）、如何用（鼠标键盘、遥控器、触摸屏）。上面的任何一个元素改变，结果都会有相应的改变。

除此之外，在需求阶段同类竞争产品也是我们必须了解的。单纯地从界面美学考虑说哪个好哪个不好是没有一个很客观的评价标准的，只能说哪个更合适，更适合最终用户的就是最好的。

2. 分析设计阶段

分析上面的需求以后，就进入了设计阶段，也就是方案形成阶段。需要设计出几套不同风格的界面供选择。首先我们应该制作一个体现用户定位的词语坐标。

提示：例如我们为25岁左右的白领男性制作家居娱乐软件。对于这类用户我们分析得到的词汇有：品质、精美、高档、高雅、男性、时尚、cool、个性、亲和、放松等。分析这些词汇的时候我们会发现有些词是绝对必须体现的，例如：品质、精美、高档、时尚。但有些词是相互矛盾的，必须放弃一些，例如：亲和、放松与 cool等。

我们画出一个坐标，上面是我们必须用的品质：精美、高档、时尚，左边是贴近用户心理的词汇：亲和、放松、人性化，右边是体现用户外在形象的词汇：cool、个性、工业化。然后我们开始收集相呼应的图片，放在坐标的不同点上。这样根据不同坐标点的风格，就可以设计出数套不同风格的界面。

3. 调研验证阶段

几套风格必须保证在同等的设计制作水平上，不能明显看出差异，这样才能得到用户客观的反馈。

4. 方案改进阶段

经过用户调研，得到目标用户最喜欢的方案，而且要了解用户为什么喜欢、还有什么遗憾等，这样就可以进行下一步修改了。这时候可以把精力投入到一个方案上（这里指不能换皮肤的应用软件或游戏的界面），将方案做到细致精美。

5. 用户验证阶段

改正以后的方案，可以将产品推向市场。但是设计并没有结束，零距离接触最终用户，看看用户真正使用时的感想，为以后的升级版本积累经验资料。

UI 设计需要配合各个部门来完成，一个好的 UI 设计产品不仅能符合产品的市场定位，也与技术人员的合作分不开。

1.8 本章小结

本章主要向用户介绍了 UI 设计的基础内容，如良好的 UI 用户体验、UI 设计风格、UI 设计的构成法则、色彩搭配技巧、UI 设计的原则等，希望读者通过本章的学习能够对 UI 设计有初步了解。

02

Chapter

UI常见组件设计

UI通常由很多元素组成，例如图标、按钮、菜单、标签等。这些元素都是UI很小的组成部分，但却会对UI效果产生直接的影响。好的组件元素可以与整个界面浑然一体，提高用户的使用体验。本章中将针对UI常见的组件设计进行讲解。通过学习，读者可以掌握常见组件的设计方法和技巧。

本章知识点：

- ★ 了解UI设计基础
- ★ 了解UI设计风格
- ★ 了解UI设计构成法则
- ★ 基本掌握UI设计中的色彩搭配技巧

2.1 UI设计中的基本视觉元素

UI 设计是为了满足用户界面专业化、标准化的需求，产生的对软件的使用界面进行美化、优化和规范化的设计分支。在 UI 中包含多种不同的视觉识别元素，包括框架设计、图标设计、按钮设计、菜单设计、标签设计、滚动条及状态栏设计等。

2.1.1 图标

图标设计是方寸艺术，应该着重考虑视觉冲击力，它需要在很小的范围内表现出软件的内涵，所以很多图标设计师在设计图标时使用简色，利用眼睛对色彩和网站的空间混合效果，做出许多精彩的图标，如图 2-1 所示为精美的软件图标设计作品。

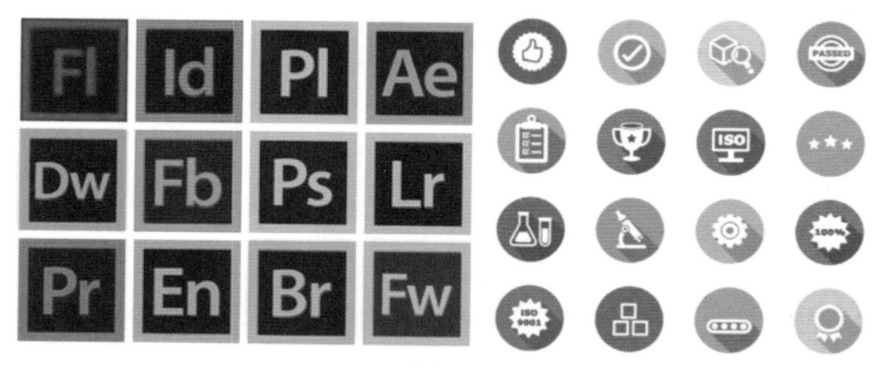

图 2-1

2.1.2 按钮

UI 的按钮设计应该具备简洁明了的图示效果，能够让使用者清楚地辨识按钮的功能，产生功能关联反应，群组内的按钮应该具有统一的设计风格，按钮应该有所区别，如图 2-2 所示。

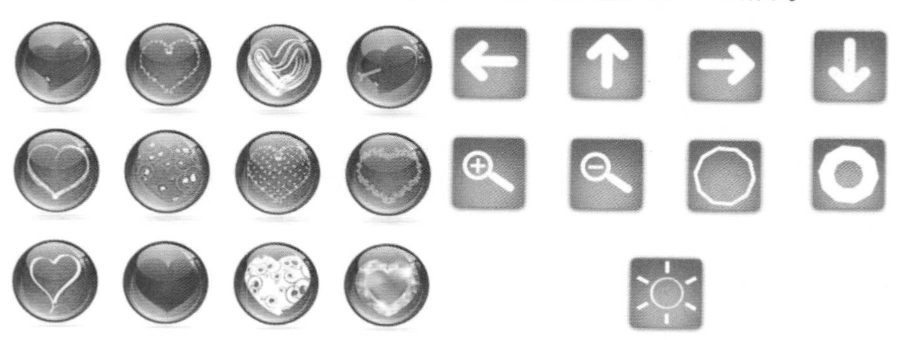

图 2-2

软件按钮的设计还应该具有交互性，即应该设计该按钮的 3~6 种状态效果，将不同的按钮效果应用在不同的按钮状态下，最基本的 3 种按钮状态效果分别为：按钮的默认状态、鼠标移至按钮上方单击时的按钮状态，以及按钮被按下后的状态，如图 2-3 所示。

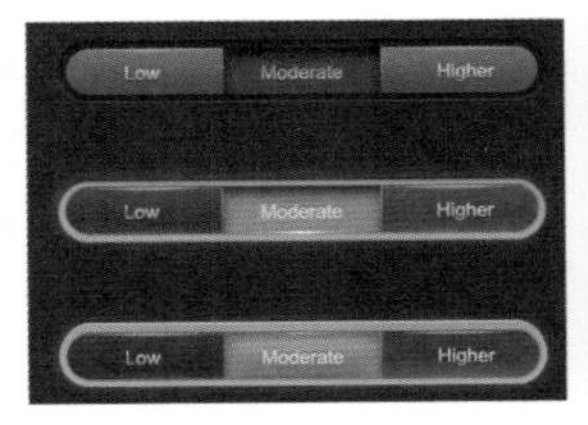

图 2-3

2.1.3 菜单

UI 的菜单设计一般有选中状态和未选中状态，在每个菜单项的左侧显示的是菜单的名称，右侧则显示该菜单的快捷键，如果有下级菜单，还应该设计下级箭头符号，不同功能区间应该使用线条进行分割，如图 2-4 所示为软件菜单效果。

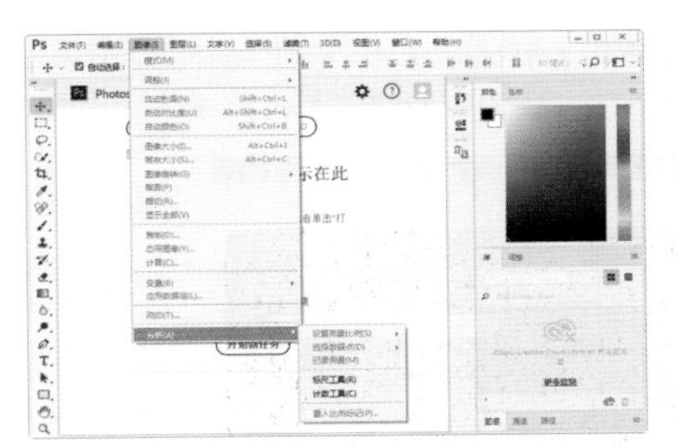

图 2-4

2.1.4 标签

UI 的标签设计类似于网页中常见的选项卡，在 UI 标签的设计过程中，应该注意转角位置的变化，其状态可以参考 UI 按钮设计，如图 2-5 所示为软件标签效果。

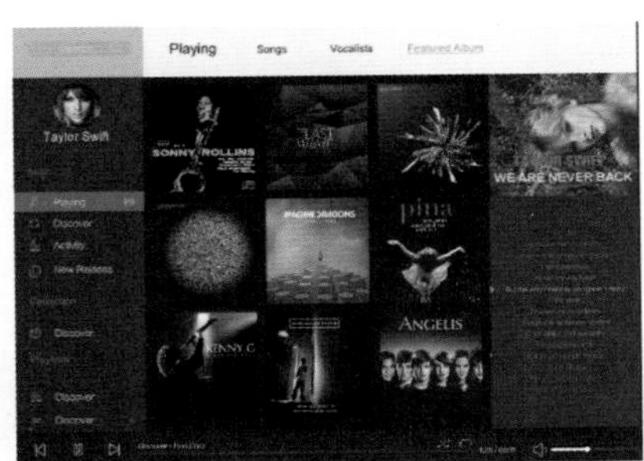

图 2-5

2.1.5 滚动条和状态栏

滚动条主要是为了对软件固定大小的区域性空间中内容量的变换进行设计，应该有上下箭头及滚动标等，有些软件还设计有翻页标。状态栏主要是对软件当前状态的显示和提示。如图 2-6 所示为软件界面中的滚动条和状态栏的应用。

图 2-6

软件框架的设计因为涉及软件的使用功能，应该对软件产品的程序和使用有一定的了解，相对其他的视觉设计元素来说要复杂得多。

设计师具有一定的软件跟进经验，能够快速地学习软件产品，并且要和软件产品的程序开发员及程序使用对象进行共同沟通，从而设计出友好的、独特的、符合程序开发原则的软件框架，如图 2-7 所示。

图 2-7

提示：软件框架设计应该简洁明快，尽量减少使用无谓的装饰，应该考虑节省屏幕空间、各种分辨率的大小、缩放时的状态，并且为将来设计的按钮、菜单、标签、滚动条及状态栏预留位置。设计中将整体色彩组合进行合理搭配，将软件商标放在显著位置，主菜单应该放置在左边或上边，滚动条放置在右边，状态栏放置在下边，以符合视觉流程和用户使用心理。

2.2 图标设计知识

在 UI 设计中，图标和按钮占有很大的比例，图标和按钮一般是为 UI 提供单击功能的或者用于着重表现 UI 中的某个功能或内容，了解其功能和作用后要在其辨识度上下功夫。

提示：不要将图标或按钮设计得太过于花哨，否则使用者不容易看出它的功能，好的图标和按钮设计要使使用者只要看一眼外形就知道其功能。

2.2.1 图标的概念

图标在广义上是指具有指代意义的图形符号，具有高度浓缩、快捷传达信息、便于记忆的特性。在狭义上是指应用于计算机软件上的图形符号。其中，操作系统的桌面图标是软件或操作快捷方式的标识，界面中的图标是功能的标识。

图标在界面设计中无处不在，是界面设计中非常关键的部分。随着科技的发展、社会的进步，以及人们对美、时尚、质感和趣味的不断追求，图标设计呈现出百花齐放的局面，越来越多新颖、精致、富有创造力和人性化的图标涌入浏览者的视野。如图 2-8 所示为图标设计。

图 2-8

提示：图标设计不仅需要精美、质感，更重要的是具有良好的可用性。近年来，随着人们对美的认知发生改变，越来越多的设计向简约、精致方向发展，这就是扁平化设计潮流。扁平化图标设计通过简单的图形和合理的色彩搭配构成简约的图标，给人简约、清晰、实用、一目了然的感觉。

2.2.2 图标的设计原则

在 UI 设计中，图标设计占有很大的比例，想要设计出美观、实用的图标，首先需要了解图标设计的原则。

1. 明确信息传达

图标在设计中一般是提供单击功能，了解其功能后要在其易辨识性上下功夫，不要将图标设计得过于花哨，否则浏览者不容易看出它的功能，如图 2-9 所示。

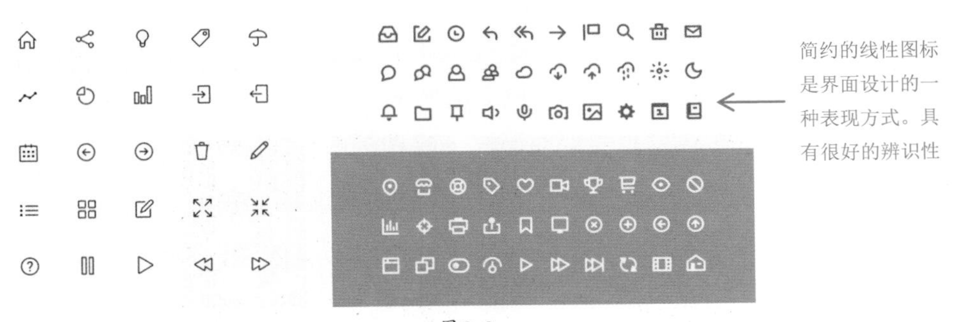

图 2-9

提示：扁平化图标设计的精髓所在，就是只要浏览者看一眼外形就知道其功能，并且界面中所有图标的风格统一。

2. 功能具象化

图标设计要使产品或软件的功能具象化，更容易理解。常见的图标元素本身在生活中就经常见到，这样做的目的是使用户可以通过一个常见的事物理解抽象的产品或软件功能，如图 2-10 所示。

通过简约的图形可以将该图标的功能表现得很具体和形象

图 2-10

3. 富含娱乐性

优秀的图标设计，可以为界面增添动感。现在，界面设计趋向于精美和细致。设计精良的图标可以让所设计的界面在众多设计作品中脱颖而出，这样的界面设计更加连贯，更富有整体感，交互性更强，如图 2-11 所示。

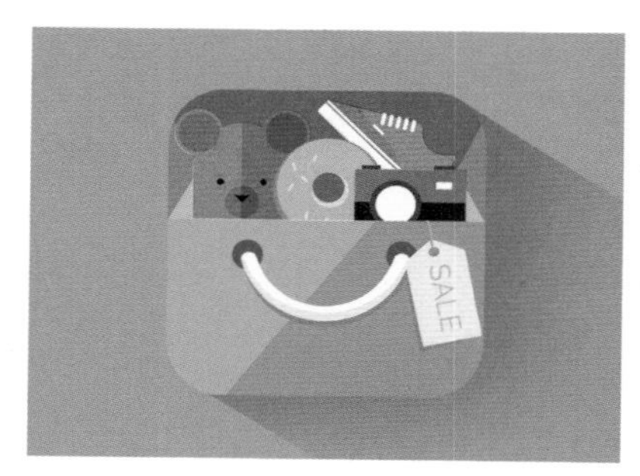

图标在各种界面中的应用非常广泛，设计出色的图标能够明确地体现相关的功能，能为整个界面的视觉表现增色不少

图 2-11

4. 统一形象

统一的图标设计风格突出了产品的统一性，代表了产品的基本功能特征，凸显了产品的整体性和整合程度，给人以信赖感，同时便于记忆，如图 2-12 所示。

图 2-12

5. 美观大方

精美的图标是一个好的用户界面设计的基础，无论是何种行业，用户总会喜欢美观的产品，美观的产品总会给用户留下良好的第一印象。在时下流行的智能终端上，产品的操作界面更能体现个性化美和强化性装饰，如图 2–13 所示。

图 2–13

提示：图标设计也是一种艺术创作，极具艺术美感的图标能够提高产品的品位，图标不但要强调其示意性，还要强调产品的主题文化和品牌意识，图标设计被提高到了前所未有的高度。

2.3 图标设计的风格

一个图标设计特别是只有图像或文字占比少的标志，最重要的就是图案部分，所以一定要学会怎么设计图标。本节将为用户介绍如何制作简约像素图标、拟物化图标和扁平化图标。

2.3.1 简约的像素图标

近年来，随着人们对美的认知发生改变，越来越多的设计向简约、精致的方向发展，通过简单的图形和合理的色彩搭配构成简约的图标，让人感觉清晰、简约、一目了然、实用，如图 2–14 所示。

图 2–14

提示：简约软件图标的制作方法看似简单，但其蕴含的意义却非常丰富，每一个图形只能代表一个含义，否则会给用户带来错误的引导。在设计简约软件图标时，可以遵守以下设计要求：使用基本线条和形状；应用纯色；使用公共元素；清爽干净。

2.3.2 拟物化图标

拟物化图标除了能够带给用户逼真的感觉，还会带来华丽感。通常拟物化图标效果要比真实对象更好，因为在设计图标时会对一些不和谐的内容进行美化处理，比如不均匀的阴影和颜色、不清晰的纹理等，通过处理使拟物化图标看起来更加真实、美观。如图 2–15 所示。

图 2–15

提示：拟物化图标具有很高的辨识性，在设计中需要注意以下几个要求：确定一种风格；保持最小元素；坚持简单；分布制作；适当夸张。

实战练习——设计3D立体闹钟

本案例制作了一个极具立体感的闹钟图标。闹钟各部分的形状主要通过各种形状工具创建，质感则主要通过“图层样式”来体现。

使用到的技术	椭圆工具、矩形工具、文本工具、图层样式		
学习时间	30 分钟		
视频地址	视频 \ 第 2 章 \2-3-2.mp4		
源文件地址	源文件 \ 第 2 章 \2-3-2.psd		
设计风格	拟物化设计		
色彩分析	主色（11,49,116）	辅色（26,171,0）	点缀色（179,0,0）

步骤 01 执行“文件>新建”命令，弹出“新建文档”对话框，新建一个空白文档，如图2–16所示。使用“圆角矩形工具”，设置“圆角”为100像素，在画布中创建一个“填充”为RGB（190,189,183）的圆角矩形，如图2–17所示。

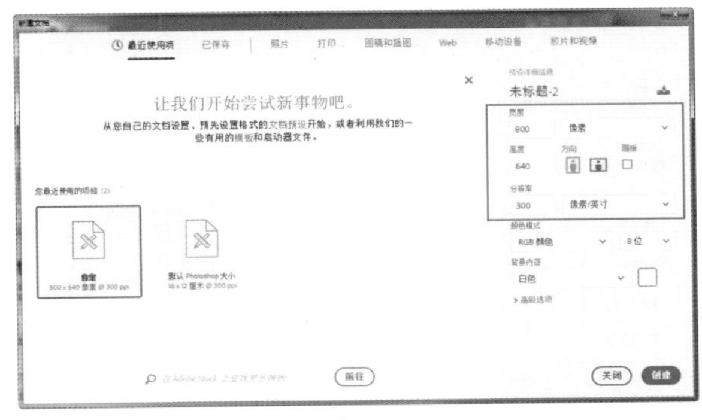

图 2-16

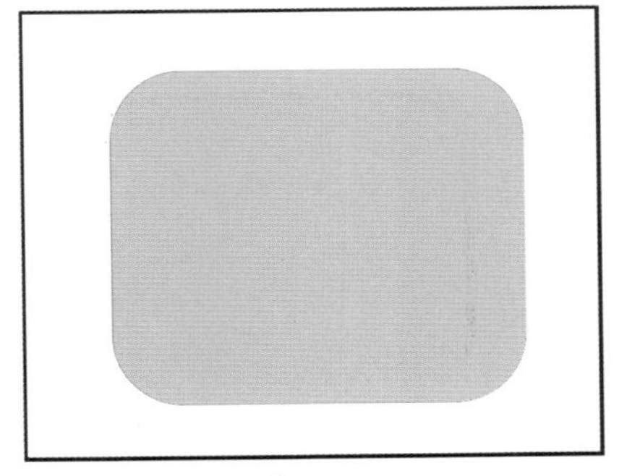
图 2-17

步骤 02 单击工具箱中的“钢笔工具”按钮，在该图层下方创建一个任意颜色的形状，如图2-18所示。在“图层”面板中双击该图层缩览图，弹出“图层样式”对话框，选择“内阴影”选项进行相应设置，如图2-19所示。

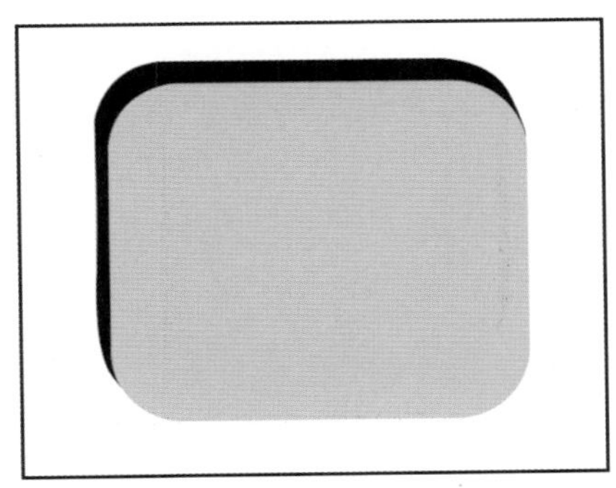
图 2-18

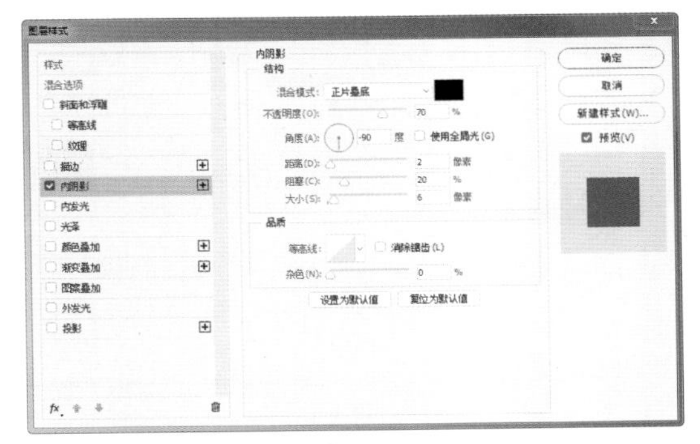

图 2-19

步骤 03 继续在对话框中选择“渐变叠加”选项进行相应设置，如图2-20所示。设置完成后单击“确定”按钮，可以看到图形效果，如图2-21所示。

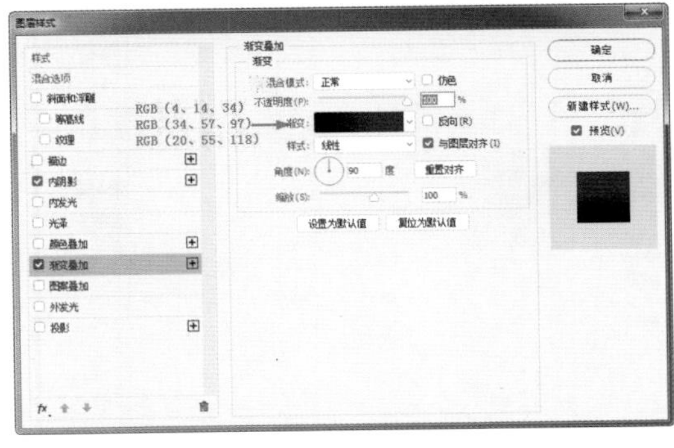

图 2-20

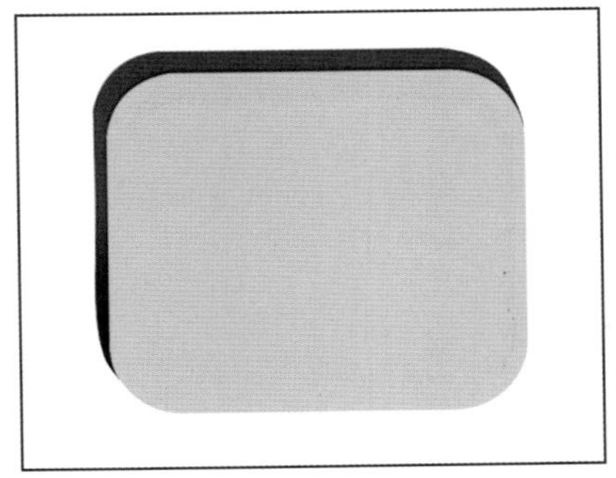
图 2-21

步骤 04 单击工具箱中的“钢笔工具”按钮，在画布中创建一个任意颜色的形状，如图2-22所示。双击该图层缩览图，弹出“图层样式”对话框，选择“内阴影”选项并设置相应参数，如图2-23所示。

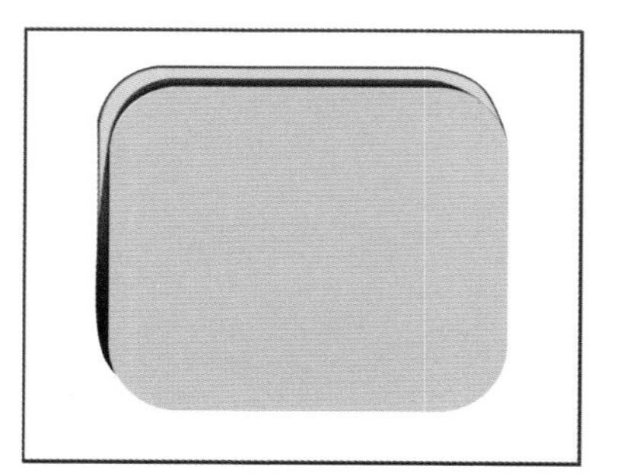

图 2-22

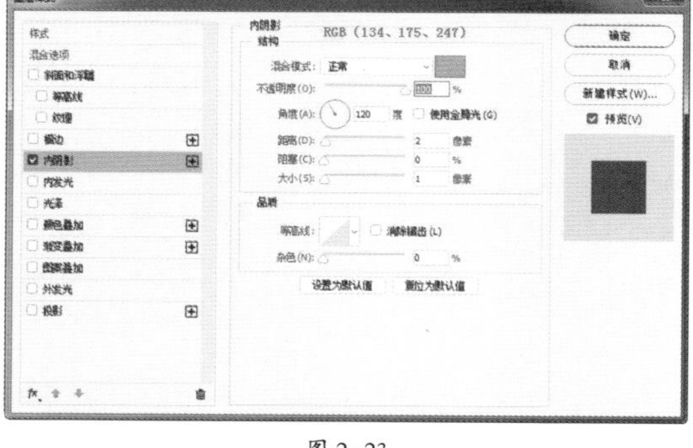

图 2-23

步骤 05 继续在对话框中选择“渐变叠加”选项进行相应设置，如图2-24所示。设置完成后单击“确定”按钮，得到图形效果，如图2-25所示。

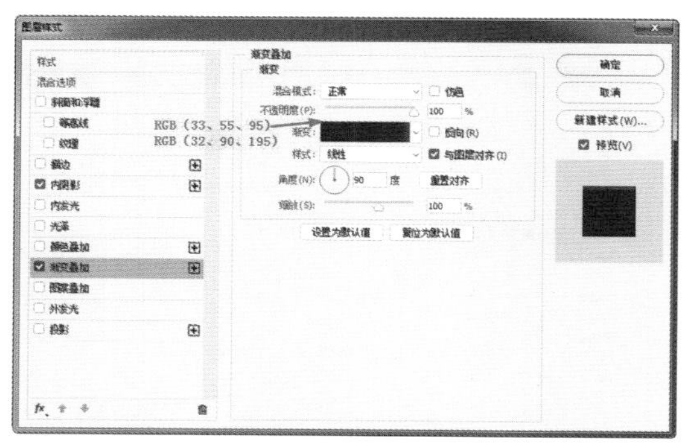

图 2-24

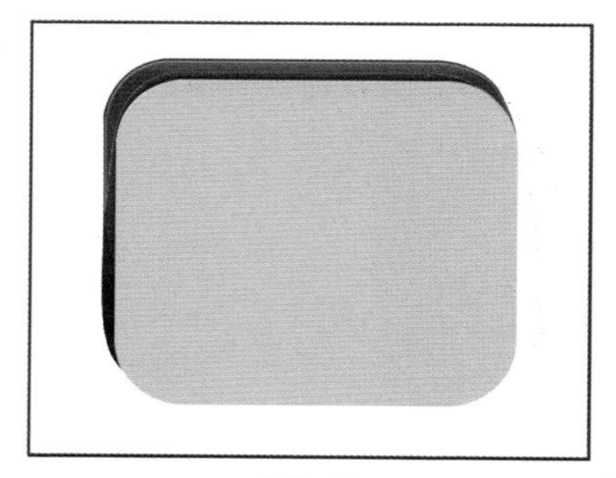

图 2-25

步骤 06 将“圆角矩形1”图层复制到“图层”面板最下方，适当调整其位置，清除图层样式，并使用“直接选择工具”调整圆角形状，如图2-26所示。修改其“填充”为RGB（240,240,240），打开“图层样式”对话框，选择“内阴影”选项进行相应设置，如图2-27所示。

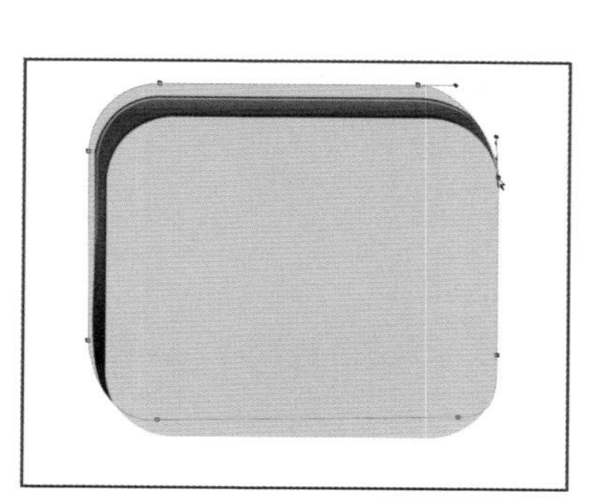

图 2-26

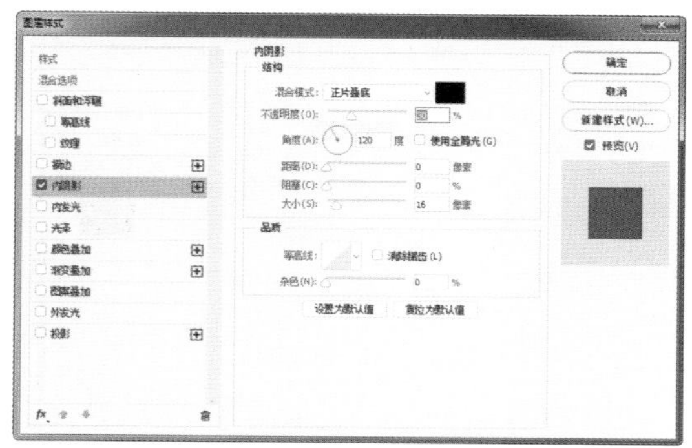

图 2-27

步骤 07 设置完成后单击“确定”按钮，得到图形效果，如图2-28所示。在“形状2”上方新建“图层1”图层，设置其“混合模式”为“叠加”，选用白色柔边画笔适当涂抹出盒子的高光，如图2-29所示。

步骤 08 在“图层”面板最上方新建“图层2”图层，继续使用白色柔边画笔涂抹盒子上方的高光，如图2–30所示。使用相同的方法涂抹出盒子的其他高光和阴影部分，如图2–31所示。

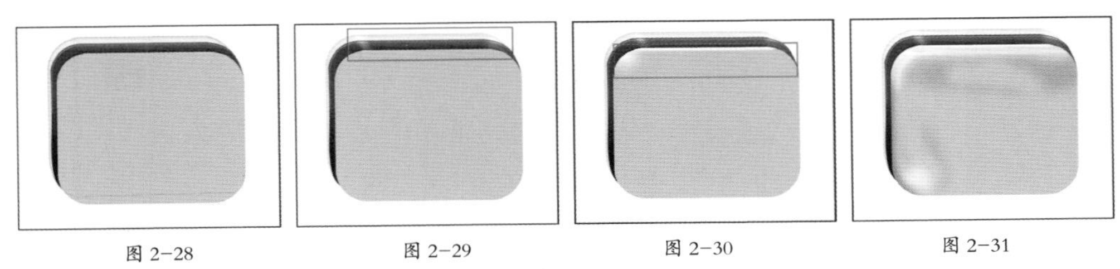

图 2–28　　图 2–29　　图 2–30　　图 2–31

提示：创建高光和阴影的步骤比较关键，若无法熟练使用“画笔工具”进行绘制，请为图层添加蒙版，方便随时修改。

步骤 09 将“圆角矩形1”复制并移动到“图层”面板最上方，并修改其“填充”为RGB（6,36,62），如图2–32所示。单击工具箱中的“钢笔工具”按钮，设置“路径操作”为“与形状区域相交”，创建出如图2–33所示的形状。

步骤 10 按快捷键Ctrl+J复制该图层，适当调整其形状，并修改其“填充”为RGB（12,56,135），如图2–34所示。执行“图层>栅格化>形状”命令，载入该图层选区，分别使用“橡皮擦工具”和黑色柔边画笔处理出立体效果，如图2–35所示。

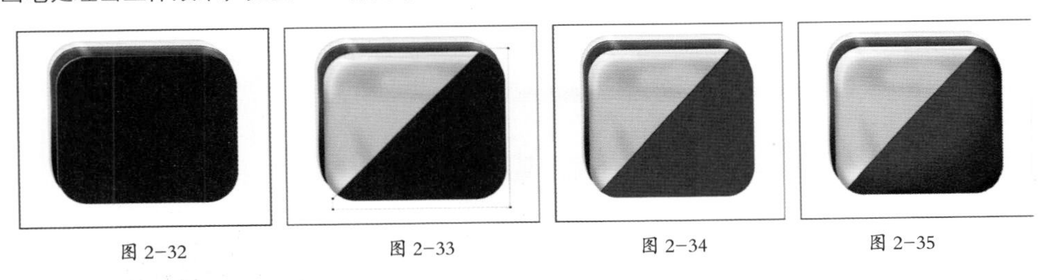

图 2–32　　图 2–33　　图 2–34　　图 2–35

步骤 11 选中除“背景”图层之外的全部图层，按快捷键Ctrl+G将其编组，并重命名为“主体”，如图2–36所示。单击工具箱中的“钢笔工具”按钮，在盒子右下方创建如图2–37所示的形状，“填充”为RGB（15,38,80）。

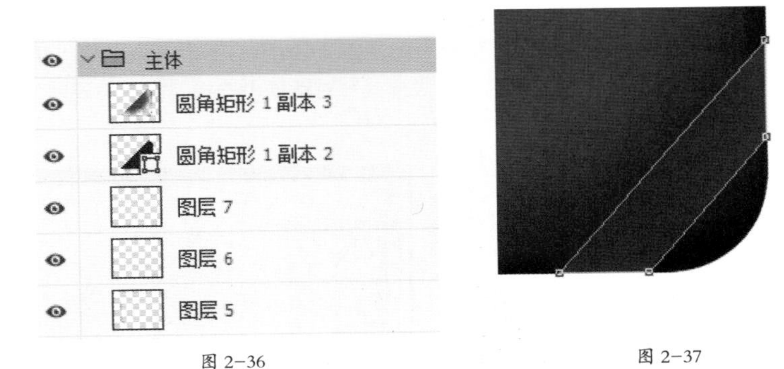

图 2–36　　图 2–37

步骤 12 双击该图层缩览图，在弹出的“图层样式”对话框中选择“描边”选项进行相应设置，如图2–38所示。继续在对话框中选择“内阴影”选项并设置相应参数，如图2–39所示。

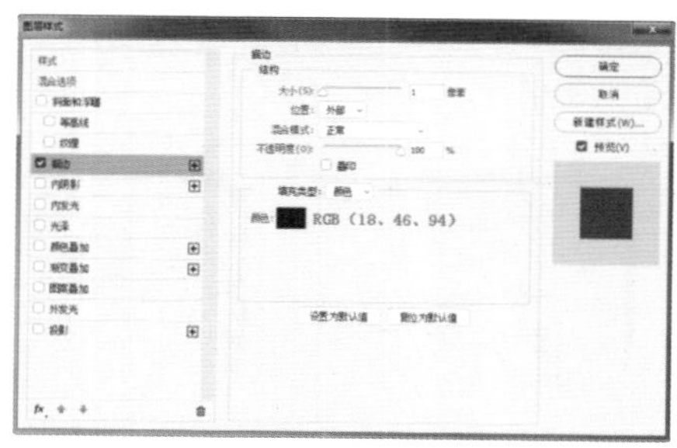

图 2-38

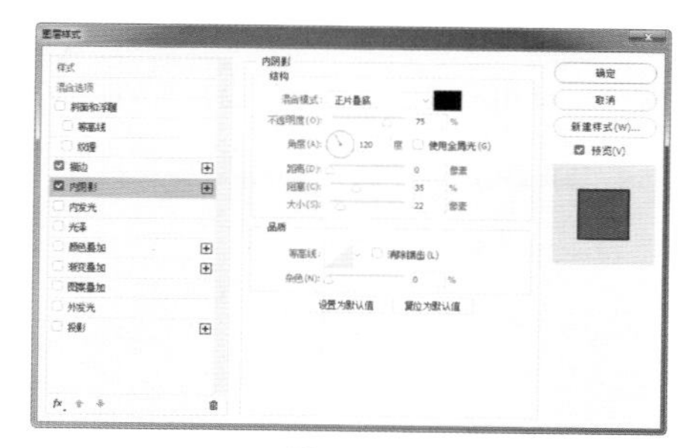

图 2-39

步骤 13 设置完后单击“确定”按钮，得到图形效果，如图2-40所示。复制该图层，清除图层样式，并配合“椭圆工具”创建出如图2-41所示的形状。

图 2-40

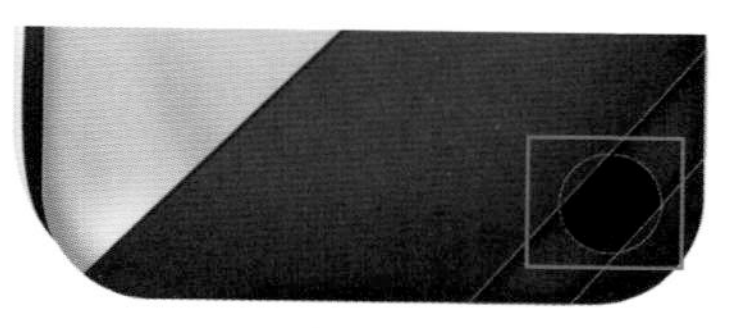

图 2-41

步骤 14 双击该图层缩览图，在弹出的“图层样式”对话框中选择“投影”选项，设置各项参数的值，如图2-42所示。设置完后单击“确定”按钮，得到图形效果，如图2-43所示。

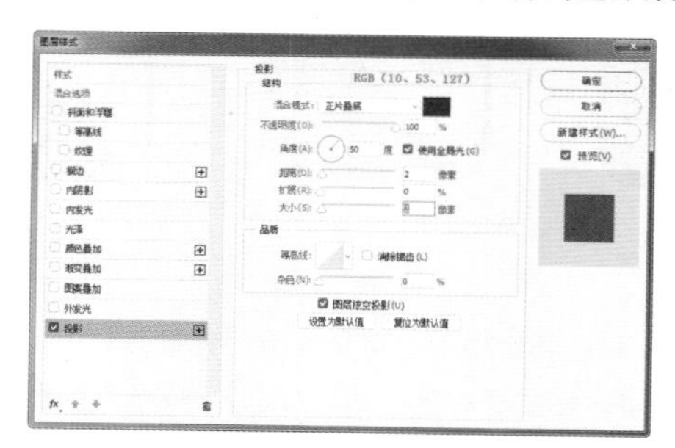

图 2-42

图 2-43

步骤 15 单击工具箱中的“钢笔工具”按钮，绘制出如图2-44所示的图形，该图层“填充”为RGB（10,35,80）。双击该图层缩览图，在弹出的“图层样式”对话框中选择“斜面与浮雕”选项，并设置相应参数的数值，如图2-45所示。

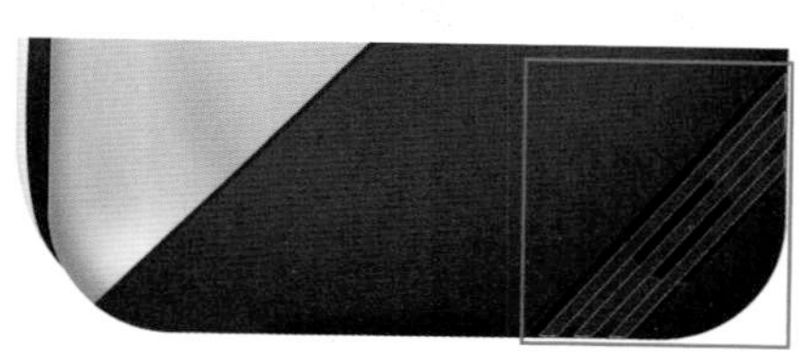

图 2-44

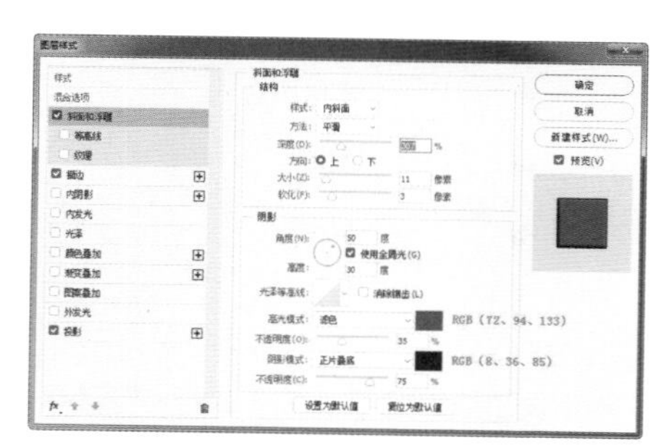

图 2-45

步骤 16 继续在该对话框中选择“描边”选项进行相应设置，如图2-46所示，最后在对话框中选择“投影”选项进行相应设置，如图2-47所示。

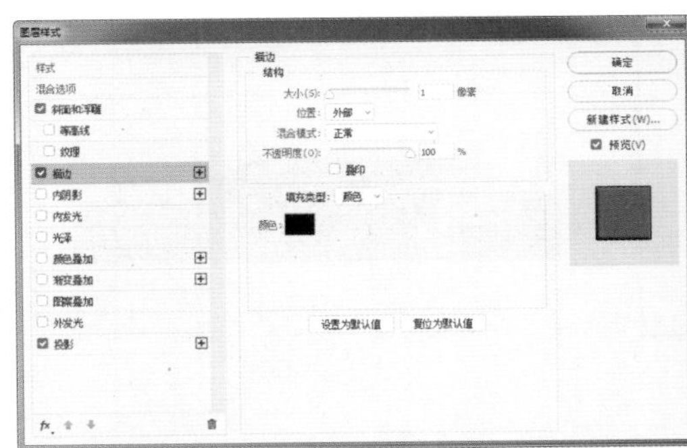

图 2-46

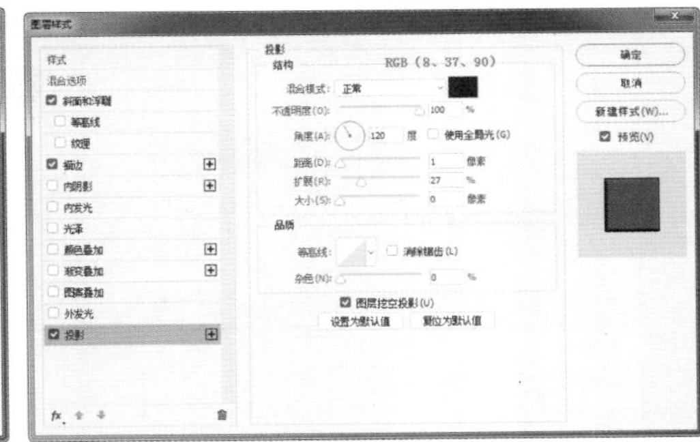

图 2-47

步骤 17 设置完成后单击“确定”按钮，可以看到图形效果，如图2-48所示。选中相关的图层，按快捷键Ctrl+G将其编组，并重命名为“扬声器”，如图2-49所示。

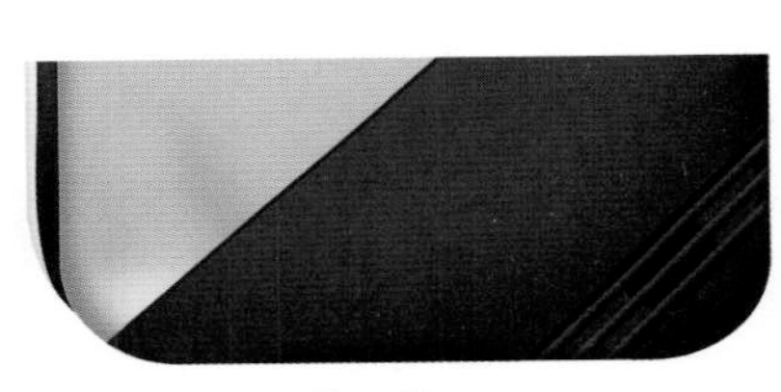

图 2-48

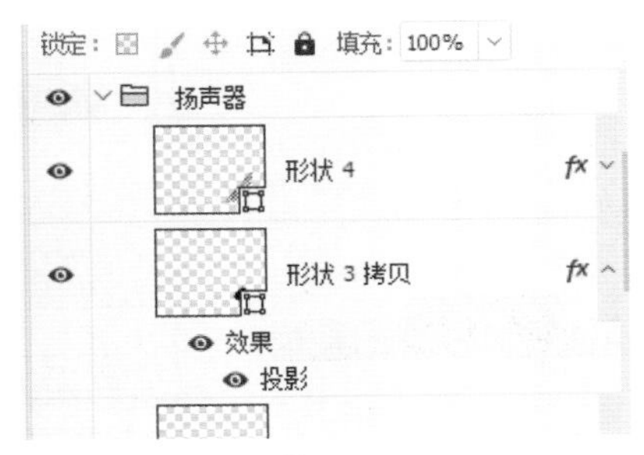

图 2-49

步骤 18 单击工具箱中的“圆角矩形工具”按钮，绘制如图2-50所示的按钮形状，使用“直接选择工具”适当调整按钮形状。双击该图层缩览图，在弹出的“图层样式”对话框中选择“渐变叠加”选项，设置各项参数值，如图2-51所示。

图 2-50

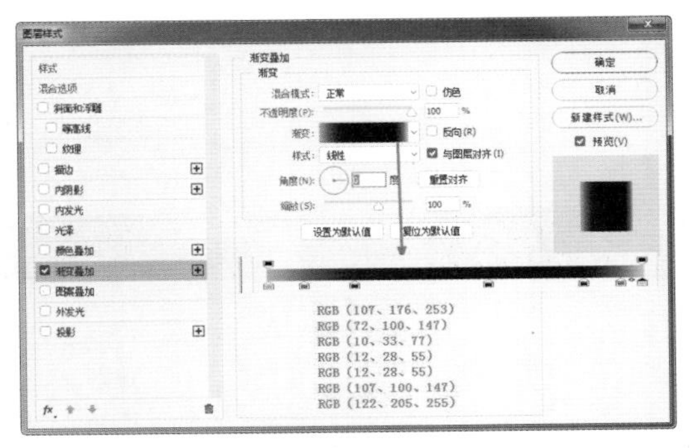

图 2-51

步骤 19 继续在对话框中选择“投影”选项，设置各项参数值，如图2-52所示。设置完成后单击“确定”按钮，得到按钮效果，如图2-53所示。

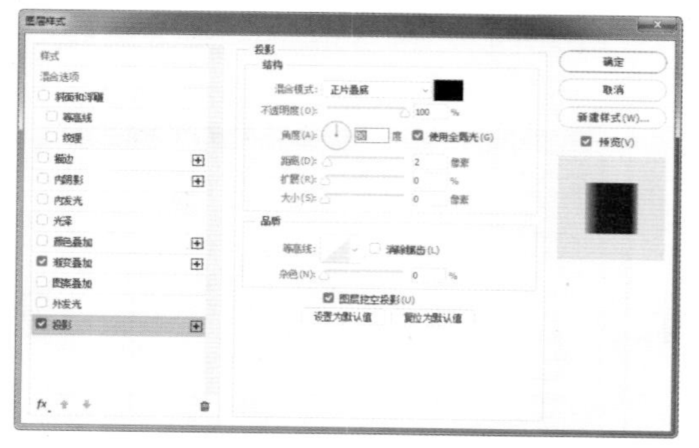

图 2-52

图 2-53

步骤 20 复制该图层并略微下移，删除其图层样式，然后执行“图层>栅格化>形状”命令将其栅格化，如图2-54所示。执行“滤镜>模糊>高斯模糊”命令，弹出“高斯模糊”对话框，将该图形模糊3像素，如图2-55所示，模糊效果如图2-56所示。

图 2-54

图 2-55

图 2-56

步骤 21 为该图层添加蒙版，载入下方图层的选区，略微向下移动，并为蒙版填充黑色，如图2-57所示。使用相同的方法继续处理蒙版，最后设置该图层的“不透明度”为80%，按钮阴影效果如图2-58所示，“图层”面板如图2-59所示。

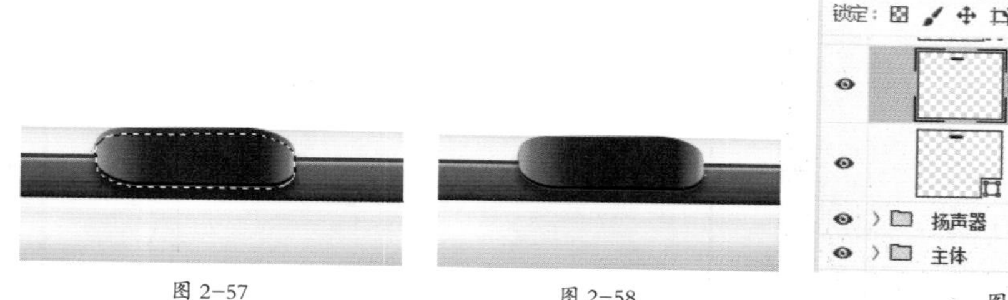

图 2-57　　图 2-58

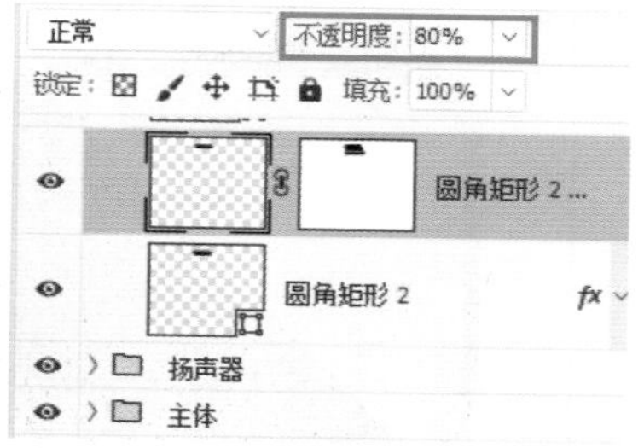

图 2-59

步骤 22 使用相同的方法创建出按钮的其他部分，如图2-60所示。选中相关的图层，按快捷键Ctrl+G进行编组，并重命名为“按钮”，如图2-61所示。

步骤 23 使用相同的方法创建闹钟的表盘部分，效果如图2-62所示。打开“字符”面板，对各项参数进行相应设置，“颜色”为RGB（60,255,0），如图2-63所示。

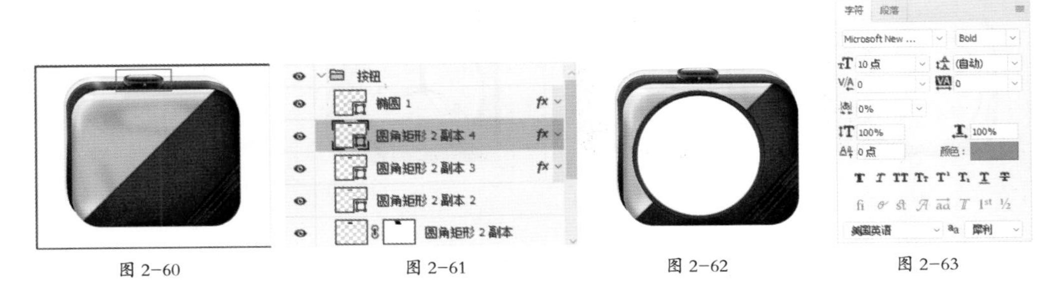

图 2-60　　图 2-61　　图 2-62　　图 2-63

步骤24 单击工具箱中的“横排文本工具”按钮，输入相应的数字，如图2-64所示。双击该图层缩览图，在弹出的“图层样式”对话框中选择“描边”选项并设置相应参数，如图2-65所示。

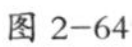

图 2-64

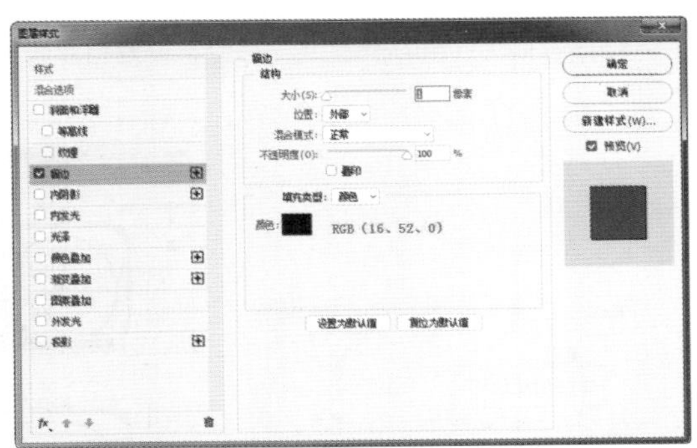

图 2-65

步骤25 继续在对话框中选择“内发光”选项，设置各项参数的值，如图2-66所示。在对话框中选择“颜色叠加”选项，设置各项参数的值，如图2-67所示。

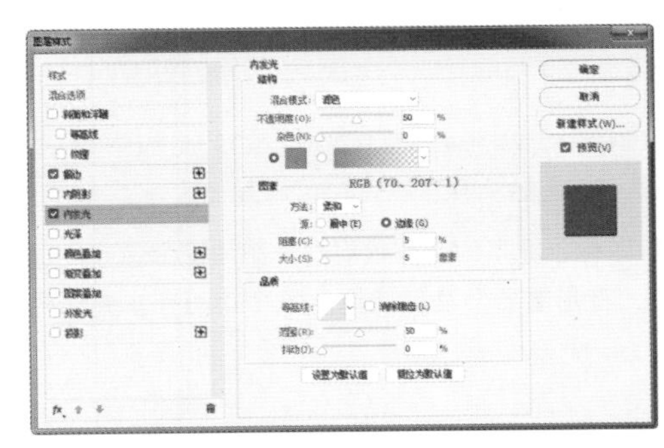

图 2-66

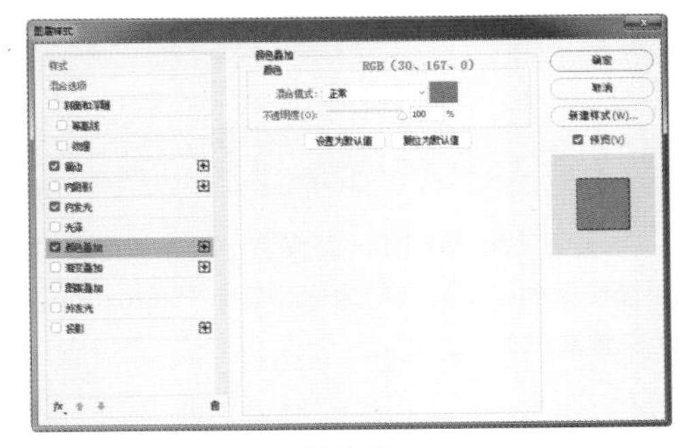

图 2-67

步骤26 使用相同的方法完成其他文字的制作，如图2-68所示。使用前面讲解过的方法制作表盘的其他部分，如图2-69所示。

步骤27 使用相同的方法制作闹钟的投影，如图2-70所示，“图层”面板如图2-71所示。

图 2-68

图 2-69

图 2-70

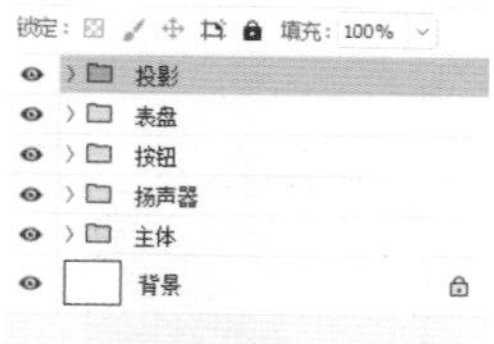

图 2-71

提示：闹钟指针下方的两圈刻度是使用跟文字随路径的方法制作的。首先使用“椭圆工具”在表盘中创建一条正圆路径，然后使用“横排文本工具”移近路径，待鼠标指针变为状时单击鼠标，即可创建文字跟随路径的效果。

步骤28 隐藏“背景”图层，执行“图像>裁切”命令，裁切多余的透明元素，如图2-72所示。执行“文件>导出>存储为Web所用格式”命令，设置相应的参数，单击“存储”按钮，将其命名保存，如图2-73所示。

图 2-72

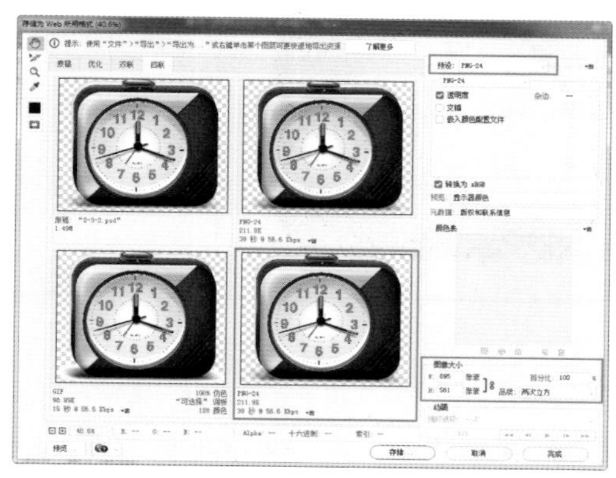

图 2-73

实战练习——设计三维凉亭图标

本案例使用 3ds Max 制作了一款简单可爱的凉亭图标，凉亭的造型很规则。制作这个凉亭的过程中频繁使用到了“阵列”命令，它与 Photoshop 中的“变形重置”功能类似，这个功能在本案例中有着至关重要的作用。

使用到的技术	标准基本体、图形、渲染、画笔工具	
学习时间	50 分钟	
视频地址	视频 \ 第 2 章 \2-3-2-1.mp4	
源文件地址	源文件 \ 第 2 章 \2-3-2-1.psd	
设计风格	拟物化设计	
色彩分析	主色（234,111,50）	辅色（217,234,230）

步骤 01 打开3ds Max，执行“创建>标准基本体>圆柱体”命令，在场景中创建一个八边圆柱体，如图2-74、图2-75所示。单击鼠标右键，选择“转换为>可编辑多边形”命令，将圆柱体转换为可编辑多边形，如图2-76所示。

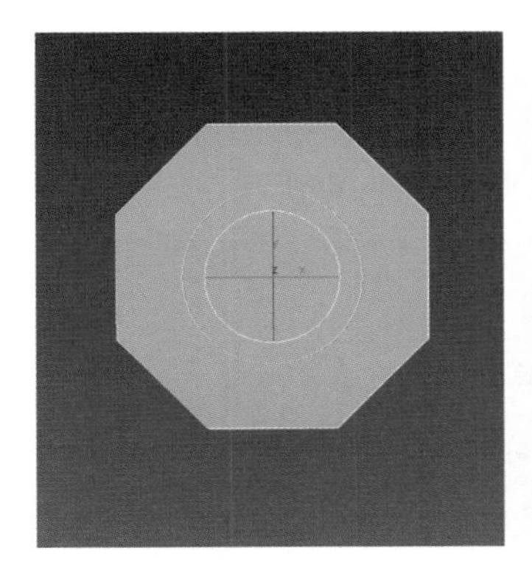

图 2-74

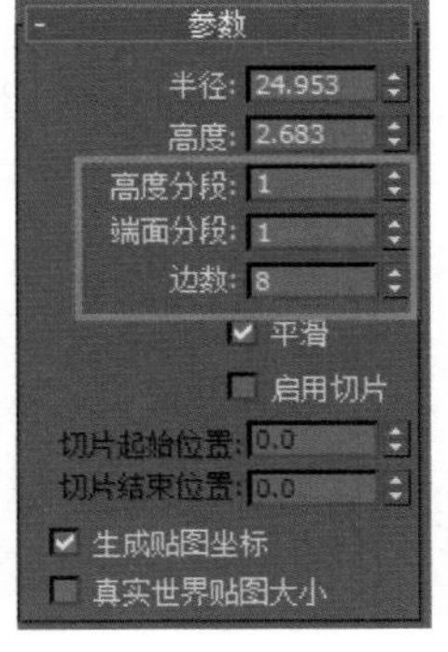

图 2-75

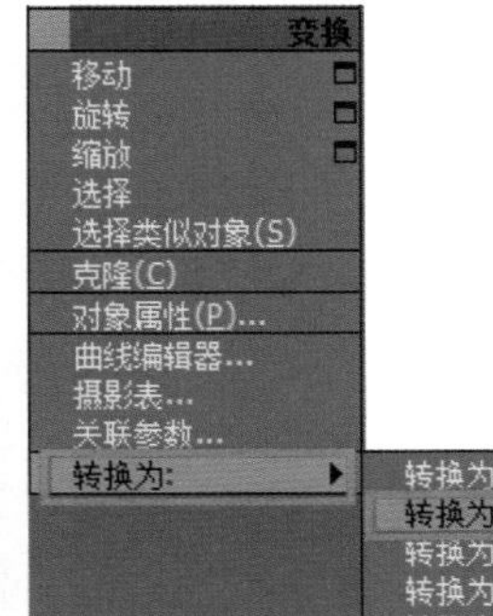

图 2-76

步骤 02 在“修改”面板中激活“多边形”级别，如图2-77所示，然后选择圆柱体下方的面，将其删除，效果如图2-78所示。单击鼠标右键，选择“剪切”命令，在圆柱体顶部连接两个相对的顶点，如图2-79所示。

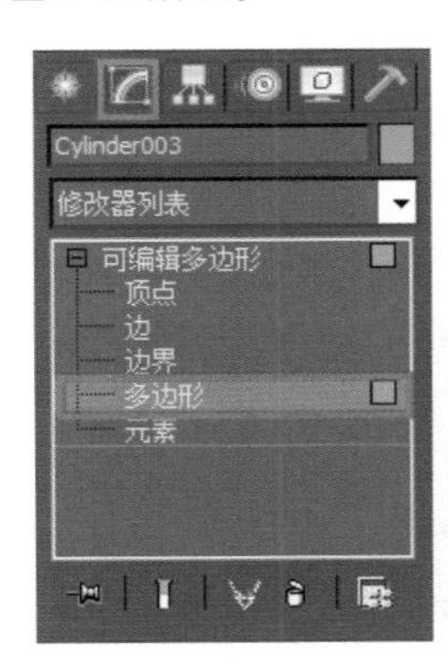

图 2-77

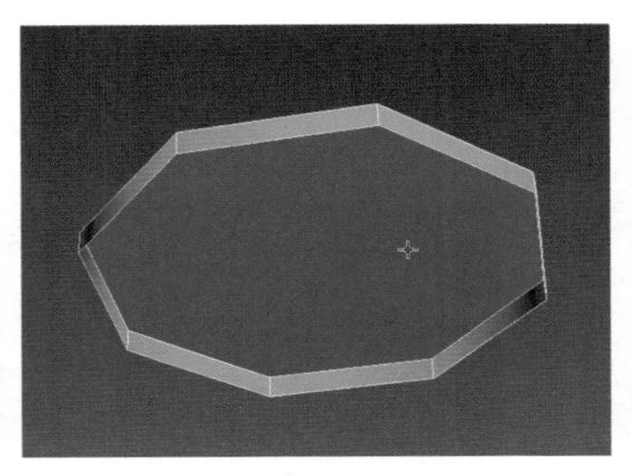

图 2-78

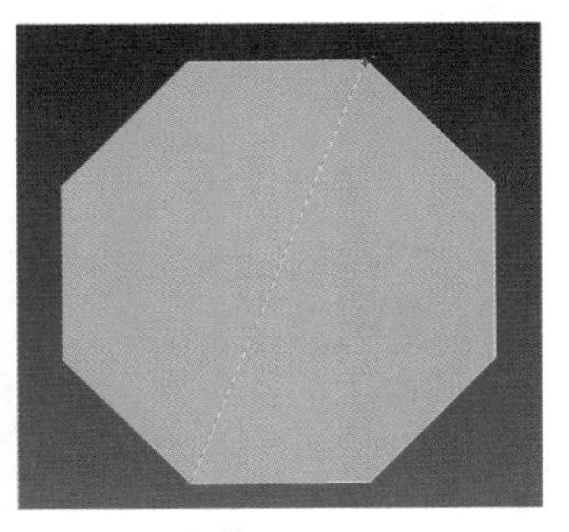

图 2-79

提示：用户可以按快捷键T进入顶视图，然后创建圆柱体。创建完成后，最好能使用“选择并旋转”工具将其一边旋转至正对前视图，这样制作房檐和栏杆等部分就比较方便了。

步骤 03 使用相同的方法继续加入新的边，如图2-80所示。激活“顶点”级别，如图2-81所示，然后选择中间的顶点，将其向上移动，制作出尖顶效果，如图2-82所示。

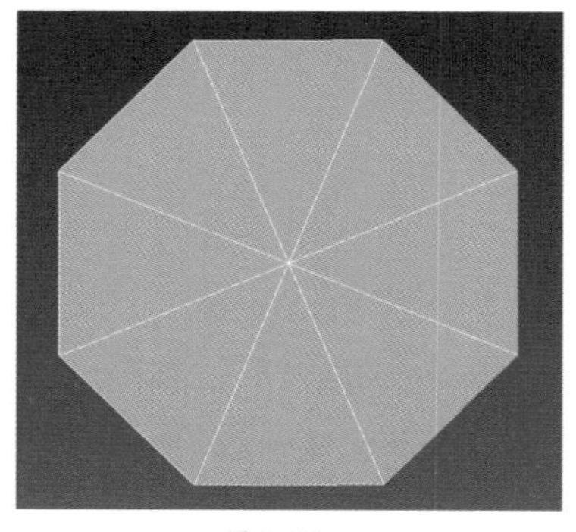

图 2-80

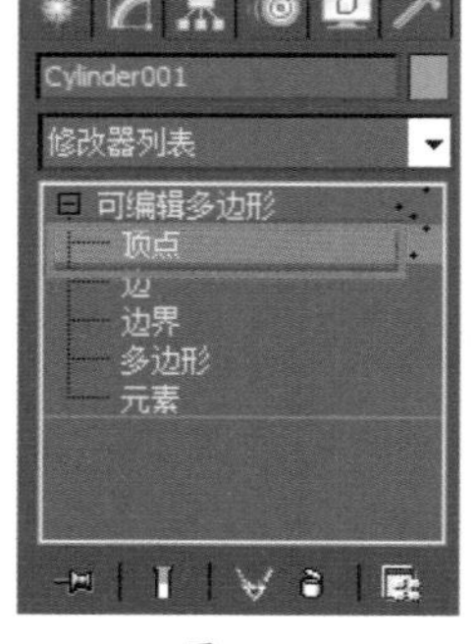

图 2-81

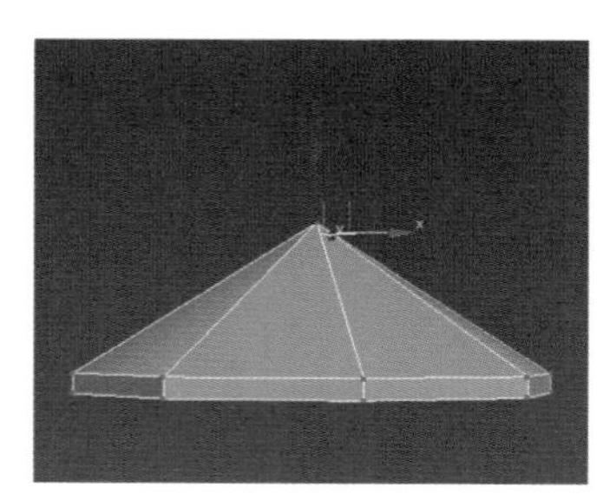

图 2-82

步骤04 执行“创建>图形>线”命令，在前视图中绘制出装饰性木板的轮廓，如图2-83所示。单击鼠标右键，选择“转换为>可编辑多边形”命令，将其转为可编辑多边形，如图2-84所示。

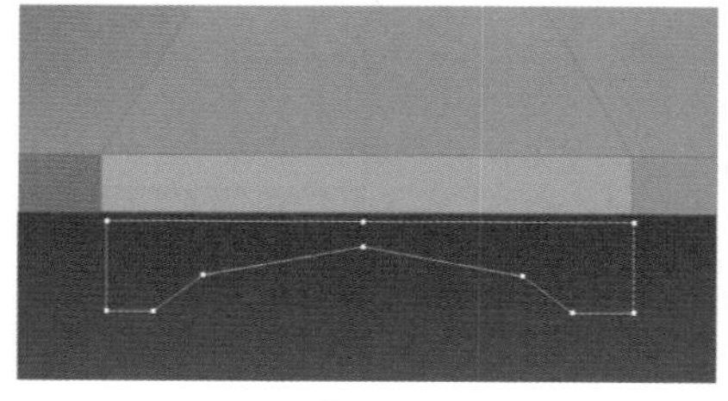

图 2-83

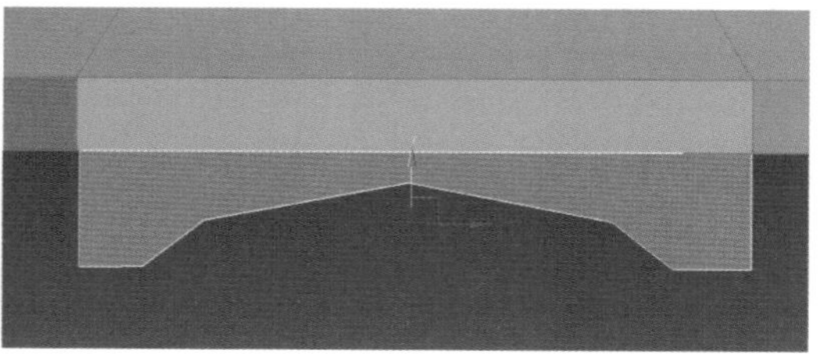

图 2-84

步骤05 激活“边”级别，拖选所有的边，然后按下Shift键将它们向内侧拖动，挤出木板的厚度，如图2-85所示。再激活“边界”级别，单击鼠标右键，选择“封口”选项，将木板后面的孔洞封上，效果如图2-86所示。

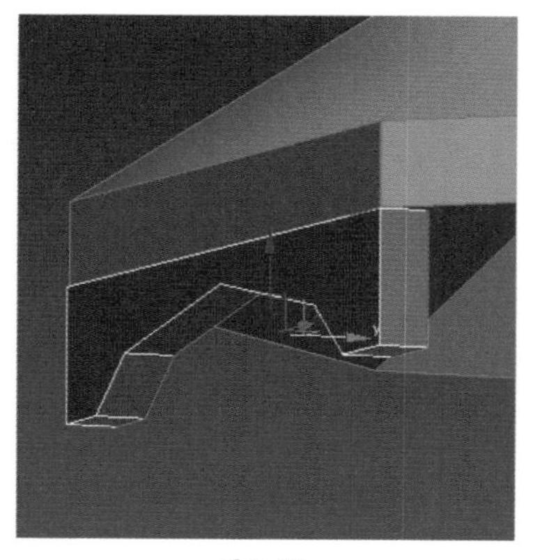

图 2-85

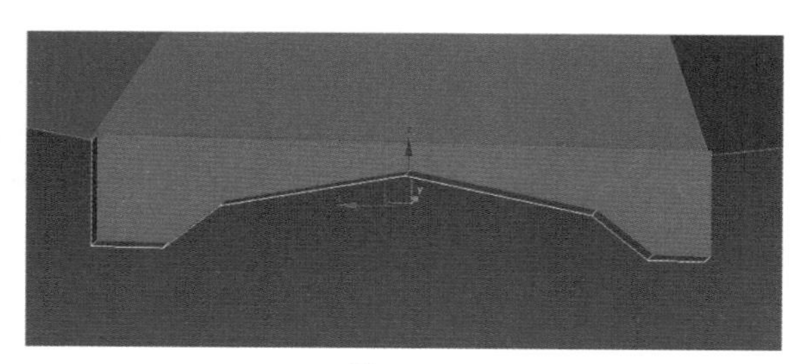

图 2-86

步骤06 单击“层次”面板中的“仅影响轴”按钮，单击工具栏中的“快速对齐”按钮，然后在场景中单击房顶，使木板的轴与房顶的轴重合，如图2-87、图2-88所示。取消激活“仅影响轴”按钮，执行“工具>阵列”命令，参数设置如图2-89所示。

图 2-87

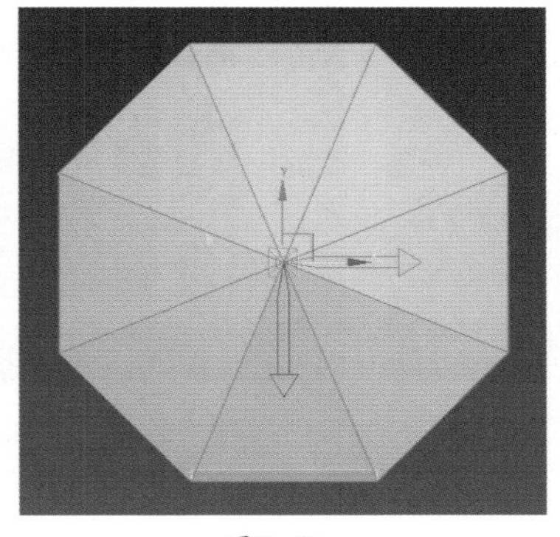

图 2-88

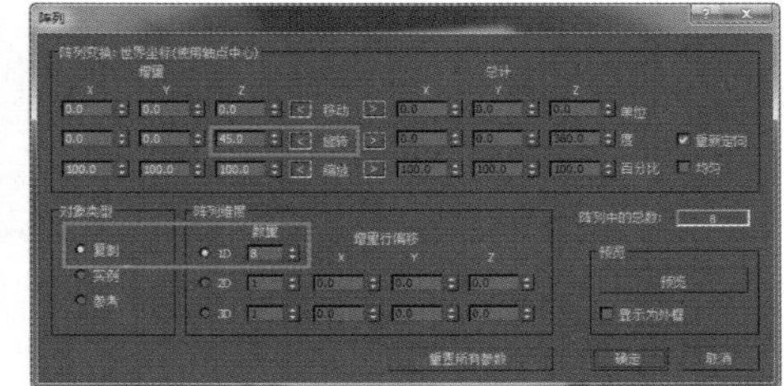

图 2-89

步骤 07 单击“确定”按钮，得到一整圈木板，如图2-90所示。选中其中一块木板，将其转为可编辑多边形。单击鼠标右键，选择“附加”命令，然后逐一单击拾取其他木板，将它们附加为一个整体，效果如图2-91所示。

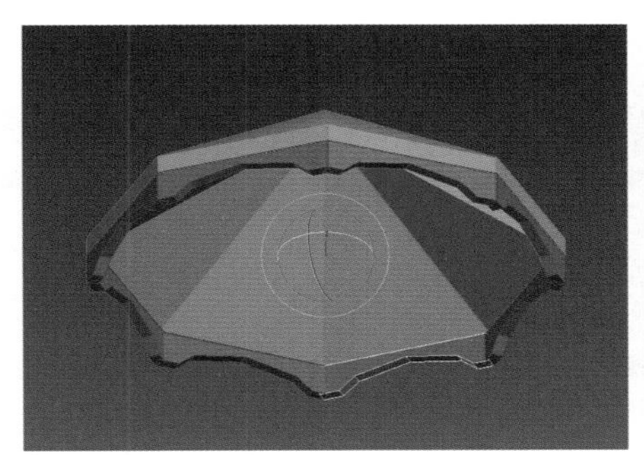

图 2-90

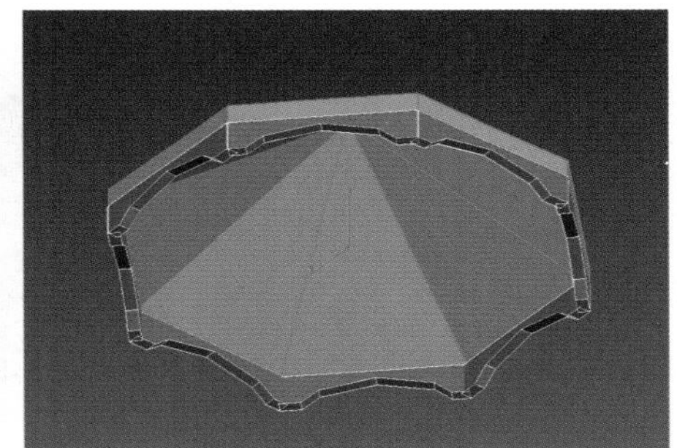

图 2-91

步骤 08 使用相同的方法制作出8根柱子，效果如图2-92所示。在两根柱子之间在搭上两个横梁，如图2-93所示。在横梁之间制作一根木条，如图2-94所示。

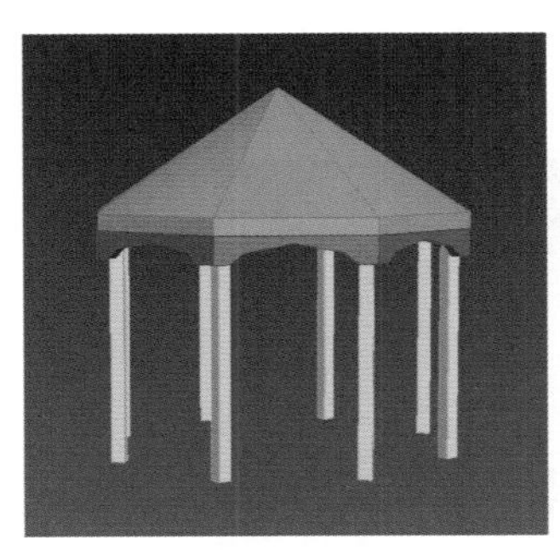

图 2-92

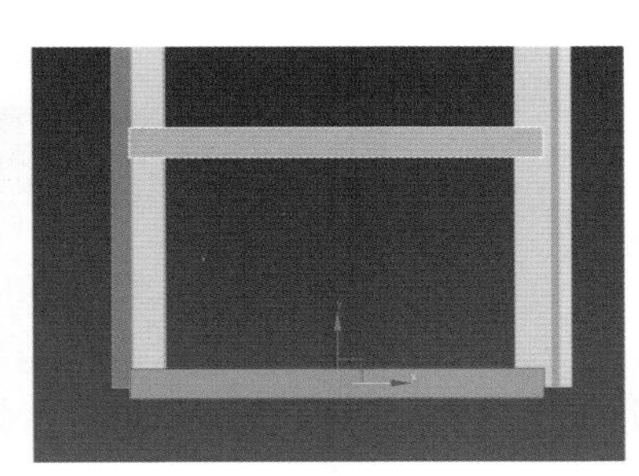

图 2-93

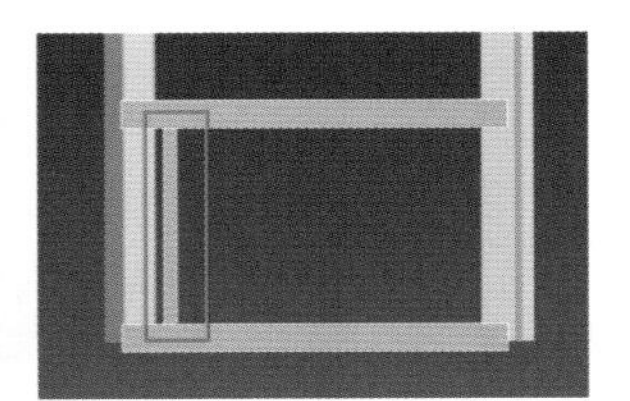

图 2-94

步骤 09 按下Shift键拖动以复制木条，如图2-95所示，弹出“克隆选项”对话框，具体设置如图2-96所示。单击“确定”按钮，制作出完整的栏杆，如图2-97所示。

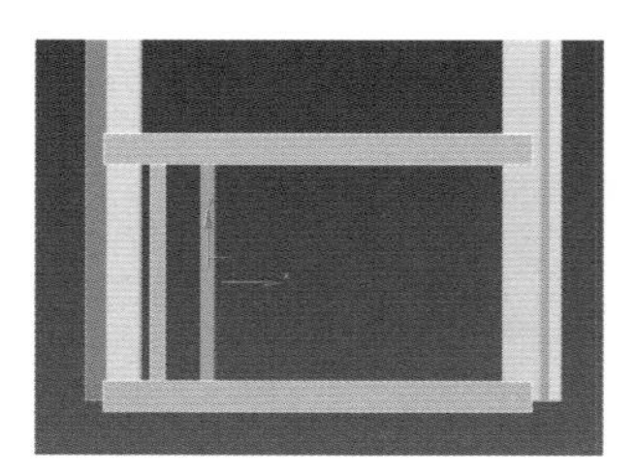

图 2-95

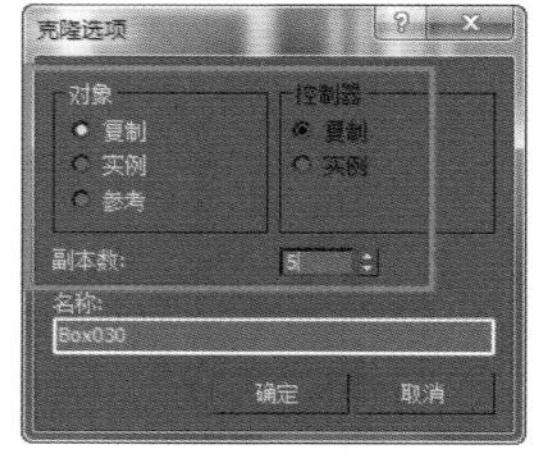

图 2-96

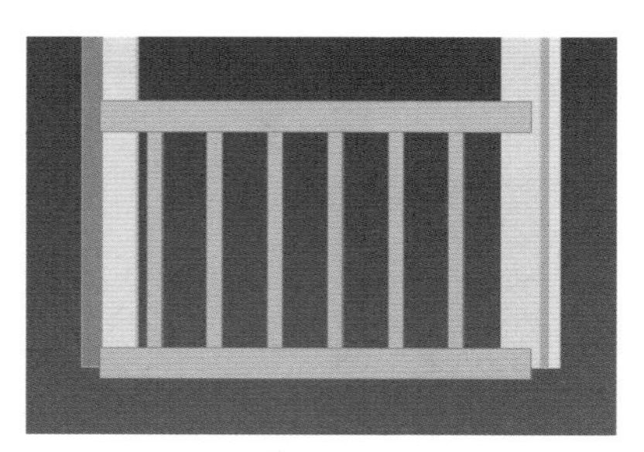

图 2-97

步骤 10 将栏杆附加，然后使用相同的方法复制出一圈栏杆，如图2-98所示。选择房顶的一条边，如图2-99所示，然后按快捷键Alt+L选中一圈边，如图2-100所示。

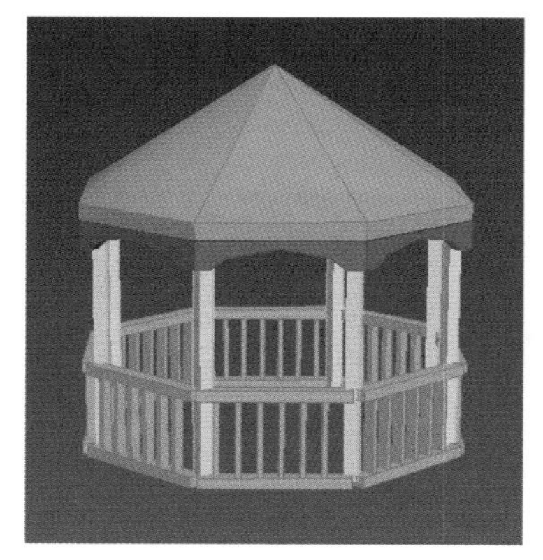

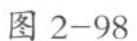

图 2-98

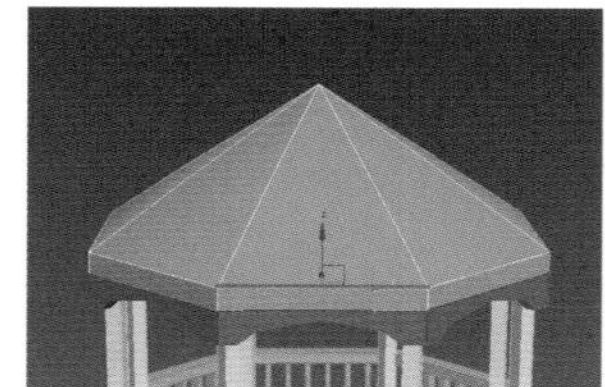

图 2-99

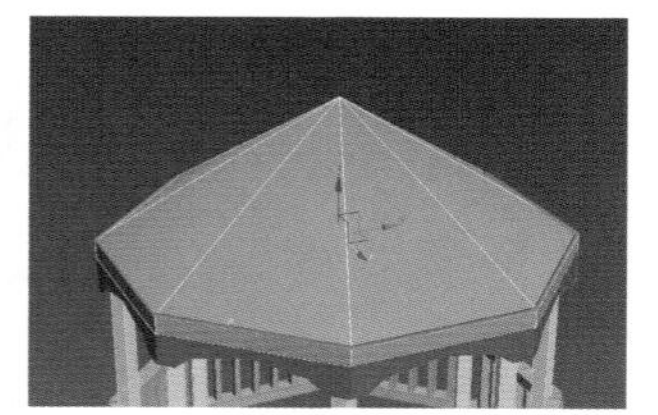

图 2-100

提示：这里的栏杆和房顶是分别使用两个物体制作出来的，也就是说二者不是一个整体。所以必须先选中“可编辑多边形”的“顶”级别，然后在场景空白区域单击，取消选择栏杆，才能再次选中房顶。

步骤 11 单击鼠标右键，选择“创建图形”命令，将选中的边创建为新的图形，如图2-101所示。将样条线从房顶中拖出来，并转换为可编辑多边形，如图2-102所示。

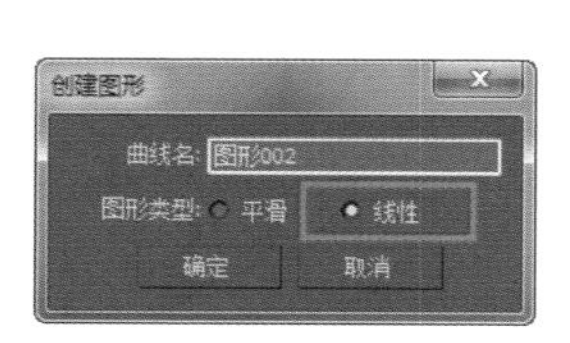

图 2-101

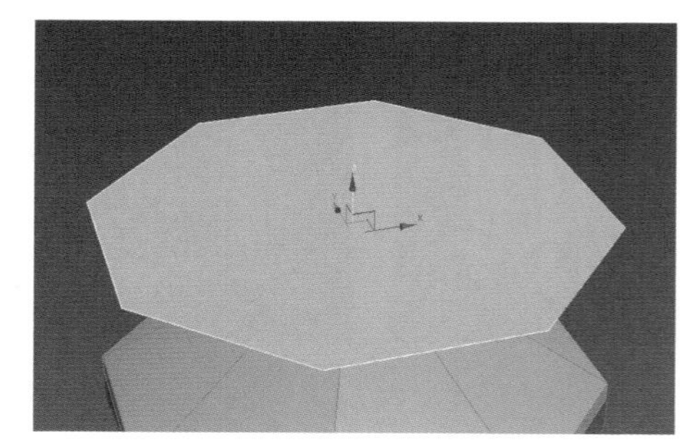

图 2-102

步骤 12 选中该形状的所有边，按下Shift键向上拖动，挤出厚度，效果如图2-103所示。使用“封口”命令封好孔洞，然后将其移动到房子下方，作为基底，如图2-104所示。

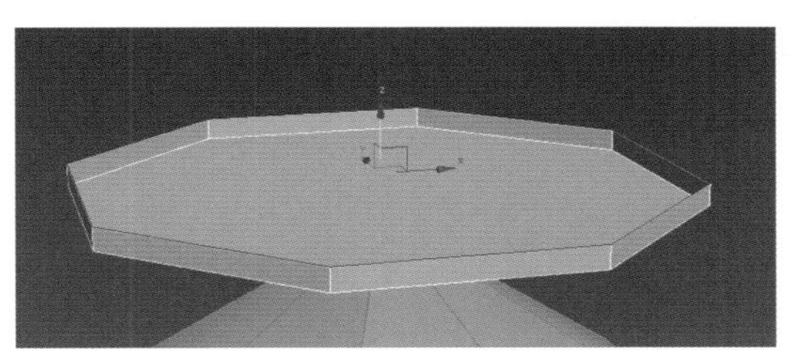

图 2-103

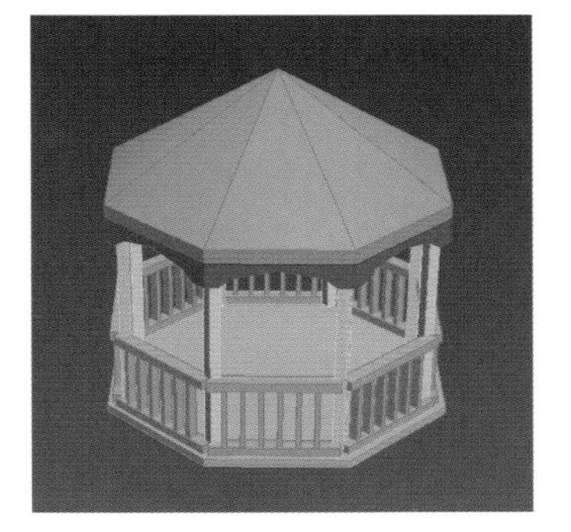

图 2-104

步骤 13 继续对模型进行美化，并初步为其赋材质，效果如图2-105所示。单击常用工具栏中的“渲染设置”按钮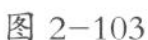，弹出“渲染设置”对话框，将“输出大小”设置为1024X768，如图2-106所示。

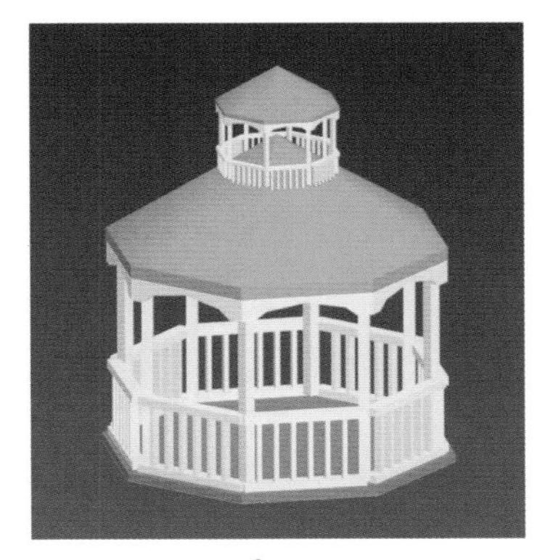

图 2-105

图 2-106

步骤 14 设置完成后单击“渲染”按钮渲染图标，并将渲染出的位图保存为PNG格式，如图2-107所示。使用Photoshop打开存储的图像，将其复制，并适当加深边缘，如图2-108所示。

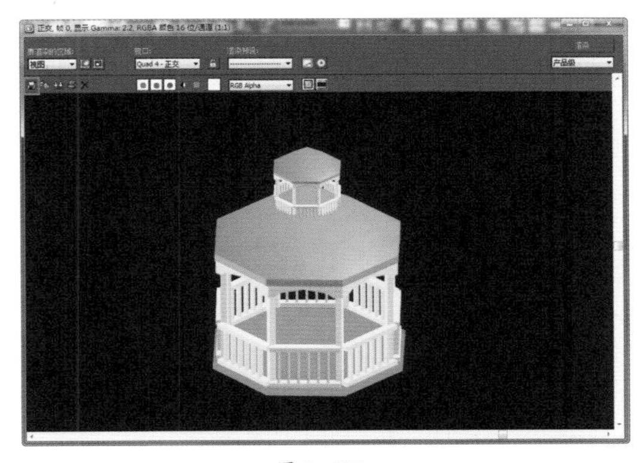

图 2-107

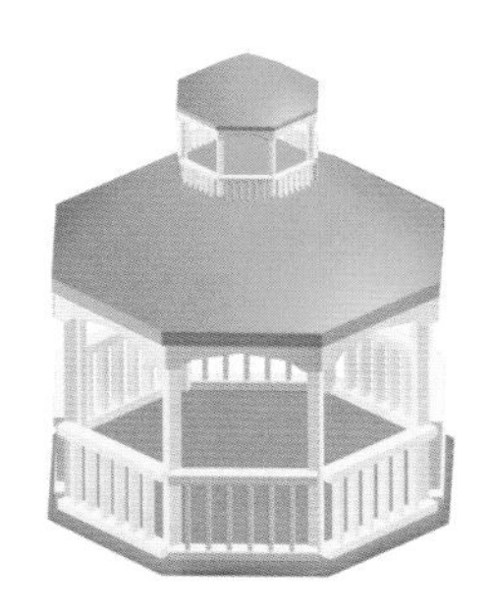

图 2-108

步骤 15 使用“魔棒工具”选出底座部分，新建图层，填充黑色，并设置其“不透明度”为40%，如图2-109和图2-110所示。使用“画笔工具”，打开“画笔”面板，适当地设置相应参数，如图2-111所示。

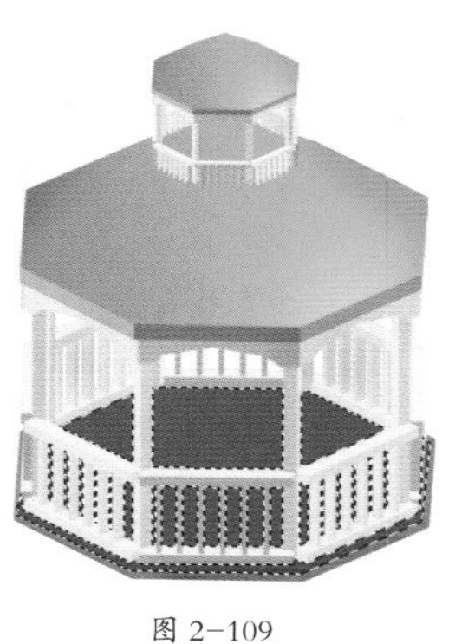

图 2-109

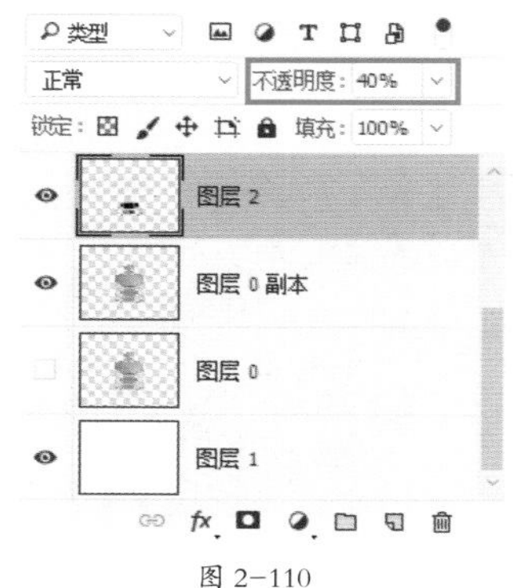

图 2-110

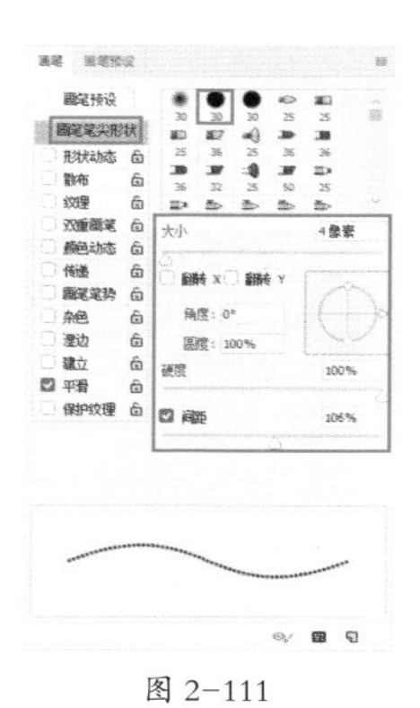

图 2-111

步骤 16 继续在“画笔”面板中选择“形状动态”和“散布”选项，设置相应参数，如图2-112、图2-113所示。新建图层，用设置好的画笔在凉亭上涂抹一层白点，如图2-114所示

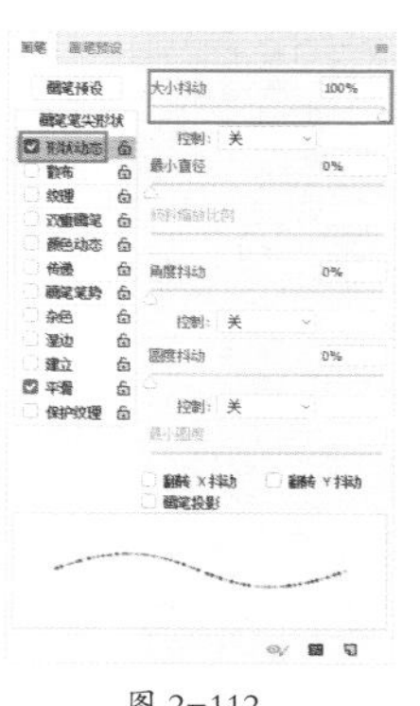
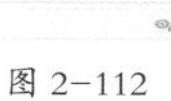

图 2-112

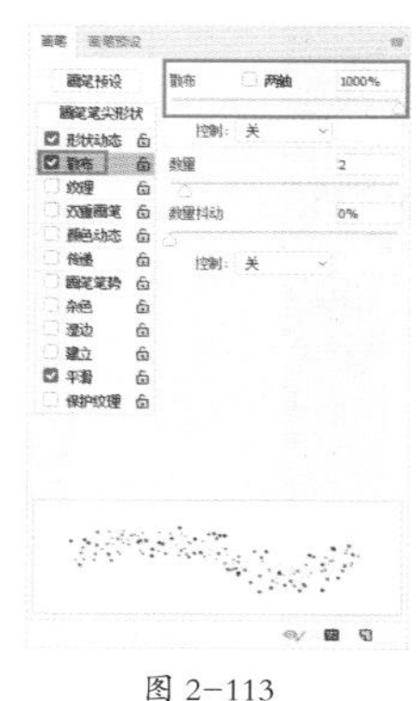

图 2-113

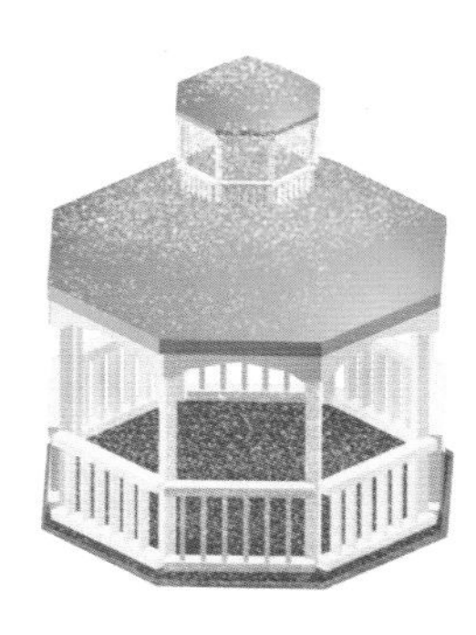

图 2-114

步骤 17 为该图层添加蒙版，使用黑色柔边画笔隐藏屋顶和底座以外的部分，如图2-115所示。打开“图层样式”对话框，选择“投影”选项，设置相应参数，如图2-116所示。

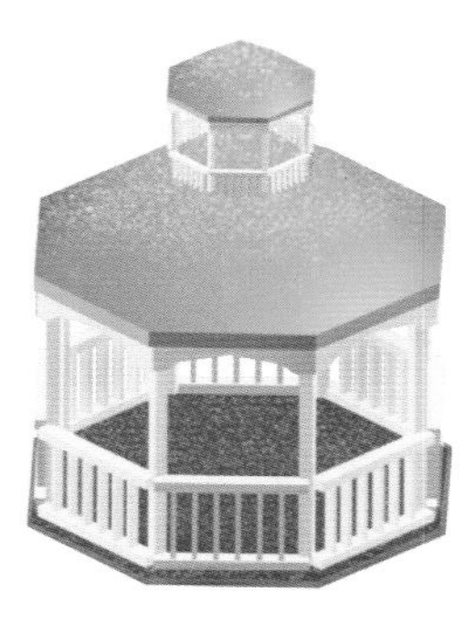

图 2-115

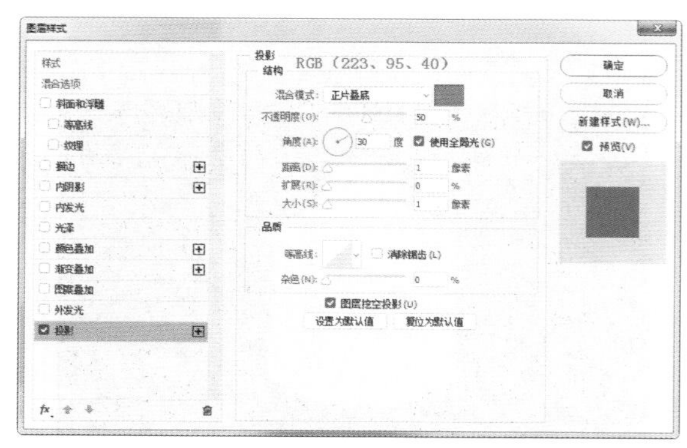

图 2-116

步骤 18 设置完成后单击“确定”按钮，可以看到白点有了轻微的立体效果，如图2-117所示。使用相同的方法制作更多的白点，如图2-118、图2-119所示。

图 2-117

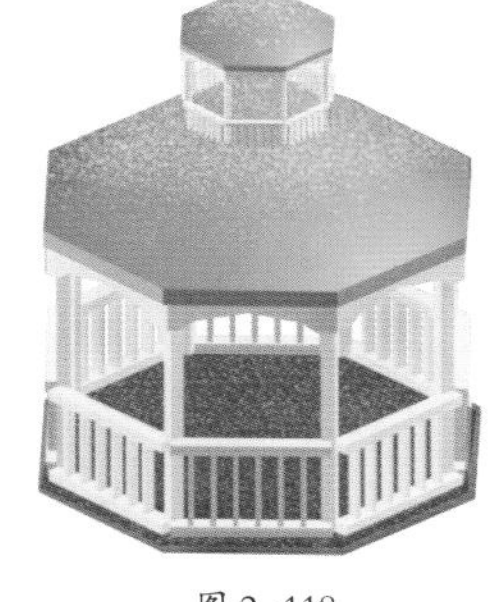

图 2-118

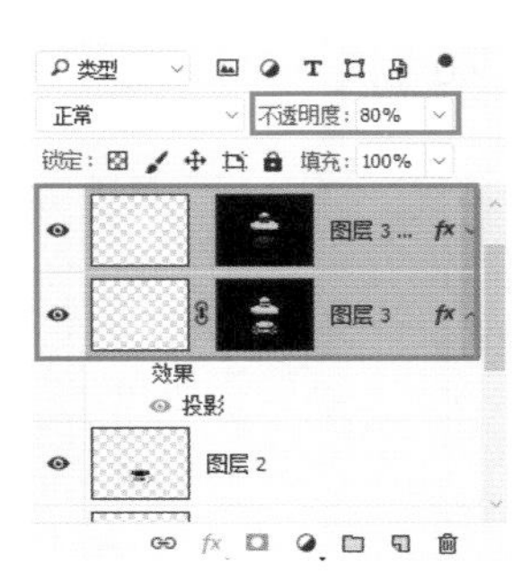

图 2-119

步骤 19 为凉亭添加一些阴影，调整图层顺序，完成三维图标的制作，图像效果如图2-120所示，图层面板如图2-121所示。

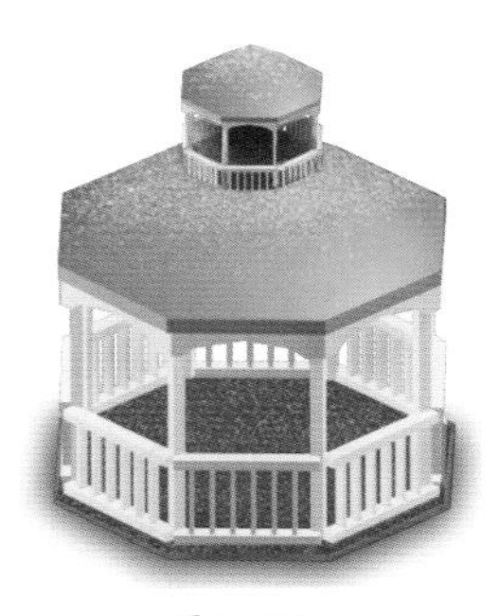

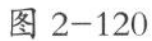

图 2-120

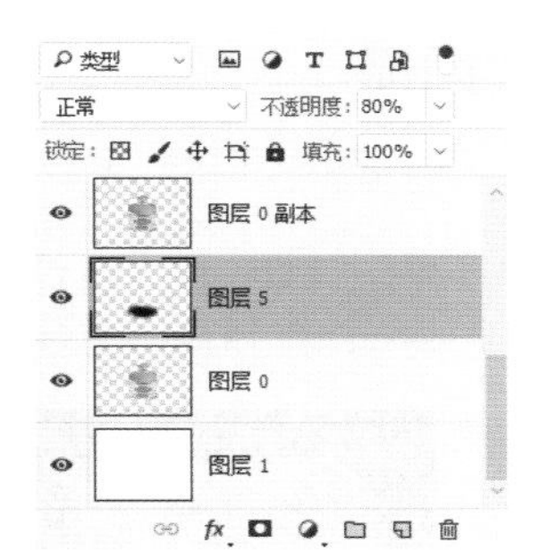

图 2-121

步骤 20 隐藏背景图层，执行“图像>裁切”命令，裁切多余的透明元素，如图2-122所示。执行“文件>导出>储存为Web所用格式”命令，设置相应参数，单击“存储”按钮，将其命名存储，如图2-123所示。

图 2-122

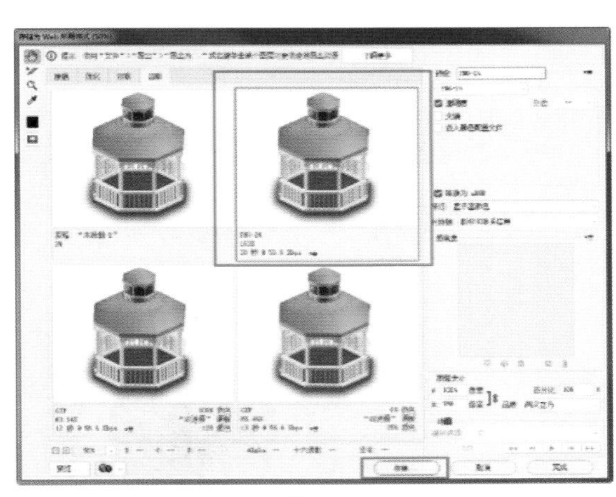

图 2-123

步骤 21 打开Image Optimizer，执行“文件>打开”命令，打开刚绘制好的图标，如图2-124所示。执行“文件>优化另存为”命令，可以看到图标质量没有降低，体积大幅减小，如图2-125所示。

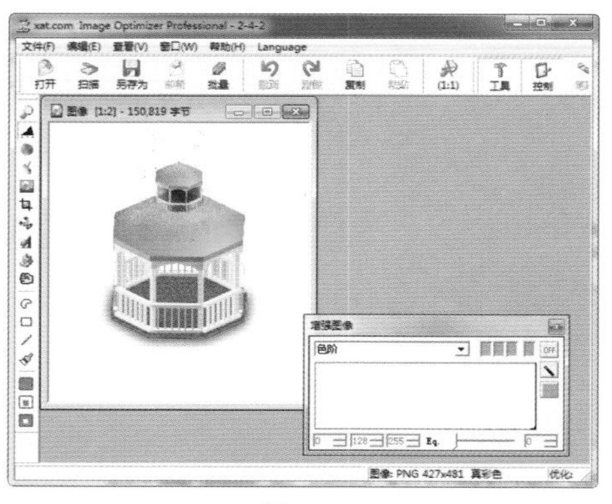

图 2-124

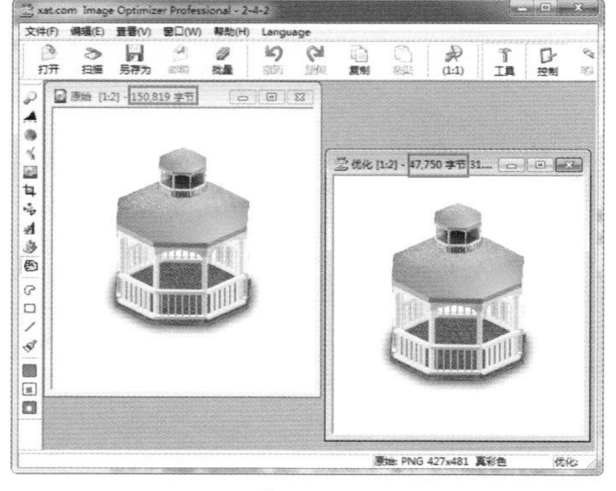

图 2-125

2.3.3 扁平化图标

扁平化图标在 UI 设计中的应用越来越多，因其简洁、大方、直观和易用等特点，越来越受到人们的喜爱和欢迎。

在日常生活中，人们每天都接触的手机和计算机等媒体中，都会有不同风格的扁平化图标，主要有 4 种扁平化风格，分别是基础、阴影、长阴影和微渐变风格，如图 2-126 所示。

基础

阴影

长阴影

微渐变

图 2-126

实战练习——设计长阴影风格的扁平化图标

本案例制作了一款长阴影风格的扁平化相机图标，图标整体设计风格简约时尚，配色合理，可辨识度高。

使用到的技术	椭圆工具、圆角矩形工具、钢笔工具、图层样式		
学习时间	20 分钟		
视频地址	视频 \ 第 2 章 \2-3-3.mp4		
源文件地址	源文件 \ 第 2 章 \2-3-3.psd		
设计风格	长阴影扁平化设计		
色彩分析	主色（31,189,255）	辅色（21,101,168）	点缀色（37,126,248）

步骤 01 执行“文件>新建”命令，在“新建”对话框中设置各项参数，如图2–127所示。填充背景色为RGB（47,45,45），如图2–128所示。

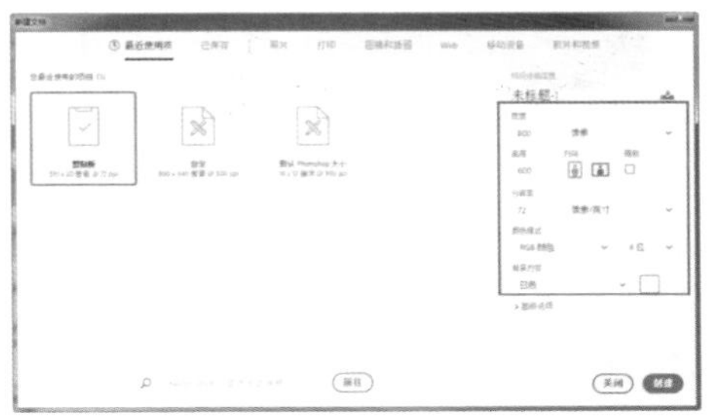
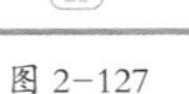

图 2–127

图 2–128

步骤 02 单击工具箱中的“圆角矩形工具”按钮，设置填充颜色为RGB（37,185,247），在画布中绘制如图2–129所示的圆角矩形。单击“图层”面板底部的“添加图层样式”按钮，在弹出的“图层样式”对话框中选择“渐变叠加”选项，具体设置如图2–130所示。

图 2–129

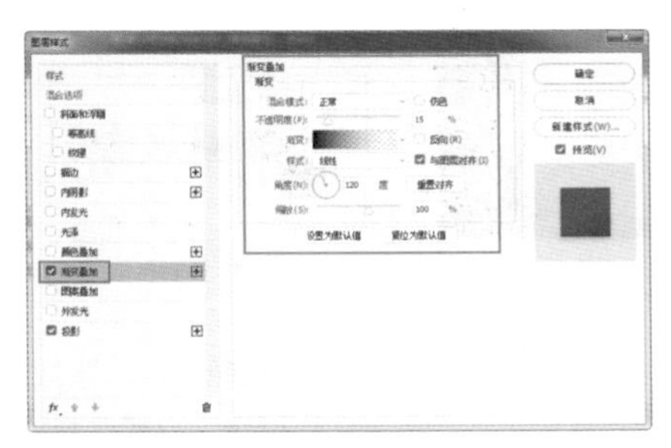

图 2–130

步骤 03 继续选择“投影”选项，具体设置如图2–131所示。单击“确定”按钮，完成设置，图像效果如图2–132所示。

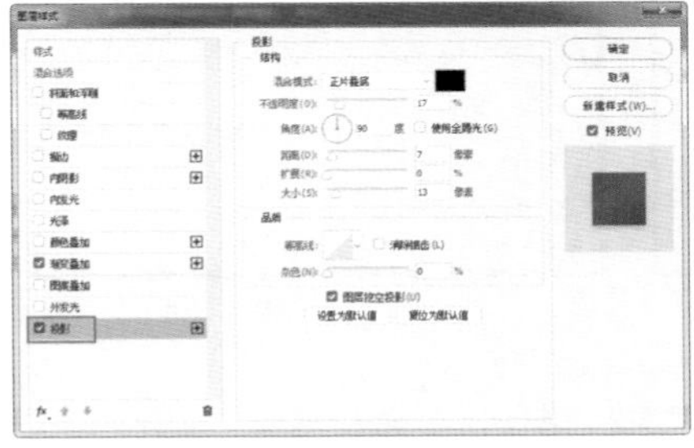

图 2–131

图 2–132

步骤 04 单击工具箱中的“钢笔工具”按钮，在画布中绘制形状，如图2–133所示。单击面板底部的“添加图层蒙版”按钮，为图层添加图层蒙板，如图2–134所示。

图 2–133

图 2–134

> 提示：长阴影是扁平化设计风格中非常重要的表现之一，通过为图标或设计元素添加长阴影效果，可以使扁平化图标更具有层次感，视觉效果也更加突出。

步骤 05 调整图层顺序，将“形状1副本”图层移动到“圆角矩形1”图层下方，图像效果如图2–135所示，“图层”面板如图2–136所示。

步骤 06 单击工具箱中的“椭圆工具”按钮，填充颜色为白色，效果如图2–137所示。单击“路径操作”选项，选择“合并形状”选项。在画布中绘制如图2–138所示的图形。

图 2–135

图 2–136

图 2–137

图 2–138

步骤 07 单击“图层”面板底部的“添加图层样式”按钮，在弹出的“图层样式”对话框中选择“斜面和浮雕”选项，具体设置如图2–139所示。继续选择“内阴影”选项，设置如图2–140所示。

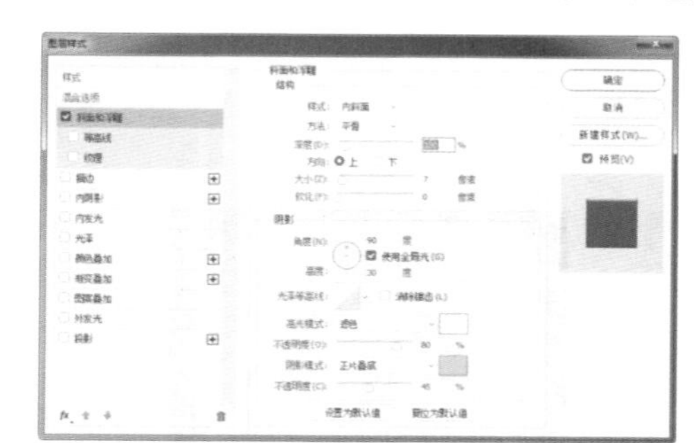

图 2–139

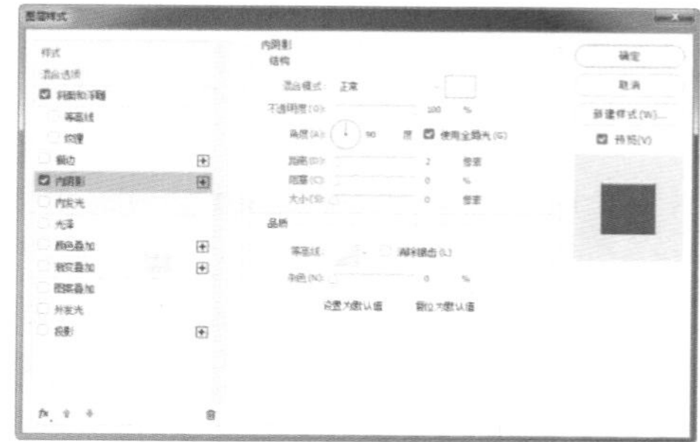

图 2–140

步骤 08 继续选择“颜色叠加”选项，具体设置如图2–141所示。最后选择“投影”选项，具体设置如图2–142所示。单击“确定”按钮。

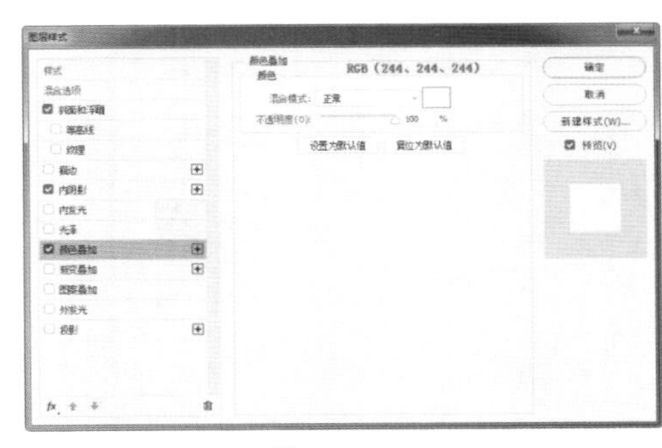

图 2-141

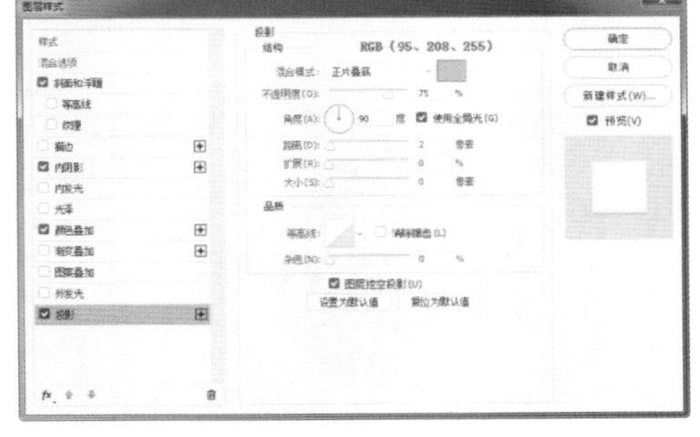

图 2-142

步骤 09 单击“确定”按钮，完成对话框中的设置，图像效果如图2-143所示。单击工具箱中的“椭圆工具”按钮，填充颜色为RGB（227,227,227），如图2-144所示。

图 2-143

图 2-144

步骤 10 单击“图层”面板底部的“添加图层样式”按钮，在弹出的“图层样式”对话框中设置相应参数，如图2-145所示，图像效果如图2-146所示。

提示：由于版面的限制，此处不再详细列出设置的图层样式，需要的用户可以参看本书提供的源文件。

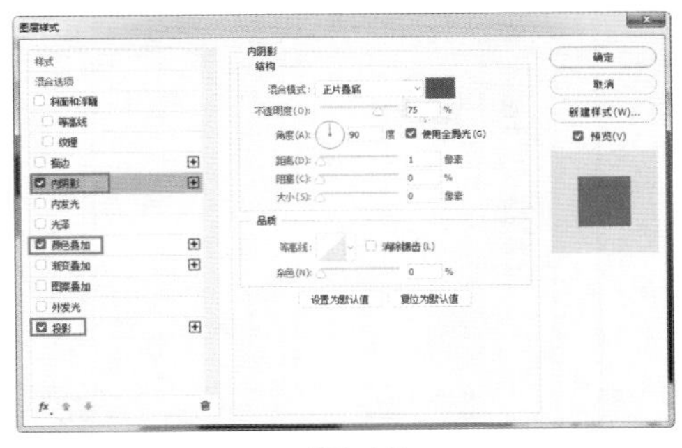

图 2-145

图 2-146

步骤 11 继续单击工具箱中的“椭圆工具”按钮，在画布中绘制填充颜色为RGB（21,101,168）的正圆形，如图2-147所示。单击“图层”面板底部的“添加图层样式”按钮，在弹出的“图层样式”对话框中选择“内阴影”选项，如图2-148所示。

图 2-147

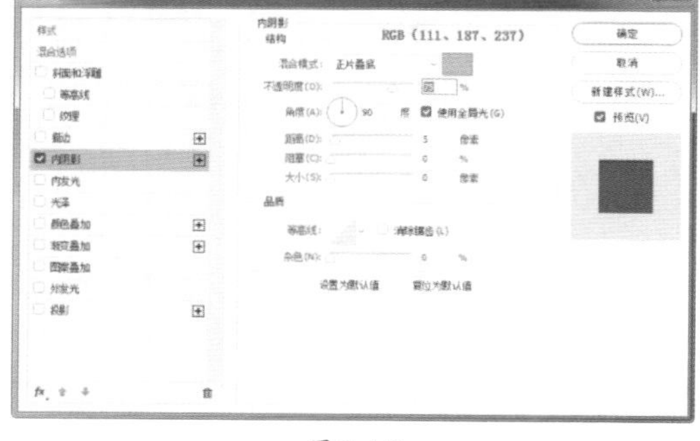

图 2-148

步骤 12 单击“确定”按钮，完成“图层样式”的设置，效果如图2-149所示。多次复制“椭圆3”图层，等比例缩小图形，并更改填充颜色，图像效果如图2-150所示。

提示：通过同一图形的等比例放大或缩小，形成的图形具有透视的感觉，在模拟镜头效果时尤为重要，白色半透明的圆形高光区域将镜头的感觉表现得淋漓尽致。

步骤 13 使用之前制作阴影的方法完成阴影的制作，效果如图2-151所示。隐藏“背景”图层，执行“图像>裁切”命令，裁切多余透明元素，如图2-152所示。

图 2-149

图 2-150

图 2-151

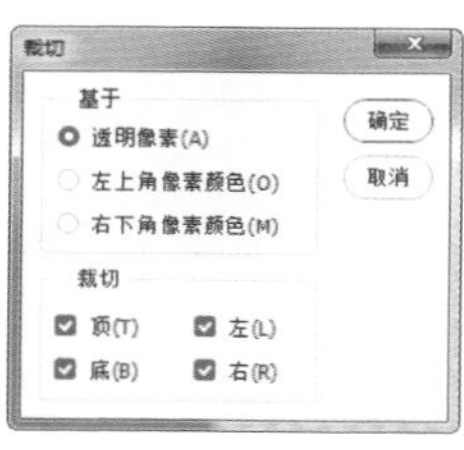

图 2-152

步骤 14 执行“文件>导出>储存为Web所用格式”命令，设置相应参数，如图2-153所示单击“存储”按钮，将其命名存储，如图2-154所示。

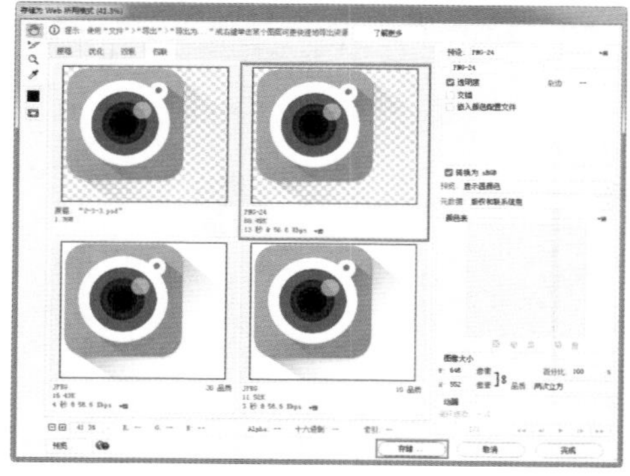

图 2-153

图 2-154

步骤 15 打开Image Optimizer，执行“文件>打开”命令，打开刚绘制好的图标，如图2-155所示。执行“文件>优化另存为”命令，可以看到图标质量没有降低，体积大幅减小，如图2-156所示。

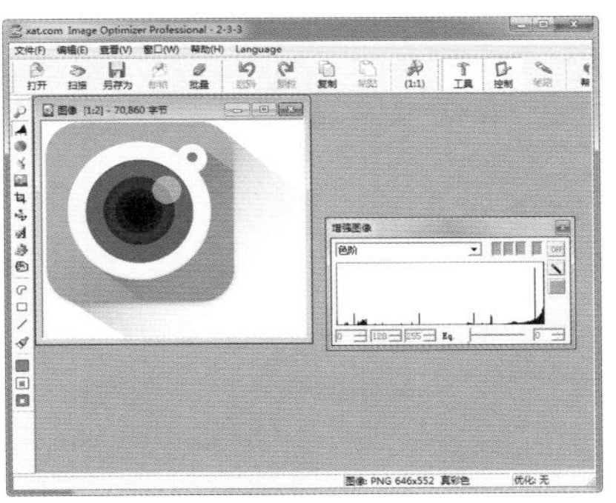

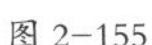

图 2-155

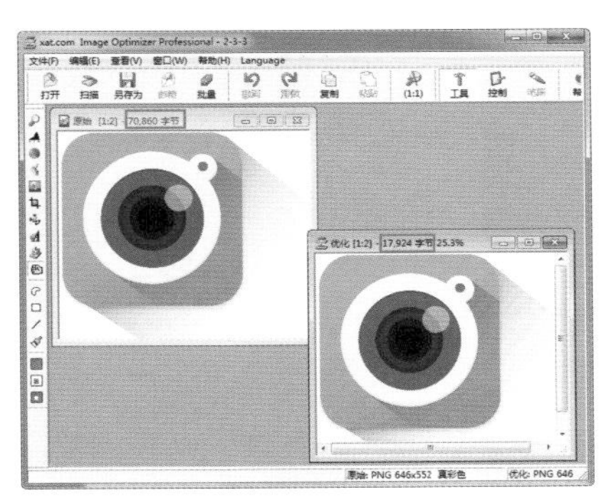

图 2-156

提示：Image Optimizer是一款能够在不过度降低图像品质的情况下对文件体积进行“减肥”，最高可减少50%以上的文件大小。

2.4 按钮设计

简单精致的按钮在 UI 设计中比较常见，也是最常用到的设计，它必须在很小的范围内有序地排列字体和图标，以及合理地进行颜色的搭配等。

2.4.1 按钮与图标的异同

按钮与图标非常类似，但又有所不同，图标着重表现图形的视觉效果，而按钮则着重表现其功能性，在按钮的设计中通常采用简单直观的图形，充分表现按钮的可识别性和实用性，如图 2-157 所示。

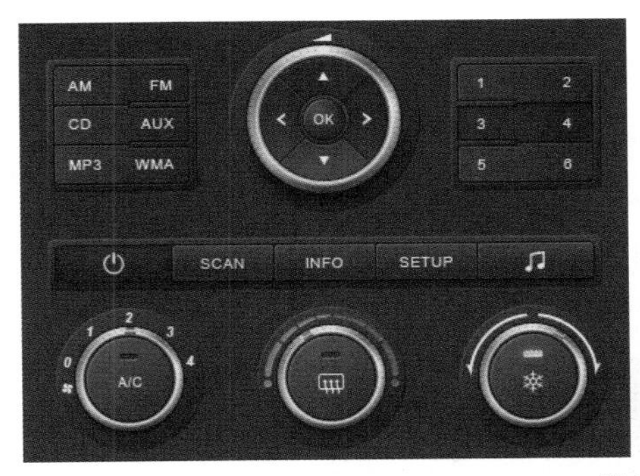

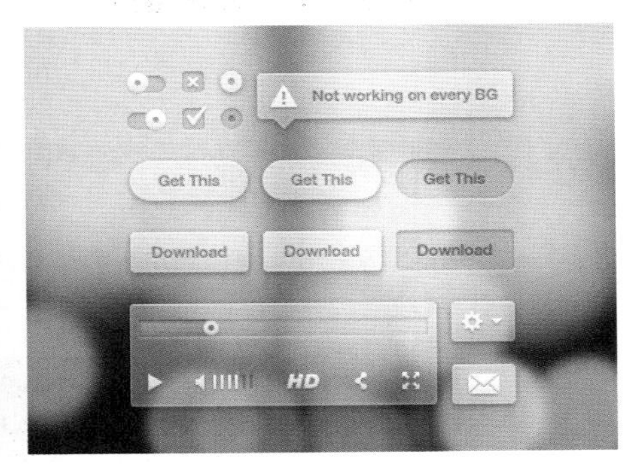

图 2-157

2.4.2 单选按钮

单选按钮通常只提供唯一的选项，例如“开”和“关”、“是”与“否”等选项，单选按钮应该在动态效果上给予用户相应的提示。

例如，在未单击之前显示为空心圆，而单击之后则变为实心圆，并可以伴随适当的音效，让玩家清楚地知道他的操作已得到响应。如图 2-158 所示为 UI 中的单选按钮。

图 2-158

2.4.3 滑块按钮

另外一种按钮样式是滑块，这种按钮样式一般出现在有范围的选项或者开关中，通常在设置界面中的声音大小、画质高低等时会使用滑块按钮，如图 2-159 所示为 UI 中的滑块按钮设计效果。

图 2-159

实战练习——设计功能滑块按钮

本案例制作功能滑动按钮，通过圆角矩形和椭圆的灵活运用制作而成。设计理念采用拟物化设计，配色合理且可辨识度较高。

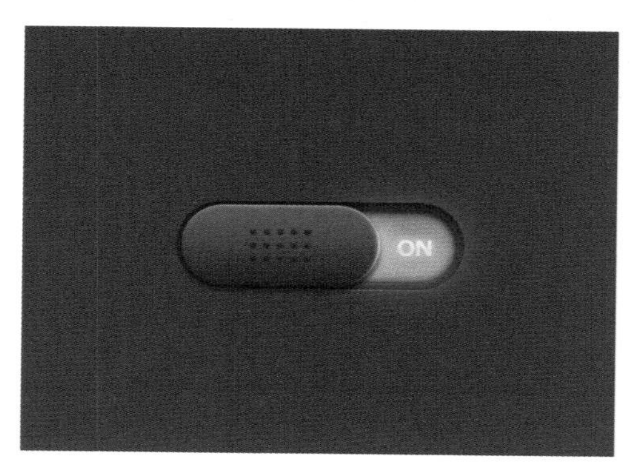

使用到的技术	椭圆工具、圆角矩形工具、钢笔工具、图层样式		
学习时间	20 分钟		
视频地址	视频 \ 第 2 章 \2-4-3.mp4		
源文件地址	源文件 \ 第 2 章 \2-4-3.psd		
设计风格	拟物化设计		
色彩分析	主色（73,78,84）	辅色（5,156,224）	点缀色（177,246,255）

步骤 01 执行“文件>新建”命令，弹出“新建”对话框，新建一个空白文档，如图2–160所示。设置“前景色”为RGB（43,47,55），为画布填充前景色，如图2–161所示。

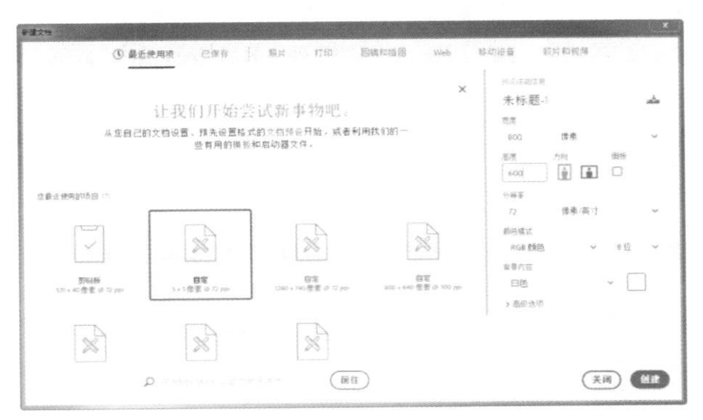

图 2–160

图 2–161

步骤 02 单击工具箱中的“圆角矩形工具”按钮，设置填充颜色为RGB（43,47,55），“半径”为100像素，在画布中绘制如图2–162所示的圆角矩形，并为该图层添加“外发光”图层样式，如图2–163所示。

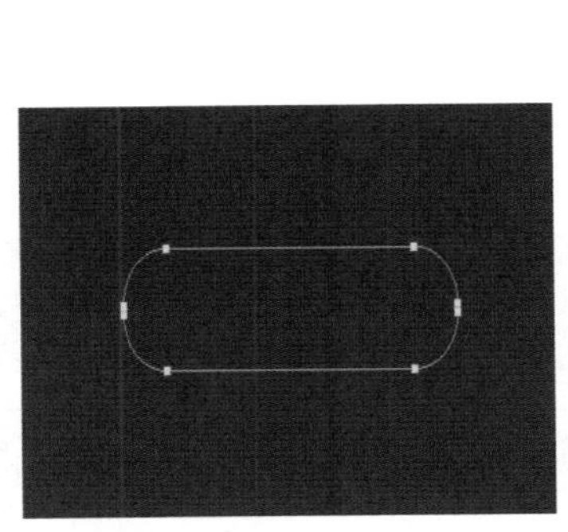
图 2–162

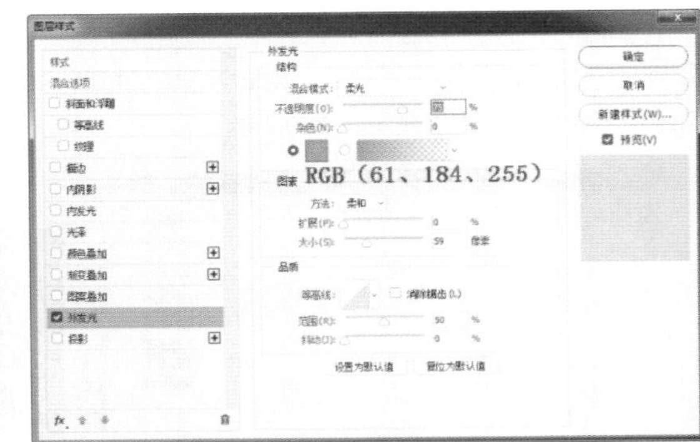

图 2–163

提示：半径用来设置所绘制的多边形或星形的半径，即图形中心到顶点的距离。设置该值后，在画布中单击并拖动鼠标即可按照指定的半径值绘制多边形或星形。

步骤 03 为该图层组添加图层蒙版，单击工具箱中的“画笔工具”按钮，设置“前景色”为黑色、“背景色”为白色，制作出的效果如图2–164所示。单击工具箱中的“圆角矩形工具”按钮，设置“半径”为50像素，效果如图2–165所示。

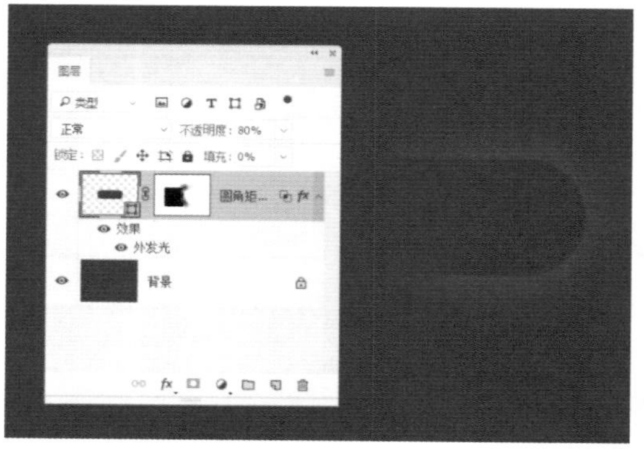

图 2-164

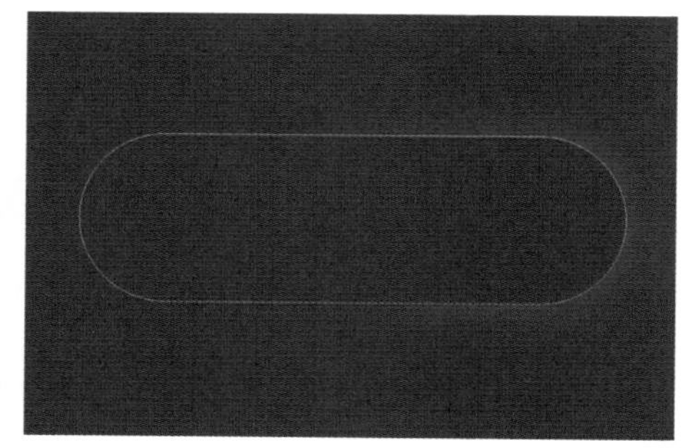

图 2-165

步骤 04 为该图层添加“内阴影”图层样式，对选项进行设置，如图2-166所示。继续添加“渐变叠加”图层样式，对选项进行设置，如图2-167所示。

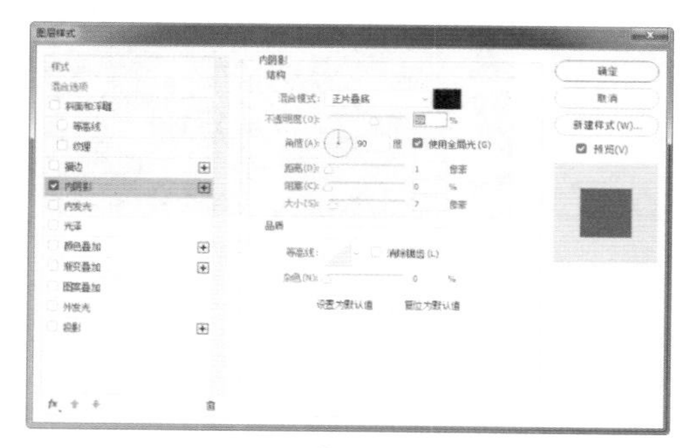

图 2-166

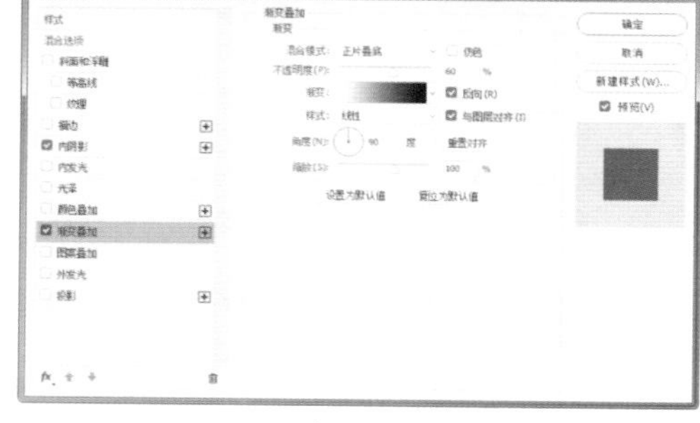

图 2-167

步骤 05 最后添加“投影”图层样式，对选项进行设置，如图2-168所示。单击“确定”按钮，完成“图层样式”的设置，效果如图2-169所示。

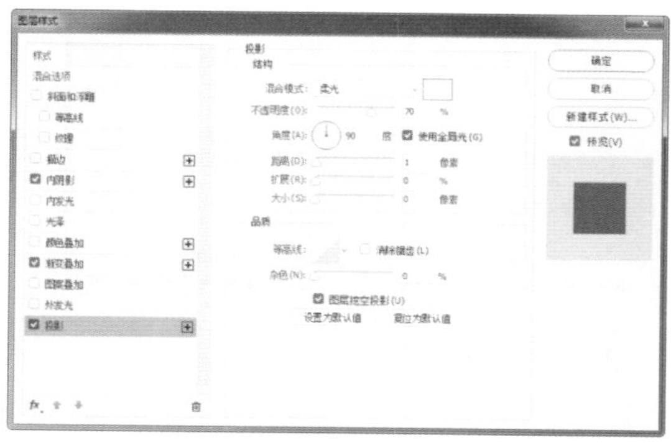

图 2-168

图 2-169

步骤 06 单击工具箱中的“圆角矩形工具”按钮，填充颜色为RGB（34,35,38），在画布中绘制如图2-170所示的形状。然后为该图层添加图层样式，设置相关选项，如图2-171所示。

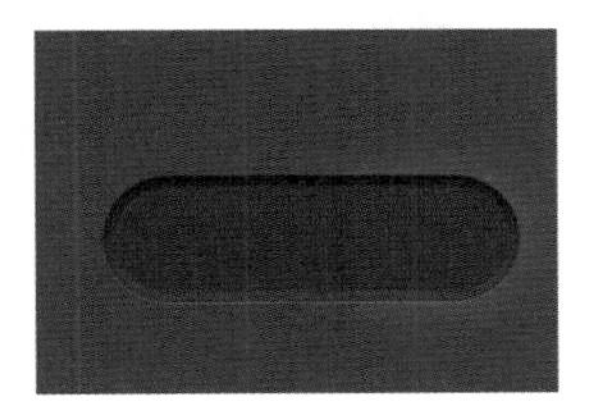

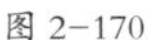
图 2-170

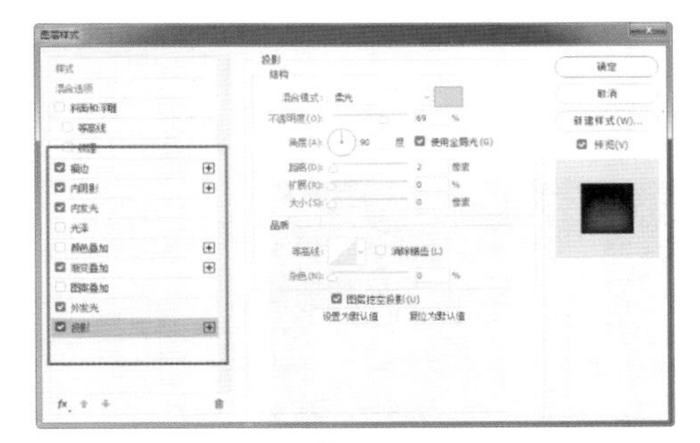

图 2-171

提示：由于版面的限制，此处不再详细列出设置的图层样式，需要的用户可以参看本书提供的源文件。

步骤 07 单击“确定”按钮，完成“图层样式”的相关选项设置，效果如图2-172所示，并为该图层添加图层蒙版，如图2-173所示。

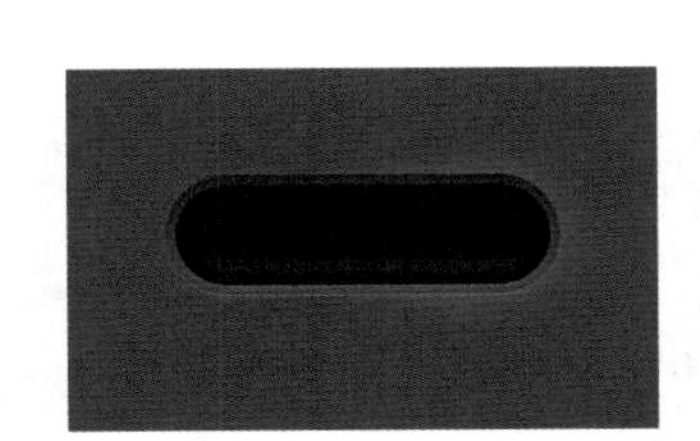

图 2-172

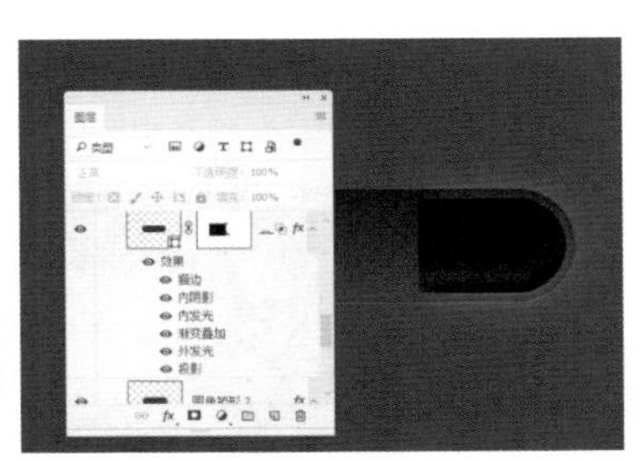

图 2-173

步骤 08 单击工具箱中的“矩形工具”按钮，填充颜色为RGB（0,167,240），填充为80%，效果如图2-174所示。执行“图层>创建剪贴蒙版”命令，为该图层添加剪贴蒙版，图像效果如图2-175所示。

步骤 09 创建新图层，单击工具箱中的“画笔工具”按钮，选择合适的笔触和硬度，在画布中绘制如图2-176所示的形状。继续创建新图层，并使用“画笔工具”在画布中绘制图形，如图2-177所示。

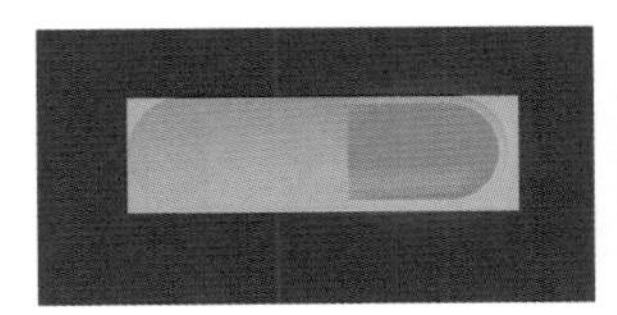

图 2-174

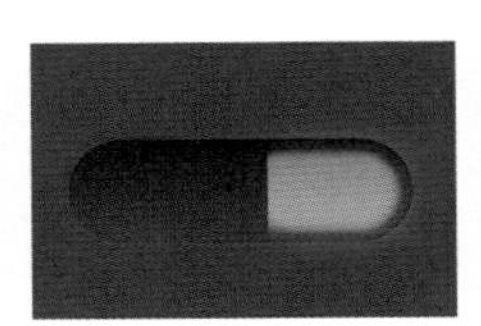

图 2-175

图 2-176

图 2-177

提示：使用“画笔工具”时，在英文输入状态下，按键盘上的[或]键可以减小或增加画笔的直径；按Shift+[组合键或Shift+]组合键可以减少或增加具有柔边、实边的圆或书画笔的硬度；按键盘中的数字键可以调整“画笔工具”的不透明度；按住Shift+主键盘区域的数字键可以调整“画笔工具”的流量。按住Shift键可以绘制水平、垂直和以45°为增量的直线。

步骤 10 单击工具箱中的“圆角矩形工具”按钮，设置填充颜色为RGB（77,90,102），效果如图2-178所示，并为该图层添加相关图层样式，如图2-179所示。

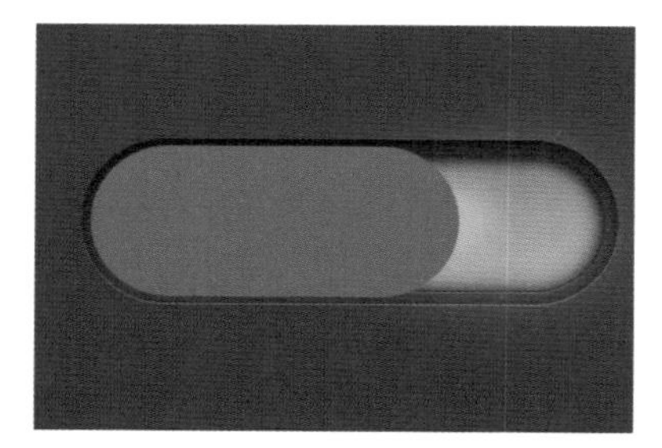

图 7-178

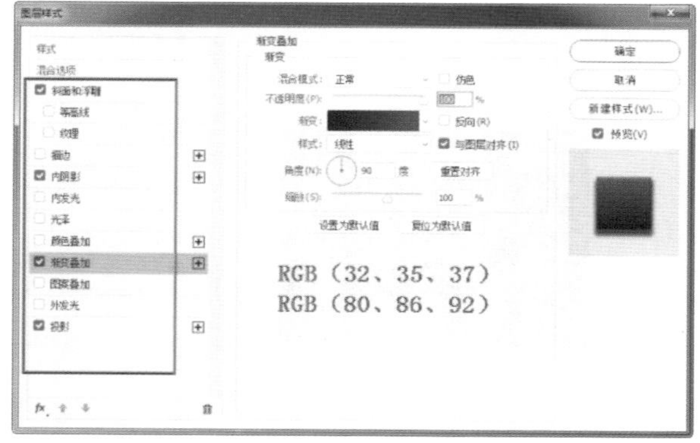

图 7-179

步骤 11 单击“确定”按钮，完成“图层样式”的设置，如图2-180所示。单击工具箱的“椭圆工具”按钮，“描边”颜色为RGB（6,101,151），设置“路径操作”为“减去顶层形状”，继续使用“椭圆工具”按钮，效果如图2-181所示。

步骤 12 用相同的方法完成相似图形的制作，效果如图2-182所示。单击工具箱中的“椭圆工具”按钮，填充颜色RGB（33,36,42），在画布中绘制如图2-183所示的形状。

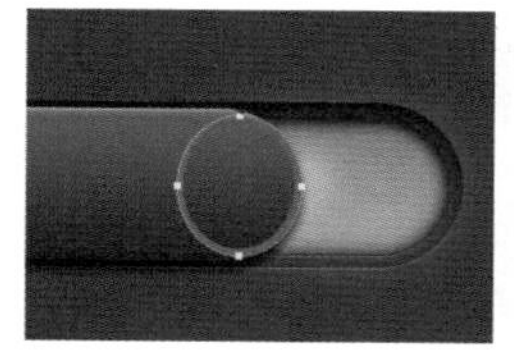

图 2-180

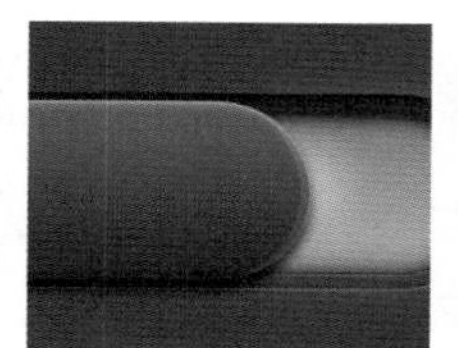

图 2-181

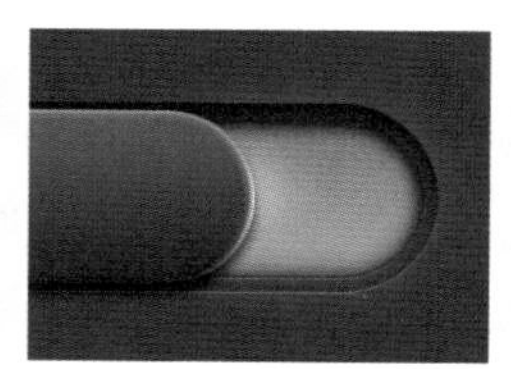

图 2-182

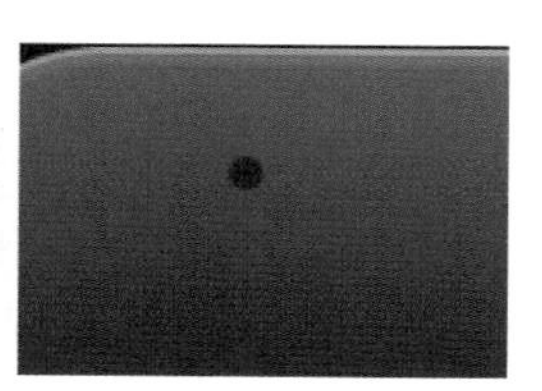

图 2-183

步骤 13 单击“路径操作”为“合并形状”，用相同的方法完成相似内容的制作，如图2-184所示。为该图层添加图层样式，如图2-185所示。

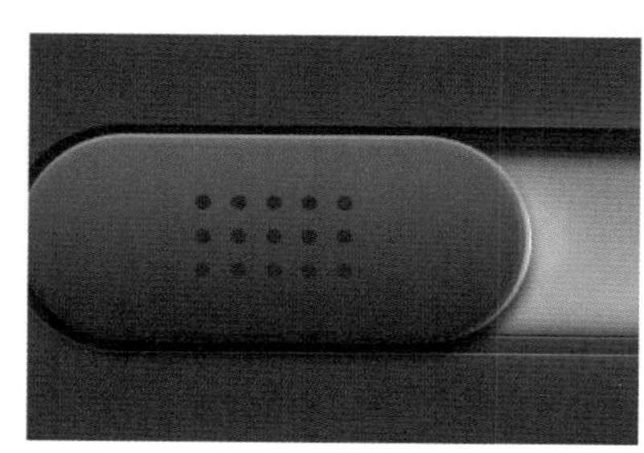

图 2-184

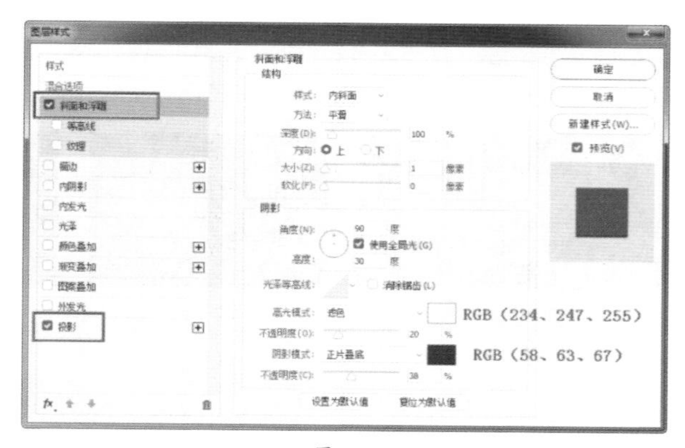

图 2-185

步骤 14 单击“确定”按钮，完成“图层样式”的相关设置，效果如图2-186所示。单击工具箱中的“横排文本工具”按钮，打开“字符”面板，设置相关参数，如图2-187所示。

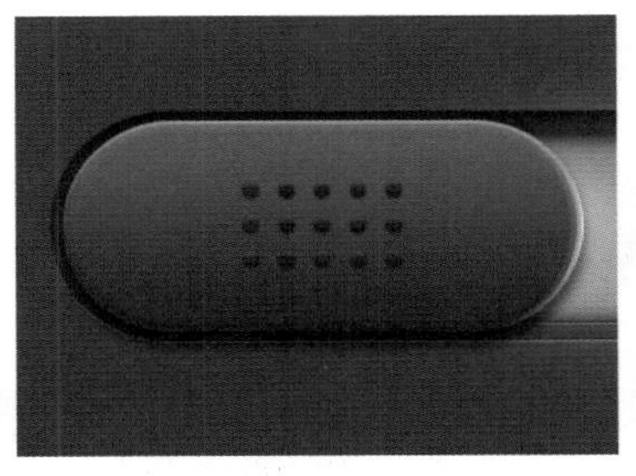

图 2-186

图 2-187

步骤 15 为该图层添加图层样式，如图2-188所示。适当调整图层位置，完成按钮的制作，效果如图2-189所示。

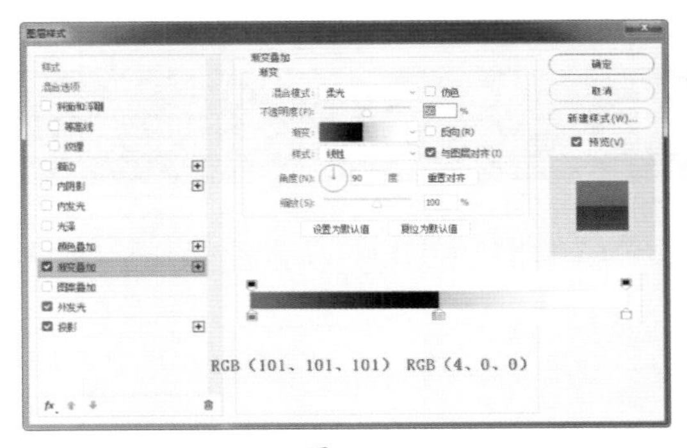

图 2-188

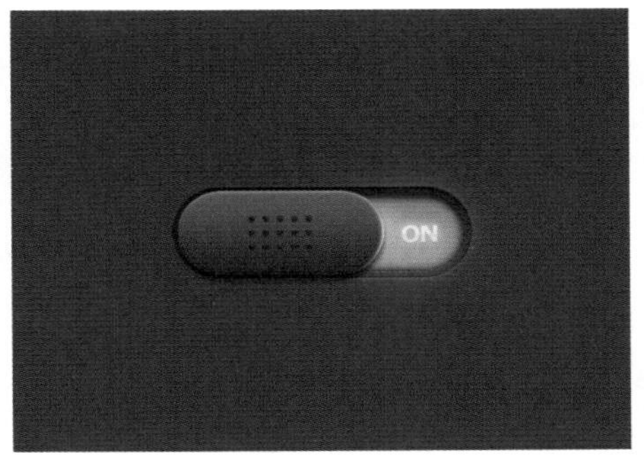

图 2-189

步骤 16 隐藏背景图层，执行“图像>裁切”命令，裁切多余的透明元素，如图2-190所示。执行“文件>导出>储存为Web所用格式”命令，设置相应参数，单击“存储”按钮，将其命名存储，如图2-191所示。

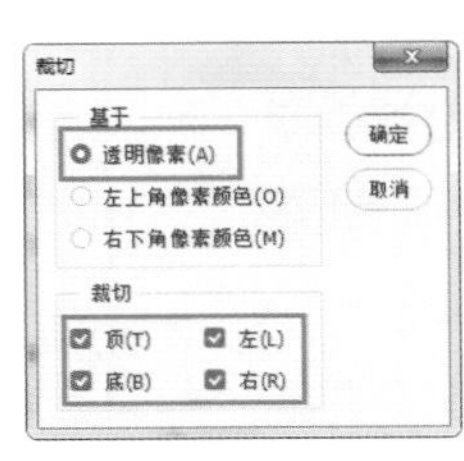

图 2-190

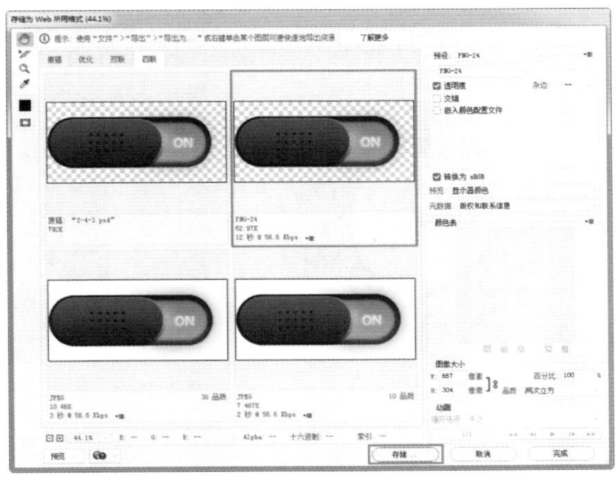

图 2-191

步骤 17 打开Image Optimizer，执行“文件>打开”命令，打开刚绘制好的图标，如图2-192所示。执行“文件>优化另存为”命令，可以看到图标质量没有降低，体积大幅减小，如图2-193所示。

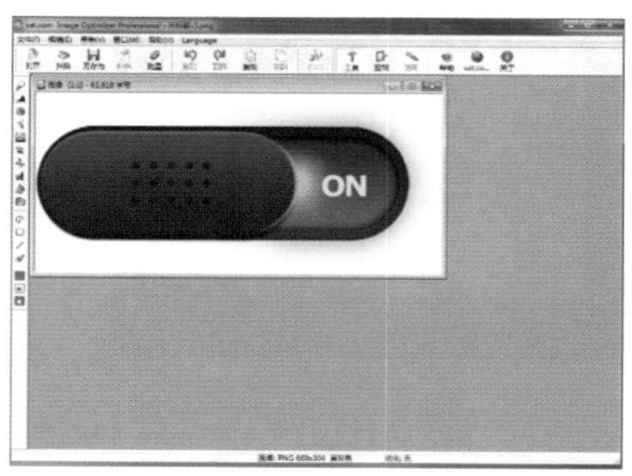

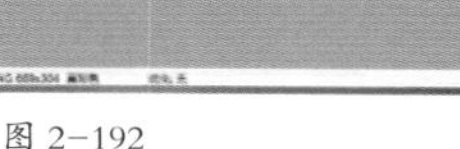

图 2-192

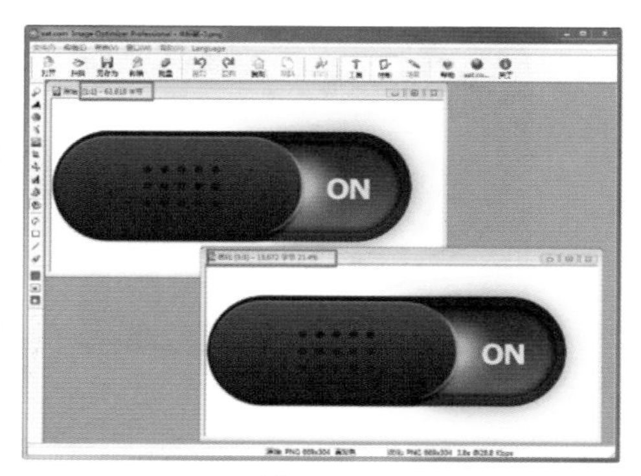

图 2-193

2.5 菜单与工具栏设计

菜单和工具栏是几乎所有界面都需要设计的元素，它们为应用程序提供了快速执行特定功能和程序逻辑的用户接口。

2.5.1 菜单的作用

菜单在现代的用户中有着非常广泛的应用。在用户界面中为了帮助用户者更好地使用软件，可以使用菜单功能菜单是应用软件给用户的第一个界面，菜单设计得好坏，将直接影响用户对用户界面的使用效果。

2.5.2 菜单设计的要点

在设计菜单时，最好能按照 Windows 所设定的规范进行，不仅能使设计出的菜单更加美观丰富，而且能与其他界面一致，使用户能够根据平时的操作经验触类旁通地知晓该界面的功能和简捷的操作，如图 2-194 所示为常见的菜单设计。

图 2-194

提示：制作惨淡设计时，需要注意以下要求：

①不可操作的菜单项一般要屏蔽变灰；②对当前使用的菜单命令进行标记；③为命令选项增加快捷键；④在要弹出对框的命令选项后增加省略号提示用户；⑤对相关的命令使用分隔条进行分组；⑥应用动态和弹出式菜单。

2.5.3 工具栏的作用

工具栏是以图形式的控制条，每个图形按钮称为一个工具项，用于执行 UI 的一个功能。通常情况下，出现在工具栏上的按钮所执行的都是一些比较常用的命令，是为了更方便用户的使用，如图 2-193 所示。

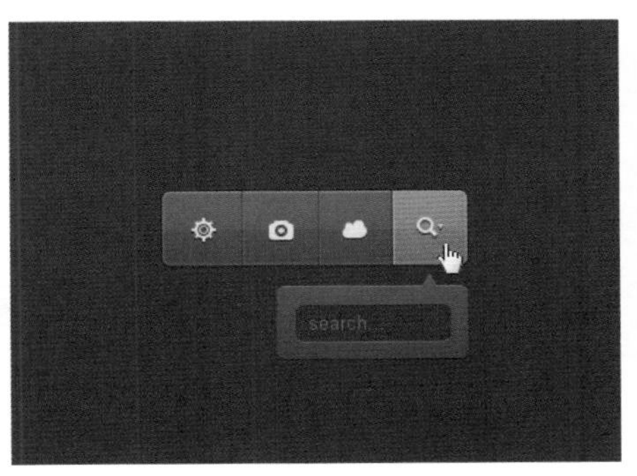

图 2-195

实战练习——设计界面快捷工具栏

本案例制作一款精美的界面快捷工具栏，在工具栏上水平排列多个小图标，并且将图标按下状态进行突出显示。

使用到的技术	椭圆工具、圆角矩形工具、钢笔工具、图层样式	
学习时间	20 分钟	
视频地址	视频 \ 第 2 章 \2-5-3.mp4	
源文件地址	源文件 \ 第 2 章 \2-5-3.psd	
设计风格	类扁平化设计	
色彩分析	主色（54,54,54）	辅色（238,238,238）

步骤 01 执行“文件>新建”命令，新建空白文档，如图2-196所示。单击工具箱中的“圆角矩形工具”按钮，设置填充颜色为RGB（47,47,47），在画布中绘制如图2-197所示的形状。

图 2-196

图 2-197

步骤 02 单击“图层”面板底部的“添加图层样式”按钮，在弹出的“图层样式”对话框中设置相关选项，如图2-198所示。单击“确定”按钮，完成“图层样式”的设置，效果如图2-199所示。

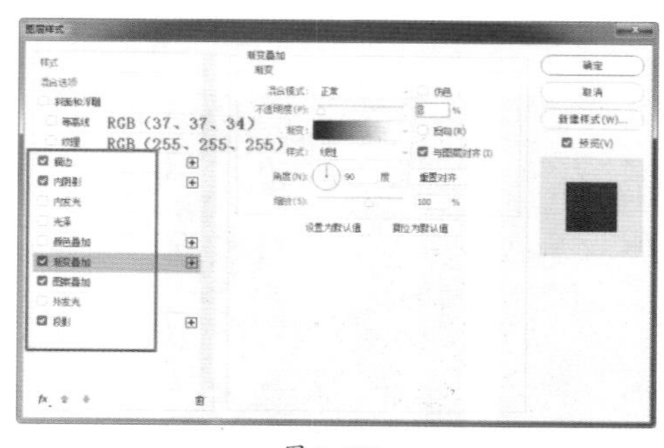

图 2-198

图 2-199

提示：由于版面的限制，此处不再详细列出设置的图层样式，需要的用户可以参看本书提供的源文件。

步骤 03 单击工具箱中的“圆角矩形工具”按钮，设置填充颜色为RGB（30,30,30），在画布中绘制如图2-200所示的形状。单击“图层”面板底部的“添加图层样式”按钮，在弹出的“图层样式”对话框中设置相关选项，如图2-201所示。

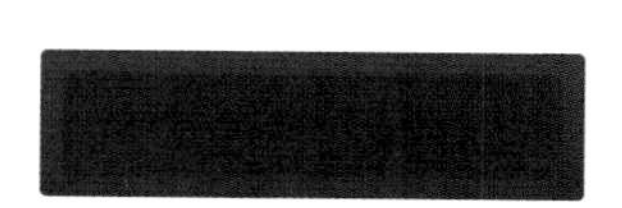

图 2-200

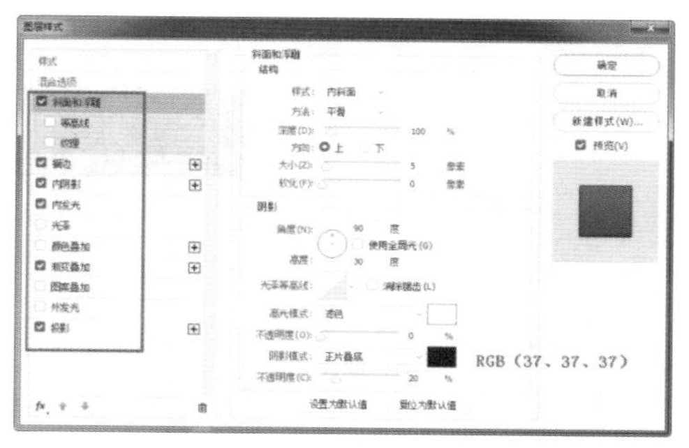

图 2-201

步骤 04 单击“确定”按钮，完成“图层样式”的设置，效果如图2-202所示。然后用相同的方法制作相似的图形，如图2-203所示。

图 2-202

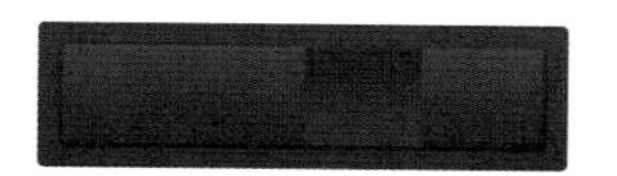

图 2-203

提示：使用矩形工具绘制图形时，按住Shift键拖动则可以创建正方形，按住Alt键拖动会以单击点为中心向外创建矩形，按住Shift+Alt组合键会以单击点为中心向外创建正方形。

步骤 05 单击工具箱中的“矩形工具”按钮，填充颜色为白色，在画布中绘制如图2-204所示的图形。单击“图层”面板底部的“添加图层样式”按钮，在弹出的“图层样式”对话框中选择“内阴影”选项，具体设置如图2-205所示。

图 2-204

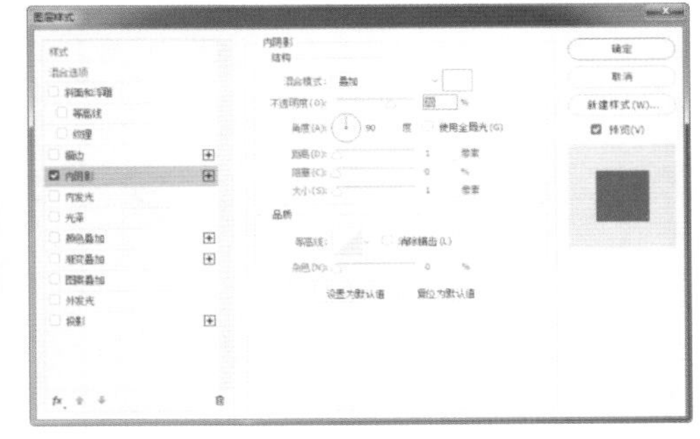
图 2-205

步骤 06 继续单击“渐变叠加”选项，设置相关参数，如图2-206所示。最后选择“投影”选项，设置相关参数，如图2-207所示。

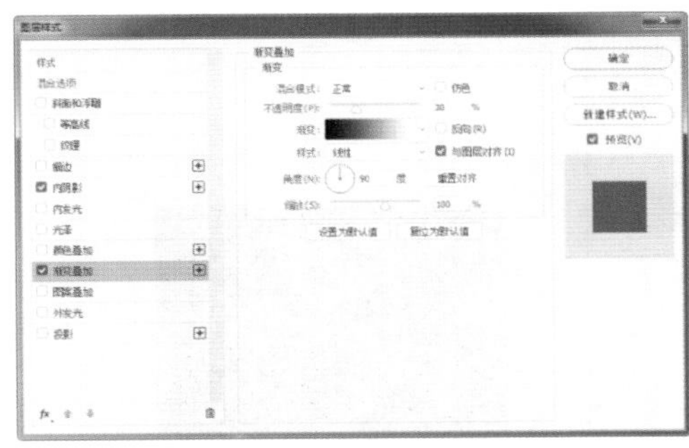
图 2-206

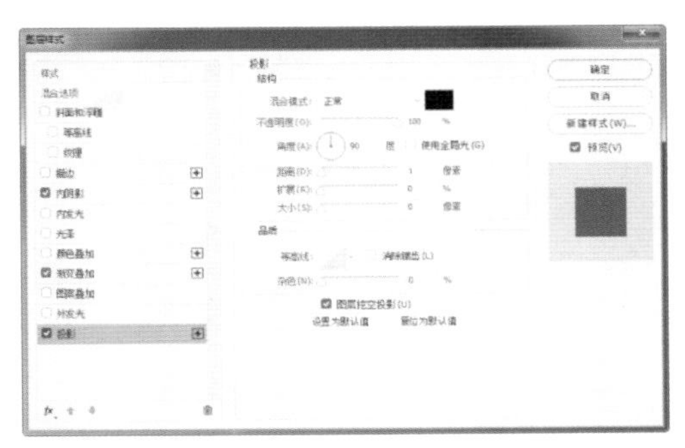
图 2-207

步骤 07 单击“确定”按钮，完成“图层样式”的设置，效果如图2-208所示。用相同的方法完成相似图形的制作，把相关图层进行合并，效果如图2-209所示。

提示：打开“图层”面板，选中想要复制的图层，单击鼠标右键，选择 “复制图层”命令，同样可以完成图层的复制操作。

步骤 08 单击工具箱中的“圆角矩形工具”按钮，设置“描边”颜色为白色、“描边宽度”为2像素，在画布中绘制如图2-210所示的形状。按快捷键Ctrl+T，进行自由旋转，如图2-211所示。

图 2-208

图 2-209

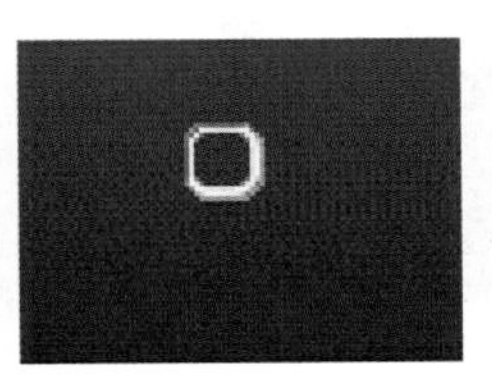
图 2-210

图 2-211

步骤 09 单击“图层”面板底部的“添加图层样式”按钮，在弹出的“图层样式”对话框中选择“内阴影”选项，具体设置如图2-212所示。继续选择“渐变叠加”选项，设置相关参数，如图2-213所示。

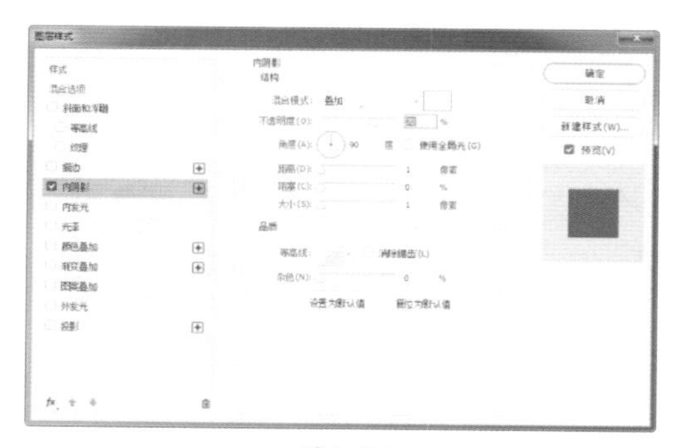

图 2-212

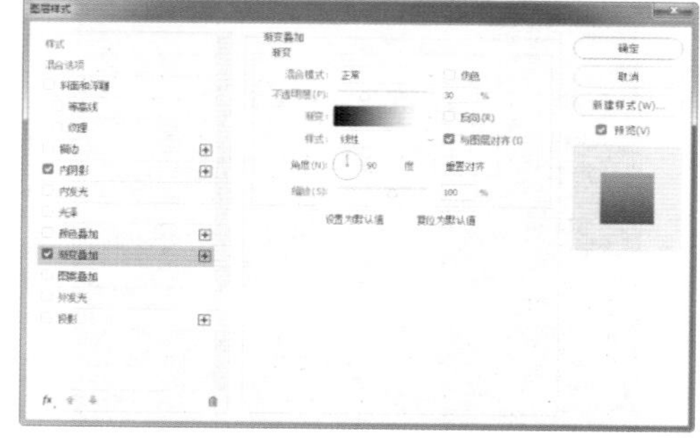

图 2-213

步骤 10 择“投影”选项，设置相关参数，如图2-214所示。单击“确定”按钮，完成“图层样式”的设置，效果如图2-215所示。

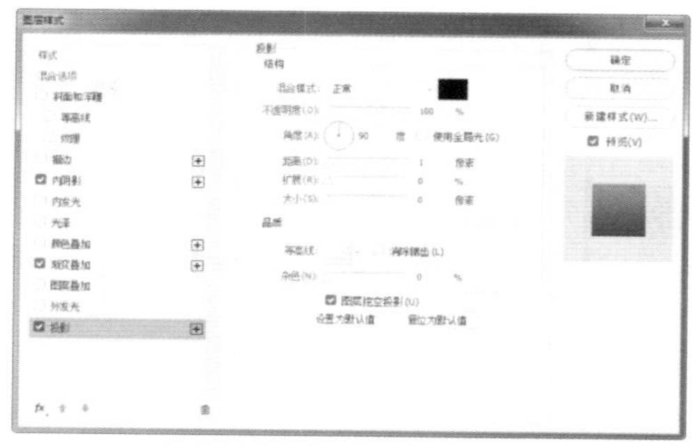

图 2-214

图 2-215

步骤 11 用相同的方法完成相似形状的制作，然后将相关图层合并，效果如图2-216所示。单击工具箱中的“横排文本工具”按钮，打开“字符”面板，设置相关参数，如图2-217所示。

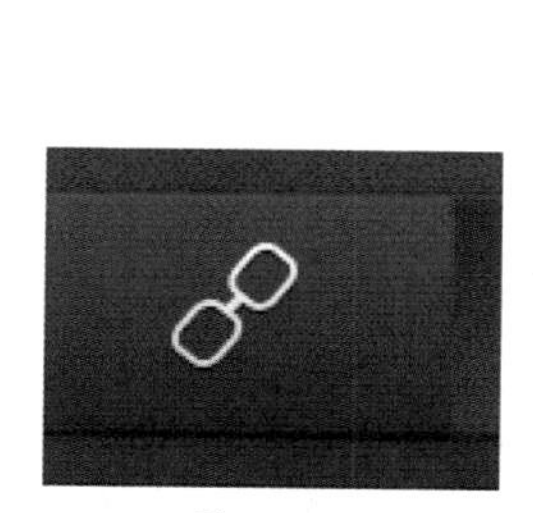

图 2-216

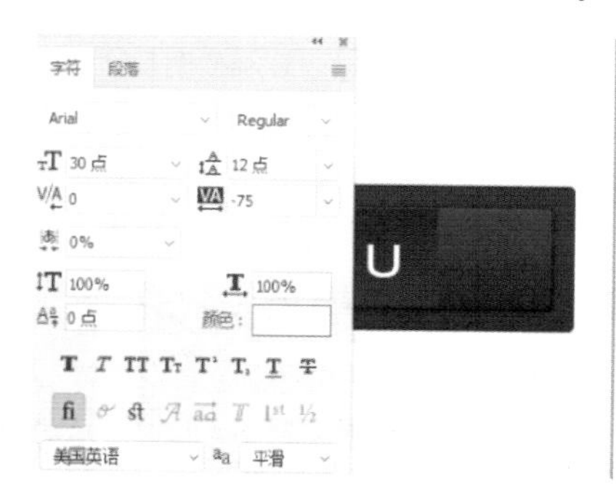

图 2-217

提示：通过“合并图层”命令合并图层，无论当前选择的图层是单个还是多个，都可以进行合并，选择单个图层并执行该命令后，会自动合并到当前图层下方的图层中，并合并后的图层命名为“下方图层”。

步骤 12 单击“图层”面板底部的“添加图层样式”按钮，在弹出的“图层样式”对话框中设置相关选项，如图2-218所示。用相同的方法完成相似图形的制作，如图2-219所示。

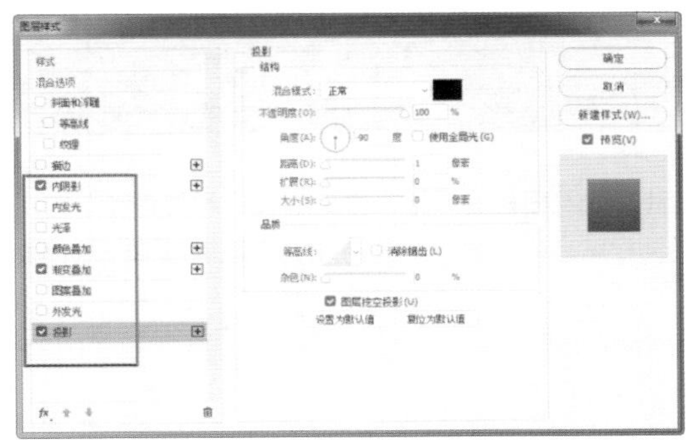

图 2-218

图 2-219

步骤 13 用相同的方法完成相似内容的制作，效果如图2-220所示。单击工具箱中的“直线工具”按钮，“填充”颜色为RGB（24,24,24），如图2-221所示。

步骤 14 用相同的方法完成相似内容的制作，最终效果如图2-222所示，“图层”面板如图2-223所示。

图 2-220

图 2-221

图 2-222

图 2-223

步骤 15 隐藏背景图层，执行“图像>裁切”命令，裁切多余的透明元素，如图2-224所示。执行“文件>导出>储存为Web所用格式”命令，设置相应的参数，单击“存储”按钮，将其命名存储，如图2-225所示。

图 2-224

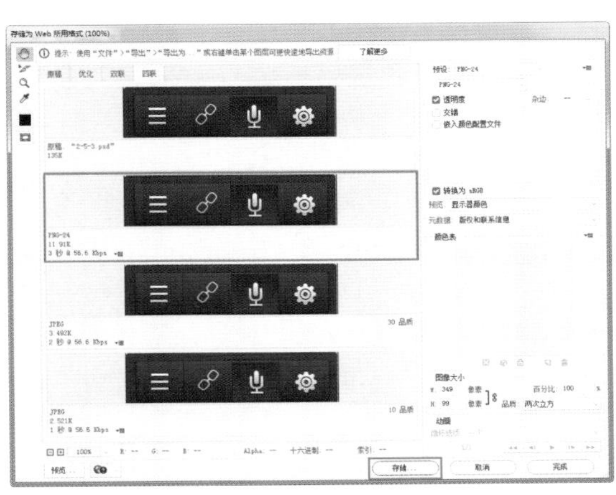

图 2-225

2.6 本章小结

本章为用户详细讲解了 UI 常见组件的设计，以及图标的风格、按钮的设计和界面菜单与工具栏的设计等相关知识及制作方法，并采用知识与案例相结合的方式，帮助用户更好地理解 UI 设计的精髓。

03

Chapter

应用软件界面设计

在当前的硬件与软件环境下，一个软件若没有很好的界面设计就不能算是成功的软件。因为不管它的内部有多么精巧的技术，它本身有多么强大的功能，只要用户不愿意使用它，那么它的优越性就得不到发挥，它的价值和作用也就无从谈起。因此一个不涉及技术，而是着眼于易用性和美观的用户界面就显得越来越重要，这就是软件UI设计。

本章知识点：

★ 了解应用软件界面设计

★ 了解如何设计软件启动界面

★ 了解软件界面面板的设计

★ 基本掌握软件界面的设计规范和设计风格

3.1　了解应用软件界面设计

为了满足软件专业化、标准化的需求，软件不仅要拥有强大的功能和高效的运行能力，还要给用户提供一个便于操作的、视觉效果良好的操作界面，这就需要设计师对软件界面进行设计。

设计合理的软件界面能给用户带来轻松愉悦的感受和成功的感觉，相反由于界面设计的失败，让用户有挫败感，再实用、强大的功能都可能在用户的畏惧与放弃中付诸东流。

提示：软件UI设计是软件与用户交互最直接的层面，软件界面的好坏决定用户对软件的第一印象，而且设计良好的软件界面能够引导用户自己完成相应的操作，起到向导的作用。软件界面如同人的面孔，具有吸引用户的直接优势。

3.1.1　什么是应用软件界面设计

软件界面也称为软件 UI，是人机交互的重要部分，也是软件带给使用者的第一印象，是软件设计的重要组成部分。随着人们审美意识的提高，在软件设计过程中对软件界面设计越来越重视，所谓的用户体验大多数就是指软件界面设计。

应用软件界面设计并不是单纯的美术设计，还需要综合考虑使用者、使用环境、使用方式，即最终是为用户设计的，它是纯粹的科学性的艺术设计。

应用软件界面设计目前已经逐渐趋于成熟，一个友好、美观的界面会给用户带来舒适的视觉享受，拉近用户与软件的距离，创造出软件产品新的卖点。如图 3-1 所示为设计合理的精美软件 UI。

图 3-1

3.1.2　应用软件界面设计要点

应用软件不仅仅是一个应用程序，更重要的是能够为用户服务，应用软件界面是用户与程序沟通的唯一途径，应用软件界面的设计是为用户的设计，而不是为软件开发者的设计。

1. 简单易用

应用软件界面的设计要尽可能美观、简洁，使用户便于使用、便于了解，并尽可能减少用户发生错误操作的可能性。

2. 为用户考虑

在应用软件界面设计中应该尽可能使用通俗易懂的语言，尽量避免使用专业术语。要考虑到用户对软件的熟悉程度，尽可能实现用户可以通过已经掌握的知识使用该软件界面来操作和使用软件，不应该超出一般常识，想用户所想，设计出用户需要的应用软件界面。

3. 清晰易懂

应用软件界面的设计应该清晰易懂，各种功能的表述也应该尽可能地清晰，在视觉效果上便于理解和使用。

4. 风格一致

在一款应用软件中通常会有多个界面，这就要求在设计应用软件界面时保持软件界面的风格和结构的清晰及一致，软件中各界面的风格必须与软件的整体风格和内容相一致。

5. 操作灵活

简单地说，就是要让用户能够更加方便地使用软件，即互动的多重性，不仅仅局限于单一的工具操作，不仅可以使用鼠标对软件界面进行操作，还可以通过按键对软件进行操作。

6. 人性化

应用软件界面的设计应该更加人性化，用户可以根据自己的喜好和习惯定制软件界面，并能够保存设置。高效率和用户满意度是应用软件界面设计人性化的体现。

7. 安全防护

在应用软件界面上应通过各种方式控制出错概率，以减少系统因用户人为的错误引起的破坏。开发者应当尽量周全地考虑到各种可能发生的问题，使出错的可能性降至最小。

例如，应用软件因出现保护性错误而退出系统，这种错误最容易使用户对软件失去信心。因为这意味着用户要中断思路，并费时费力地重新登录，而且已进行的操作也会因没有存盘而全部丢失。

3.2 软件启动界面

当用户打开一个较大的软件程序时，经常等待应用程序启动，在这个过程中，软件启动界面会呈现在我们眼前。出色的软件启动界面能够让用户眼前一亮，而设计一般的软件启动界面会让用户感觉到困惑，甚至感觉到厌倦。

3.2.1 什么是软件启动页面

由于软件程序的启动需要一些时间，有时这个时间会比较长，比如操作系统的启动、大型制图或者办公软件的启动等，而在这段时间里，可以使用一个画面来代替后台正在启动的软件程序，换来人们对软件的好感。

软件程序的启动需要时间，也因此带来了一些用户体验的问题：

①用户不知道软件在做什么，会怀疑软件反应迟钝、效率低下。

②用户长时间地等待会有厌烦情绪，直接影响对软件的好感。

为了做到这一点，在软件界面设计中越来越重视软件启动界面的设计，软件启动界面的设计越来越细腻，表现形式也越来越多样，如图 3-2 所示为 Adobe 系列软件的启动界面。

图 3-2

3.2.2 软件启动界面的作用

软件启动界面在软件系统中的作用主要表现在以下两个方面：在软件启动界面中显示软件的代表性标志、版权信息、注册用户、软件版本号等信息；在显示软件启动界面时载入运行软件所需要的文件，避免用户在一种盲目的状态下等待。

可以让用户在等待软件启动的过程中欣赏到一个美丽的画面，同时也可以看到载入组件的过程，如图 3-3 所示。

图 3-3

提示：在软件动界面的设计上追求简洁、清晰、明了的视觉效果，可以通过使用表现该软件的相关图像作为软件启动界面的主体，从而暗示软件的基本功能。

3.2.3 软件启动界面的设计原则

软件启动界面是应用软件与用户进行亲密接触的第一步，因此在设计软件启动界面时应该遵循一定的原则。

1. 以人为本

软件应该首先考虑使用者的利益，软件是为使用者服务的，软件启动时给用户的印象很重要，用户是软件界面设计中最需要重视的一个环节。以人为本是软件界面设计中最重要的一条原则，要做到以人为本就要从使用者的角度去考虑如何设计软件的启动界面。

2. 简洁清晰

软件的启动界面要求简洁、一目了然。软件启动界面不能设计得过于花哨，要使用户能够清晰地了解到软件界面中有哪些内容。软件启动界面中的内容可以少一些，这样可以减少用户的记忆负担。

3. 美观大方

软件启动界面给用户所留下的第一印象很重要，从美学的角度讲，整洁、简单明了的设计更可取。在软件启动界面设计中，一个普遍易犯的错误是力图设计完美的启动界面，非常美观，视觉冲击力也很强，但是启动速度可能会比较慢，而且会影响软件相关信息的展现。

4. 掌握用户心理

用户的心理是在设计软件启动界面时需要重视的一个因素，要尊重用户，应该使用户感觉自己在控制软件，感觉自己在启动的软件中扮演着主动的角色，提供给用户自定义启动界面的权利，对界面的颜色、字体等界面要素用户可以进行个性化的设置，可以提供不同的启动界面模式供用户选择。

5. 时间原则

尽量缩短软件启动界面出现的时间，启动界面是独立于软件界面本身的一个窗口，这个窗口在软件运行时首先弹出屏幕，用于装饰软件本身，或简单演示一个软件的优越性。

提示：很多专业的软件中都采用软件启动界面来吸引用户的注意力，来隐藏软件主程序的启动。这样，可以让用户感觉软件主程序启动的时候较短。

实战练习——设计应用软件启动界面

案例分析：此款软件启动界面是根据当前 Photoshop 的启动界面制作而成的，延续了 Photoshop 的设计风格，通过图片和图形的应用使整体界面极富设计感。

色彩分析：深蓝色作为主色调让人们感受到沉稳和深邃。界面布局合理，符合浏览规则，将重要内容放置在页面左上角。

RGB（0,27,37）　RGB（88,102,129）　RGB（9,198,254）

使用到的技术	矩形工具、文本工具
学习时间	20 分钟
视频地址	视频 \ 第 3 章 \3-2-3.mp4
源文件地址	源文件 \ 第 3 章 \3-2-3.psd
设计风格	常规扁平化设计

步骤01 执行“文件>新建”命令，弹出“新建文档”对话框，新建一个空白文档，如图3-4所示。执行“文件>打开”命令，打开素材图像“素材\第3章\32301.jpg”，拖入到画布中，调整图像大小，如图3-5所示。

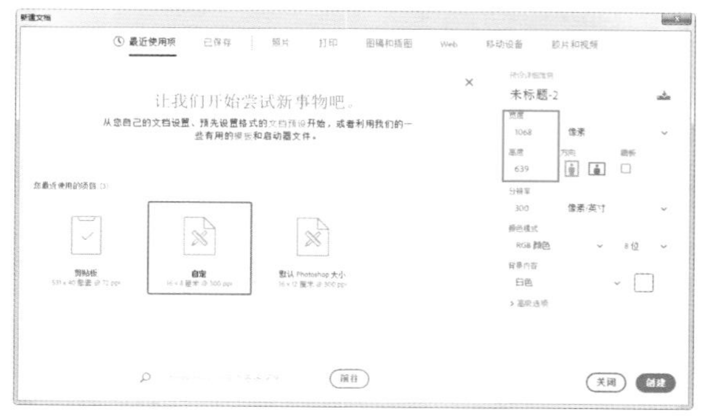

图 3-4

图 3-5

步骤02 单击工具箱中的“矩形工具”按钮，设置填充颜色为RGB（0,27,37），在画布中绘制矩形，如图3-6所示。修改“填色”为无、“描边”为RGB（0,200,254）、“粗细”为0.72像素，在画布中绘制形状，如图3-7所示。

图 3-6

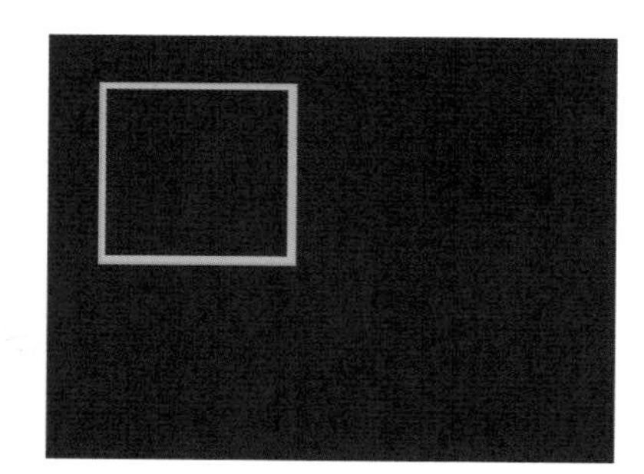

图 3-7

步骤03 单击工具箱中的“横排文本工具”按钮，在“字符”面板中设置相应参数，在画布中输入文字，如图3-8所示。使用相同的方法完成相似内容的制作，如图3-9所示。

步骤04 单击工具箱中的“矩形工具”按钮，设置填充颜色为RGB（13,27,37），在画布中绘制矩形，如图3-10所示。使用相同的方法完成相似内容的制作，如图3-11所示。

图 3-8

图 3-9

图 3-10

图 3-11

步骤05 单击工具箱中的“横排文本工具”按钮，在“字符”面板中设置相应参数，在画布中输入文字，如图3-12所示。使用相同的方法完成相似内容的制作，如图3-13所示。

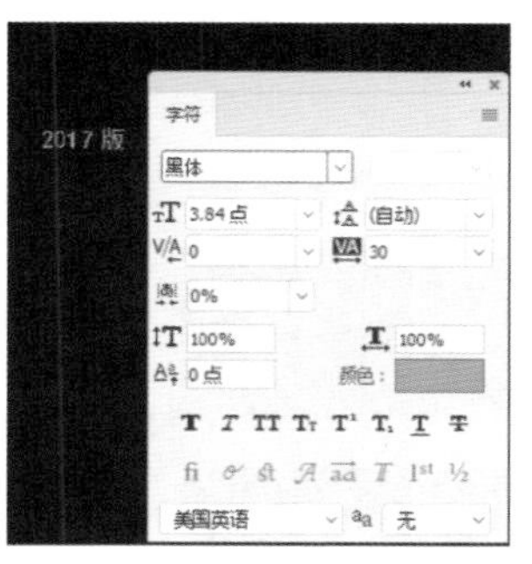

图 3-12

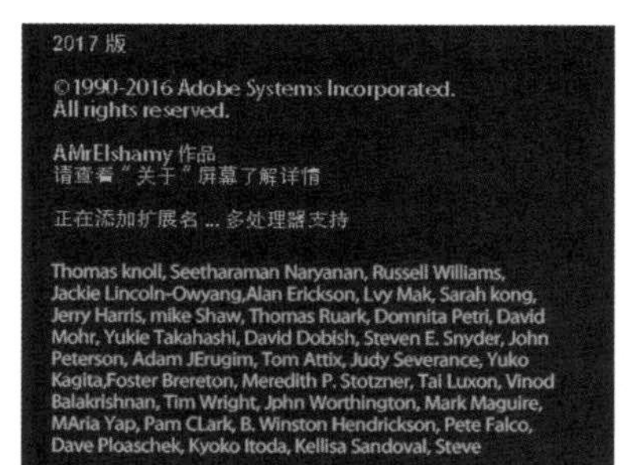

图 3-13

提示：在使用“矩形工具”绘制图形时，按Shift键拖动可以创建正方形，按Alt键拖动会以单击点为中心向外创建矩形，按住Shift+Alt组合键会以单击点为中心向外创建正方形。

提示：如果想移动文本定界框，则按住Ctrl键不放，将光标移至文本框内，拖动鼠标即可；按住Ctrl键，将鼠标移动到控制点，可以等比例缩放文本框，也可以旋转文本框，文本框中的段落会跟随文本定界框的改变而改变。

步骤 06 执行“文件>打开”命令，打开素材图像“素材\第3章\32302.jpg”，拖入到画布中，如图3-14所示。完成启动界面的制作，最终图像效果如图3-15所示。

图 3-14

图 3-15

步骤 07 隐藏除“图层1”之外的全部图层，按Ctrl+A组合键全选画布，执行“编辑>选择性拷贝>合并拷贝”命令，如图3-16所示。执行“文件>新建”命令，弹出“新建文档”对话框，如图3-17所示。

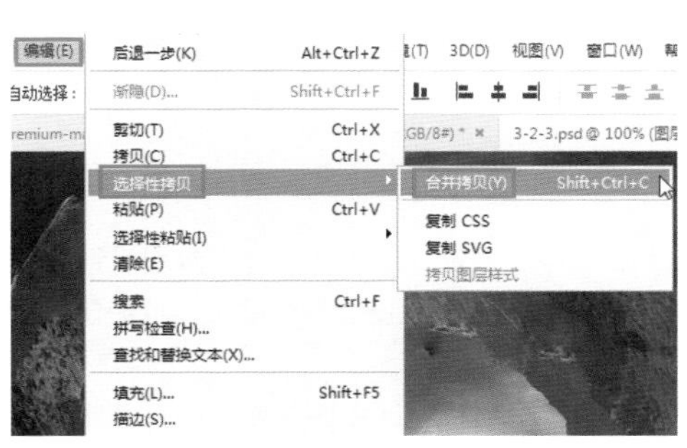

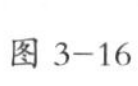

图 3-16

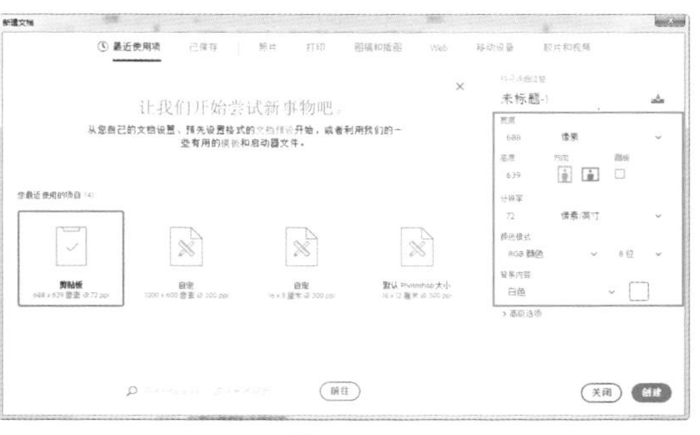

图 3-17

步骤 08 单击“确定”按钮新建文档，按Ctrl+V组合键粘贴图像，如图3-18所示。执行“文件>导出>存储为Web所用格式”命令优化图像，如图3-19所示。

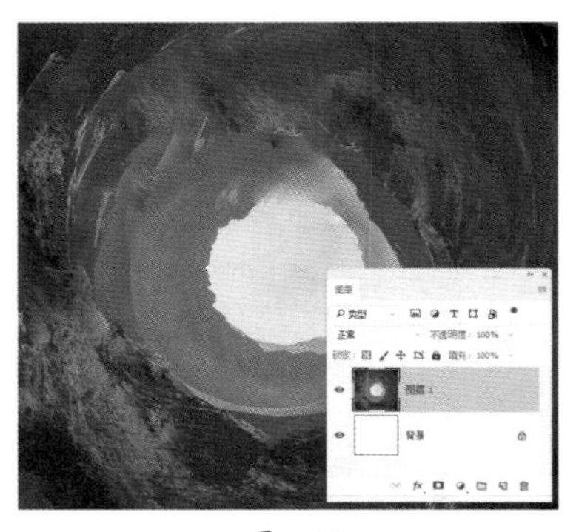

图 3-18

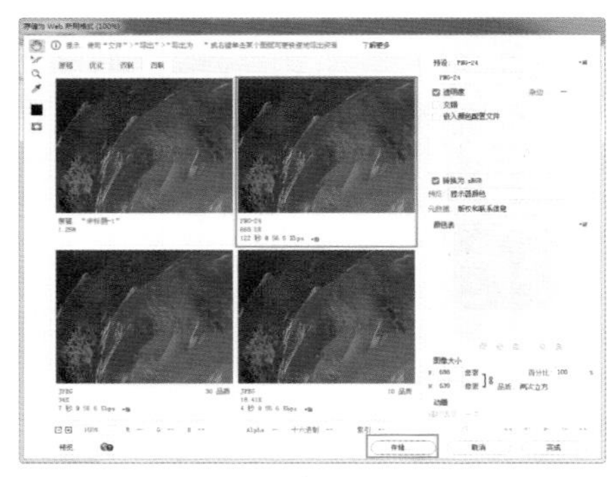

图 3-19

步骤 09 单击“存储”按钮将其重命名存储，如图3-20所示。用相同的方法将其余内容进行切图处理，切图后的文件夹如图3-21所示。

图 3-20

图 3-21

3.3 应用软件界面面板设计

软件面板属于软件界面中非常重要的元素，许多软件都会有一些功能面板或窗口，用户可以在这些面板或窗口中对特定的功能进行操作，例如 Windows 操作系统中所提供的桌面小工具。本节将向用户介绍有关软件面板设计的相关知识。

3.3.1 合理安排面板功能区域

软件面板只是软件界面中的小部分，许多设计师没有在软件面板设计上下功夫，导致所设计的软件面板美观度不够，而且不便于用户操作。这样，即使软件界面的其他方面设计得很精美，也会使用户降低对软件的整体评价。

为了让用户一眼就能找到面板中所需要的功能所在的位置，在面板设计中需要使功能分区比较明确，如图 3-22 所示为功能区分明确的软件面板设计。

图 3-22

提示：所谓的功能分区，是指将面板中所提供的所有信息内容按照不同的功能进行划分，并根据其外形大小、显示方式等合理地放置在面板中，并且可以通过适当的线条、颜色等，对面板中的功能分区进行辅助设计。

3.3.2 软件面板的设计原则

软件面板是用户在软件操作过程中经常使用的小窗口，用户应该能够非常容易地、清楚地使用面板上的图形、选项、文字等内容，所以软件面板的设计要尽量符合以下设计原则：

1. 简单有序

软件面板中各种功能和内容的安排必须做到简洁有序。简洁主要是指软件界面的布局尽量简单，可以通过简单的线框等基础图形分割功能区域，使面板能够提供给用户一种直观、方便使用的感受；有序指的是对面板中内容与功能操作的布局进行有序的排列，要考虑到用户的使用感受。

例如，将提供的信息内容有序地排列在一个功能区范围内，将面板中所提供的相关功能操作按钮放置在另一个功能区内，这样用户就能够很方便地对面板中的信息内容进行操作，如图 3-23 所示。

2. 显示操作状态

在软件界面的设计过程中，需要考虑到面板中信息内容的操作状态显示效果，例如当前正在操作的内容与其他内容区别显示，或者面板当前不可用的功能按钮显示为灰色等。通过对操作状态显示效果的设计可以更有利于用户使用面板，如图 3-24 所示。

图 3-23

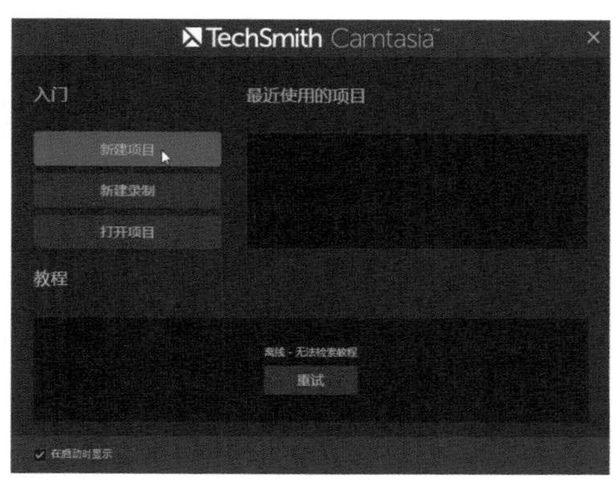

图 3-24

3. 合理使用图形

软件面板中的功能选项可以设计为图形按钮的形式，并将相应的图形按钮放置在同一功能区中，这样能够方便用户的操作，并且图形既能够使人易懂、亲近，又能够彰显软件的品质，体现出专业性，如图 3–25 所示。

4. 合理使用色彩

色彩是无声的语言，不但能够使人赏心悦目，也便于用户操作。软件面板的色彩首先需要考虑与软件界面的整体风格相统一，在软件面板中可以使用不同的色彩区分按钮的功能分类，如图 3–26 所示。

图 3–25

图 3–26

提示：同一界面中的面板所使用的色彩不宜过多，过多的色彩会使界面显得凌乱。

5. 缩放的运用

软件面板的设计还需要考虑到面板缩放的功能，面板的缩放主要有两种形式：一种是面板的宽度是固定的，面板的高度会随着内容的增多而自动增加；另一种形式是面板可以在软件界面中自由地缩放其宽度和高度，如图 3–27 所示。

图 3–27

实战练习——设计应用软件天气界面

案例分析：此款界面的顶部紧扣设计核心，通过图片和图形的应用使整体界面极富设计感，扁平化的设计风格深入身心，整体设计感十足。

色彩分析：秋季的黄色让界面看起来更加具有亲和力，文字使用了灰色，在提升可辨识的前提下又不过分醒目。

RGB（248,227,33）　　RGB(255,255,255)　　RGB(148,159,171)

使用到的技术	多边形工具、矩形工具、横排文本工具
学习时间	35 分钟
视频地址	视频 \ 第 3 章 \3-3-2.mp4
源文件地址	源文件 \ 第 3 章 \3-3-2.psd
设计风格	常规扁平化设计

步骤 01 执行“文件>新建”命令，设置“新建文档”对话框中的各项参数，如图3-28所示。单击工具箱中的“矩形工具”按钮，在画布中绘制如图3-29所示的矩形。

图 3-28

图 3-29

步骤 02 执行“文件>打开”命令，打开素材图像“素材\第3章\33201.jpg”，拖入到画布中，调整图像大小，如图3-30所示。单击鼠标右键，为该图层创建剪贴蒙版，如图3-31所示。

图 3-30

图 3-31

提示：剪贴蒙版可以使用某个图层的轮廓来遮盖其上方的图层，遮盖效果由底部图层或基底图层的范围决定。基底图层的非透明内容将在剪贴蒙版中显示它上方图层的内容，剪贴图层中的所有其他内容将被遮盖。

步骤 03 新建“图层2”图层，渐变色设置如图3-32所示，在画布上创建渐变条，并修改图层的“混合模式”为“叠加”。单击工具箱中的“矩形工具”按钮，在画布中绘制如图3-33所示的矩形。

图 3-32

图 3-33

步骤 04 选择“矩形2”图层，单击“图层”面板底部的“添加图层样式”按钮，在弹出的“图层样式”对话框中选择“渐变叠加”选项，具体设置如图3-34所示，效果如图3-35所示。

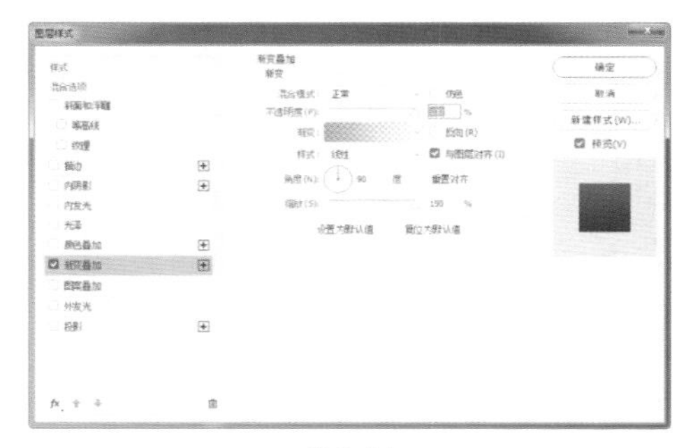

图 3-34

图 3-35

步骤 05 用相同的方法完成相似内容的制作，效果如图3-36所示。打开“字符”面板，具体设置如图3-37所示的参数。

图 3-36

图 3-37

步骤 06 单击工具箱中的“横排文本工具”按钮，在画布中输入如图3-38所示的文字，用相同的方法完成相似内容的制作，如图3-39所示。

步骤 07 单击工具箱中的“矩形工具”按钮，填充颜色如图3-40所示，在画布中绘制如图3-41所示的矩形。

图 3-38 　　图 3-39 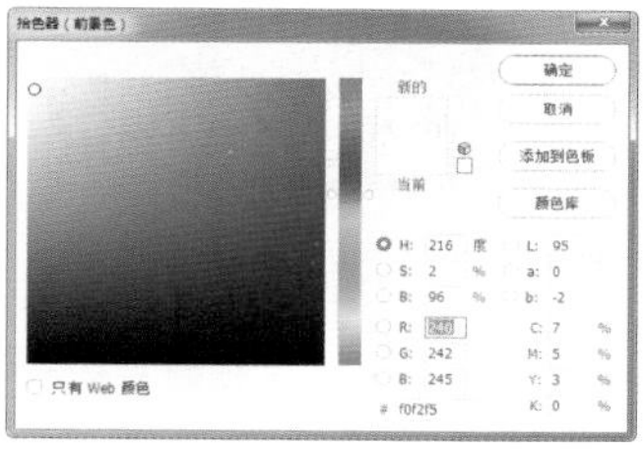　　图 3-40 　　图 3-41

步骤 08 单击工具箱中的“圆角矩形工具”按钮，设置“描边”颜色为RGB（148,159,171），在画布中绘制如图3-42所示的一个圆角矩形。继续单击工具箱中的“椭圆工具”按钮，在画布中绘制如图3-43所示的椭圆。

步骤 09 复制“椭圆1”图层，将其移动到合适的位置，调整其大小，如图3-44所示。单击工具箱中的“矩形工具”按钮，在画布中绘制如图3-45所示的矩形。

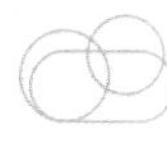

图 3-42 　　图 3-43 　　图 3-44 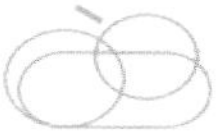　　图 3-45

提示：使用椭圆工具绘制图形时，按Shift键拖动可以创建正圆形，按Alt键拖动会以单击点为中心向外创建椭圆形，按住Shift+Alt组合键会以单击点为中心向外创建正圆形。

步骤 10 使用相同的方法完成相似内容的制作，效果如图3-46所示。将相关图层合并到一个图层，图形效果如图3-47所示。

步骤 11 使用相同的方法完成相似内容的制作，图形效果如图3-48所示。

图 3-46

图 3-47

图 3-48

步骤 12 单击工具箱中的“矩形工具”按钮，设置填充颜色为RGB（237,85,101），在画布中绘制如图3-49所示的矩形。单击工具箱中的“椭圆工具”按钮，设置“填充”为无、“描边”为白色，在画布中绘制如图3-50所示椭圆。

步骤 13 单击工具箱中的“矩形工具”按钮，设置“填充”为白色，在画布中绘制如图3-51所示的矩形。使用相同的方法完成相似内容的制作，将相关的图层合并为一个图层，图形效果如图3-52所示。

图 3-49

图 3-50

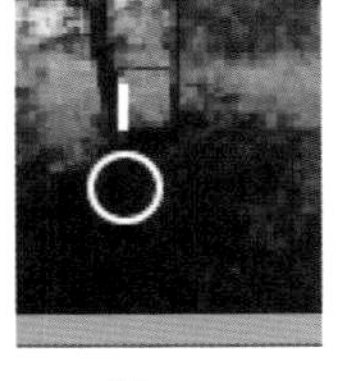

图 3-51

图 3-52

步骤 14 单击工具箱中的“横排文本工具”按钮，打开“字符”面板，按如图3-53所示设置各项参数，在画布中输入如图3-54所示的文字。

步骤 15 用相同的方法完成页面中其余内容的制作，如图3-55所示，图像效果如图3-56所示。

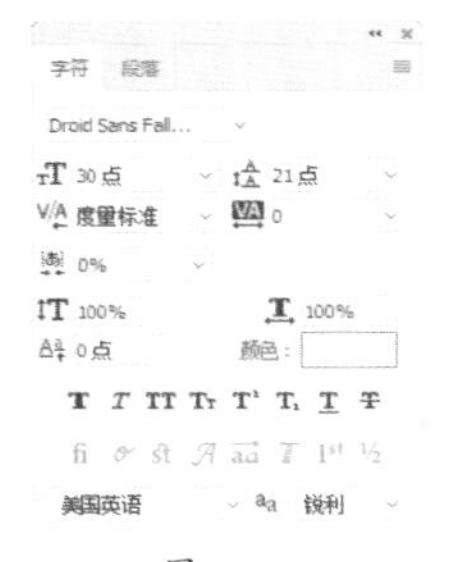

图 3-53

图 3-54

图 3-55

图 3-56

步骤 16 隐藏除“图层1”之外的全部图层，按Ctrl+A组合键全选，执行“编辑>选择性拷贝>合并拷贝”命令，如图3-57所示。执行“文件>新建”命令，弹出“新建文档”对话框，如图3-58所示。

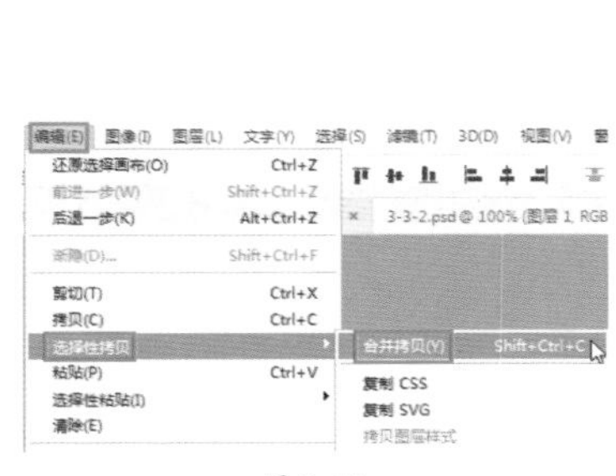

图 3-57

图 3-58

步骤 17 单击“确定”按钮新建文档，按Ctrl+V组合键粘贴图像，如图3-59所示。执行“文件>导出>存储为Web所用格式”命令优化图像，如图3-60所示。

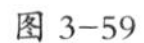

图 3-59

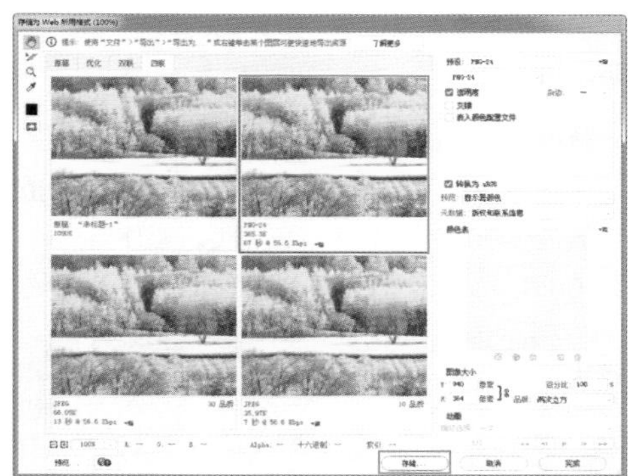

图 3-60

步骤 18 单击“存储”按钮将其重命名存储，如图2-61所示。用相同的方法将其余内容进行切图处理，切图后的文件夹如图2-62所示。

图 3-61

图 3-62

3.4 应用软件界面设计规范

设计良好的界面能够引导用户自己完成相应的操作，起到向导的作用。同时软件界面如同人的面孔，具有吸引用户的直接优势。

3.4.1 软件界面的屏幕显示

软件界面的屏幕设计主要包括布局、文字用语和颜色等，下面为用户进行详细的讲解。

1. 布局

软件界面的屏幕布局因功能不同考虑的侧重点也要有所不同，各个功能区要重点突出、功能明显，在软件界面的屏幕布局中还要注意一些基本数据的设置，如图 3-63 所示。

2. 文字用语

在软件界面设计中，文字用语一定要简洁明了，尽量避免使用专业术语。在软件界面的屏幕显示设计中，文字也不要过多，所传达的信息内容一定要清楚、易懂，并且方便用户的操作使用，如图 3-64 所示。

3. 颜色

在软件界面中，活动的对象应该使用鲜明的色彩，尽量避免将不兼容的颜色放在一起。如果需要使用颜色表示某种信息或对象属性，要使用户明白所表达的信息，并且尽量使用常规的准则来表示，如图 3-65 所示。

图 3-63　　图 3-64　　图 3-65

3.4.2 软件界面的设计原则

在漫长的软件发展过程中，软件界面设计一直没有被重视，但软件界面设计是产品的主要卖点，在对软件界面进行设计时应该遵循以下几个设计原则：

1. 易用性

软件界面上的各种按钮或者菜单名称应该易懂、用词准确，不要出现模棱两可的字眼；要与同一界面上的其他菜单或按钮易于区分，使人能够直接明白具体的含义。

> 提示：软件界面使用的理想情况是不同年龄段的用户不用查阅帮助信息就能知道该界面的功能并进行相关的正确操作。

2. 规范性

通常界面都按 Windows 界面的规范来设计，即包含菜单条、工具栏、工具箱、状态栏、滚动条和右键快捷菜单的标准格式，如图 3-66 所示。界面遵循规范化的程度越高，则易用性相应地就越好，小型软件一般不提供工具箱。

图 3-66

3. 合理性

屏幕对角线相交的位置是用户直视的地方，正上方 1/4 处为最容易吸引用户注意力的位置，在放置窗体时要注意利用这两个位置。菜单是界面上最重要的元素，菜单位置按照功能来组织。

4. 美观和协调性

软件界面的大小应该适合美学观点，感觉协调舒适，能在有效的范围内吸引用户的注意力，美观和协调是相辅相成的，不可顾此失彼。

5. 独特性

如果一味地遵循业界的界面标准，则会丧失自己的个性。在整体框架符合规范的情况下，设计具有自己独特风格的软件界面尤为重要，尤其是在商业软件流通中有着很好的潜移默化的广告效用。

实战练习——设计录音软件界面

案例分析：此款录音界面采用撕纸的效果，图片左上角缺失的部分显示出提示信息，艺术感和神秘感十足，通过图片和图形的应用使整体界面极富设计感。

色彩分析：此款录音界面以灰色作为主色调，凸显软件沉稳的特点；辅色使用了蓝色，加强沉稳的特性；文字使用了白色，提升了文字的辨识度。

RGB（45,45,53）　　RGB（82,102,129）　　RGB（9,198,254）

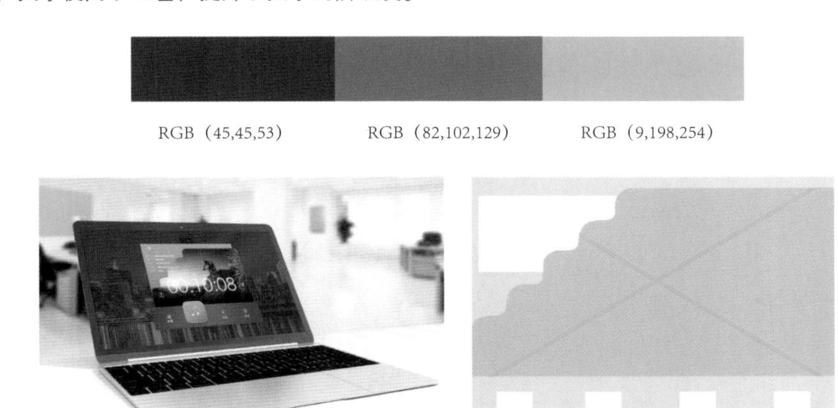

使用到的技术	多边形工具、矩形工具、横排文本工具
学习时间	40 分钟
视频地址	视频 \ 第 3 章 \3-4-2.mp4
源文件地址	源文件 \ 第 3 章 \3-4-2.psd
设计风格	拟物化设计

步骤 01 执行“文件>打开”命令，打开“素材\第3章\34201.jpg”，执行“滤镜>模糊>高斯模糊”命令，图像效果如图3-67所示。单击工具箱中的“矩形工具”按钮，在画布中绘制如图3-68所示的矩形。

图 3-67

图 3-68

步骤 02 选择“矩形1”图层，单击“图层”面板底部的“添加图层样式”按钮，在弹出的“图层样式”对话框中选择“描边”选项，具体设置如图3-69所示。继续选择“内发光”选项，具体设置如图3-70所示。

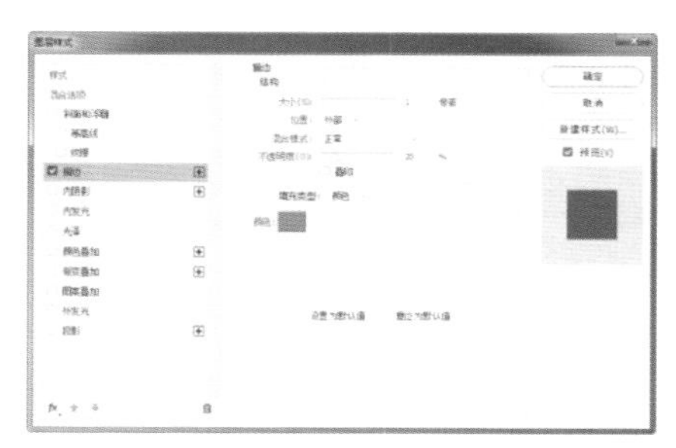

图 3-69

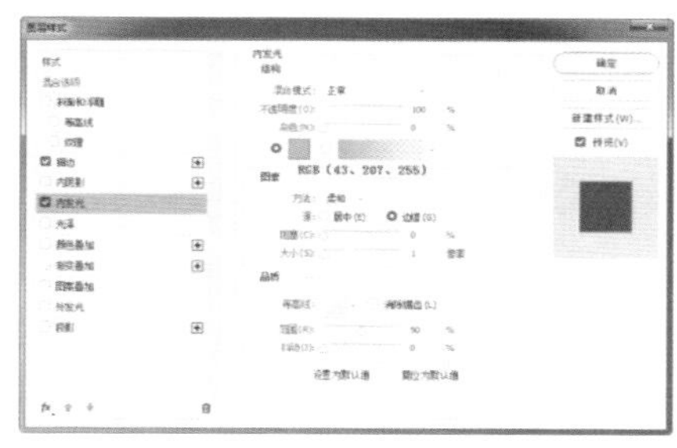

图 3-70

步骤 03 最后选择“渐变叠加”选项，具体设置如图3-71所示，单击“确定”按钮，完成图层样式的设置，效果如图3-72所示。

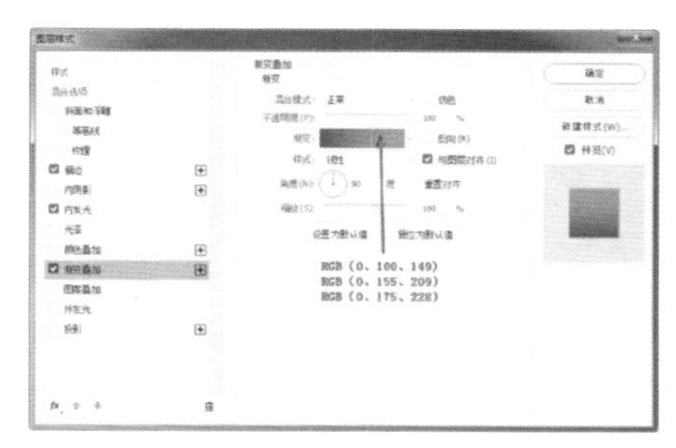

图 3-71

图 3-72

提示：在为图层添加“渐变叠加”样式时，可以在图像中拖动鼠标，以更改渐变叠加的位置。

步骤 04 复制“矩形 1”图层，清除样式图层，单击“图层”面板底部的“添加图层样式”按钮，在弹出的“图层样式”对话框中选择“图案叠加”选项，具体设置如图3-73所示，图像效果如图3-74所示。

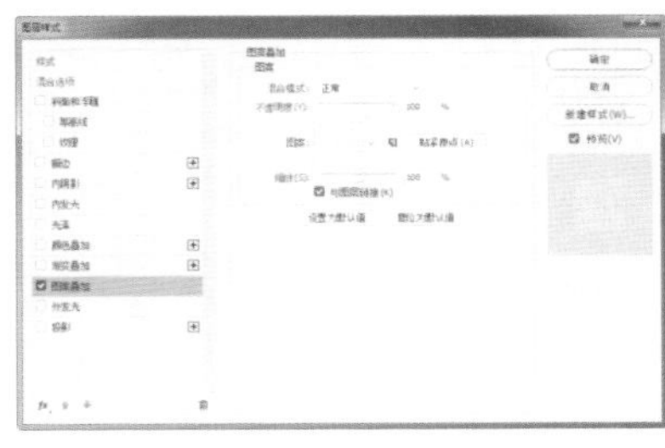

图 3-73

图 3-74

步骤 05 单击工具箱中的“椭圆工具”按钮，设置“填充”颜色为白色、“不透明度”为20%，在画布中绘制如图3-75所示的图形。单击工具箱中的“矩形工具”按钮，在画布中绘制一个矩形，用相同的方法完成相似内容的制作，如图3-76所示。

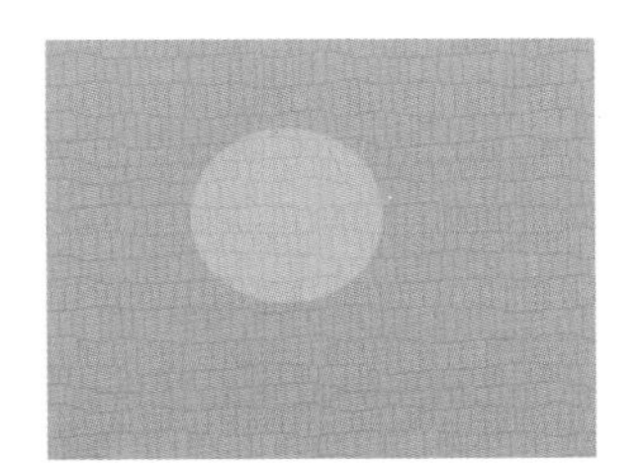

图 3-75

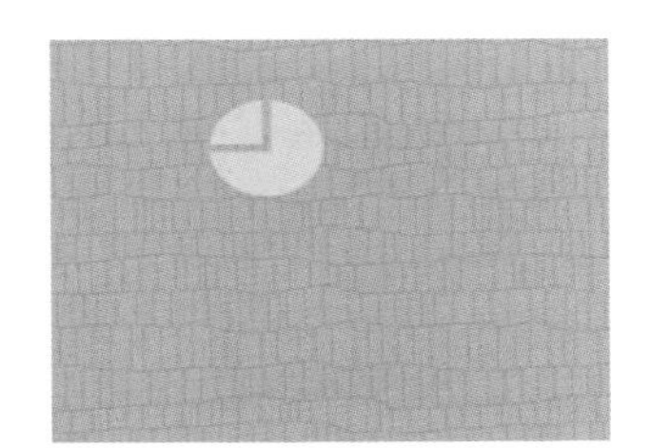

图 3-76

提示：此处除了在圆形上方绘制矩形，也可采用减去顶层形状的方法在圆形中减去矩形，得到的效果相同。

步骤 06 单击工具箱中的“圆角矩形工具”按钮，在画布中绘制如图3-77所示的图形。选择“圆角矩形 1”图层，单击“图层”面板底部的“添加图层样式”按钮，在弹出的“图层样式”对话框中选择“描边”选项，具体设置如图3-78所示。

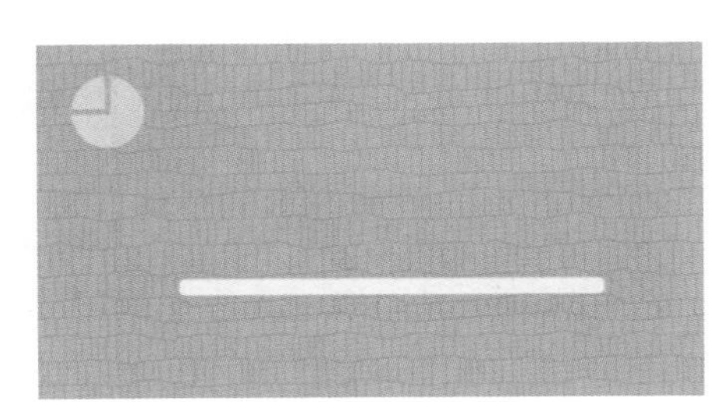

图 3-77

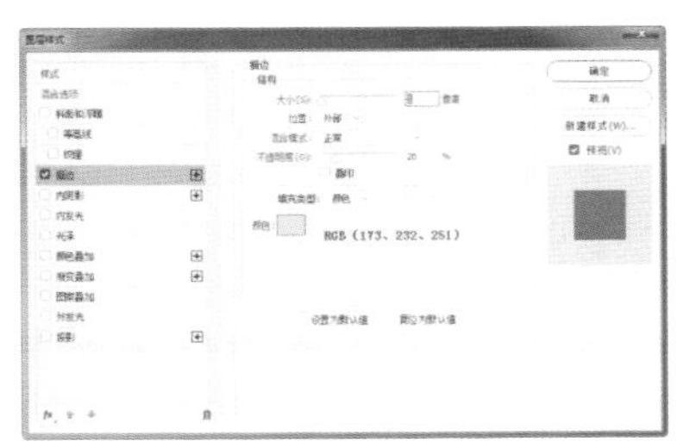

图 3-78

步骤 07 单击“确定”按钮，图形效果如图3-79所示。多次复制“圆角矩形1”图层，并调整图形大小，如图3-80所示。

步骤 08 单击工具箱中的“横排文本工具”按钮，打开“字符”面板，按如图3-81所示设置参数，在画布中输入文字，效果如图3-82所示。

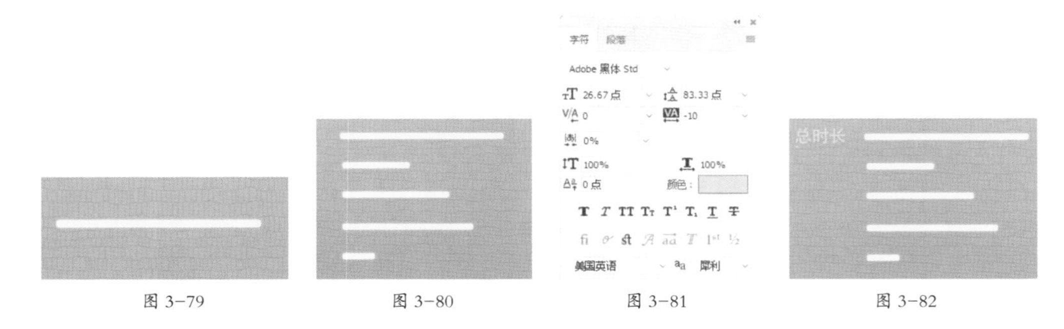

图 3-79　　图 3-80　　图 3-81　　图 3-82

步骤 09 用相同的方法完成相似内容的制作，如图3-83所示。单击工具箱中的“矩形工具”按钮，在画布中绘制一个如图3-84所示的矩形。

图 3-83　　图 3-84

步骤 10 使用“添加锚点”和“直接选择工具”添加和调整锚点，如图3-85所示。执行“文件>打开”命令，打开“素材\第3章\34202.jpg”并将其拖入到画布中，单击鼠标右键，为该图层创建剪贴蒙版，效果如图3-86所示。

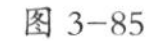

图 3-85　　图 3-86

提示：单击工具箱中的“添加锚点工具”按钮，将光标放置在路径上，当光标变为形状时，单击即可添加一个锚点。也可以直接使用“钢笔工具”定位到所选路径上方，“钢笔工具”变成，也可以添加锚点。

步骤 11 单击工具箱中的“横排文本工具”按钮，打开“字符”面板，按如图3-87所示设置参数。在画布中输入文字，如图3-88所示。

图 3-87

图 3-88

步骤 12 用相同的方法完成相似内容的制作，如图3-89所示。单击工具箱中的“多边形工具”按钮，在画布中绘制如图3-90所示的图形，并设置“不透明度”为3%。

步骤 13 单击“图层”面板底部的“添加图层蒙版”按钮，为该图层添加蒙版，如图3-91所示，设置渐变色为黑色到白色，效果如图3-92所示。

图 3-89

图 3-90

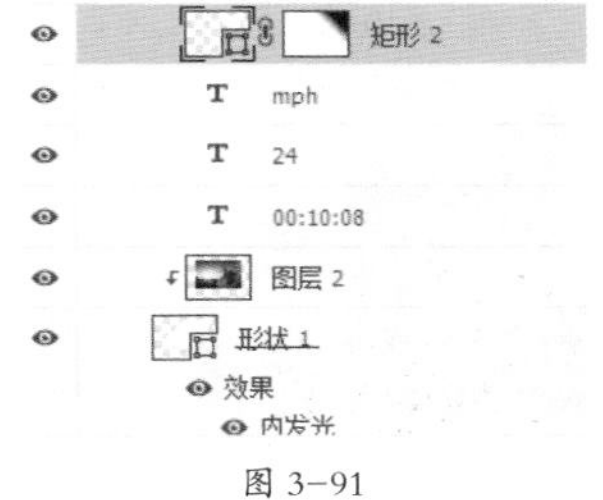

图 3-91

图 3-92

步骤 14 用相同的方法完成相似内容的制作，效果如图3-93所示。单击工具箱中的“椭圆工具”按钮，设置“填充”颜色为RGB（255,61,35），效果如图3-94所示。

图 3-93

图 3-94

步骤 15 单击工具箱中的“横排文本工具”按钮，打开“字符”面板，按如图3-95所示设置参数，在画布中输入如图3-96所示的文字。

步骤 16 单击工具箱中的“矩形工具”按钮，设置“填充”颜色为黑色，在画布中绘制如图3-97所示，复制“矩形 3”图层，设置“填充”颜色为白色、“不透明度”为20%，在画布中的效果如图3-98所示。

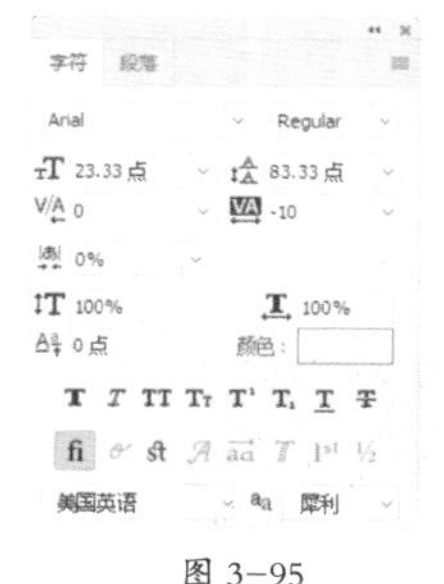

图 3-95

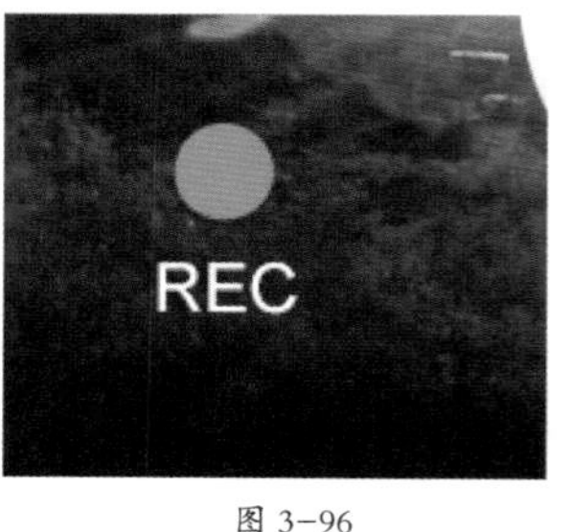

图 3-96

图 3-97

图 3-98

提示：此处黑色直线和白色直线的绘制方法在UI设计中非常实用，通常用来模拟折痕的效果，增强界面的立体感。

步骤 17 单击工具箱中的“矩形工具”按钮，设置“填充”颜色为RGB（251,206,77），在画布中绘制一个矩形，如图3-99所示。选择“矩形4”图层，单击“图层”面板底部的“添加图层样式”按钮，在弹出的“图层样式”对话框中选择“内阴影”选项，具体设置如图3-100所示。

图 3-99

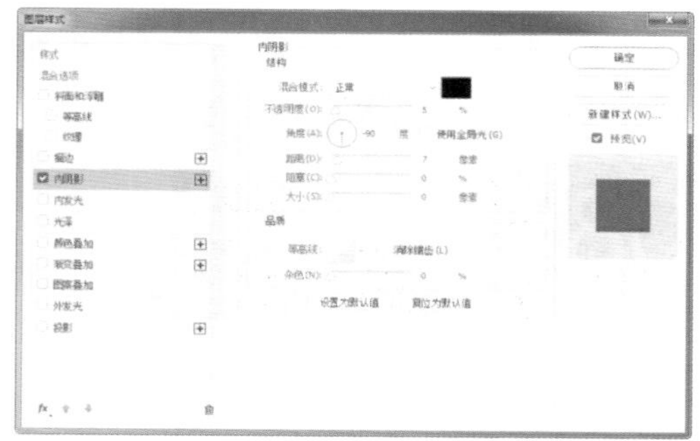

图 3-100

步骤 18 继续选择“描边”选项，具体设置如图3-101所示。最后选择“内发光”选项，具体设置如图3-102所示。

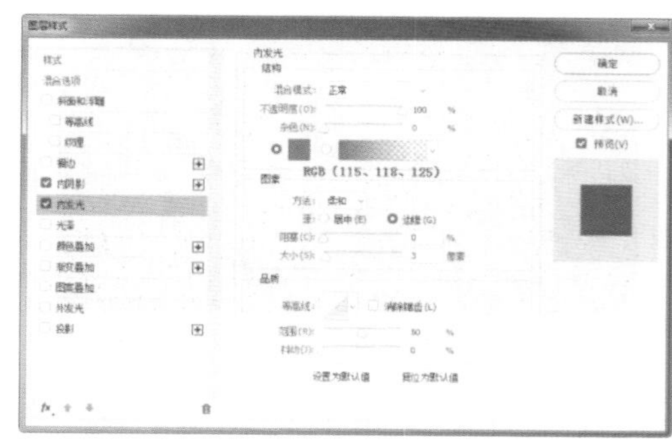

图 3-101

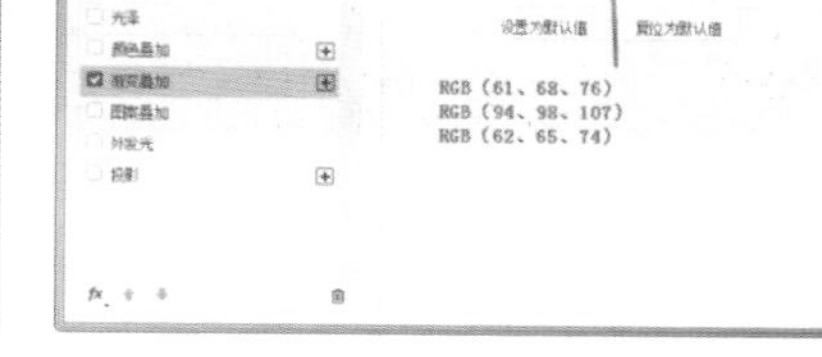

图 3-102

步骤 19 单击“确定”按钮，图形效果如图3-103所示。单击工具箱中的“矩形工具”按钮，设置“填充”颜色为白色，在画布中绘制如图3-104所示的矩形。

步骤 20 用相同的方法完成相似内容的制作，如图3–105所示。单击“图层”面板底部的“添加图层样式”按钮，在弹出的“图层样式”对话框中选择“投影”选项，具体设置如图3–106所示。

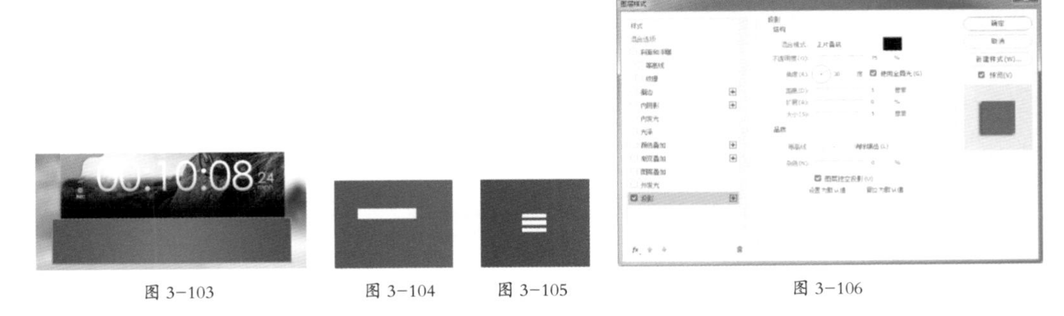

图 3–103　　图 3–104　　图 3–105　　图 3–106

步骤 21 单击工具箱中的“横排文本工具”按钮，打开“字符”面板，具体设置如图3–107所示。在画布中输入如图3–108所示的文字。

步骤 22 用相同的方法完成相似内容的制作，如图3–109所示。单击工具箱中的“圆角矩形工具”按钮，设置“填充”颜色为RGB（251,206,77），在画布中绘制如图3–110所示的圆角矩形。

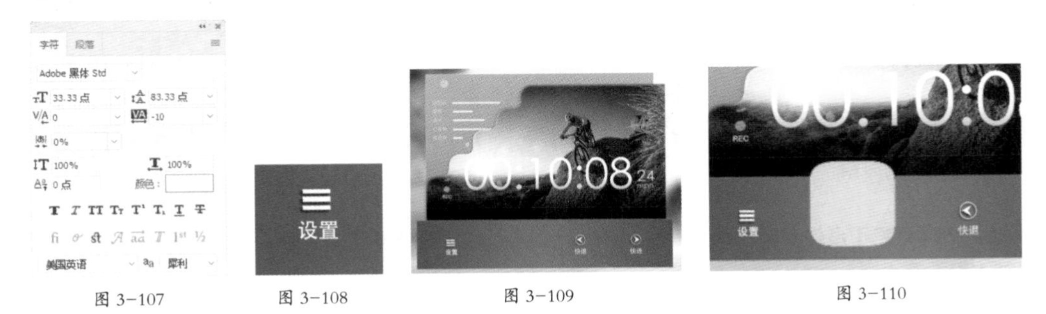

图 3–107　　图 3–108　　图 3–109　　图 3–110

步骤 23 单击“图层”面板底部的“添加图层样式”按钮，在弹出的“图层样式”对话框中选择“内发光”选项，具体设置如图3–111所示。继续选择“渐变叠加”选项，具体设置如图3–112所示。

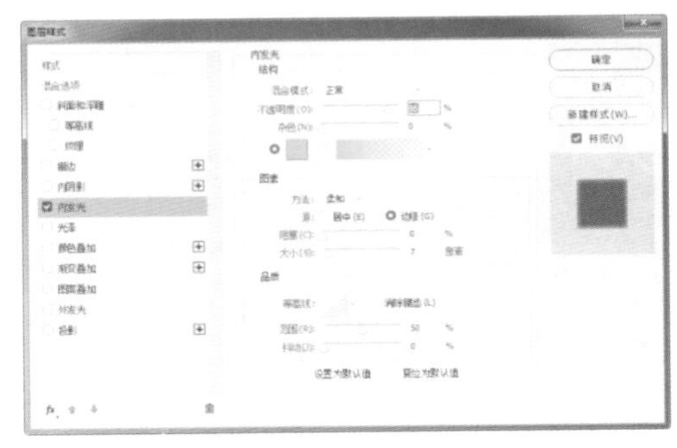

图 3–111

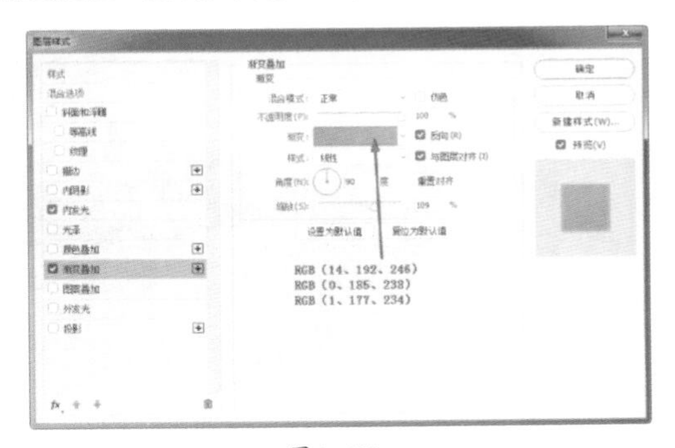

图 3–112

步骤 24 最后选择“投影”选项，具体设置如图3–113所示。复制“圆角矩形 2”图层，得到“圆角矩形 2 副本”图层，清除图层样式，单击“图层”面板底部的“添加图层样式”按钮，在弹出的“图层样式”对话框中选择“渐变叠加”选项，具体设置如图3–114所示。

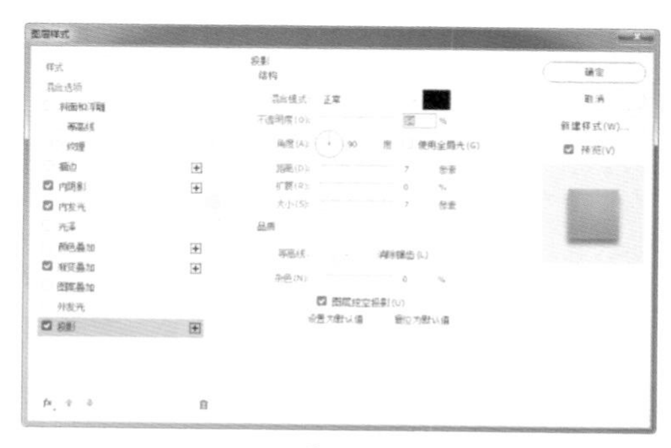

图 3-113

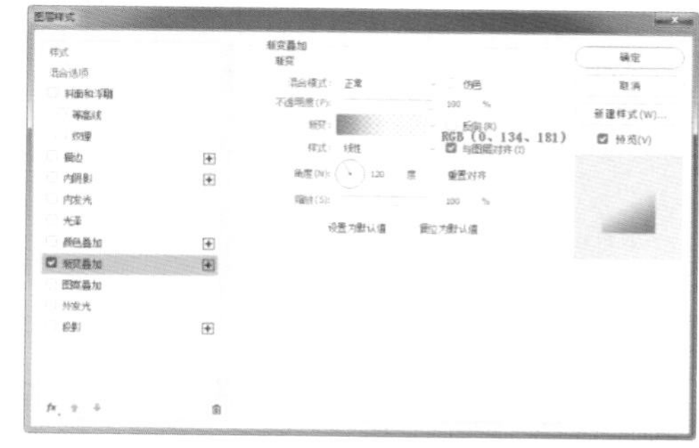

图 3-114

步骤25 单击“确定”按钮，效果如图3-115所示。单击工具箱中的“自定形状工具”，设置“填充”颜色为白色，选择如图3-116所示的图形。

步骤26 单击工具箱中的“横排文本工具”按钮，在画布中输入如图3-117所示的文字。单击工具箱中的“钢笔工具”按钮，设置“填充”颜色为白色、“不透明度”为20%，如图3-118所示。

图 3-115

图 3-116

图 3-117

图 3-118

步骤27 适当调整图形位置及图层顺序，完成录音界面的制作，图像效果如图3-119所示，图层面板如图3-120所示。

图 3-119

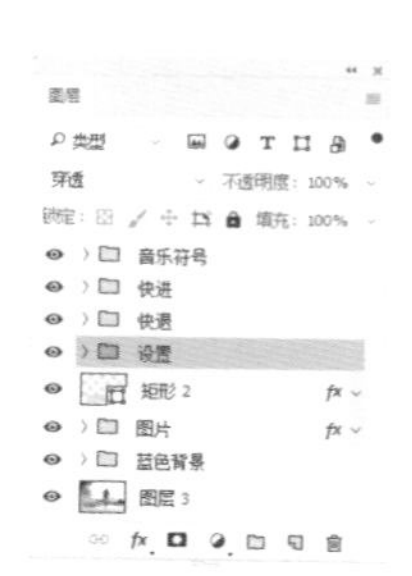

图 3-120

步骤28 隐藏除“图层1”之外的全部图层，按Ctrl+A组合键全选画布中的内容，执行“编辑>选择性拷贝>合并拷贝”命令，如图3-121所示。执行“文件>新建”命令，弹出“新建文档”对话框，如图3-122所示。

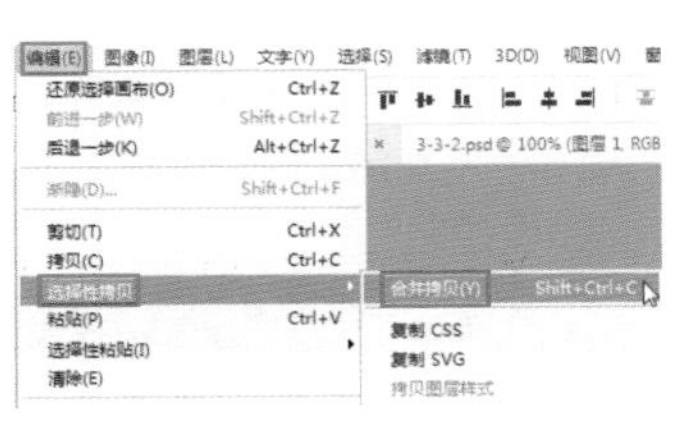

图 3-121

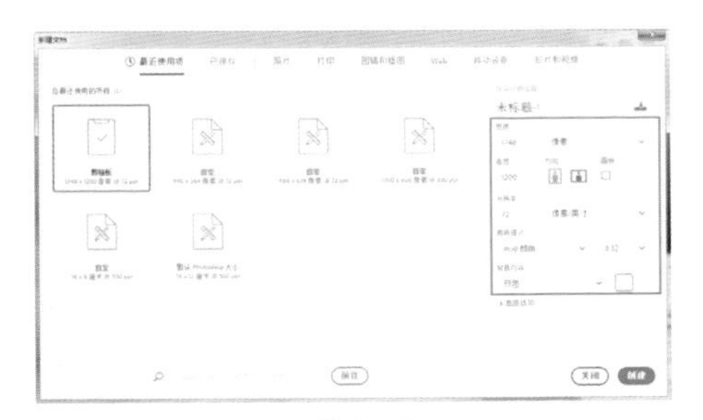

图 3-122

步骤 29 单击“确定”按钮新建文档，按Ctrl+V组合键粘贴图像，如图3-123所示。执行“文件>导出>存储为Web所用格式”命令优化图像，如图3-124所示。

图 3-123

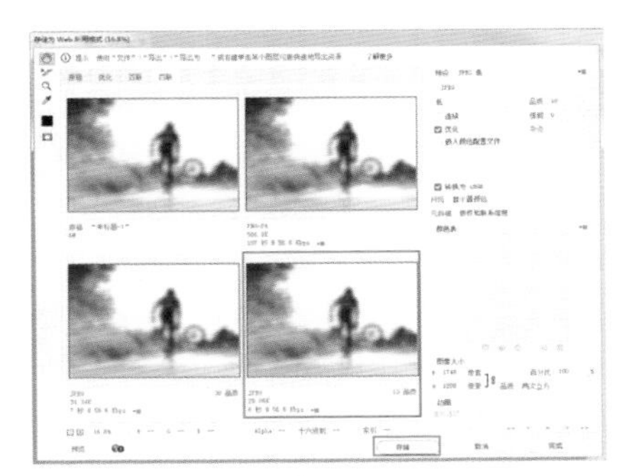

图 3-124

步骤 30 单击“存储”按钮将其重命名存储，如图3-125所示。用相同的方法将其余内容进行切图处理，切图后的文件夹如图3-126所示。

图 3-125

图 3-126

3.5 应用软件界面设计风格

软件界面设计是一个需要不断成长的设计领域，一个友好、美观的界面会给用户带来舒适的视觉享受，拉近用户与软件的距离，为商家创造卖点。

3.5.1 传统软件界面设计

软件界面设计是为了满足软件专业化、标准化的需求而产生的对软件的使用界面进行美化、优化、规范化的设计分支。在传统软件界面的设计过程中，为了界面的精致、美观和个性化，常常会在界面中添加许多渐变、高光和阴影等效果，这些效果的添加使得软件界面的外观更加华丽，如图 3-127 所示。

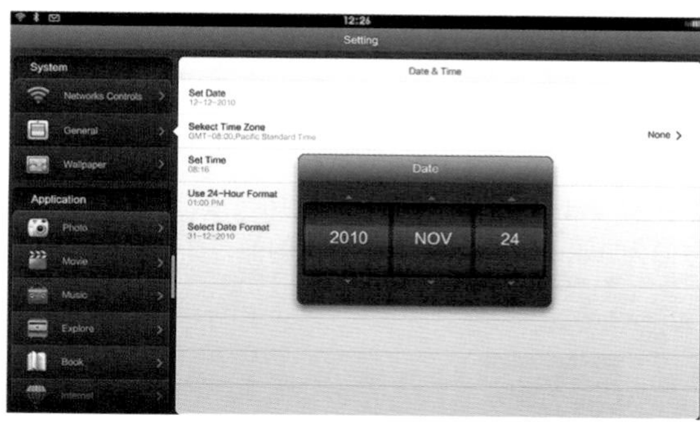

图 3-127

实战练习——绘制传统播放器界面

案例分析：此款音乐播放器界面采用传统的高光仿真效果，通过光效和渐变的运用，模拟真实的按钮，通过图片和图形的应用使整体界面极富立体感。

色彩分析：该界面采用灰色作为主色调，采用不刺激的颜色更容易亲和用户；辅色采用了黄色，视觉效果突出；文字色采用了白色，提高了可辨识度。

RGB（45,45,53）　RGB（252,188,60）　RGB(255,255,255)

使用到的技术	多边形工具、椭圆工具、横排文本工具
学习时间	50 分钟
视频地址	视频 \ 第 3 章 \3-5-1.mp4
源文件地址	源文件 \ 第 3 章 \3-5-1.ai
设计风格	拟物化设计

步骤 01 打开Illustrator CC，执行“文件>新建”命令，新建一个文档，如图3-128所示。单击工具箱中的“圆角矩形工具”按钮，设置“填充”颜色为RGB（45,45,53），在画布中绘制圆角矩形，如图3-129所示。

图 3-128

图 3-129

步骤 02 单击工具箱中的“圆角矩形工具”按钮，设置“填充”颜色为RGB（28,73,198）到RGB（2,7,68），再到RGB （17、17、17）的线性渐变，如图3-130所示。使用“转换锚点工具”和“删除锚点工具”调整圆角矩形，如图3-131所示。

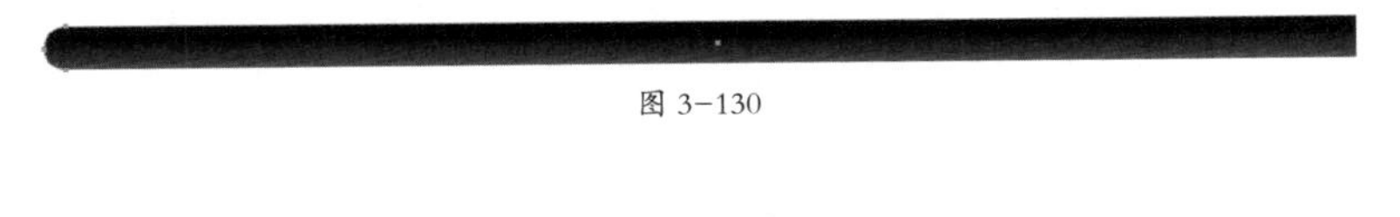

图 3-130

图 3-131

> 提示：单击工具箱中的“添加锚点工具”按钮，将光标放置在路径上，当光标变为形状时，单击即可删除一个锚点。也可以直接使用“钢笔工具”定位到所选路径上方，“钢笔工具”变成，也可以删除锚点。

步骤 03 使用“椭圆工具”在画板中绘制白色圆形，执行“对象>扩展>填充”命令，如图3-132所示。使用相同的方法通过“多边形工具”绘制白色三角形，如图3-133所示。

图 3-132

图 3-133

步骤 04 同时选中刚刚绘制的图形，执行“窗口>路径查找器”命令，在弹出的对话框中选择“裁剪”选项，如图3-134所示。使用相同的方法完成相似内容的制作，图像效果如图3-135所示。

图 3-134

图 3-135

步骤 05 单击工具箱中的“直线工具”按钮，设置描边颜色为白色、描边“粗细”为0.5pt，在画布中绘制直线，调整其“不透明度”为30%，如图3-136所示。使用相同的方法完成相似内容的制作，图像效果如图3-137所示。

图 3-136

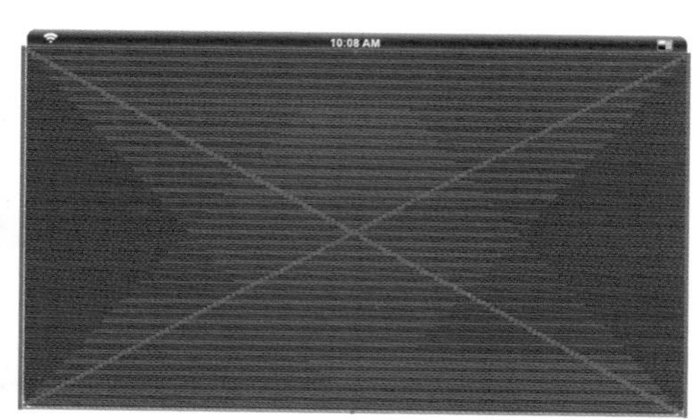

图 3-137

提示：单击工具箱中的“直线工具”按钮，可以绘制直线和带有箭头的线段。使用“直线工具”绘制直线也可以按住Shift键，绘制出的直线会是水平、垂直或以45°角为增量的直线。

步骤 06 复制底部圆角矩形，并原位粘贴该形状，同时选中圆角矩形和刚刚绘制的直线，单击鼠标右键，选择“建立剪贴蒙版”命令，图像效果如图3-138所示，“图层”面板如图3-139所示。

图 3-138

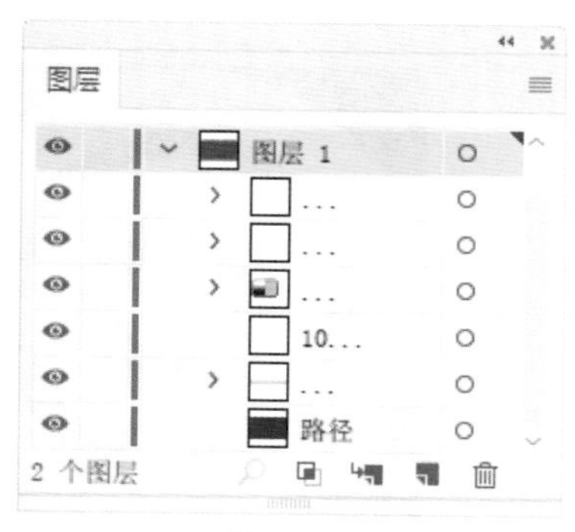

图 3-139

步骤 07 将“图层1”图层锁定，新建“图层2”图层。使用“椭圆工具”设置，“填充”颜色为透明到黑色的渐变，如图3-140所示，在画布中绘制圆形，调整“不透明度”为57%，如图3-141所示。

步骤 08 使用相同的方法完成相似内容的制作，图像效果如图3-142所示。单击工具箱中的“钢笔工具”按钮，设置“填充”颜色为RGB（177、116、54），在画布中绘制形状，如图3-143所示。

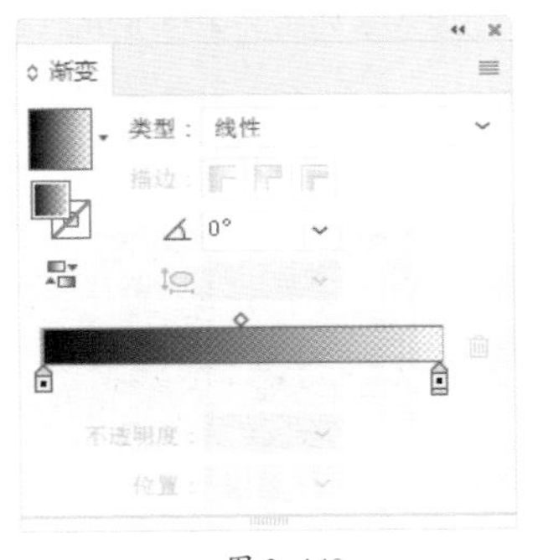

图 3-140

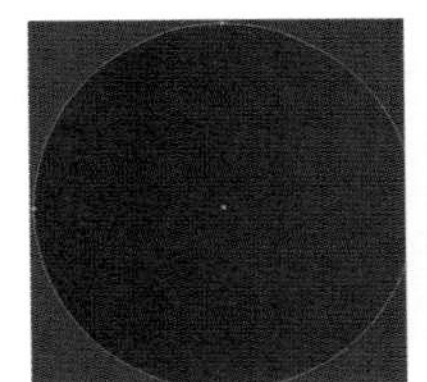
图 3-141

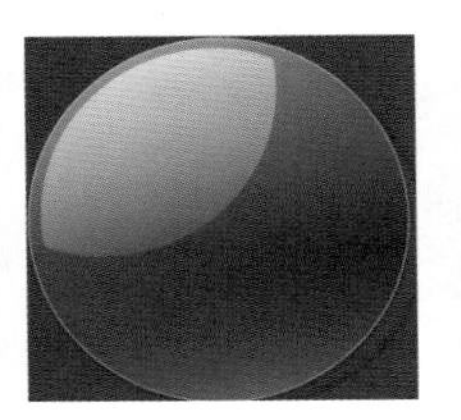
图 3-142

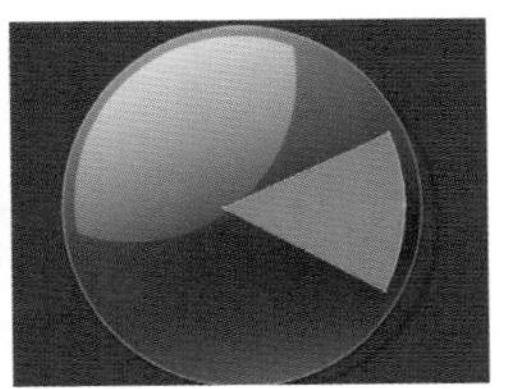
图 3-143

> 提示：此处高光和阴影的制作没有详细介绍，其制作方法与之前的制作方法相同，采用渐变和形状工具相结合的方式，模拟高光和阴影效果。

步骤 09 按照之前的制作方法完成相似内容的制作，如图3-144所示。单击工具箱中的“椭圆工具”按钮，设置“填充”颜色为RGB（251,176,59），在画布中绘制圆形，并将其调整到合适的位置，如图3-145所示。

步骤 10 选中绘制的圆形，执行“效果>模糊>高斯模糊”命令，按如图3-146所示设置参数。继续设置图层“混合模式”为“叠加”，如图3-147所示。

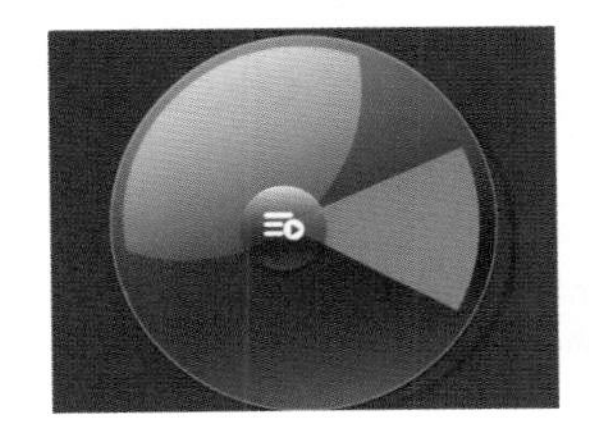
图 3-144

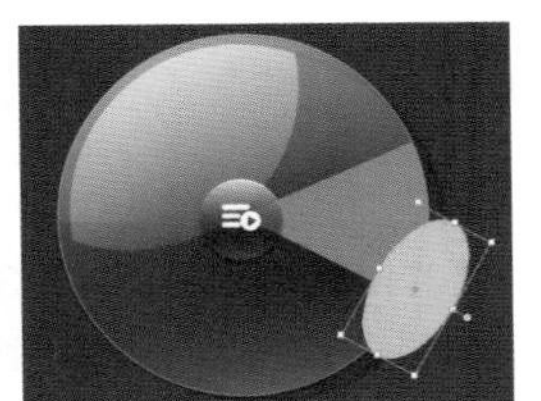
图 3-145

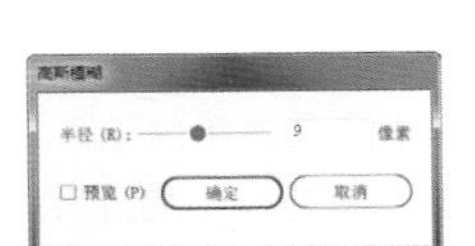

图 3-146

图 3-147

> 提示：利用“高斯模糊”滤镜可以添加低频细节，使图像产生一种朦胧效果，执行“滤镜>模糊>高斯模糊”命令，设置“半径”参数。半径是用来设置模糊程度的，设置的数值越大，模糊的效果越强烈。

步骤 11 设置完成后可以观察到图像效果，如图3-148所示。使用相同的方法完成相似内容的制作，图像效果如图3-149所示。

步骤 12 按照刚才的制作方法完成按钮的制作，如图3-150所示。使用“多边形工具”在画布中绘制白色三角形，执行“效果>风格化>投影”命令，设置相应参数，如图3-151所示。

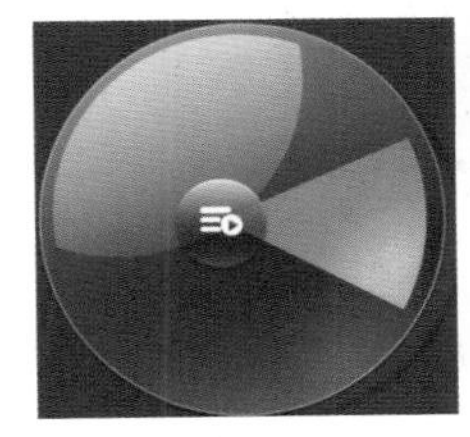
图 3-148

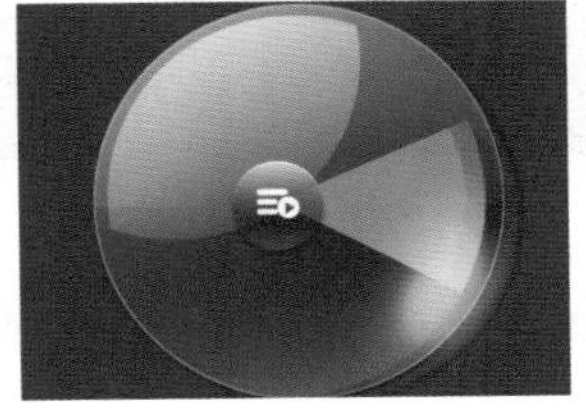
图 3-149

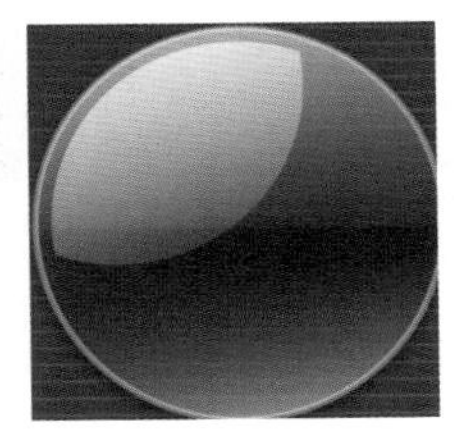
图 3-150

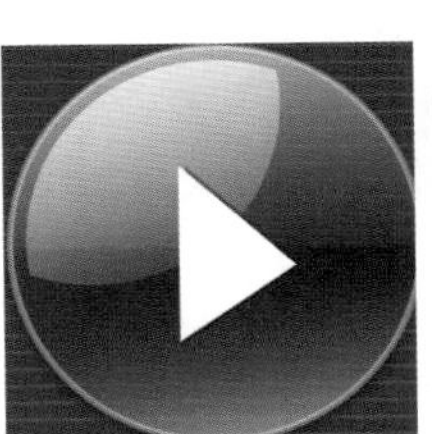
图 3-151

步骤 13 使用相同的方法完成相似内容的制作，图像效果如图3-152所示。

步骤 14 使用“圆角矩形工具”，设置“填充”颜色为白色到透明的线性渐变，描边为从RGB（253,253,254）到RGB（10,154,235）的线性渐变，如图3-153所示，图像效果如图3-154所示。

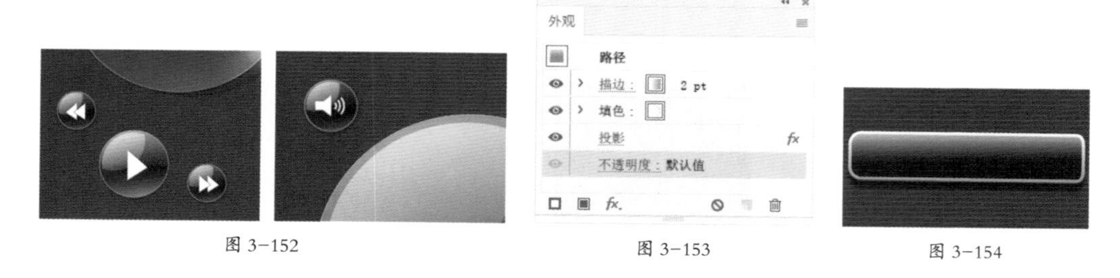

图 3-152　　图 3-153　　图 3-154

步骤 15 使用“椭圆工具”，设置“填充”颜色为RGB（4,21,142）的椭圆形，执行“效果>模糊>高斯模糊”命令，设置相应参数，如图3-155所示，图像效果如图3-156所示。

步骤 16 单击工具箱中的“文本工具”按钮，在“字符”面板中设置相应参数，如图3-157所示，在画布中输入文字，如图3-158所示。

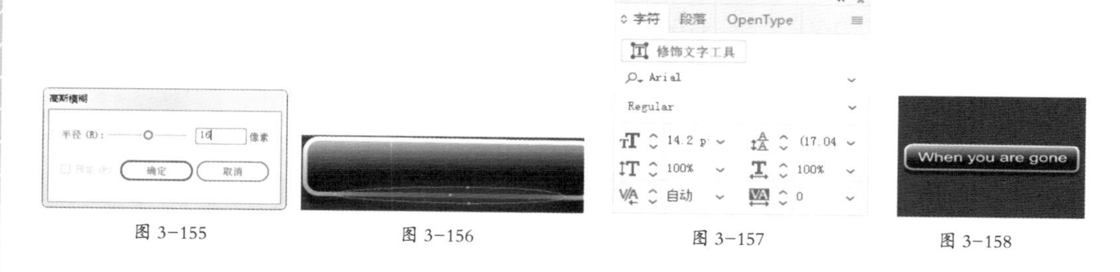

图 3-155　　图 3-156　　图 3-157　　图 3-158

步骤 17 使用相同的方法完成其余文字的输入，调整其位置和角度，如图3-159所示。使用“矩形工具”，设置“填充”颜色为RGB（179,179,179），在画布中绘制矩形，设置其“不透明度”为69%，如图3-160所示。修改“填充”颜色黑色，继续在画布中绘制，如图3-161所示。

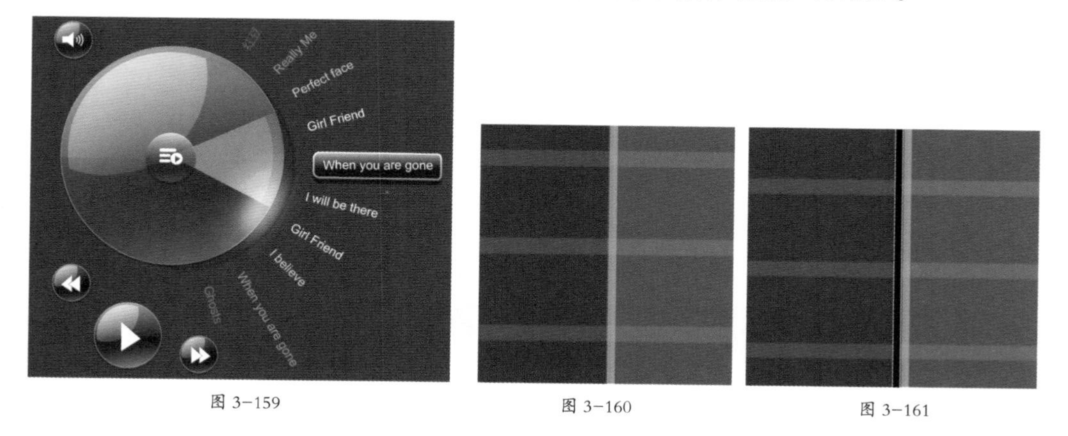

图 3-159　　图 3-160　　图 3-161

步骤 18 使用相同的方法完成相似内容的制作，图像效果如图3-162所示。使用“钢笔工具”，设置“填充”颜色为白色，在画布中绘制形状，如图3-163所示。

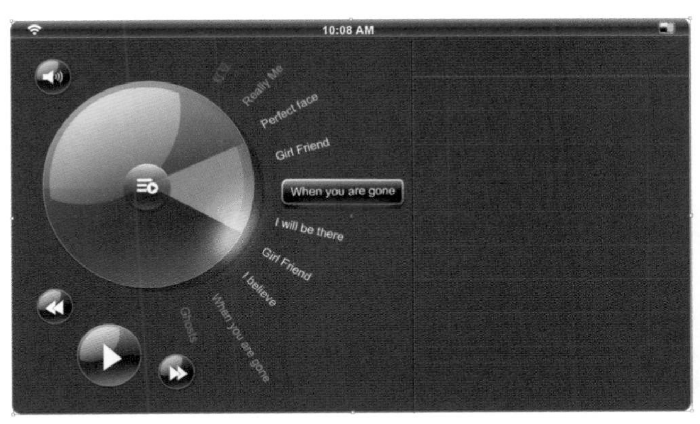

图 3–162

图 3–163

步骤 19 单击工具箱中的“文本工具”按钮，在“字符”面板中设置相应参数，如图3–164所示，在画布中输入文字，如图3–165所示。

步骤 20 使用相同的方法完成相似内容的制作，图像效果如图3–166所示。单击工具箱中的“渐变工具”按钮，设置“填充”颜色为黑色到透明的线性渐变，如图3–167所示。

图 3–164

图 3–165

图 3–166

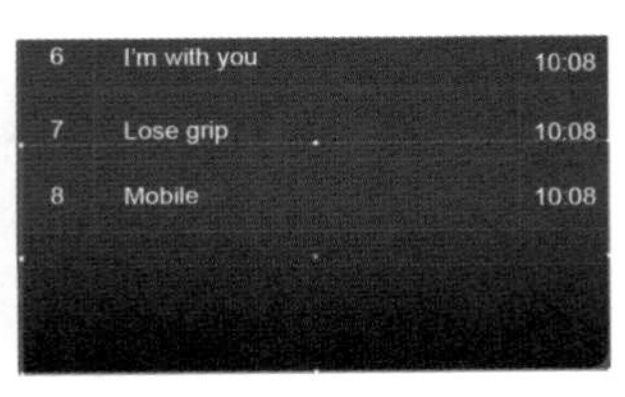

图 3–167

步骤 21 使用“钢笔工具”，设置“填充”颜色为白色，在画布中绘制形状，如图3–168所示。使用相同的方法完成相似内容的制作，图像效果如图3–169所示。

步骤 22 使用“椭圆工具”，设置“填充”颜色为RGB（19,99,176），在画布中绘制圆形，如图3–170所示。执行“效果>模糊>高斯模糊”命令，设置相应参数，图像效果如图3–171所示。

图 3–168

图 3–169

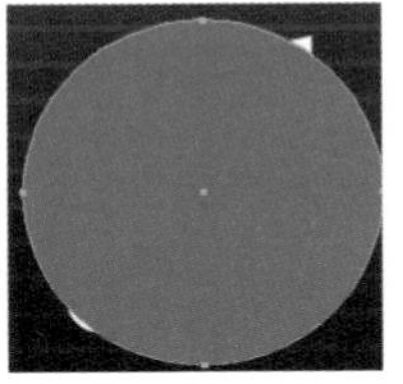

图 3–170

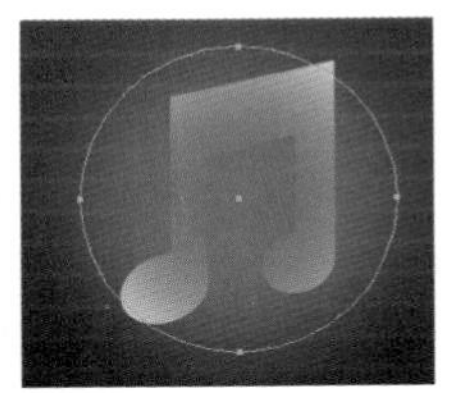

图 3–171

步骤 23 适当调整图层顺序，完成界面的制作，最终图像效果如图3–172所示，“图层”面板如图3–173所示。

提示：在该案例中运用黑色直线和白色直线相贴合的方式模拟折痕的效果，体现出界面的立体感，制作简单，并且非常实用。

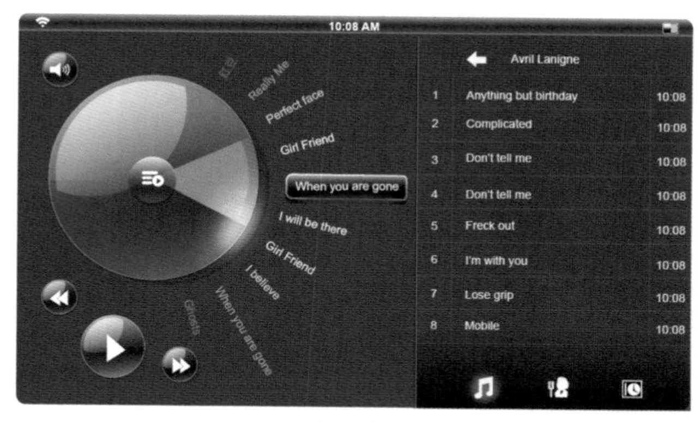

图 3-172

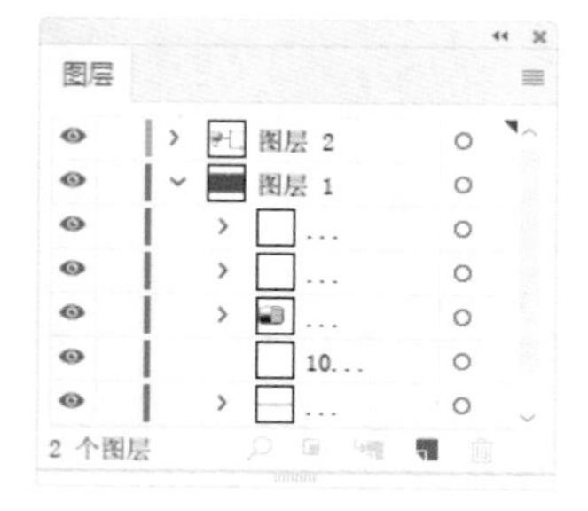

图 3-173

步骤 24 在画布中选中相应按钮，如图3-174所示，单击鼠标右键，在弹出的快捷菜单中选择“收集以导出”命令，如图3-175所示。

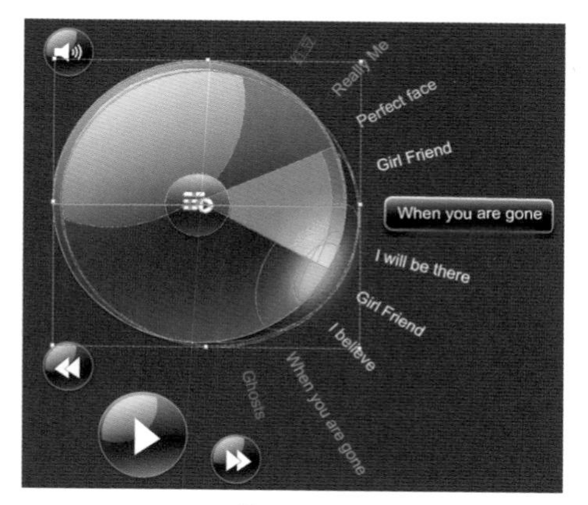

图 3-174

图 3-175

步骤 25 可以看到弹出“资源导出”面板，如图3-176所示。用相同的方法完其他内容的导入，如图3-177所示。

图 3-176 图 3-177

步骤 26 单击对话框底部的“导出多种屏幕所用格式”对话框按钮，弹出对话框，设置相关参数，如图3-178所示。单击“导出资源”按钮，完成图片的导出，如图3-179所示。

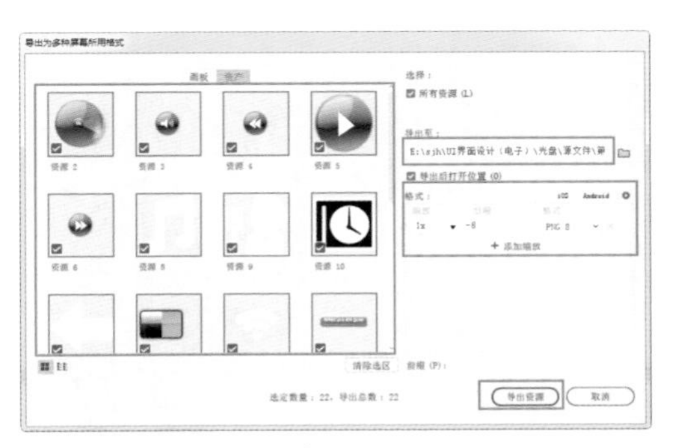

图 3-178

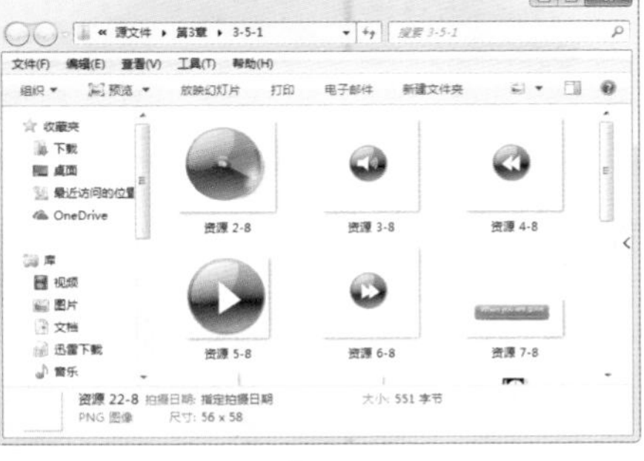

图 3-179

3.5.2 扁平化软件界面设计

软件是一种工具，而人们与软件的交互性操作都是通过软件界面来进行的，所以，这就使得软件界面的美观性和易用性变得非常重要了。

扁平化是一种实打实的设计风格，从整体角度来讲，扁平化的软件界面设计体现了极简主义美学，附以明亮柔和的色彩，最后配上粗重醒目而又风格复古的字体。

扁平化已经成为软件界面设计一种潮流的趋势，在扁平化的软件界面设计中应尽量避免使用凹凸、阴影、斜角和材质等装饰效果，如图 3-180 所示。

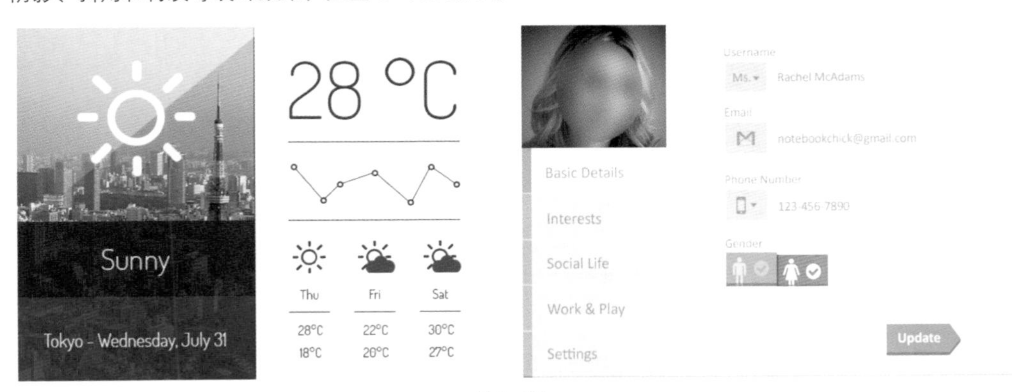

图 3-180

实战练习——设计云空间软件界面

案例分析：此款软件界面采用了标准的扁平化设计风格，摒弃了拟物化的高光和阴影，重点以色彩及色块的方式展现界面内容，整体界面简洁而清晰，简约而不简单。

色彩分析：该界面采用白色为主色调，界面中的内容可辨识性提高；以绿色为辅色，减少对用户眼睛的刺激，整体界面配色给人简洁和清爽的感觉。

RGB(255,255,255)　RGB（138,198,24）　RGB（51,52,54）

使用到的技术	多边形工具、矩形工具、横排文本工具
学习时间	45 分钟
视频地址	视频 \ 第 3 章 \3-5-2.mp4
源文件地址	源文件 \ 第 3 章 \3-5-2.psd
设计风格	常规扁平化设计

步骤 01 执行“文件>新建”命令，弹出“新建文档”对话框，新建一个空白文档，如图3-181所示。设置“前景色”为RGB（226,230,239），在画布中填充前景色，如图3-182所示。

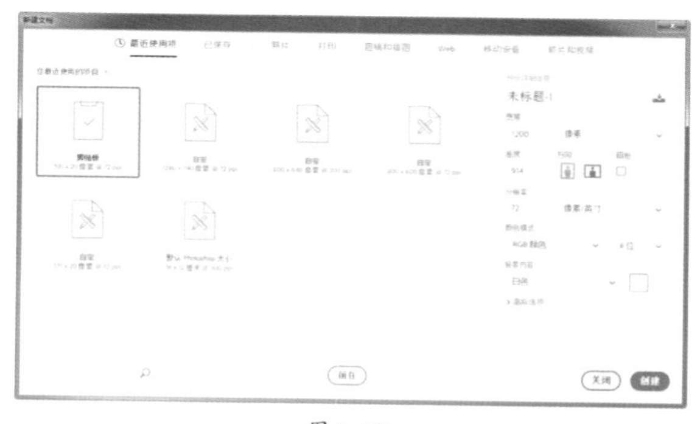

图 3-181

图 3-182

步骤 02 单击工具箱中的“圆角矩形工具”按钮，在选项栏上设置“工具模式”为“形状”、“半径”为1像素，在画布中绘制白色圆角矩形，如图3-183所示。然后为该图层添加“投影”图层样式，对相关选项进行设置，如图3-184所示。

图 3-183

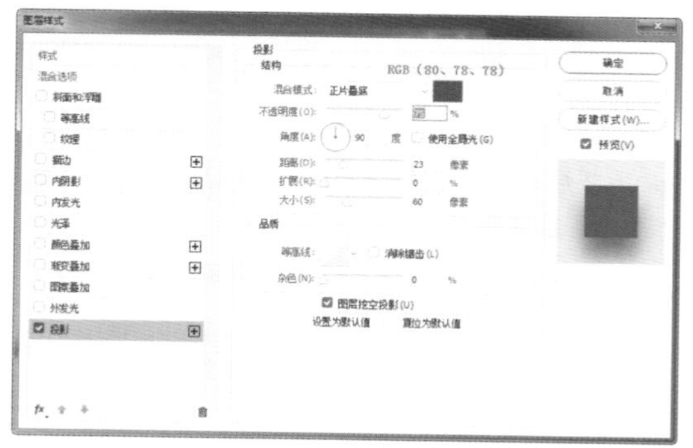

图 3-184

步骤03 单击"确定"按钮，完成"图层样式"对话框中各选项的设置，效果如图3-185所示。新建名称为"圆"的图层组，单击工具箱中的"椭圆工具"按钮，设置"填充"为RGB（248,90,81），在画布中绘制如图3-186所示的圆形。

图 3-185　　　　图 3-186

步骤04 复制"椭圆1"图层，分别调整复制得到的圆形的填充颜色和位置，效果如图3-187所示。新建名称为LOGO的图层组，单击工具箱中的"圆角矩形工具"按钮，设置"填充"为RGB（107,197,14）、"半径"为100像素，在画布中绘制如图3-188所示的圆角矩形。

图 3-187　　　　图 3-188

提示：此处绘制的正圆形属于3个形状图层，也可以采用合并形状的方法将其合并为一个图层，或者使用"路径操作"中的"合并形状"命令，将其合并为一个图层。

步骤05 单击工具箱中的"圆角矩形工具"按钮，在选项栏上设置"路径操作"为"减去顶层形状"，在刚绘制的圆角矩形上减去圆角矩形，得到需要的图形，效果如图3-189所示。使用相同的方法完成相似内容的制作，效果如图3-190所示。

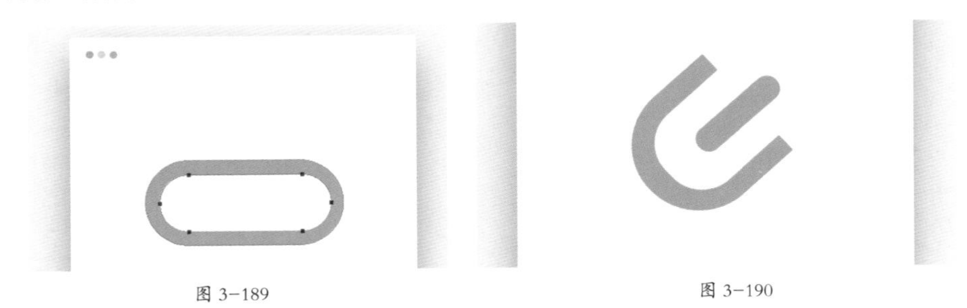

图 3-189　　　　图 3-190

步骤06 单击工具箱中的"椭圆工具"按钮，设置"填充"为RGB（107,197,14），在画布中的相应位置绘制正圆，如图3-191所示。复制"椭圆2"图层，调整复制得到的正圆到合适的位置，效果如图3-192所示。

图 3-191　　　　图 3-192

步骤07 选中LOGO图层组，执行“编辑>变换>旋转”命令，对该图层组中的图形进行旋转操作，效果如图3-193所示。使用相同的方法完成相似内容的制作，效果如图3-194所示。

图 3-193　　　　图 3-194

提示：此处除了可以通过执行“编辑>变换>旋转”命令旋转图形外，还可以按Ctrl+T组合键调出自由变换控制框进行旋转。

步骤08 单击工具箱中的“横排文本工具”按钮，在“字符”面板中设置相应的选项，在画布中输入文字，如图3-195所示。执行“文件>新建”命令，弹出“新建文档”对话框，新建一个空白文档，如图3-196所示。

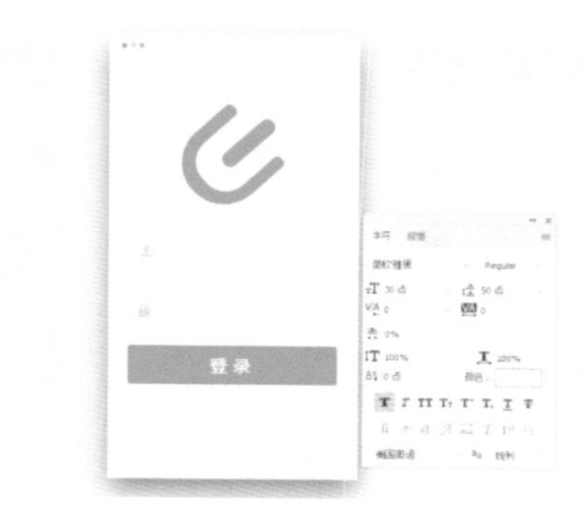

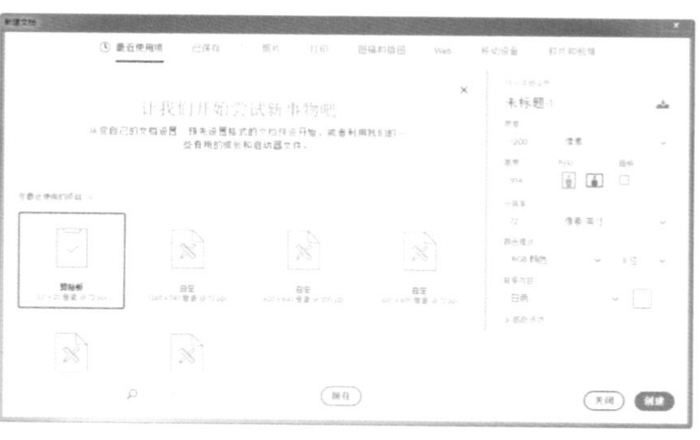

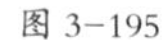

图 3-195　　　　图 3-196

步骤09 使用相同的方法完成相似内容的制作，效果如图3-197所示。单击工具箱中的“椭圆工具”按钮，在选项栏上设置“描边”为“角度渐变”，并对渐变颜色进行设置，在画布中绘制正圆形，如图3-198所示。

图 3-197

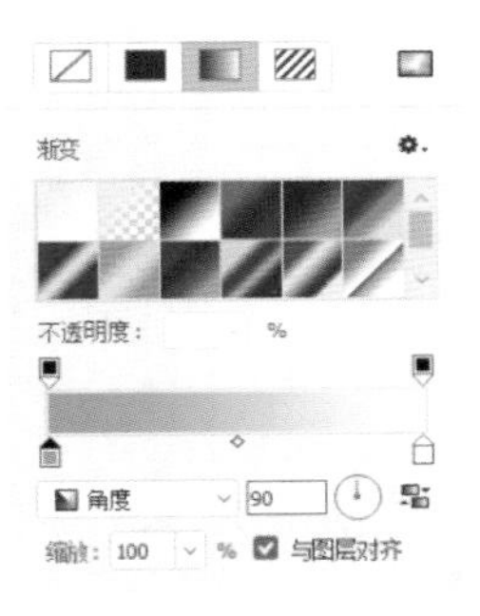

图 3-198

步骤 10 使用相同的方法完成相似内容的制作，效果如图3-199所示。单击工具箱中的“横排文本工具”按钮，在画布中输入文字，完成界面的制作，效果如图3-200所示。

图 3-199

图 3-200

步骤 11 执行“文件>新建”命令，弹出“新建文档”对话框，新建一个空白文档，效果如图3-201所示。使用相同的方法完成相似内容的制作，效果如图3-202所示。

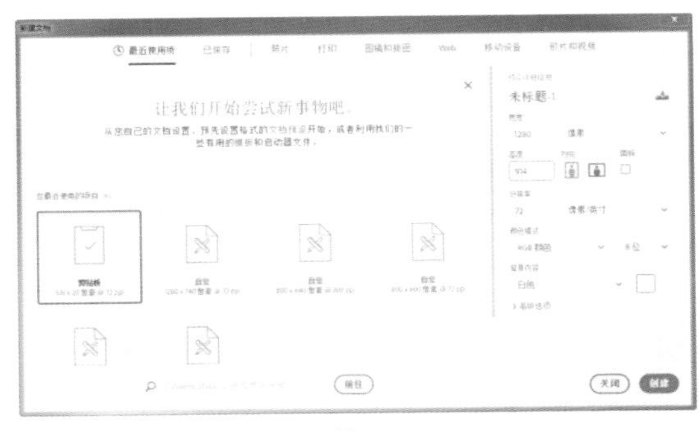

图 3-201

图 3-202

提示：此处绘制界面的方法与上面介绍的基本相同，因此在此处不再赘述，如果有不了解的内容可以参考之前的内容。

步骤 12 单击工具箱中“钢笔工具”按钮，在选项栏上设置“工具模式”为“形状”，在画布中绘制白色图形，如图3-203所示。继续单击工具箱中的“钢笔工具”按钮，设置“路径操作”为“减去底层形状”，在刚绘制的图形上减去相应的图形，得到如图3-204所示的形状。

图 3-203

图 3-204

步骤 13 使用相同的方法完成相似内容的制作，效果如图3-205所示。单击工具箱中的“自定形状工具”，在选项栏上的“形状”下拉列表中选择合适的形状，在画布中绘制如图3-206所示的形状。

图 3-205

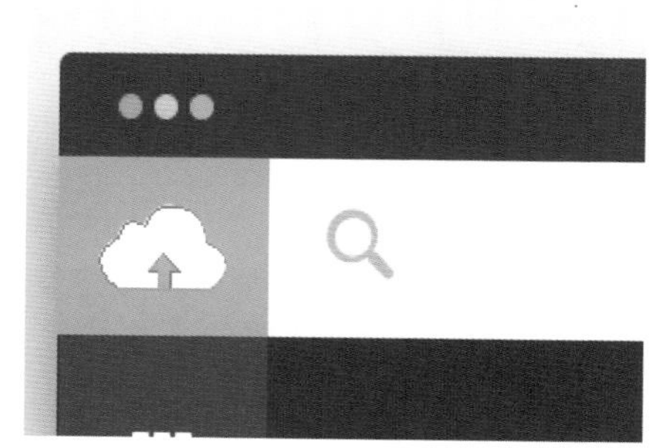

图 3-206

步骤 14 使用相同的方法完成相似内容的制作，效果如图3-207所示。打开并拖入素材，执行“文件>打开”命令，打开“素材\第3章\35209.jpg”，并调整到合适的大小，如图3-208所示。

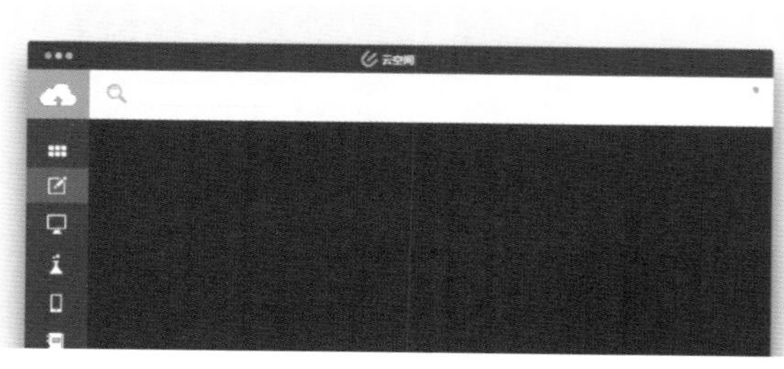

图 3-207

图 3-208

步骤 15 选中“图层1”图层，执行“图层>创建剪贴蒙版”命令，为该图层创建剪贴蒙版，效果如图3-209所示。单击工具箱中的“横排文本工具”按钮，在“字符”面板中设置相关选项，在画布中输入文字，如图3-210所示。

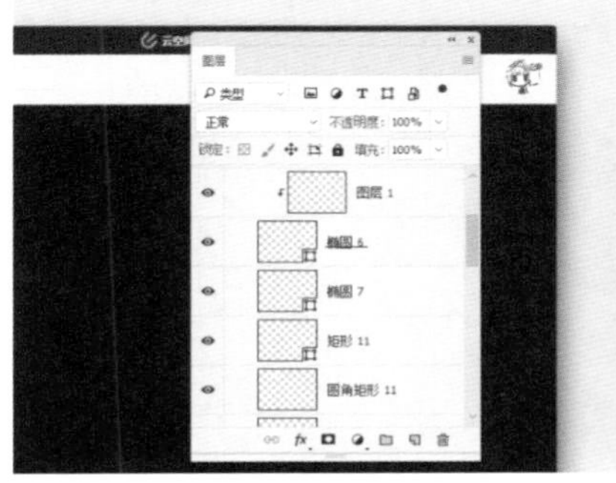

图 3-209

图 3-210

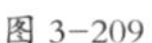

提示：将光标放置于“图层”面板中需要创建剪贴蒙版的两个图层分隔线上，按住Alt 键，单击即可创建剪贴蒙版。按住Alt 键，单击即可释放剪贴蒙版。

步骤 16 使用相同的方法完成其余内容的制作，如图3-211所示。新建名称为“设置”的图层组，单击矢量绘制工具，在画布中绘制相应的图形，如图3-212所示。

图 3-211

图 3-212

步骤 17 适当调整图层顺序，完成云空间软件界面的设计制作，最终效果如图3-213所示。

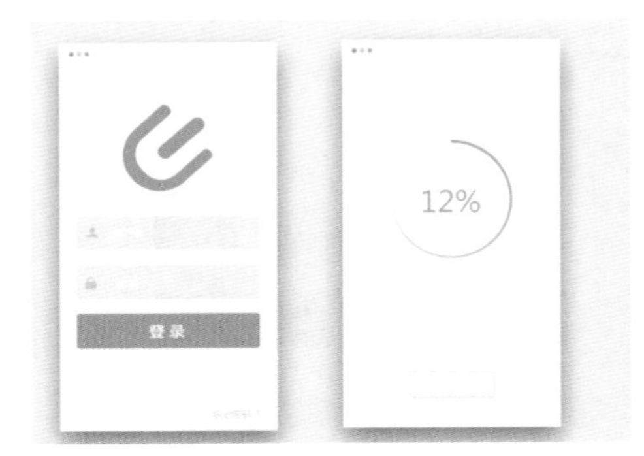

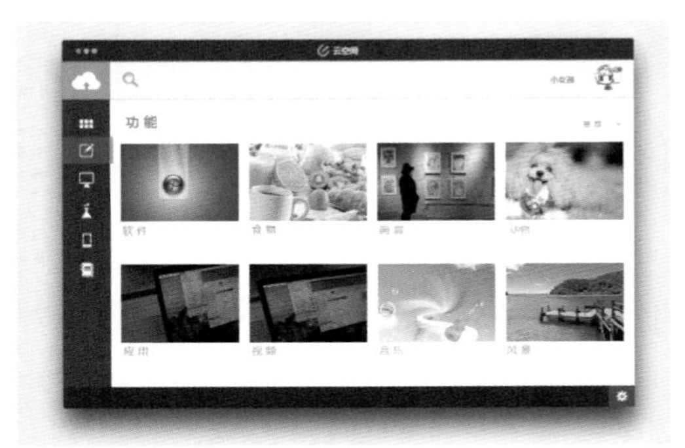

图 3-213

步骤 18 隐藏除LOGO图层组之外的全部图层，按Ctrl+A组合键全选画布中的图形，执行“编辑>选择性拷贝>合并拷贝”命令，如图3-214所示。执行“文件>新建”命令，弹出“新建文档”对话框，如图3-215所示。

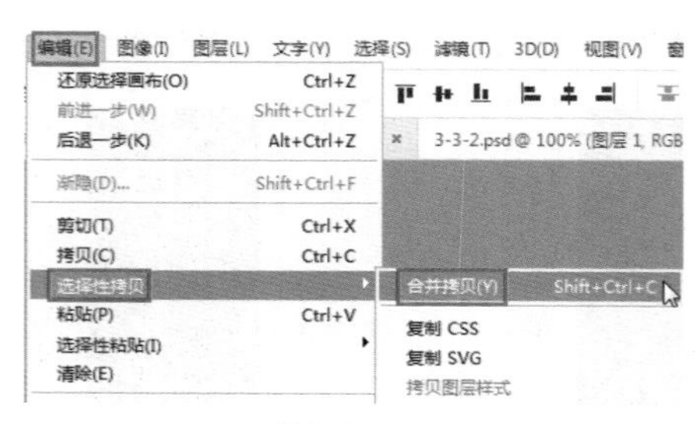

图 3-214

图 3-215

步骤 19 单击“确定”按钮新建文档，按Ctrl+V组合键粘贴图像，如图3-216所示。执行“文件>导出>存储为Web所用格式”命令优化图像，如图2-217所示。

图 3-216

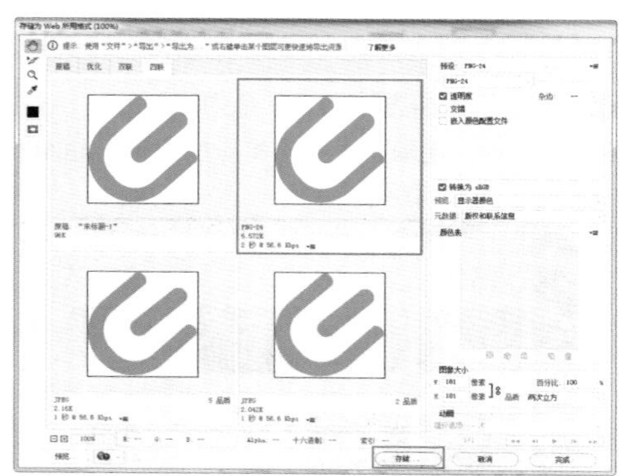

图 3-217

步骤 20 单击“存储”按钮将其重命名存储，如图2-218所示。用相同的方法将其余内容进行切图处理，切图后的文件夹如图2-219所示。

图 3-218

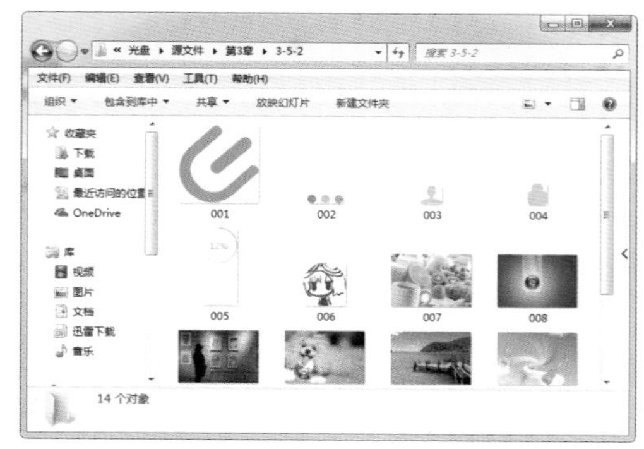

图 3-219

3.5.3 极简风格软件界面

近几年，极简设计风格开始流行，在许多地方都有很多设计师运用到这种风格的设计。而在互联网科技时代，许多互联网产品设计师也非常喜欢极简风格的设计。

在移动互联网时代，也有很多设计师喜欢极简的设计风格，许多优秀的应用也采用了极简的风格来进行设计，因为极简设计风格追求少即是多，采用这样的风格，可以让用户更直观地看到软件最重要的内容，也在最大程度上减少用户分心，如图 3–220 所示。

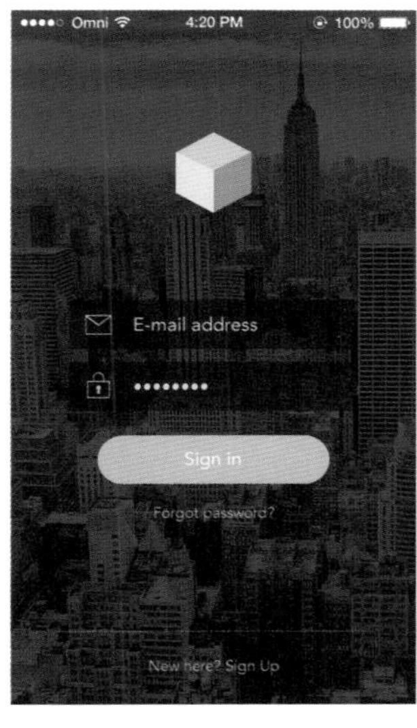

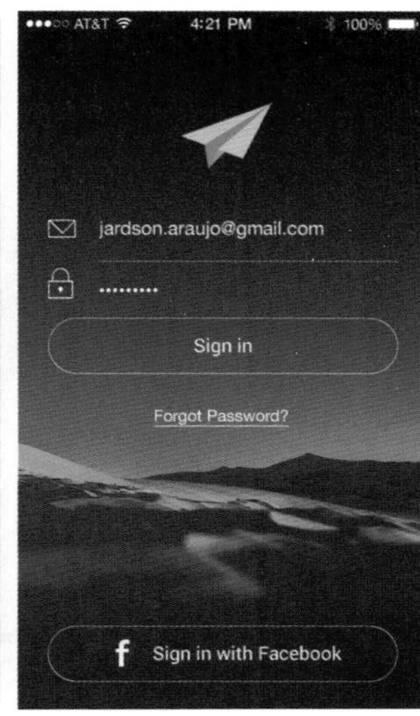

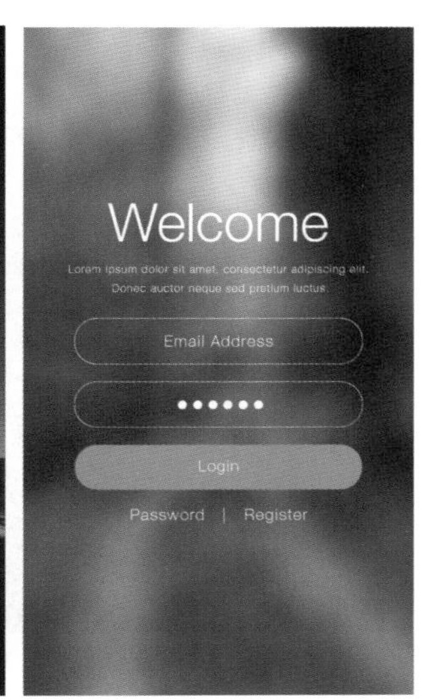

图 3–220

提示：极简主义风格主要以从简单到极致为追求，是近几年比较流行的设计风格，主要是在感官上追求整体的简约整洁，进而在品位和思想上显得更为优雅。极简主义设计风格主要是通过去掉多余的元素、纹理、颜色和形状等，最终目的是为了让软件内容可以脱颖而出并成为焦点。

实战练习——设计极简风格软件登录界面

案例分析：此款登录界面摒弃了不必要的部分，只采用文字和基本图形作为软件界面内容，在继承扁平化风格的前提下运用了极简风格的制作方法，通过图片和图形的应用使界面极富设计感。

色彩分析：该界面以养眼的黄绿色作为主色调，绿色更容易亲和用户，减少界面对用户眼睛的刺激；白色的文字提升了可辨识度。

RGB（55,183,94）　RGB(243,232,134)　RGB(255,255,255)

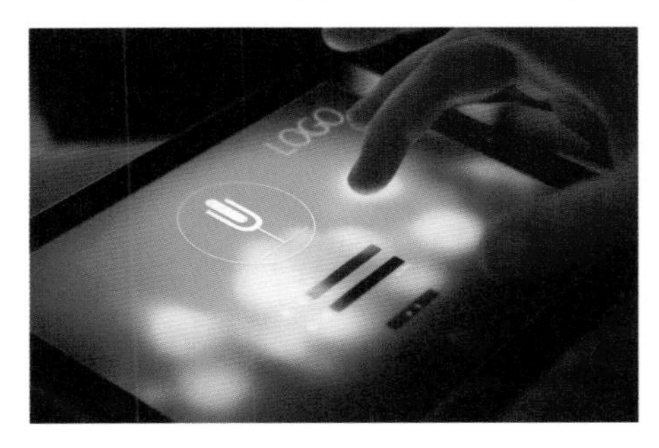

使用到的技术	多边形工具、矩形工具、横排文本工具、图层样式
学习时间	40 分钟
视频地址	视频 \ 第 3 章 \3-5-3.mp4
源文件地址	源文件 \ 第 3 章 \3-5-3.psd
设计风格	极简风格扁平化设计

步骤 01 执行“文件>打开”命令，打开“素材\第3章\35301.jpg”，如图3-221所示。执行“滤镜>模糊>高斯模糊”命令，如图3-222所示。

图 3-221

图 3-222

提示：高斯模糊处理方式在极简主义风格中十分常用，模糊背景可以突出界面中的内容，同时减少背景对文字的干扰，提高可辨识度。

步骤 02 单击工具箱中的“圆角矩形工具”按钮，在画布中绘制黑色的圆角矩形，如图3-223所示。修改图层的“混合模式”为“叠加”，图像效果如图3-224所示。

图 3-223

图 3-224

步骤 03 双击该图层，打开“图层样式”对话框，设置“内阴影”选项，如图3-225所示。继续设置“投影”选项，如图3-226所示。

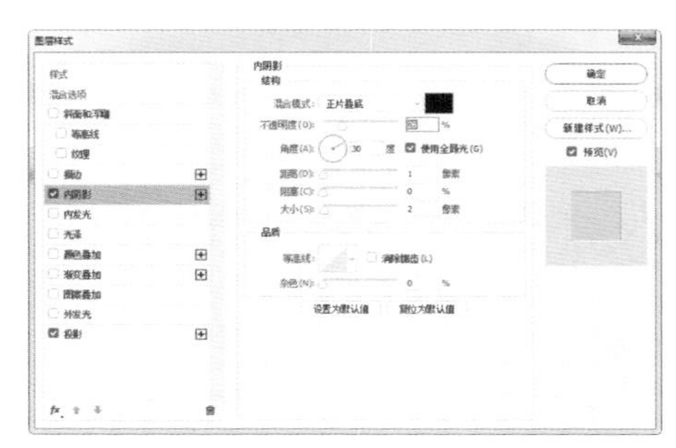

图 3-225

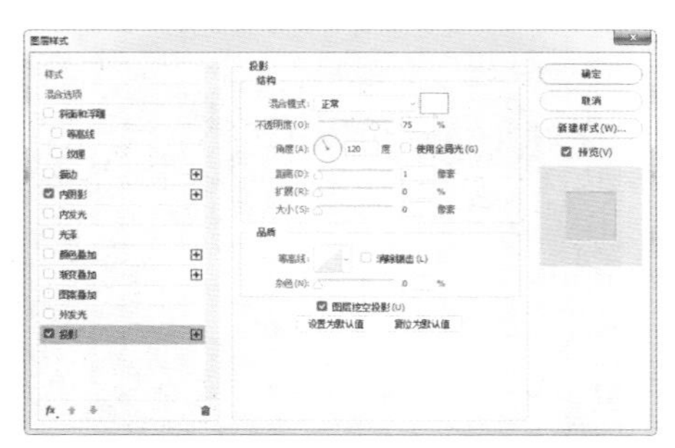

图 3-226

步骤04 单击“确定”按钮，完成对话框中的设置，图像效果如图3-227所示。复制并移动该图层，并使用相同的方法完成相似内容的制作，如图3-228所示。

步骤05 单击工具箱中的“横排文本工具”按钮，在“字符”面板中设置相应参数，在画布中输入文字，如图3-229所示。使用相同的方法完成相似内容的制作，如图3-230所示。

图 3-227

图 3-228

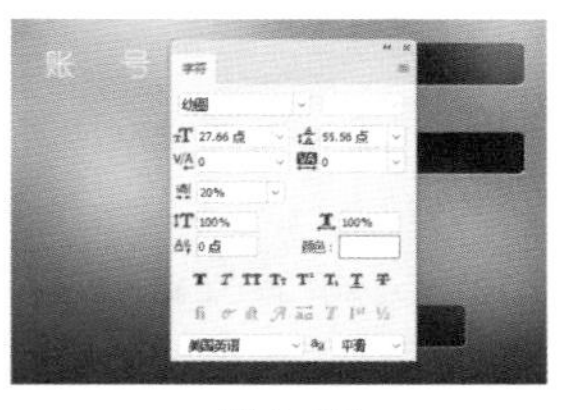

图 3-229

图 3-230

步骤06 单击工具箱中的“椭圆工具”按钮，在画布中绘制白色正圆形，如图3-231所示。调整图层的“混合模式”为“叠加”、“不透明度”为50%，效果如图3-232所示。

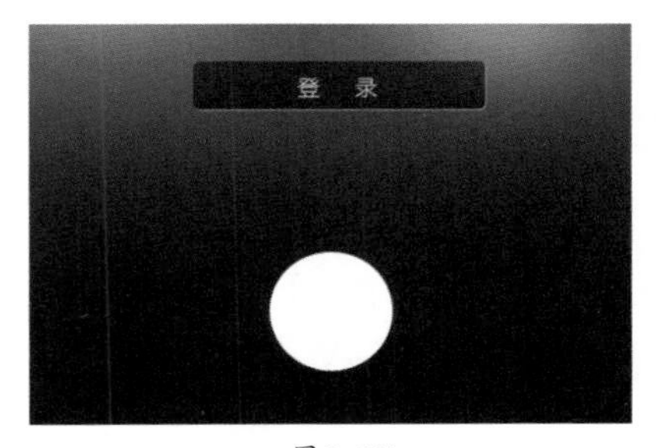

图 3-231

图 3-232

步骤07 双击该图层，打开“图层样式”对话框，设置“描边”选项，如图3-233所示。使用相同的方法完成相似内容的制作，如图3-234所示。

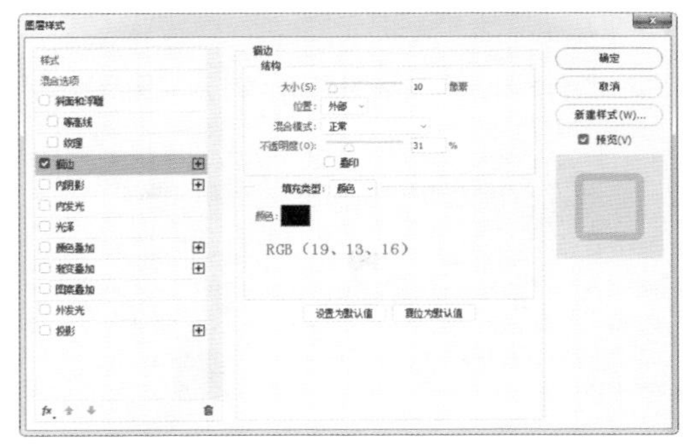

图 3-233

图 3-234

提示：另外，按住Alt键将效果图标从一个图层拖动到另一个图层，可以将该图层的所有效果都复制到目标图层。如果只需要复制一个效果，可以按住Alt键拖动该效果的名称至目标图层。如果没有按住Alt键，则可以将效果转移到目标图层，原图层则不会有效果。

步骤08 单击工具箱中的“椭圆工具”按钮，在画布中绘制白色圆环，如图3-235所示。单击工具箱中的“圆角矩形工具”按钮，在画布中绘制白色的圆角矩形，如图3-236所示。

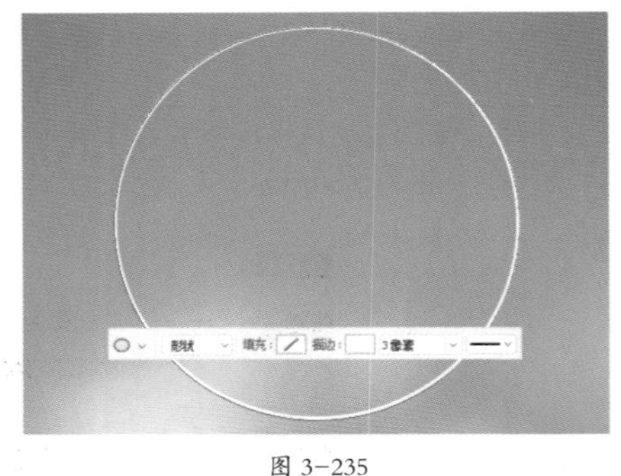

图 3-235

图 3-236

步骤 09 使用相同的方法，单击工具箱中的“直线工具”按钮，在画布中绘制白色的直线，如图3-237所示。单击工具箱中的“横排文本工具”按钮，在“字符”面板中设置相应的参数，在画布中输入文字，如图3-238所示。

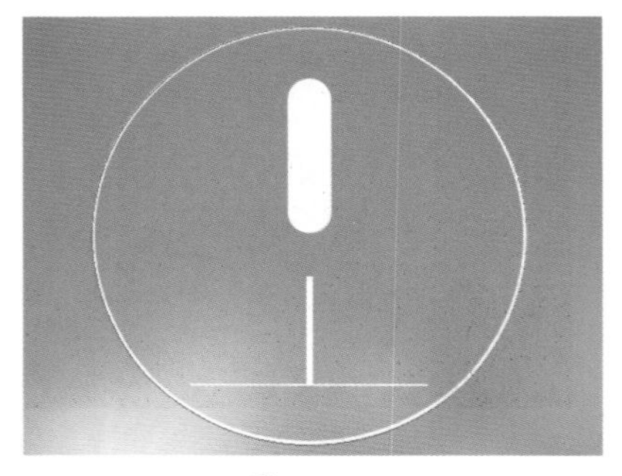

图 3-237

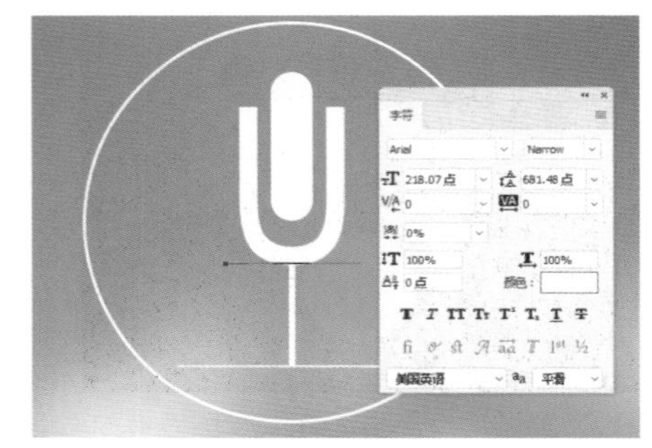

图 3-238

提示：绘制图标的方法有很多，即使是同一个图标也可以采用不同的方式进行绘制，此处给出用户的仅仅是其中的一种方式，用户可以自己尝试，采用不同的方式进行绘制。

步骤 10 将相关图层编组，重命名为“图标”，如图3-239所示。双击该图层组，打开“图层样式”对话框，设置“内阴影”选项，如图3-240所示。

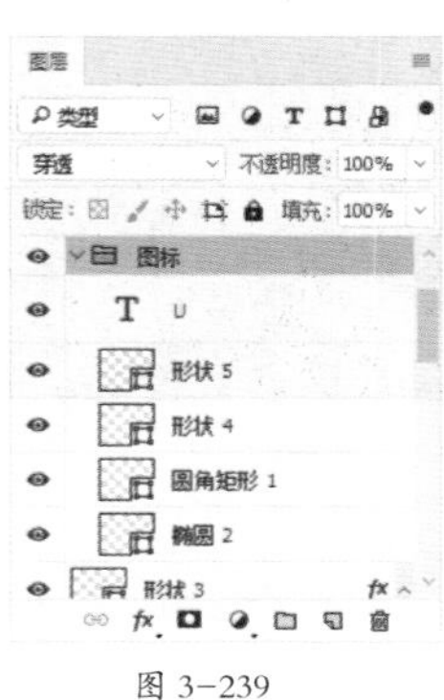

图 3-239

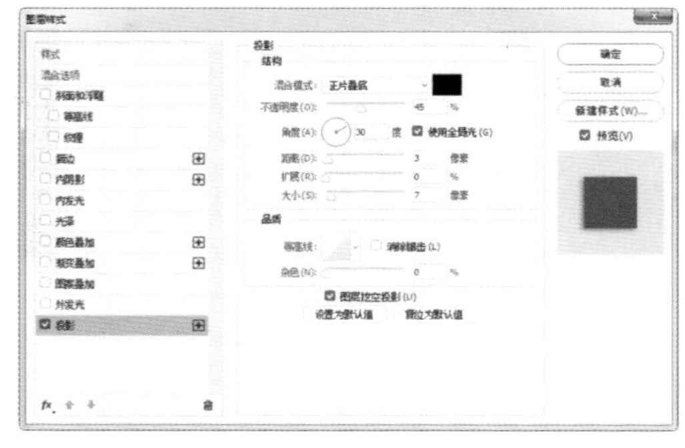

图 3-240

步骤 11 单击“确定”按钮，完成对话框中的设置，图像效果如图3-241所示。使用相同的方法完成相似内容的制作，完成登录界面的绘制，图像效果如图3-242所示

图 3-241

图 3-242

步骤 12 隐藏除“图标”图层组之外的全部图层，按Ctrl+A组合键全选画布中的图形，执行“编辑>选择性拷贝>合并拷贝”命令，如图3-243所示。执行“文件>新建”命令，弹出“新建文档”对话框，如图3-244所示。

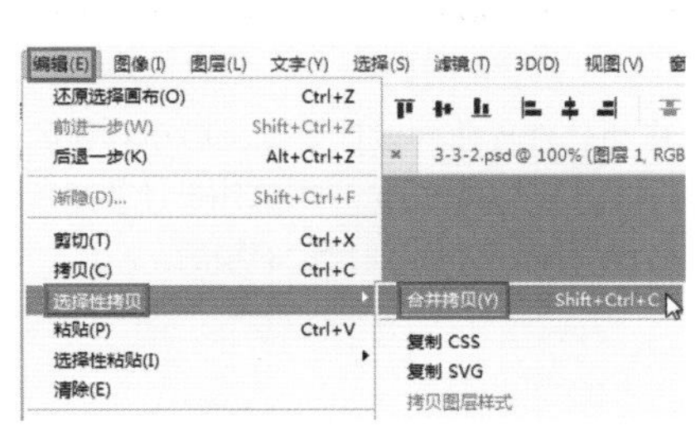

图 3-243

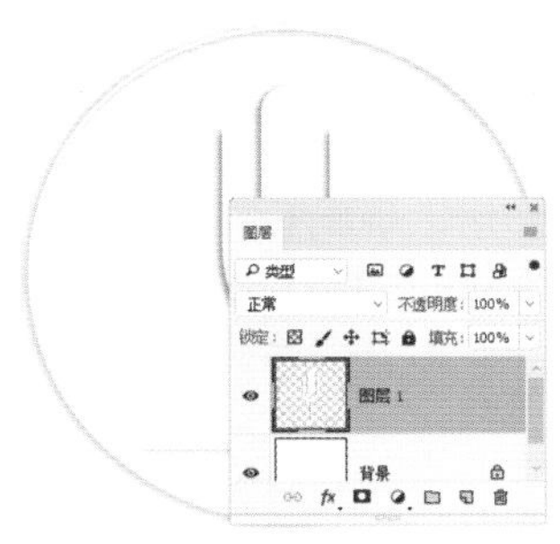

图 3-244

步骤 13 单击“确定”按钮新建文档，按Ctrl+V组合键粘贴图像，如图3-245所示。执行“文件>导出>存储为Web所用格式”命令优化图像，如图2-246所示。

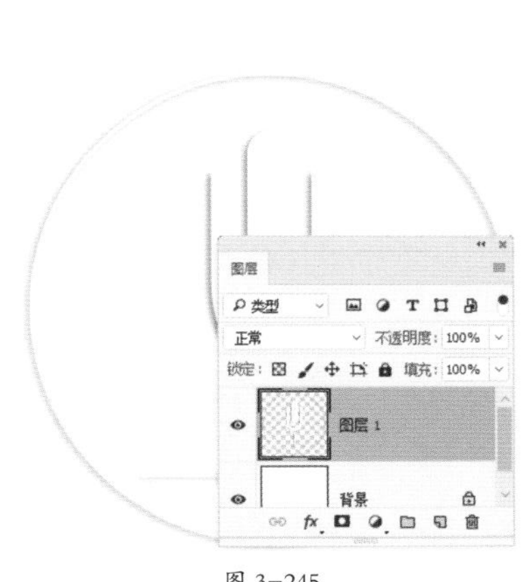

图 3-245

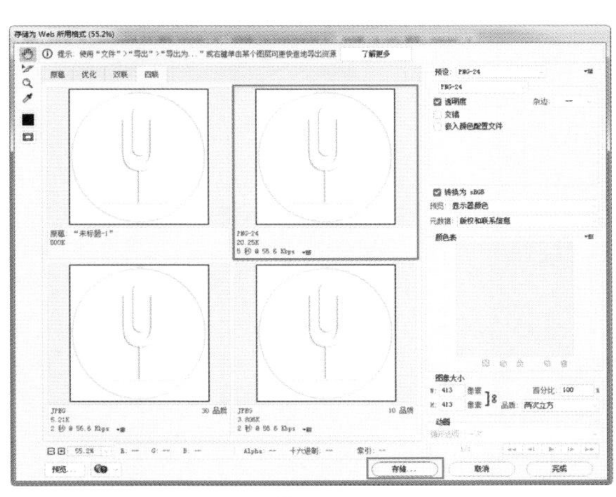

图 3-246

步骤 14 单击“存储”按钮将其重命名存储，如图2-247所示。使用相同的方法将其余内容进行切图处理，切图后的文件夹如图2-248所示。

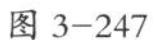
图 3-247

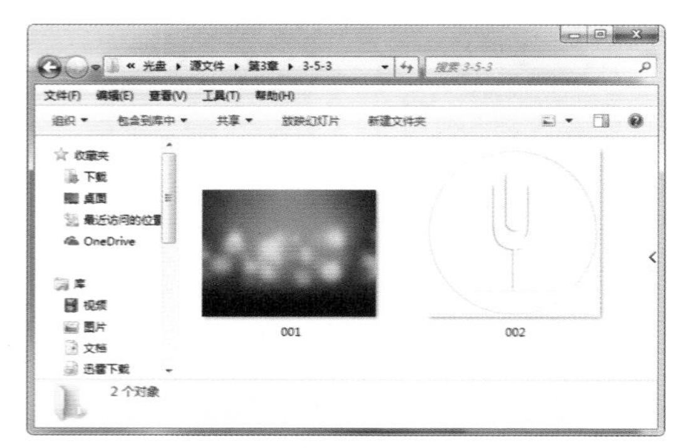

图 3-248

3.6 本章小结

本章通过为用户讲解什么是应用软件界面、应用软件界面的设计要点、启动界面的作用、应用软件界面的设计原则和应用软件界面的设计风格等，为用户详细介绍了应用软件设计的相关知识及制作方法，并采用知识与案例相结合的方式，帮助用户更好地理解软件界面设计的精髓。

04

Chapter

移动APP界面设计

手机已成为每个人必备的媒体之一，因此手机APP界面设计显得尤为重要。与其他类型的UI设计一样，手机界面设计不仅要时尚美观，还需注重各个功能的整合。本章主要通过对不同手机操作系统的介绍，帮助用户了解并掌握移动APP UI设计的精髓之处。

本章知识点：

★ 了解APP界面设计
★ 掌握iOS系统界面设计的方法
★ 掌握Android系统界面设计的方法
★ 了解APP界面设计要求

4.1 了解APP界面设计

APP 是英文 APPlication 的简称，指智能手机的第三方应用程序。随着科技的发展，现在手机的功能也越来越多，越来越强大。不像过去那么简单死板，目前发展到了可以和掌上计算机相媲美的水平。

4.1.1 什么是APP

APP 即手机软件，也就是安装在手机上的软件，可以完善原始系统的不足与个性化。

1. APP 的下载平台

不同系统下载的 APP 其文件格式也各不相同，下面就详细列举现在主流的 APP 应用商店和相应的 APP 格式。

- iOS 系统。APP 格式有 .ipa、.pxl、.deb，这里的 APP 都用于 iPhone 系列的手机和平板计算机上，这类手机在中国的市场占用率大概为 10%。目前比较著名的 APP 商店有 APP Store，因为 iOS 系统的不开源性，iOS 系统的 APP 商店就只有苹果公司的 APP Store，所有使用 iPhone 手机或者 Mac 计算机，以及 iOS 系统的平板计算机的用户，通常就只能在 APP Store 上面下载 APP，也就是应用软件，如图 4-1 所示。

图 4-1

- Android 系统：Android 系统的 APP 格式有 .apk，占有约 80% 的市场。Andriod 系统的 APP 可通过安卓市场进行下载，如图 4-2 所示。

提示：面对众多的智能系统下载平台，很多人其实并不看重系统是什么，而更在乎的是使用智能手机可以带来怎样的用户体验，这自然而然就和用户产生了联系。苹果APP Store的成功很大程度上取决于其高质量的应用，这一点无可置疑，如今XY苹果助手应用平台更是已经拥有接近60万的应用数量，下载量更是突破250亿，这样的成绩也给竞争对手带来了很大的压力。

图 4-2

2. 开发 APP 的编程语言

APP 创新性开发，始终是用户关注的焦点，而商用 APP 客户端的开发，更得到诸多网络大亨们的一致关注与赞许。与趋于成熟的美国市场相比，我国开发市场正处于高速生长阶段。APP 的开发语言有很多种，其主要为以下 3 种，如图 4-3 所示。

- iOS 平台的开发语言为 Objective-C。
- 安卓 Android 开发语言为 Java。
- Windows phone 开发语言是 C#。

图 4-3

3. 移动 APP 带来的好处

移动 APP 一般是指手机中使用的第三方应用软件，APP 给人类的生活带来的好处可分为以下几点:

- APP 用户增长速度快、经济能力强、思维活跃。
- APP 基于手机的随时随身性、互动性特点，容易通过微博、SNS 等方式分享和传播，实现裂变式增长。
- APP 的开发成本相比传统营销手段成本更低。
- 通过新技术及数据分析，APP 可实现精准地定位企业目标用户，使低成本快速增长成为可能。
- 用户手机安装 APP 以后，企业即埋下一颗种子，可持续与用户保持联系。

4.1.2 移动UI的设计趋势

现如今由于各种客户端的开发和接入已经成为常态，移动端 APP 的快速发展都是不争的事实，从智能手机到平板计算机，甚至一些相关的智能设备，我们可以明显观察到其中所涉及的 APP 在功能、设计和潜力上的快速增长。下面简单介绍 APP 移动端的设计趋势。

1. 专注用户体验

移动设备的快速膨胀使得用户对于用户体验的需求越来越多，最主要的需求之一，是希望拥有“个性化的用户体验”。也正是这种需求和认知，使得相当一部分 APP 的设计和开发者选择专注于较少、较关键的功能，并提供频繁的更新以提供成长型的、逐步优化的用户体验。也正是在这样的背景下，真正体验优秀的应用广告和独特而高效的导航模式开始出现，如图 4-4 所示。

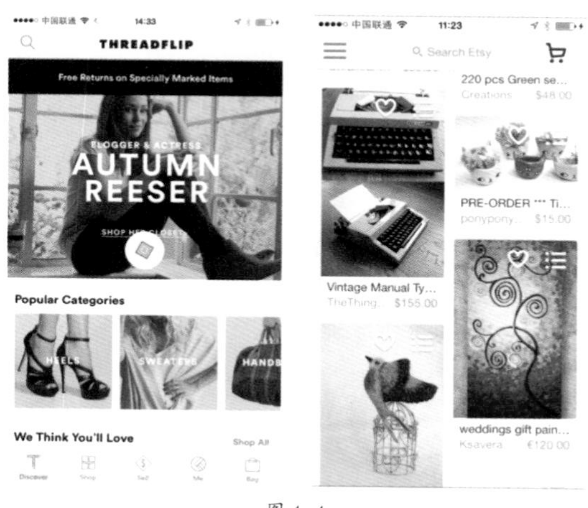

图 4-4

2. 使用模糊的背景

模糊背景符合时下流行的扁平化和现代风的设计，它足够赏心悦目，可以很好地同幽灵按钮等时下流行的元素搭配起来，提升用户体验。从设计的角度看，它不仅易于实现，帮助设计规避复杂的设计，也可以降低设计成本，如图 4-5 所示。

在不影响主题内容的前提下可以不进行背景模糊

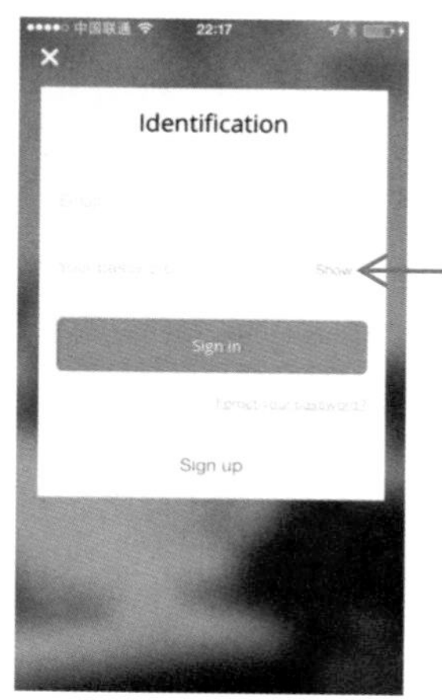

当需要突出界面中的某部分内容时，可以将背景模糊，以突出主题

图 4-5

3. 简单的导航模式

清晰的排版、干净的界面、赏心悦目的APP设计是目前用户最喜欢也最期待的东西。相比于华丽和花哨的菜单设计，简单的下拉菜单和侧边栏更符合趋势，简单导航设计的直观与便捷性可以让用户更容易找到他们需要的东西。所以简单的导航模式更加平稳、流畅、轻松和友好，如图4–6所示。

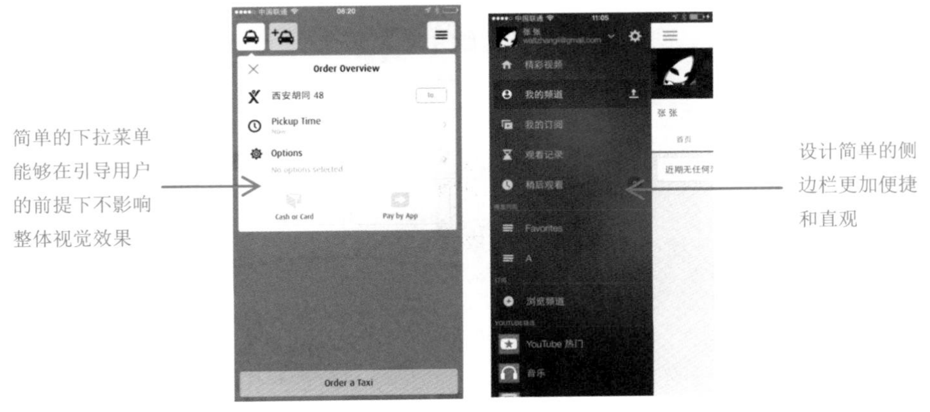

图 4–6

4. 大胆而醒目的字体运用

每个APP都在试图通过大胆而醒目的字体争夺用户的注意力，在当前的市场状况下，大屏幕手机和平板是主流，这一点是非常重要的使用背景。

大字体在移动端APP上呈现，会赋予界面以层次，提高特定元素的视觉重量，让用户难以忘怀，如图4–7所示。

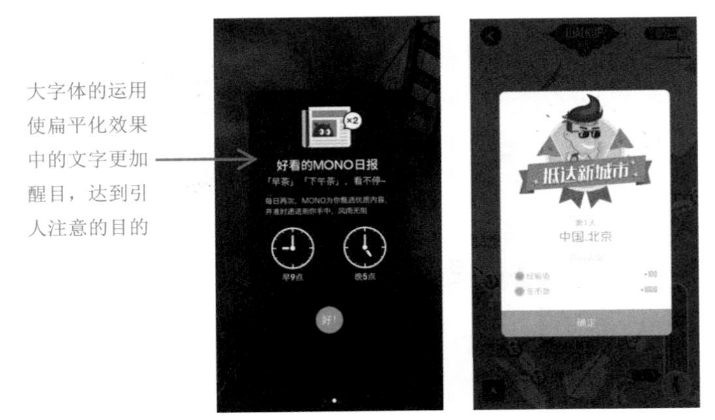

图 4–7

提示：字体够大、够优雅、够独特、够贴合，也就能提升页面的气质和特色，而这正是移动端APP设计的另外一个重要的机会。

5. 更简单的配色

简约美是近年来最流行的设计思路，而更简单的配色方案也贴合这一思路。随着iOS新系统而流行起来的霓虹色的影响力已经淡化，现在的用户更加喜欢微妙而富有质感的用色，整洁和干净正在压倒华丽而浮夸的配色趋势，如图 4–8 所示。

图 4–8

6. 用户界面的情景感知

拥有情景感知功能的 APP 能够根据当前的背景信息，诸如用户的位置、身份、活动和时间来识别当前的状况，并给予合理的反馈。

随着APP设计和市场需求的发展，情景感知会成为一个持续且逐步繁荣的发展方向，如图4–9所示。

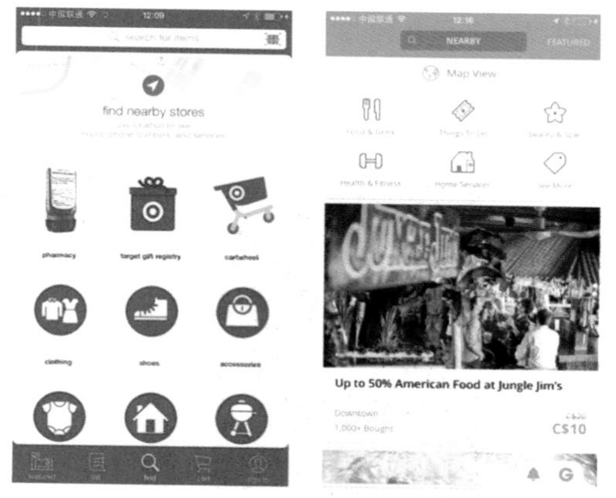

图 4–9

提示：例如当你在午饭时间打开一个地图类的服务之时，用户无须搜索，它会给你提供当前的位置信息和周边饮食类的服务。

4.1.3 手机APP UI与平面UI的区别

无论是身为手机软件的开发工作人员，还是掌握手机 APP 的客户经理、项目经理或者用户界面体验设计师，掌握手机 APP 和平面 UI 的区别是非常重要的，在此向大家分享一下手机 APP 客户端 UI 设计方面的内容，也希望彼此能够互相帮助，让用户拥有更好的新界面体验，如图 4–10 所示。

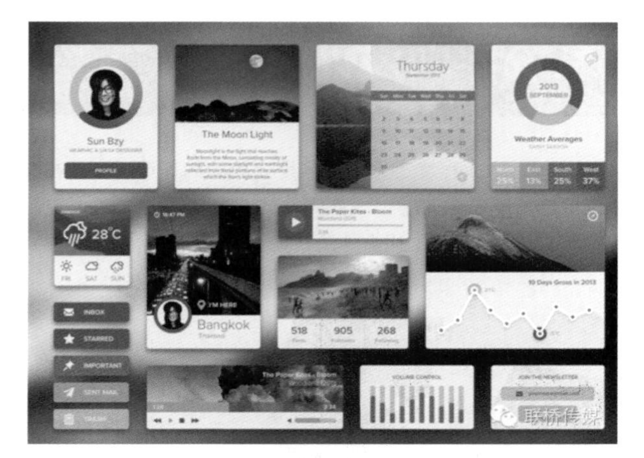

图 4-10

提示：UI的概念一般被理解为界面美化设计——用户界面，一个成功的界面设计在于让客户感受到网站的友好、舒适、简洁和实用。

手机 UI 的平台主要是手机的 APP 客户端。而平面 UI 的范围则非常广泛，包括绝大部分 UI 领域。手机 UI 的独特性，比如尺寸要求、控件和组件类型使得很多平面设计师要重新调整审美基础。

手机的界面设计完全可以做到完美，但需要无数设计师的共同创新和努力。很多设计师存在的问题是不能合理布局，不能合理地转化网站设计的构架理念到手机界面的设计上。常常会觉得手机界面限制非常多，觉得创意性发挥空间太小，表达的方式也非常有限，甚至让设计师觉得很死板。但真实的情况并不是这样的，通过了解手机的空间，应用合理的创意，同样可以完成优秀的 UI 设计。

需要注意的是，手机 UI 设计受到手机系统的限制，因此，在设计手机 UI 时，要先确认适用的系统。如图 4-11 所示为 iOS 系统和 Android 系统界面对比。

图 4-11

提示：APP可以在它已有的基础模式上升级产品，甚至是创造产品，界面设计师的思维在转变，主要体现在两个方面，一是提升设计基本功，一个合格的设计师，境界、内心和生活都需要不断地扩展和提升，另一方面是从自身出发提出好的设计理念，而不是从外在的环境中模仿。

4.2 iOS系统界面设计

设计一款成功的 iOS 应用，很大程度上依赖于其用户界面的好坏。那么在设计界面时要有一条指导性的原则，那就是站在用户角度考虑问题。一款优秀的 iOS 应用与它所依赖的平台紧密贴合，并无缝整合设备和平台的特性，从而提供优秀的用户体验，如图 4-12 所示。

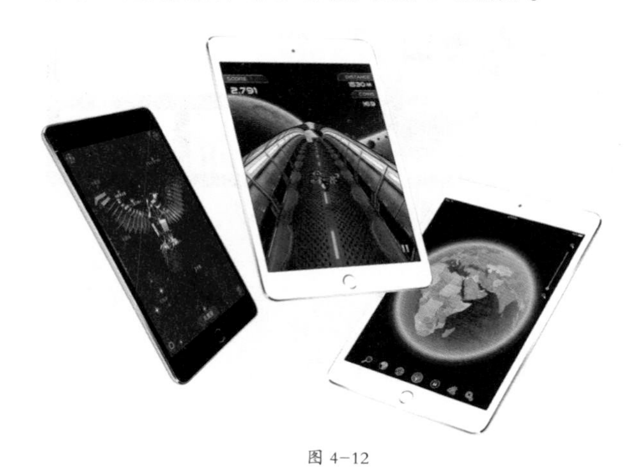

图 4-12

4.2.1 iOS系统概述

iOS 系统是 iPad、iPhone 和 iPod Touch 等苹果手持设备的操作系统，iOS 系统的操作界面极其美观，而且简单易用，受到全球用户的广泛喜爱。

苹果 iOS 是由苹果公司开发的手持设备操作系统，具体来说，是 iPad、iPhone 和 iPod Touch 的默认操作系统。苹果公司最早于 2007 年 1 月 9 日公布这个系统，原本的名称为 iPhone OS，仅应用于 iPhone 手机。2010 年 6 月 7 日改名为 iOS，并陆续套用到 iPod Touch、iPad 及 Apple TV 等其他苹果产品上，如图 4-13 所示。

图 4-13

提示：iOS具有精美无比、简单易用的操作界面，种类数量惊人的应用程序，以及超强的稳定性，已经成为 iPhone、iPad 和iPod Touch 的强大基础。

4.2.2 iOS系统的发展历程

iOS 操作系统从 2007 年到现在，9 年的时间里，一点点地添加功能，进行优化和演进，不断地完善，从而发展到现在的样子。目前 iOS 系统更新的最新版本是 2016 年 7 月 8 发布的 iOS 10。

1. 2007——iOS 1

随着第一代 iPhone 的问世，iOS 1 系统应运而生，此后历代的系统都有曾经 1 代系统的身影，特别是圆角正方形应用图标和界面底部固定不变的 4 个应用堪称经典，成为众多软件厂商模仿的对象。

除主屏幕外，iOS 1 中多数界面和设计元素被沿用至今，包括虚拟键盘、通话界面、谷歌地图、移动 Safari 及“视觉语音信箱”。

2. 2008——iOS 2

如果说 iOS 1 开启了移动体验的先河，那么 iOS 2 就为移动应用商店和第三方应用扩展树立了典范。

iPhone 发布一年后，苹果推出了第二版 iOS 系统。iOS 2 外观与上一版类似，但添加了基于云计算的电子邮件和同步服务 MobileMe 及对 Microsoft Exchange 账户的支持。

3. 2009——iOS 3

iOS 3 于 2009 年 6 月推出，填补了之前版本 iOS 中的许多空白，例如键盘的横向模式、新邮件和短信的推送通知和数字杂志，以及最初的语音控制功能——能够帮助用户寻找 / 播放音乐，以及调用联系人，如图 4-14 所示。

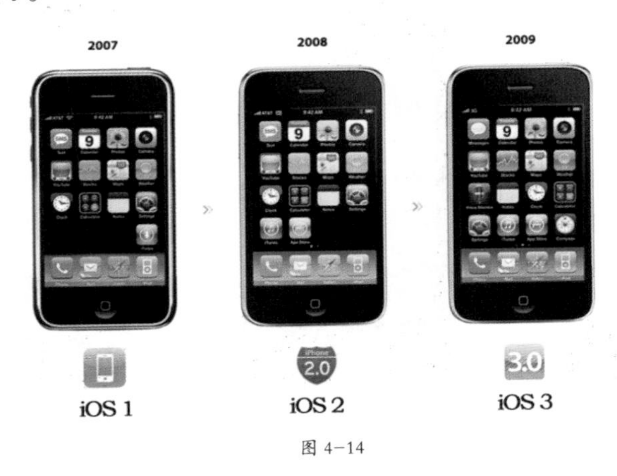

图 4-14

提示：在2010年4月，苹果发布了iOS 3.2。iOS 3.2是一次划时代的演变，因为这是第一款针对“大屏”iPad平板优化的移动系统。当然，iOS在iPad上的外观和使用体验均与iPhone类似，但经典“捏放”手势操作在大屏iPad上得到了更好的发挥。

4. 2010——iOS 4

iOS 4 则进一步细化了图标的设计元素。iOS 4 于 2010 年 6 月发布，乔布斯及其设计团队为界面上的图标设计了复杂的光影效果，让界面看上去更加漂亮。

iOS 4 里的 Game Center 是我们看到的第一个很大的变化。它的界面颜色丰富，绿色、酒红色和黄色等，上下底部则是类实木设计。

提示：iOS 4还带来了全新的多任务处理新功能。通过双击Home键，用户会在屏幕底部看到一排常用应用程序列表。有了它，用户无须翻页，便能快速地在应用间切换。苹果还在iOS 4中加入了文件夹功能，全新亚麻质地背景的文件夹中，用户可以存放相关应用内容。

5. 2011——iOS 5

iOS 5 为苹果用户带来了一项非常重要的新功能——Siri。尽管最初功能有限，但这是苹果第一次尝试让用户以不同的方式使用自己的 iOS 设备。苹果在 iOS 5 中整合了首款非苹果应用 Twitter，并将 Siri 打造成为 iOS 中的个人助理服务。

提示：仿真拟物设计在iOS 5中可谓达到了极致，苹果的软件界面中大量模仿现实世界中的实物纹理，例如，黄色纸张背景的“备忘录”和亚麻纹理的“提醒”应用。

6. 2012——iOS 6

iOS 6 于 2012 年 11 月正式发布。其主要特色是基于云的邮件、日历，以及在 OS X 和 iOS 设备同步，它融合了苹果桌面操作系统的设计灵感和元素。仿真设计在这一版系统中依然得到提升，新应用 Passbook 在删除虚拟证件时出现的碎片动画效果成为特色。

iOS 6 里音量和播放进度的滑块改成了金属质感风格它上面的反光纹路会随着 iPhone 的位置变化发生改变，如图 4-15 所示。

图 4-15

7. 2013——iOS 7

iOS 7 的色彩和风格有了较大的变化，给人焕然一新的印象。各种颜色的渐变取代了 iOS 6 时代的浅蓝色或灰色背景的单一色调风格。

另外，动画效果也成为苹果设计师们提升用户体验的最佳工具。比如 iOS 系统中的橡皮圈功能，也就是大用户界面到达边缘时产生的反弹效果，以及长按 APP 图标后进入的编辑模式，所有图标都会抖动。

提示：在功能方面，为了让iOS上的功能更有秩序，新增了控制中心与通知中心，改善了多工、照片程式、Safari和Siri，并推出新的AirDrop分享功能与iTunes Radio音乐串流服务。几乎每一款“老的”或“新的”应用都融入了苹果的新美学设计。

8. 2014——iOS 8

创新性地引入 Apple Pay 和指纹识别功能，从此手机支付变得前所未有的安全和可靠。iOS 8 中自带相机也加入了延时摄影模式，延时拍照模式使得交互体验提升。同时，iOS 8 与其他的 Apple 设备无缝连接，handoff 功能可以使同一 ID 的不同设备连在一起。

9. 2015——iOS 9

iOS 9 随着 iPhone 6s 以及 iPhone 6s Plus 一起到来。iOS 9 于 2015 年 8 月正式发布，新功能包括新升级的 Note（支持简笔画和图片添加）、新升级的苹果地图（新增公共交通功能）、News 新闻应用（取代 Newsstand，显示来自 CNN 及《连线》等媒体的新闻内容）、Passbook 改名为 Wallet，添加对会员卡和礼品卡的支持、分屏多窗口功能（SlideOver、Split View 及画中画功能）、节电模式、6 位密码和提升电池续航等，如图 4-16 所示。

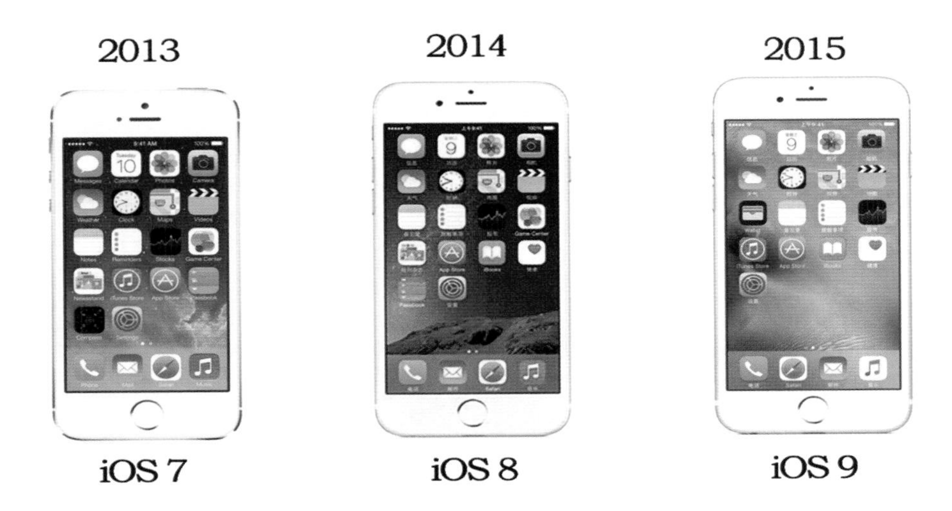

图 4-16

10. 2016——iOS 10

iOS 10 是苹果公司研发的系统。2016 年 6 月 14 日，苹果新系统 iOS 10 正式亮相，苹果为 iOS 10 带来了十大项更新，包括锁屏界面、Siri、相册、地图、音乐、通话、消息等。2016 年 7 月 8 日，苹果 iOS 10 的首个公开测试版本正式放出，所有人都可以进行下载。

2016 年 9 月 8 日，iOS 10 在苹果秋季新品发布会上露面，自 9 月 13 日起，苹果向新老用户推送软件的升级下载。2016 年 10 月 25 日，苹果向全球的苹果设备用户推送了 iOS 10 系统的正式版本，如图 4-17 所示。

图 4-17

4.2.3 iOS系统用户界面元素

iOS 界面由非常多的元素构成，每个元素都有不同的外观和尺寸，并且承载着不同的功能，而这些大量的可以直接使用的视图和控件，帮助开发者快速创建界面。

提示：当设计一个iOS应用时，首先要了解这些工具库，在适当的条件下使用它们。不过，有些时候，创建一个自定义控件也许更好，当需要一个更个性的外观，或者想要改变一个已存在控件的功能时，就可自行进行设计。总之，一切皆可能，有时候打破规则更有意义，但在设计时一定要三思而后行。

1. 状态栏

状态栏的作用是展示设备的基本系统信息，例如当前事件、时间和电池状态及其他更多信息。视觉上状态栏是和导航栏相连的，都使用一样的背景填充。

为配合 APP 的风格和保证可读性，状态栏内容有两种不同的风格，分别为暗色（黑）和亮色（白），如图 4-18 所示。

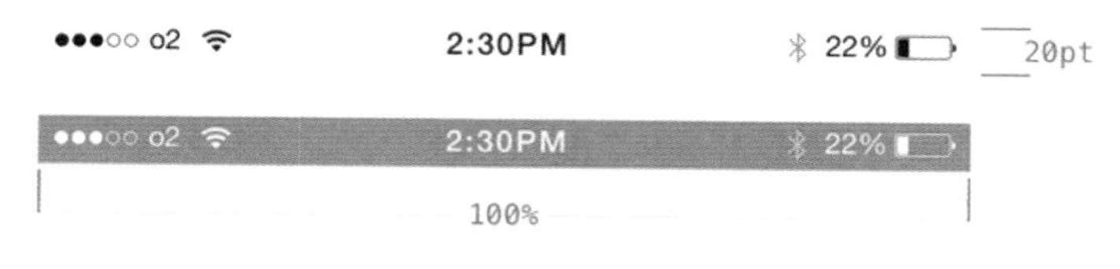

图 4-18

2. 导航栏

导航栏包含一些控件，用来在应用里对不同的视图进行导航，以及管理当前视图中的内容。导航栏总在屏幕的顶部，状态栏的正下方。

提示：导航栏中的元素都是按照特定的对齐方式进行对齐的，例如返回按钮总是在左端左对齐、当前视图的标题则在栏上居中、动作按钮则总是在右端对齐。

在一般情况下，导航栏背景会进行轻微半透明处理，背景可以填充为纯色、渐变颜色或者是自定义位图，如图 4–19 所示。

当设备横屏时，其导航栏的高度也会进行相应的减少，而在 iPad 上横屏时都是将状态栏进行隐藏，如图 4–20 所示为 iPhone 6 横屏时的导航栏。

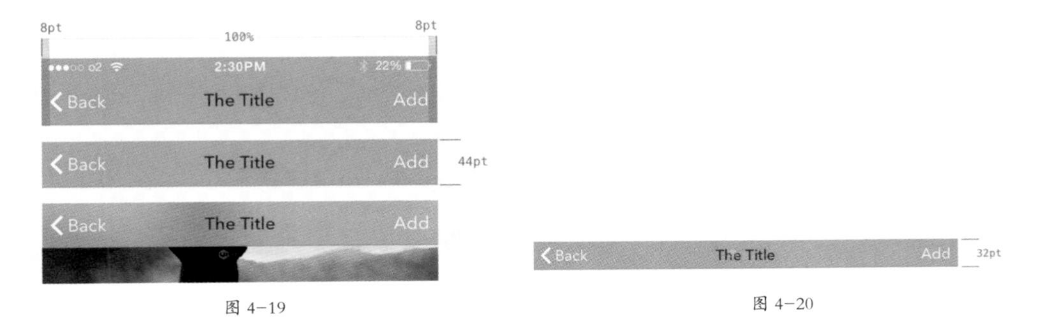

图 4–19　　图 4–20

3. 标签栏

标签栏用于切换视图、子任务和模式，并且对程序层面上的信息进行管理，通常在屏幕底部，默认情况下使用和导航栏一样的轻微半透明，以及使用和系统一样的模糊处理遮住的内容，如图 4–21 所示。

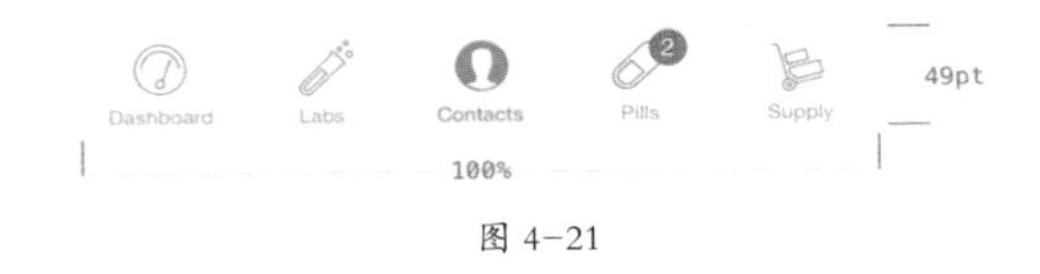

图 4–21

- 标签栏仅可以拥有固定的最大标签数。一旦其数量超过最大数目，则最后一个选项卡将会以“更多标签”代替，其余标签以列表形式隐藏于此。另外，一般会有选项可以对显示的选项卡重新进行排序。
- iPhone 上最大选项卡数目是 5 个，而 iPad 上则可以显示多达 7 个且无须“更多”标签。
- 通知用户在一个新视图上有新消息，通常会在标签栏按钮上显示一个数字徽标。如果一个视图暂时隐藏，相关的选项卡按钮不会完全隐藏，而是会慢慢淡化以表示不可用的状态。

4. 搜索栏

搜索栏在默认状态下有两种风格，分别是凸显（Prominent）和最小化（Minimal）。其两种风格的功能相同。

- 当用户没有输入文本时，搜索框内将显示提示文本，并且可以有选择地设置一个书签图标，用来查看最近搜索及保存的搜索，如图 4-22 所示。
- 一旦输入搜索项目，提示文本将消失，而一个清晰的清空按钮将出现在右端，如图 4-23 所示。

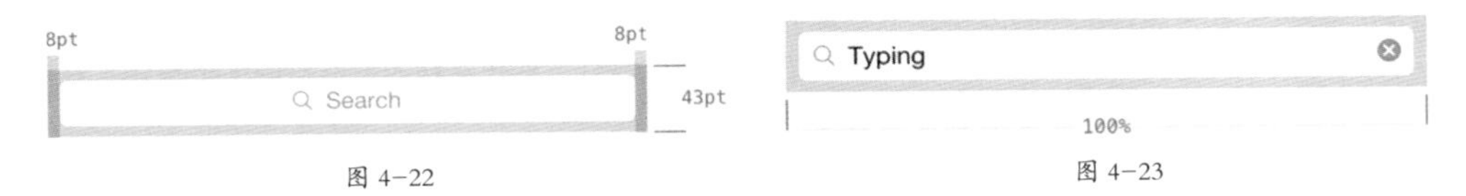

图 4–22　　图 4–23

为了能更好地控制查询搜索，可以为搜索栏接上一个范围栏（Scope Bar）。范围栏将使用和搜索栏相同的风格，其在明确定义了搜索结果类别的情况下会很有用。例如，一个地图应用，搜索结果可以再次通过美食、饮品或购物等多方面进行筛选，如图 4-24 所示。

图 4-24

5. 工具栏

工具栏包含一些管理、控制当前视图内容的动作。在 iPhone 上，工具栏永远在屏幕底部边缘，而在 iPad 上，其可以在屏幕顶部出现。

和导航栏一样，其背景填充也可以自定义，默认是半透明效果及模糊处理遮住的内容，如图 4-25 所示。

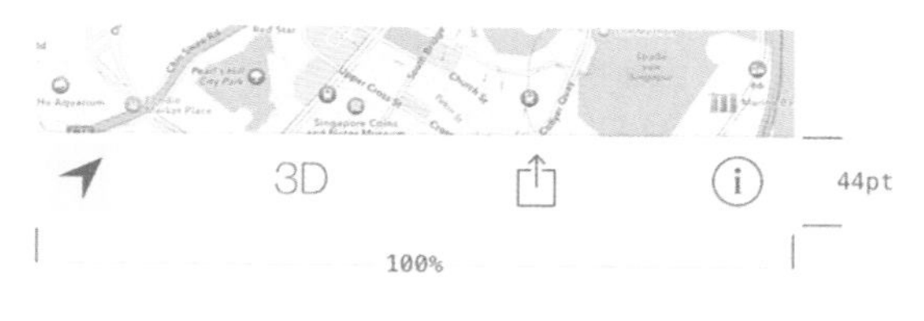

图 4-25

提示：在工具栏中通常用于超过3个主动作的特定视图，否则外观会看起来很混乱或是很难适应界面。

6. 表格视图

表格视图以单行多列的方式呈现数据，其每行都可划分为信息或分组。根据数据类型，可能会用到基本的表格视图类型，分别为以下几种表格类型：

- 纯表格。纯表格由一定的行数组成，在顶部可以拥有一个表头，底部可以含有一个表尾。可以在屏幕右端带一个垂直导航，通过表格的形式进行导航，这在呈现大量数据时十分有用。在右端还可以通过一些方式进行排序，如图 4-26 所示。
- 分组表格。分组表格视图以分组的方式组织你的“表行”。每个分组可以有一个头及一个尾，头最好用于描述组的内容，而尾则用来显示帮助信息等。分组表格至少要由一个分组组成，而且每个分组至少要有一行。

● 默认。在默认情况下，表格的风格是一个图标加一个标题，而图标在左侧，如图 4-27 所示。

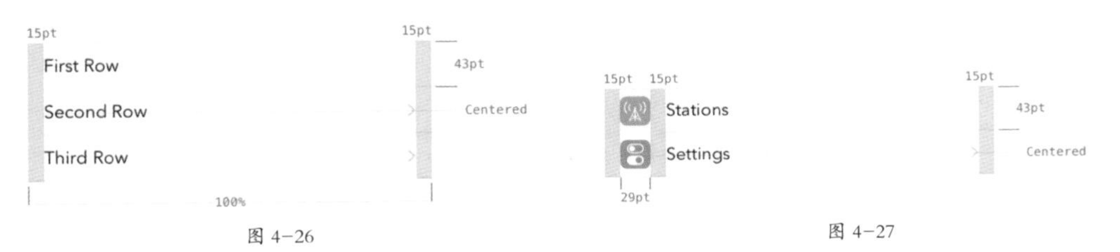

图 4-26　　图 4-27

● 带副标题。带副标题的表格风格在标题下面允许有一个简短的副标题文本，常用于进一步解释或简短描述，如图 4-28 所示。

● 带数值。带数值的表格风格可以带一个与行标题相关的特别值，和默认风格类似，每行也可以有一个图标和标题，都是左对齐的。紧随其后的是右对齐的数值文本，通常颜色会比标题文本的颜色浅，如图 4-29 所示。

图 4-28　　图 4-29

7. 活动视图

活动视图是用于执行特定任务的视图。这些任务可以是默认系统任务，例如当通过选项分享内容时，或者可以完全自定义这些动作。

当设计自定义任务按钮图标时，也应该按照和栏按钮图标激活状态下同样的规范——实体填充，当没有其余的效果时，放在一个半透明背景上，如图 4-30 所示。

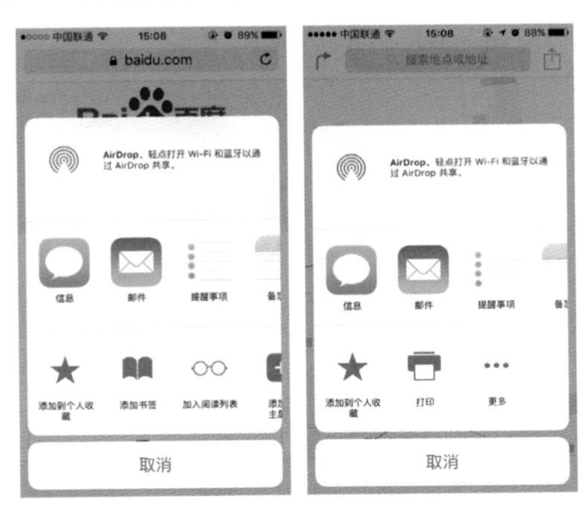

图 4-30

8. 动作

动作菜单（Action Sheets），用于从可执行的动作中选择来一个执行，要求 APP 用户选择一个动作，继续或者取消，如图 4-31 所示。

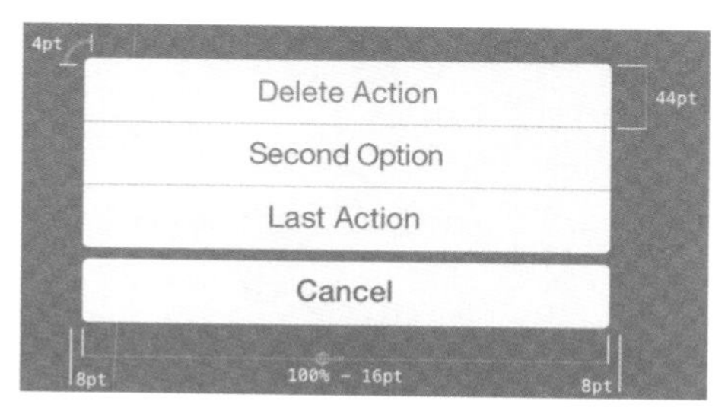

图 4-31

在竖屏时（以及在一些小屏幕横屏上），动作菜单总是以一列按钮的形式滑动而出显示在屏幕底部。在这种情况下，一个动作菜单应该有一个取消按钮来关闭此视图，而不是只能执行前面的动作。

提示：当有足够空间时，动作菜单视图则换成一个浮动框。这时并不要求有一个关闭按钮，因为点击任意外面空白的地方就可以关闭了。

9. 警告提醒

警告框用于向用户展示对使用程序有重要影响的信息，它一般浮动在程序的中央，并且覆盖在主程序之上，警告框用于通知用户关键信息，可以强制用户做出一些动作选择。

警告视图总是包含一个标题文本，可以不限于一行，纯信息警告例如“关闭”，如图 4-32 所示，以及不限一个或两个按钮的请求式的决定，例如“好”和“设置”，如图 4-33 所示。在 iOS 系统中，其警告框的设置标准尺寸如图 4-34 所示。

图 4-32

图 4-33

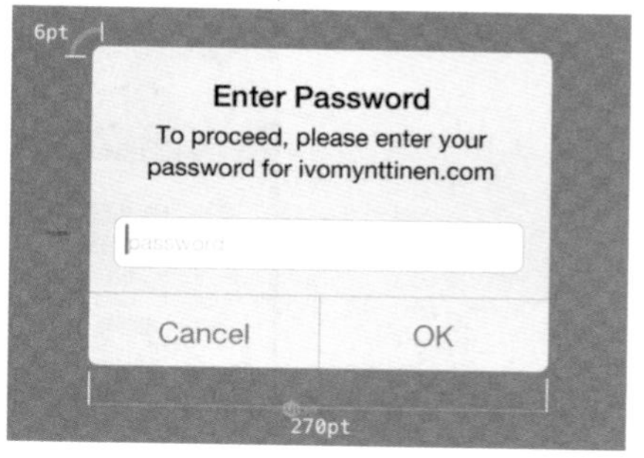

图 4-34

10. 编辑菜单

在一个元素被选定时（文本、图片及其他），编辑菜单允许用户执行复制、粘贴、剪切等操作。虽然菜单上的选项是可以自定义的，但菜单的外观是无法设置的，除非构建一个自己的自定义编辑菜单，如图 4-35 所示。

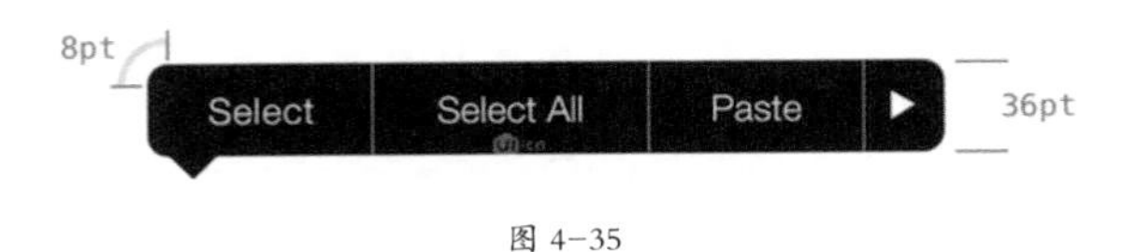

图 4-35

11. 浮动框

当一个特别动作要求用户在程序进行的同时输入多个信息时，浮动框（Popover）是绝佳选择。一个很好的例子就是，当选择添加一个项目时，有好几项属性需要在项目被添加前设置好，这时，这些设置可以在浮动框上完成。

在通常情况下，浮动框上方会有一个相关的控件（如一个按钮），当打开的时候浮动框的箭头指向控件，如图 4-36 所示。

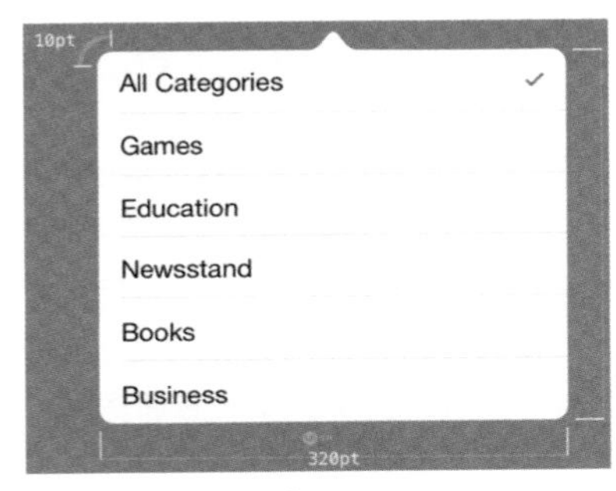

图 4-36

提示：浮动框是一个强大的临时视图，它可以包含多种元件，例如可以拥有自己的导航栏、表格视图、地图及网页视图。当浮动框因为包含大量元素而拥有较大尺寸时，可以在浮动框内滚动，从而到达视图底部。

12. 静态视图

对于要求用户执行多个指令或输入多个信息的任务来说，模态视图是一个十分有用的视图。模态出现在所有元素的顶层，而且在打开它时，其区块会与下面的其他交互元素产生相互作用，如图 4-37 所示。

图 4-37

输入的模态一般都具有以下几点特征：

- 一个描述任务的标题。
- 一个不保存、不执行其他动作的关闭模态视图按钮。
- 一个保存或提交输入的信息的按钮。
- 各种对用户在模态视图上输入的信息起作用的元素。

3 种常用的模态视图风格如下：

- 全屏（Full screen）：覆盖整个屏幕。
- 页表（Page sheet）：在竖屏时，模态视图只覆盖部分下面的内容，当前视图留下一部分可视区域，并覆盖一层半透明黑色背景。在横屏时，页表模态视图和全屏模态视图一样。
- 表单（Form sheet）：在竖屏时，模态视图在屏幕中间，周围区域可见但覆盖一层半透明黑色背景。

提示：当显示键盘时，模态视图的位置会自适应地改变。在横屏时，表单模态视图也是和全屏模态视图一样的。

实战练习——设计iOS系统手机待机界面

案例分析：此款系统待机界面摒弃了不必要的部分，只采用文字和基本图形作为界面主体内容，在继承扁平化风格的前提下运用了极简风格的制作方法，通过图片和图形的应用使界面极富设计感。

色彩分析：iOS 一直秉承简洁的设计原则，该界面主色调采用了背景的绿色，清新护眼；辅色用到了白色，无彩色的加入不会影响整体界面效果；文字色使用了黑色和白色，提高了文字的可辨识度。

使用到的技术	椭圆工具、矩形工具、横排文本工具、图层样式
学习时间	30 分钟
视频地址	视频 \ 第 4 章 \4-2-3.mp4
源文件地址	源文件 \ 第 4 章 \4-2-3.psd
设计风格	常规扁平化

步骤 01 执行“文件>打开”命令，打开素材图像“素材\第4章\42301.jpg”，如图4-38所示。单击工具箱中的“椭圆工具”按钮，设置“填充”颜色为白色，如图4-39所示。

步骤 02 使用相同的方法完成相似内容的制作，图像效果如图4-40所示。继续单击工具箱中的“椭圆工具”按钮，设置“填充”颜色为无、“描边”为白色，效果如图4-41所示。

图 4-38

图 4-39

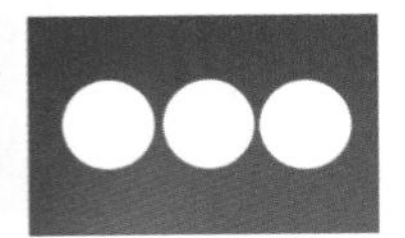
图 4-40

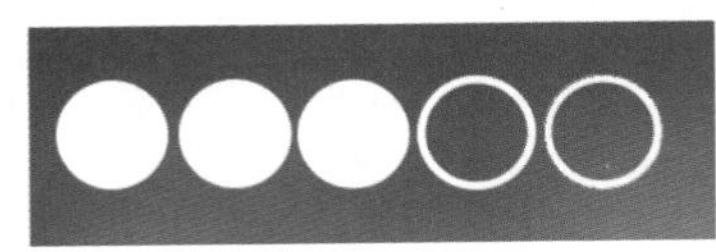
图 4-41

步骤 03 单击工具箱中的“横排文本工具”按钮，打开“字符”面板，按如图4-42所示设置参数，在画布上添加文字，如图4-43所示。

提示：在“字符”面板中可以修改字符属性，如改变字体、字符大小、字距、对齐方式、颜色和行距等。

步骤 04 使用相同的方法完成相似内容的制作，如图4-44所示。单击工具箱中的“圆角矩形工具”按钮，设置“填充”颜色为白色、“不透明度”为40%，在画布中绘制圆角矩形，如图4-45所示。

图 4-42

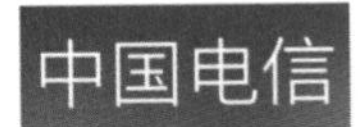

图 4-43

图 4-44

图 4-45

步骤 05 单击工具箱中的“椭圆工具”按钮，设置“填充”颜色为无、“描边”为白色，效果如图4-46所示。单击“路径操作>合并图形”，再继续单击工具箱中的“矩形工具”按钮，在画布中绘制一个矩形，最终效果如图4-47所示。

步骤 06 单击工具箱中的“横排文本工具”按钮，打开“字符”面板，按如图4-48所示设置参数，在画布上添加文字，如图4-49所示。

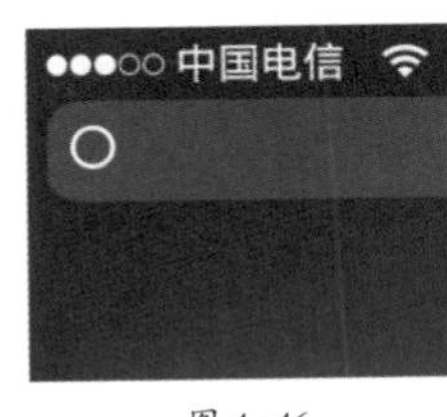

图 4-46

图 4-47

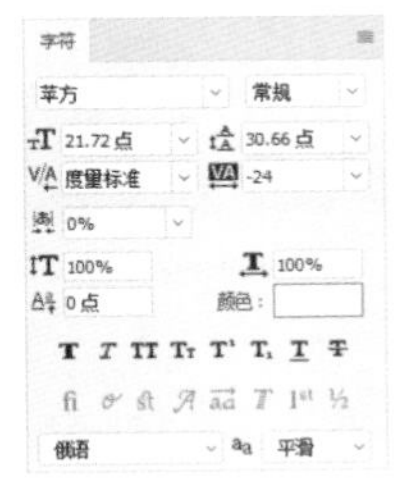
图 4-48

图 4-49

步骤 07 用相同的方法完成相似内容的制作，效果如图4-50所示。单击工具箱中的“横排文本工具”按钮，打开“字符”面板，按如图4-51所示设置参数。

步骤08 在画布上添加文字，图像效果如图4-52所示。使用相同的方法完成页面中其他内容的制作，如图4-53所示。

图 4-50

图 4-51

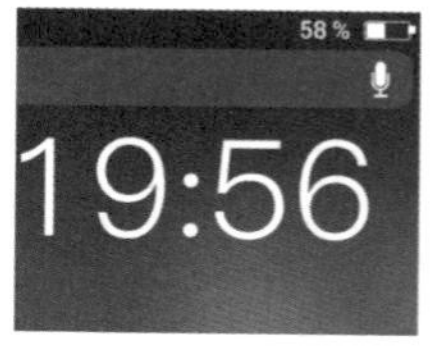

图 4-52

图 4-53

步骤09 单击工具箱中的“圆角矩形工具”按钮，设置“填充”颜色为RGB（115,133,122），在画布中绘制圆角矩形，设置该图层的“不透明度”为40%，如图4-54所示。复制并粘贴该图层，设置“填充”颜色为白色、“不透明度”为50%，如图4-55所示。

步骤10 继续使用“圆角矩形工具”，在画布中绘制如图4-56所示的形状，并设置“不透明度”为50%。单击“路径操作>减去顶层形状”，再单击工具箱中的“矩形工具”按钮，在画布中绘制一个矩形，最终效果如图4-57所示。

图 4-54

图 4-55

图 4-56

图 4-57

步骤11 执行“文件>打开”命令，打开素材图像“素材\第4章\42302.png”拖入到画布中，如图4-58所示。单击工具箱中的“椭圆工具”按钮，设置“填充”颜色为RGB（250,233,101），在画布中绘制一个正圆形，如图4-59所示。

步骤12 单击选项栏中的“合并形状”按钮，使用“圆角矩形工具”在画布中绘制如图4-60所示的形状。使用相同的方法完成相似内容的制作，如图4-61所示。

图 4-58

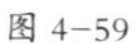
图 4-59

图 4-60

图 4-61

提示：此处可以使用“合并形状”选项将形状合并，也可以分别绘制形状最后将图层合并，得到的效果是相同的。

步骤13 单击工具箱中的“横排文本工具”按钮，打开“字符”面板，按如图4-62所示设置参数，在画布上添加文字，如图4-63所示。

步骤 14 使用相同的方法完成相似内容的制作，图像效果如图4-64所示。使用相同的方法完成下一个推送窗口的制作，效果如图4-65所示。

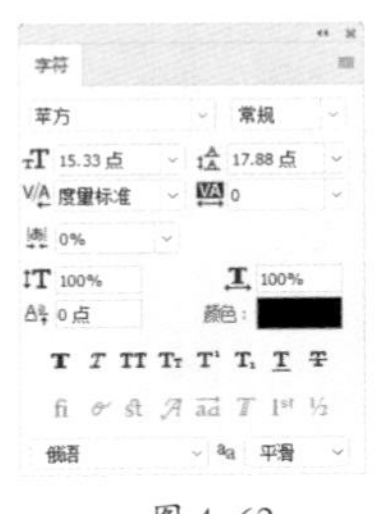

图 4-62

图 4-63

图 4-64

图 4-65

步骤 15 单击工具箱中的“椭圆工具”按钮，按如图4-66所示设置填充颜色。在画布中绘制正圆形，设置该图层的“不透明度”为80%，如图4-67所示。

步骤 16 单击工具箱中的“横排文本工具”按钮，打开“字符”面板，按如图4-68所示设置参数，在画布中输入如图4-69所示的文字。

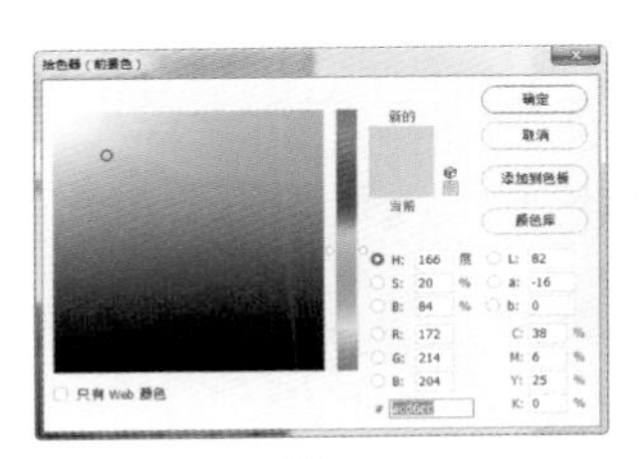

图 4-66

图 4-67

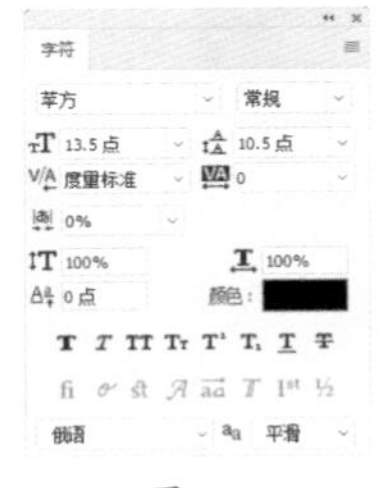

图 4-68

图 4-69

步骤 17 单击工具箱中的“椭圆工具”按钮，设置“填充”颜色为白色，在画布中绘制如图4-70所示的图形。复制该图层，设置“不透明度”为40%，如图4-71所示。

步骤 18 适当调整图层顺序，完成手机待机页面的制作，最终效果如图4-72所示，“图层”面板如图4-73所示。

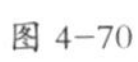

图 4-70

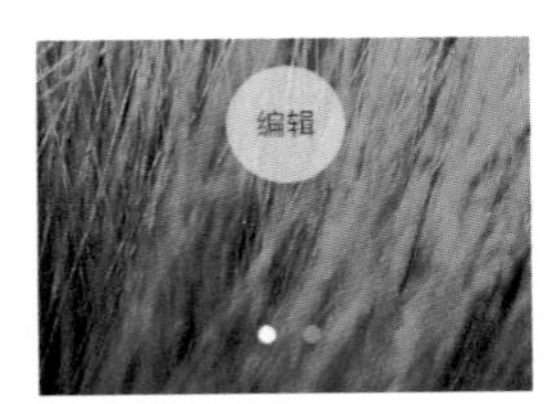

图 4-71

图 4-72

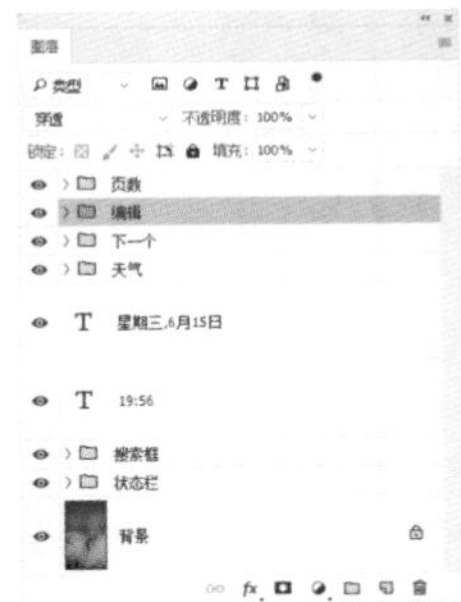

图 4-73

步骤 19 隐藏除“背景”图层之外的全部图层，按Ctrl+A组合键全选画布中的图形，执行“编辑>选择性拷贝>合并拷贝”命令，如图4-75所示。执行“文件>新建”命令，弹出“新建文档”对话框，如图4-75所示。

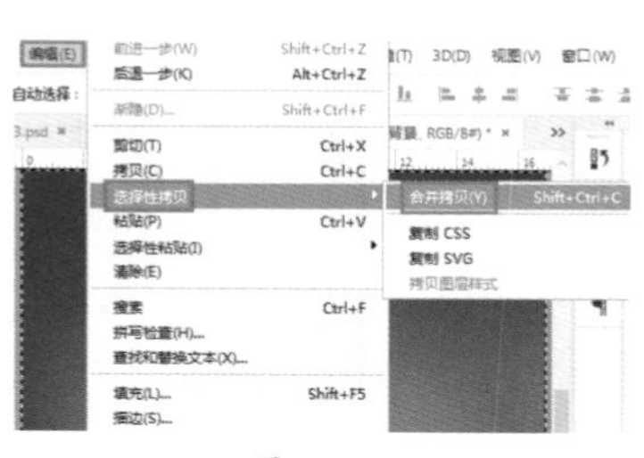

图 4-74

图 4-75

步骤 20 单击“确定”按钮新建文档，按Ctrl+V组合键粘贴图像，如图4-76所示。执行“文件>导出>存储为Web所用格式”命令优化图像，如图4-77所示。

图 4-76

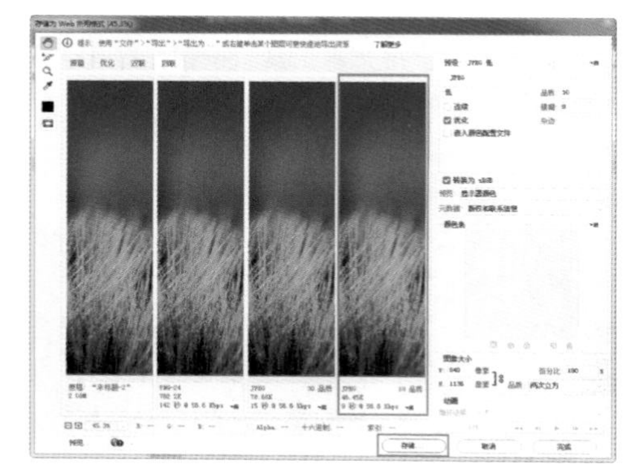

图 4-77

步骤 21 单击“存储”按钮将其重命名存储，如图4-78所示。使用相同的方法将其余内容进行切图处理，切图后的文件夹如图4-79所示。

图 4-78

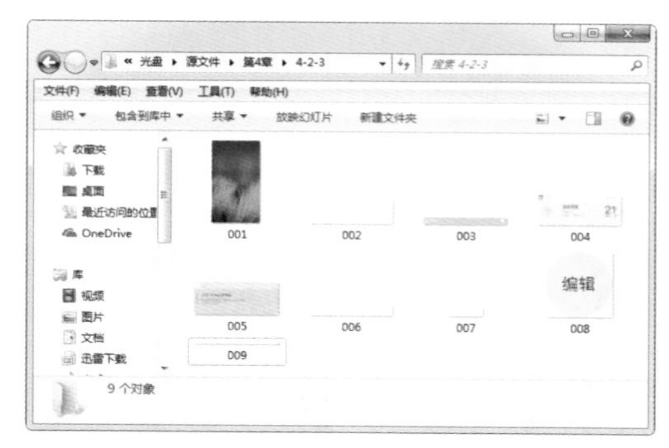

图 4-79

4.2.4 iOS系统界面设计规范

iOS 用户已经对内置应用的外观和行为非常熟悉，所以用户会期待这些下载的程序能带来相似的体验。

设计师在设计程序时可能不想模仿内置程序的每一个细节，但这对我们理解他们所遵循的设计规范会很有帮助。

1. 确保程序通过

- 控件应该是可点击的。

按钮、挑选器、滚动条等控件都用轮廓和亮度渐变，这都是欢迎用户点击的邀请，如图4-80和图4-81所示。

图 4-80　　图 4-81

- 反馈应该是微妙且清晰的。

iOS 应用使用精确流畅的运动来反馈用户的操作，它还可以使用进度条、活动指示器来指示状态，使用警告给用户以提醒、呈现关键信息。

2. 确保程序在 iPhone 和 iPad 上通用

iPhone 和 iPad 都是采用了 iOS 系统，所以为了确保设计方案可以在这两款设备中使用，在设计制作时应注意以下几点：

- 为设备量身定做程序界面。

大多数界面元素在两种设备上通用，但通常布局会有很大差异。

- 为屏幕尺寸调整图片。

用户期待在 iPad 上见到比 iPhone 上更加精致的图片。在制作时最好不要将 iPhone 上的程序放大到 iPad 的屏幕上。

- 无论在哪种设备上使用，都要保持主功能。

不要让用户觉得是在使用两个完全不同的程序，即使一种版本会为任务提供比另一版更加深入或更具交互性的展示。

- 超越“默认”。

没有优化过的 iPhone 程序会在 iPad 上默认以兼容模式运行。虽然这种模式使得用户可以在 iPad 上使用现有的 iPhone 程序，但却没能给用户提供他们期待的 iPad 体验。

3. 重新考虑基于 Web 的设计

如果制作的程序是从 Web 中移植而来的，就需要确保程序能摆脱网页的感觉，给人 iOS 程序的体验。谨记用户可能会在iOS设备上使用Safari来浏览网页。以下为帮助Web开发者创建iOS程序的策略：

- 关注程序。

网页经常会给访客许多任务或选项，让用户自己挑选，但是这种体验并不适合 iOS 应用。iOS 用户希望程序能像宣称的那样立刻看到有用的内容。

- 确保程序帮助用户做事。

用户也许会喜欢在网页中浏览内容，但更喜欢能使用程序完成一些事情。

- 为触摸而设计。

不要尝试在iOS应用中复用网页设计模式。熟悉iOS的界面元素和模式，并用它们来展现内容。菜单、基于 hover 的交互、超链接等 Web 元素需要重新考虑。

- 让用户翻页。

很多网页会将重要的内容认真地在第一时间展现出来，因为如果用户在顶部区域附近没找到想要的内容，就会离开。

提示：在iOS设备上，翻页是很容易的。如果缩小字体、压缩空间尺寸，使所有内容挤在同一屏幕里，最终可能使显示的内容都看不清，布局也没有办法使用。

- 重置主页图标。

大多数网页会将返回主页的图标放置在每个页面的顶部。iOS 程序不包括主页，所以不必放置返回主页的图标。另外，iOS 程序允许用户通过点击状态栏快速回到列表的顶部。如果在屏幕顶部放置一个主页图标，想点击状态栏就会很困难。

实战练习——设计iOS系统设置界面

案例分析：此款登录界面摒弃了不必要的部分，只采用文字和基本图形作为软件界面内容，在继承扁平化风格的前提下运用了极简风格的制作方法，通过图片和图形的应用使界面极富设计感。

色彩分析：微渐变的风格在扁平化设计中应用十分广泛，该界面采用蓝色渐变作为主色调，文字色采用了无彩色中的白色，提高了文字的可辨识度。

RGB（56,177,218）　RGB(255,255,255)　RGB（11,35,42）

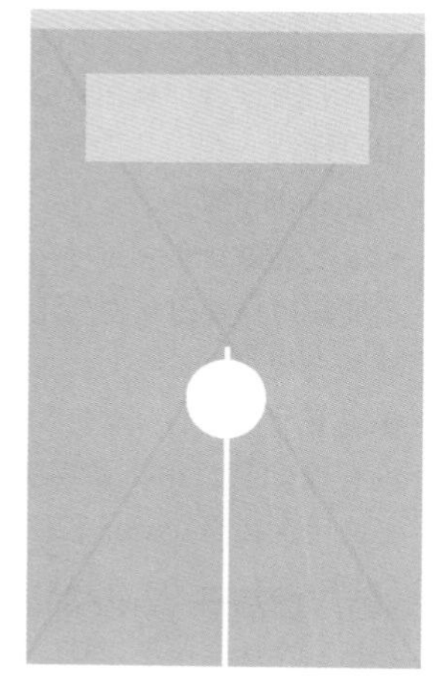

使用到的技术	多边形工具、矩形工具、横排文本工具、图层样式
学习时间	40 分钟
视频地址	视频 \ 第 4 章 \4-2-4.mp4
源文件地址	源文件 \ 第 4 章 \4-2-4.sketch
设计风格	常规扁平化

步骤 01 启动Sketch软件，执行“文件>新建”命令，新建一个Sketch文件，如图4-82所示。单击工作界面左上角的“插入”按钮，选择“画布”选项，在左侧弹出的模板面板中选择iPhone 7选项，如图4-83所示。

提示：用户可以通过按键盘上的A键，快速打开模板面板。

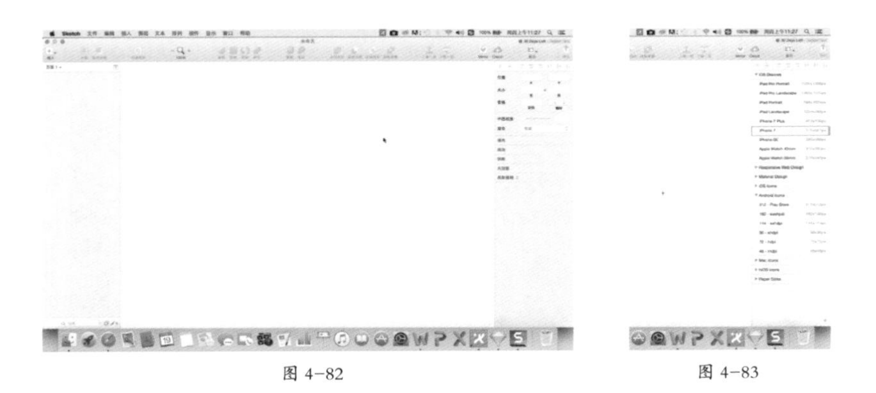

图 4-82　　　　图 4-83

步骤02 画布效果如图4-84所示。单击左上角的“插入”按钮，选择“形状>矩形”选项，绘制一个与iPhone 7尺寸相同的矩形，效果如图4-85所示。

图 4-84　　　　图 4-85

步骤03 选择矩形，用户可以在右侧的参数面板中看到其尺寸，如图4-86所示。单击下面的“填充”选项，选择“径向渐变”模式，设置渐变颜色为从#49CCF8到# 000000，如图4-87所示。

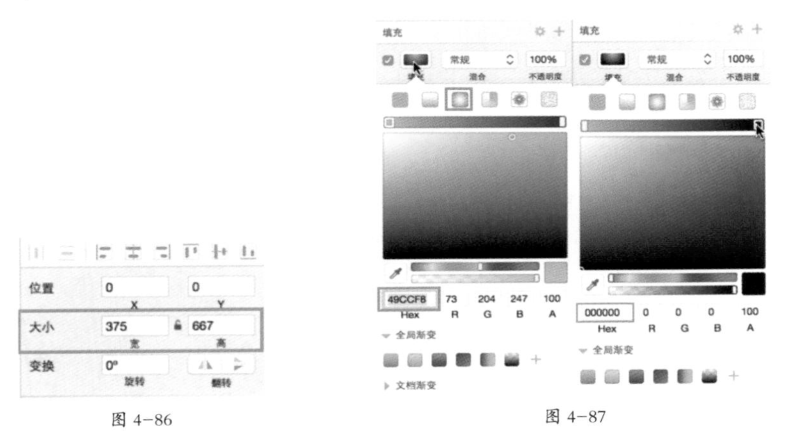

图 4-86　　　　图 4-87

步骤04 矩形填充效果如图4-88所示。单击左上角的“插入”按钮，选择“形状>椭圆形状”选项，在画布中绘制如图4-89所示的圆形。

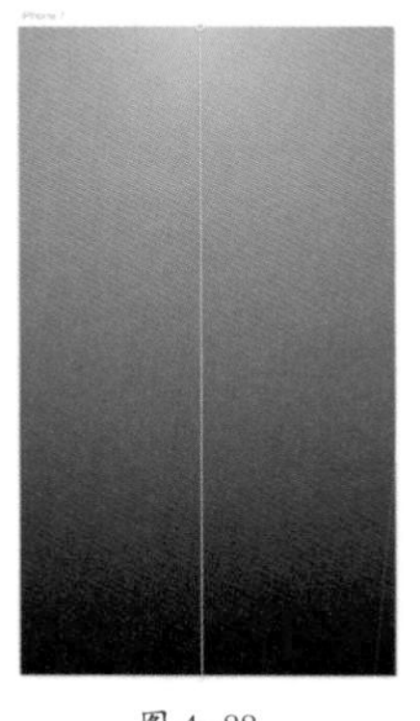

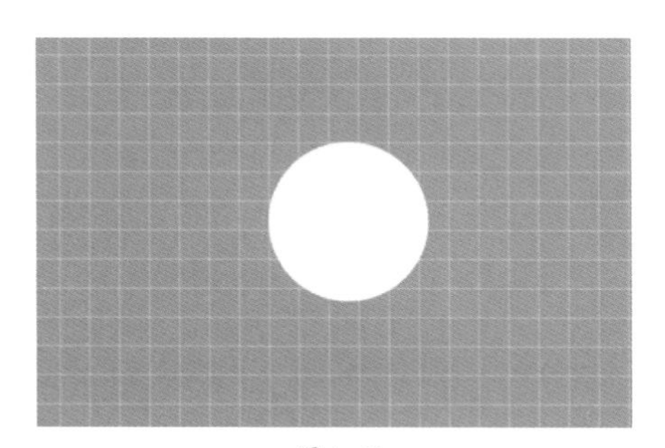

图 4-88　　图 4-89

提示：用户可以在按下键盘上的Z键的同时，在需要缩放的位置拖动，实现放大图形的效果。按下Alt键的同时进行拖动，可以实现缩小图形的效果。

步骤05 按下键盘上的Alt键，拖动复制圆形，复制效果如图4-90所示。选择后面的两个矩形，修改“填充”颜色为“无”、“描边”颜色为白色，效果如图4-91所示。

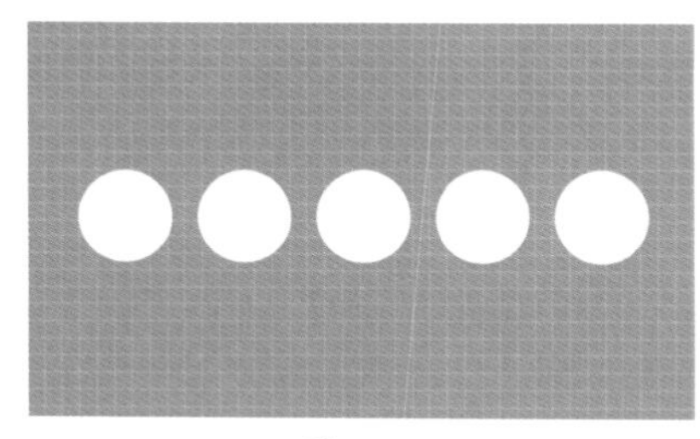

图 4-90

图 4-91

步骤06 按下Shift键的同时将圆形选中，单击操作界面中工具栏上的“分组”按钮，将图形编组。继续绘制一个圆形，单击顶部的“编辑”按钮，如图4-92所示。选择“打开路径”，在路径上添加两个锚点，删除多余的路径和锚点，效果如图4-93所示。

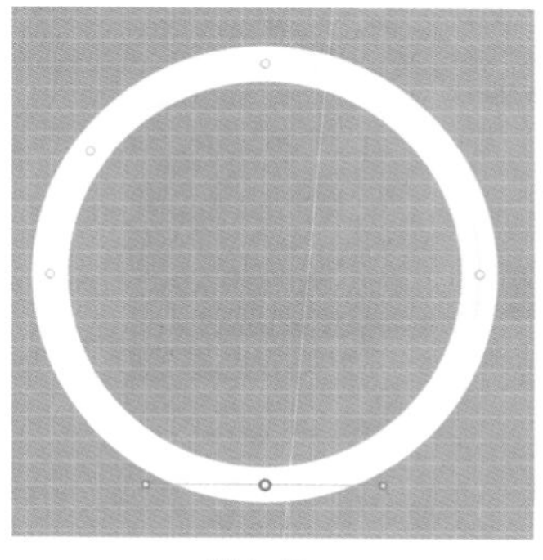

图 4-92

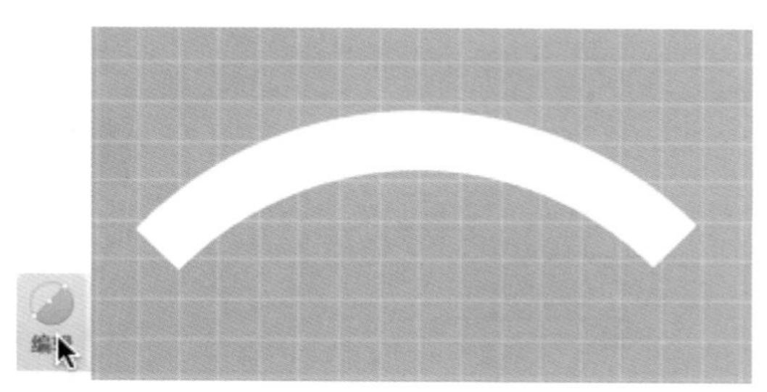

图 4-93

步骤07 使用相同的方法分别制作其他两个图形，效果如图4-94所示。单击“分组”按钮，将它们编组。单击“插入”按钮，选择“文本”选项，右侧面板上各项参数设置如图4-95所示。

图 4-94

图 4-95

提示：用户可以为编组对象命名。在“图层”面板上可以看到编组对象的结构。双击编组对象，可以选择单独的对象进行编辑。

步骤 08 在画布上单击，输入如图4-96所示的文本内容。继续使用相同的方法，输入如图4-97所示的文本。

图 4-96

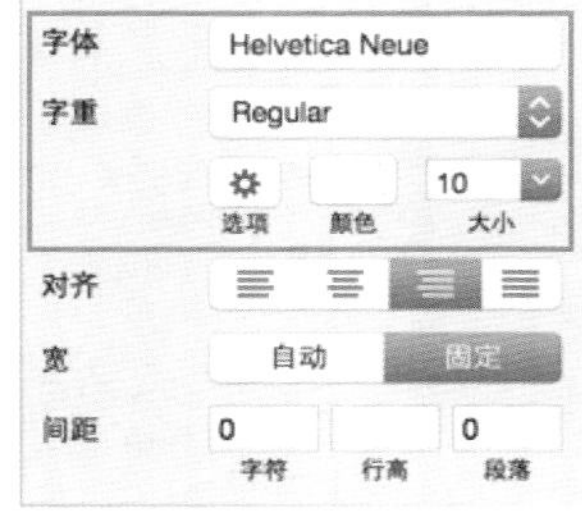

图 4-97

步骤 09 继续使用“圆角矩形工具”绘制如图4-98所示的图形，并将其编组。选中绘制的图形，单击右侧面板上的“水平对齐”按钮，如图4-99所示，对齐图形。

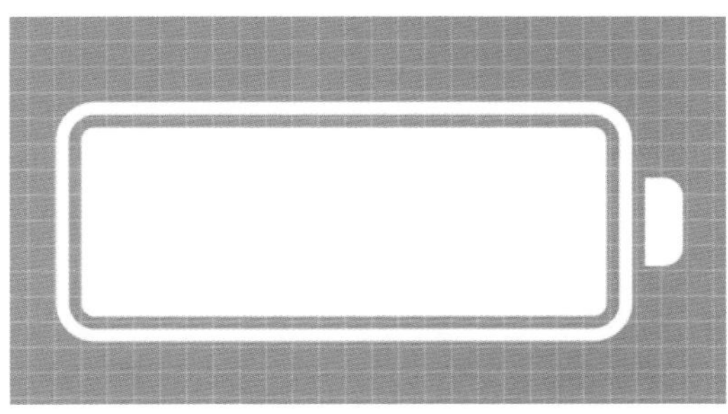

图 4-98

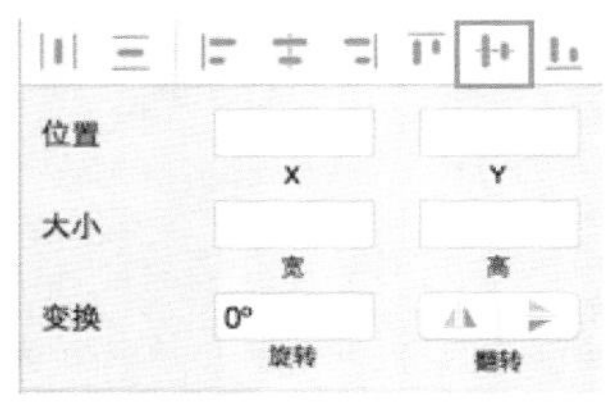

图 4-99

提示：在绘制电池图形时，可以通过布尔运算制作电池正极。将一个图形直接拖动到另一个图形上，即可实现布尔操作。

步骤 10 确定选择绘制的图形，单击界面顶部的“创建组件”按钮，将其转换为组件，以便于制作其他页面时使用，如图4-100所示。用户可以在“插入”按钮下的“组件”选项中找到刚刚设定的组件，如图4-101所示。

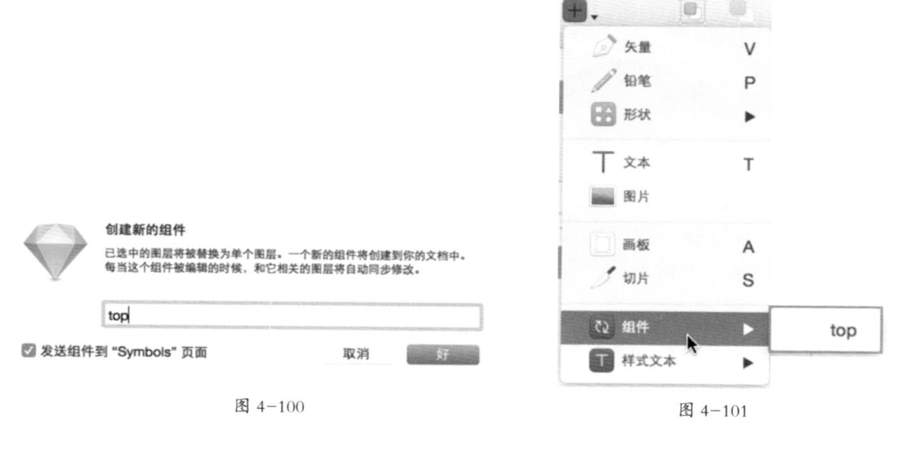

图 4-100　　图 4-101

步骤 11 单击“插入”按钮，选项“图形>直线”选项，绘制如图4-102所示的图形，并将其编组。右侧面板各项参数设置如图4-103所示，使用文本工具在画布中输入文本。

图 4-102　　图 4-103

步骤 12 继续使用文本工具在画布中输入如图4-104所示的文本，文本的参数设置如图4-105所示。

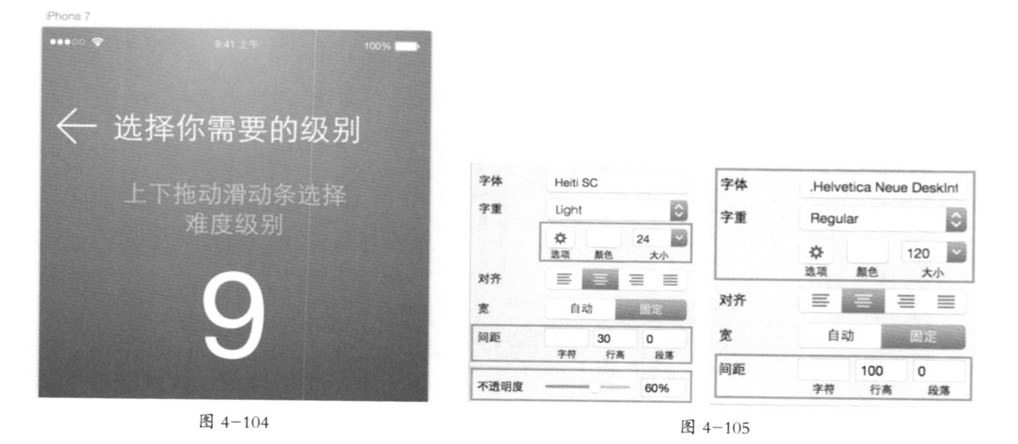

图 4-104　　图 4-105

步骤 13 单击“插入”按钮，选择“形状>直线”选项，右侧面板上的参数设置如图4-106所示。在画布中创建直线，效果如图4-107所示。

步骤 14 使用“椭圆工具”在画布中绘制两个椭圆形，参数设置如图4-108所示，绘制效果如图4-109所示。

图 4-106

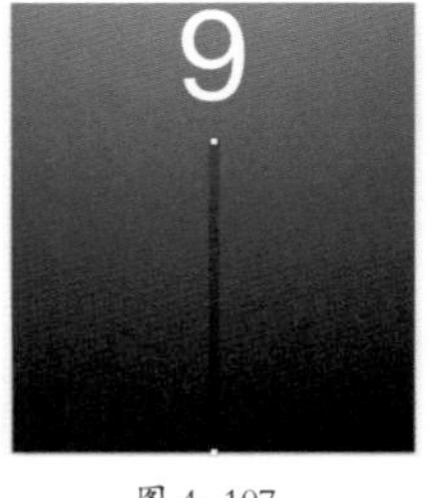

图 4-107

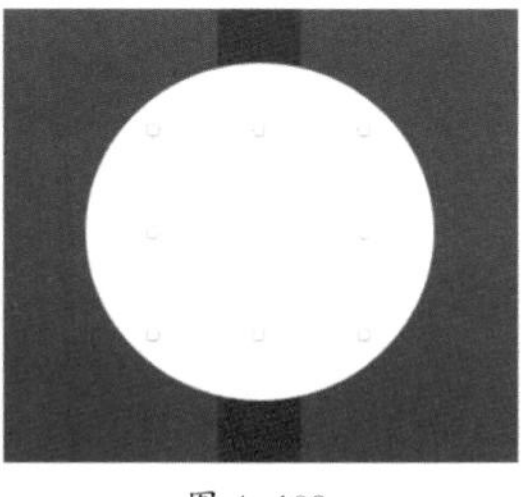

图 4-108

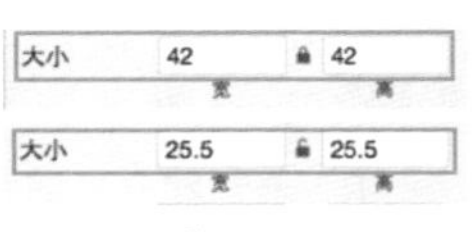

图 4-109

步骤 15 选择小圆，在右侧“属性”面板中选中“阴影”选项，设置阴影颜色为黑色，其参数设置如图4-110所示。效果如图4-111所示。

步骤 16 执行“文件>保存”命令，将文件保存为4-2-4.sketch文件，如图4-112所示，最终效果如图4-113所示。

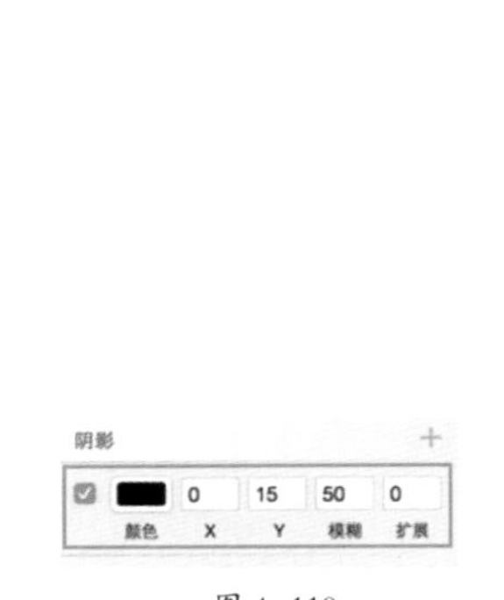

图 4-110

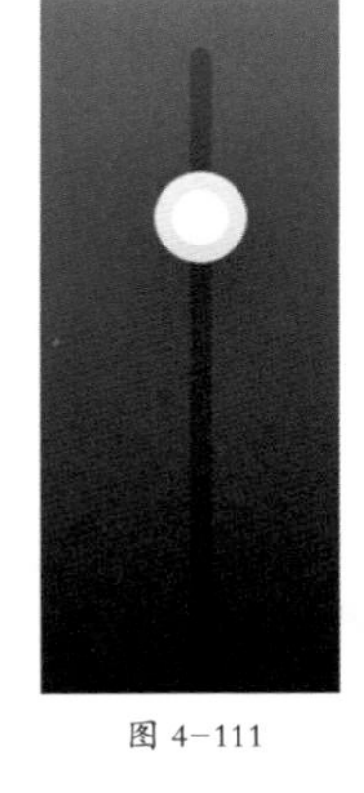

图 4-111

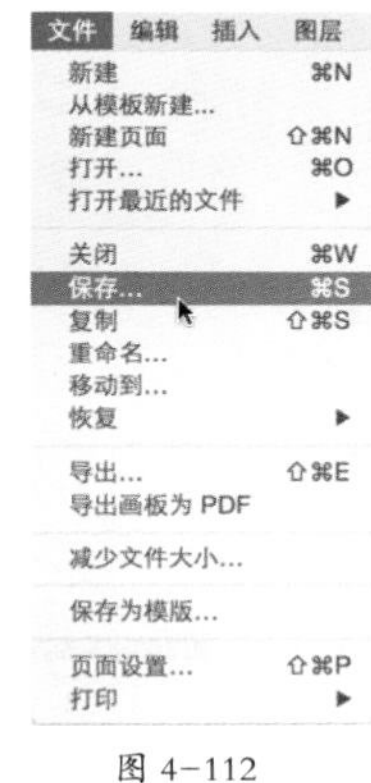

图 4-112

图 4-113

步骤 17 按照之前的切图方法，对制作好的UI设计文件进行切图处理，切图后的界面效果如图4-114所示。

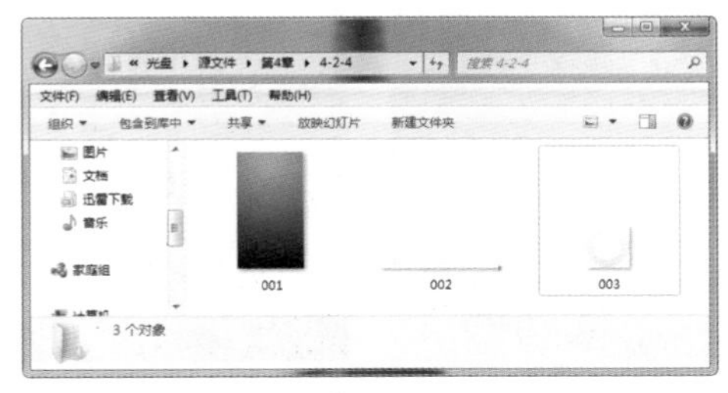

图 4-114

4.2.5 iOS系统设计原则

iOS 程序遵从以用户为中心的设计原则，这些原则不是基于设备的能力，而是基于用户的思考方式。例如，大多数用户都希望自己的设备程序与屏幕能够相衬，并对用户熟悉的手势能够有所响应。

很多手机用户也许并不了解“直接操控”和“一致性”人机交互设计原则，但用户还是会察觉出遵守原则与违背原则的程序之间有什么样的差别。

提示：只有遵守原则设计的用户界面才能够符合用户的直觉，并且能够与程序的功能相辅相成，只有这样的程序才会受到用户的青睐，从而使用该程序。

而违背原则设计的程序使用起来会让用户感觉令人费解、逻辑混乱，这样的用户界面会使程序变得一团糟，也不会吸引用户。

1. 美

除了要在外表上能够吸引用户的眼球之外，一个真正可以称得上“美”的用户界面，还要保持其外观与程序功能相衬。

例如，许多手机 UI 设计师通常会将用来产生内容的程序（装饰性元素处理得很低调，并通过使用标准的控件和动作来凸显任务，这样用户在获得有关该程序目的和特性的信息时会比较容易一些，如图 4-115 所示为 iOS 10 中日历、提醒事项和语言设置界面。

图 4-115

而在一些娱乐性应用的界面上，即使用户没有想要在游戏中完成非常困难的任务，但用户还是希望启动程序后能够看到华丽的、充满探索的、有乐趣的界面，如图 4-116 所示。

图 4-116

2. 一致性

保持界面一致性就是利用用户已经熟悉的标准和模式，并不是盲目地抄袭其他程序。保持界面一致性可以让用户继续使用那些之前已掌握的知识和技能。从以下几个问题进行思考，就可以鉴别一个程序有没有遵从一致性原则：

- 该程序与 iOS 的标准是否一致？程序是否正确地使用了系统提供的控件、外观和图标？它是否将程序与设备的特性有机地结合在一起？

- 该程序是否充分地保持了内部一致性？文案是否使用了统一的术语和样式？同一个图标是不是始终代表一种含义？用户能不能预测他在不同地方进行同一种操作的结果？定制的 UI 组件的外观和行为在程序内部是否表现一致？
- 该程序是不是与之前的版本保持一致？术语和意义是否保持一致？核心的概念本质有没有发生变化？

3. 直接控制

当用户没有通过各种控件就能够直接控制屏幕上的某种物体时，就会在更清楚地理解行为结果的情况下更深地沉浸在任务中。使用手势而不通过鼠标等中介设备直接触动屏幕上的物体，会让用户感觉有更强的操纵感。

在 iOS 程序中，用户在以下场景中可以直接控制：旋转或用其他方式移动来设备影响屏幕上的物体。使用手势操纵屏幕上的物体。用户可以看到直接、可见的动作结果。

4. 反馈

用户期待在操纵控件时快速的反馈，通过反馈明白他们所触动的行为会产生什么样的结果；同时用户也希望在较长的流程中能够提供状态提示，以确定程序是否正在运行中。用户执行的所有动作，iOS 的内置程序都会提供可察觉的反馈，如图 4–117 所示。

图 4–117

提示：声音在也可以为用户提供有用的反馈，但有时用户可能会在一些场合中不得不关掉声音，因此声音不可作为唯一或主要的反馈方式。

5. 暗喻

使用真实世界中的物体和动作暗喻虚拟的物体和动作，可以帮助用户理解和使用程序。但在同时又要避免与模仿的现实世界中的物体和动作相同的限制。

例如文件夹，人们通常会将整理好的文件放在文件夹里，因此使用计算机的用户也就会明白在手机上也可以将屏幕上的文件放在文件夹里；但现实世界中能够放在文件夹里的东西非常有限，而在这里却有很大甚至无限的空间，如图 4–118 所示。

图 4–118

提示：iOS 系统支持丰富的动作和图片，因此运用暗喻手法的控件是相当充足的，用户可以像在现实世界中操纵物体一样与屏幕上的物体进行交互。

在操作系统中，文件夹必须放在书柜里，这样就不是很方便了，所以暗喻在一般情况下不做过多隐藏效果会比较好。

6. 用户控制

程序可以建议用户一些流程、操作或警示危险，但所有的操作都必须由用户发出，而不是直接抛开用户由程序来做决策。有些程序更是能够平衡用户的操作权，帮助用户避免犯错。

对于用户来说，在控件和行为都很熟悉、可以预测结果的时候最有操控感。另外，用户可以很容易理解并记住非常简单直白的动作。

用户希望在进程开始执行前有足够的机会取消它，在破坏性动作执行前有再次确认的机会，在进程运行中优雅地终止它，如图 4-119 所示。

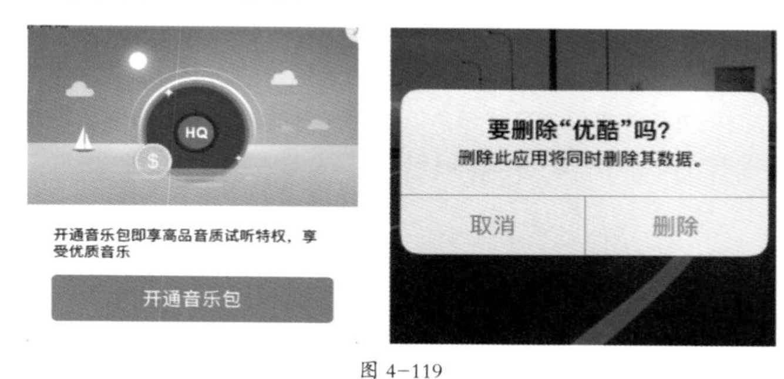

图 4-119

实战练习——设计iOS系统音乐APP界面

案例分析：此款音乐界面摒弃了不必要的部分，采用扁平化设计风格，文字和基本图形熟练运用形成了界面主体，通过图片和图形的应用使界面极富设计感。

色彩分析：该界面采用了背景色的蓝色作为主色，辅色采用了灰色，文字色使用了白色。蓝色能够体现出科技感和艺术感，文字色使用白色加强了文字的可辨识度。

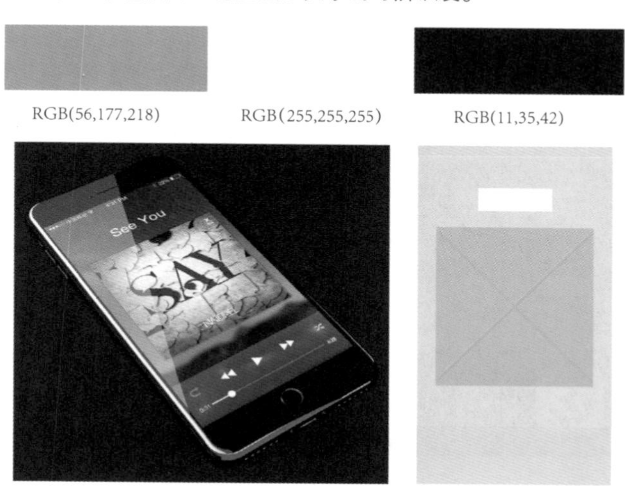

使用到的技术	多边形工具、矩形工具、横排文本工具、图层样式
学习时间	40 分钟
视频地址	视频 \ 第 4 章 \4-2-5.mp4
源文件地址	源文件 \ 第 4 章 \4-2-5.psd
设计风格	常规扁平化设计

步骤 01 执行“文件>新建”命令，新建一个750×1334像素的空白文档，如图4-120所示。新建图层，使用“油漆桶工具”为画布填充黑色，图像效果如图4-121所示。

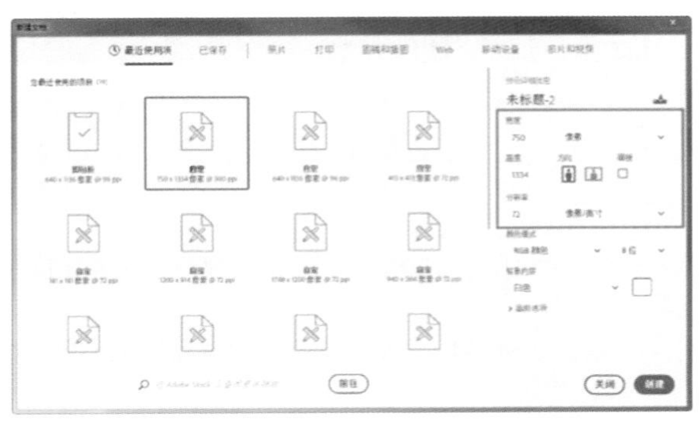
图 4-120

图 4-121

步骤 02 执行“文件>打开”命令，打开素材“素材\第4章\42501.jpg”，将相应的图片拖入画布中，如图4-122所示。执行“滤镜>模糊>高斯模糊”命令，并设置图层的“不透明度”为80%，图像效果如图4-123所示。

步骤 03 使用相同的方法打开素材“素材\第4章\42502.png”，将相应的图片拖入画布中，并置于顶层，如图4-124所示。打开“字符”面板，设置各项参数值，如图4-125所示。

图 4-122

图 4-123

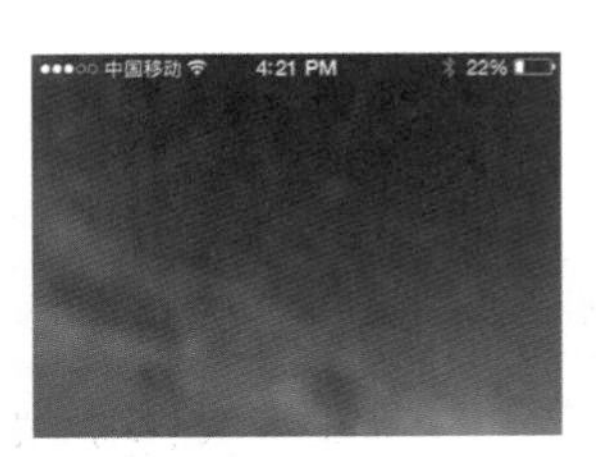

图 4-124

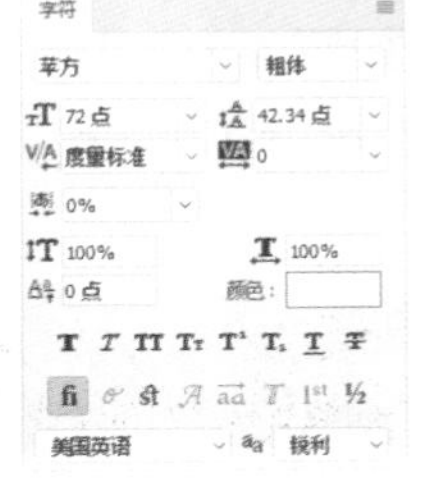

图 4-125

提示：用户可以直接将素材图像从文件夹中拖入文档窗口，拖入的素材会以智能对象的形式插入到新图层中。

步骤 04 在画布中输入文字，如图4-126所示，使用相同的方法将素材“素材\第4章\42502.jpg”拖入到画布中，如图4-127所示。

步骤05 单击“图层”面板底部的“添加图层样式”按钮，在弹出的“图层样式”对话框中选择“外发光”选项，按如图4-128所示进行设置。选择“矩形工具”，在画布中创建填充为白色的矩形，如图4-129所示。

图 4-126

图 4-127

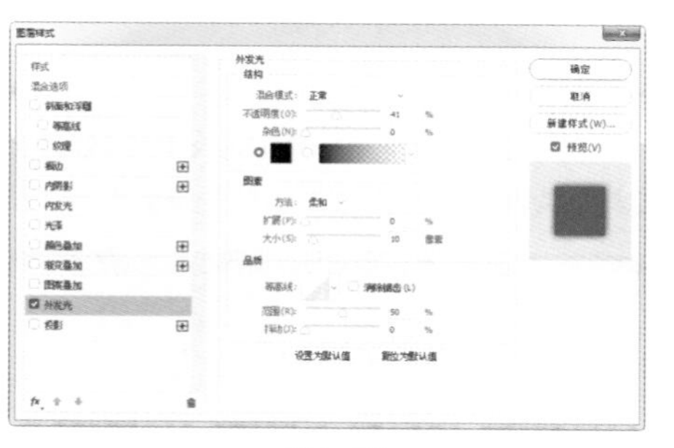

图 4-128

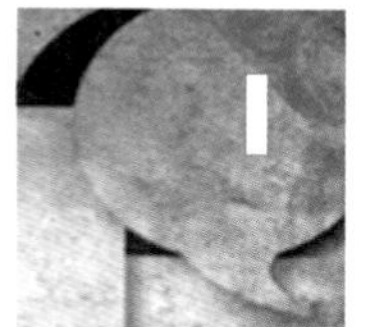

图 4-129

步骤06 使用Ctrl+T组合键，将图形旋转45°，如图4-130所示。使用相同的方法完成相似图形的绘制，并将相应的图层进行合并，如图4-131所示。

步骤07 打开“字符”面板，设置各项参数值，如图4-132所示，并使用“横排文本工具”在画布中输入文字，图形效果如图4-133所示。

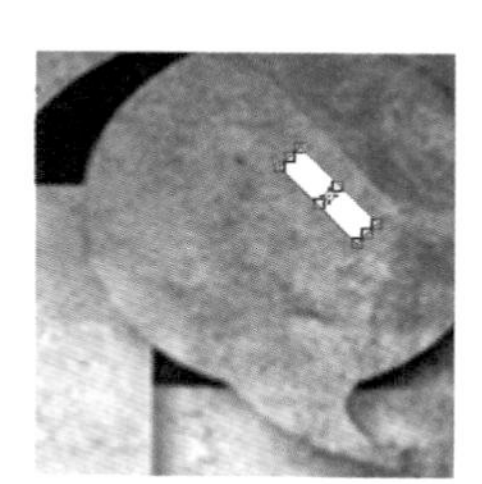

图 4-130

图 4-131

图 4-132

图 4-133

步骤08 单击工具箱中的“矩形工具”按钮，在画布中绘制“填充”为白色的矩形，如图4-134所示。设置图层的“填充”为20%，其图像效果如图4-135所示。

步骤09 单击工具箱中的“自定义形状工具”按钮，设置“填充”为白色，并在工具面板中选择如图4-136所示的形状，并在“图层”面板中设置“不透明度”为30%，其图形效果如图4-137所示。

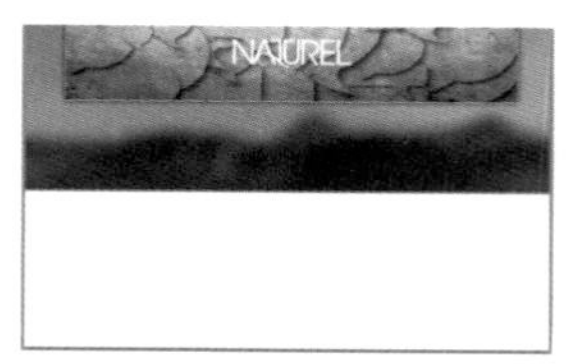

图 4-134

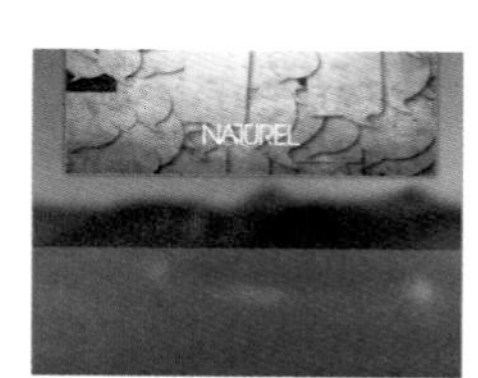

图 4-135

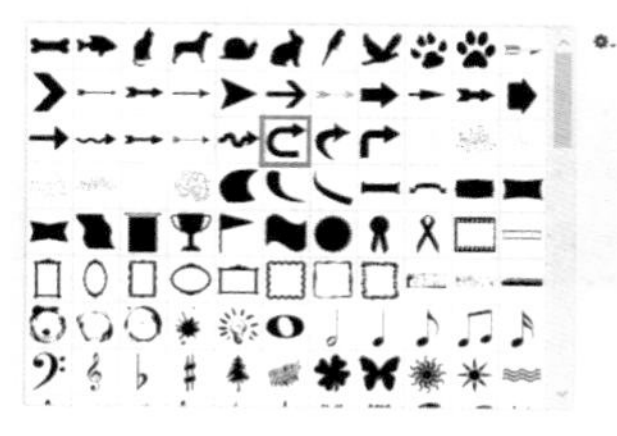

图 4-136

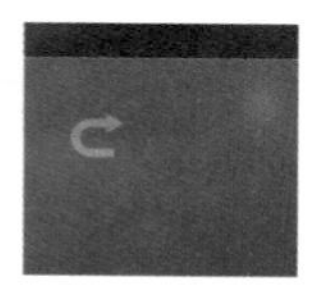

图 4-137

步骤10 单击工具箱中的“多边形工具”按钮，设置“填充”为白色，设置“边”为3，在画布中绘制三角形，如图4-138所示。使用相同的方法，完成相似图形的绘制，图形效果如图4-139所示。

提示：使用“多边形工具”可以绘制多边形和星形，在画布中单击并拖动鼠标即可按照预设的选项绘制多边形和星形。默认情况下，“星形”复选框不被选中。

步骤 11 打开“字符”面板，设置各项参数值，如图4-140所示，并使用“横排文本工具”在画布中输入文字，图形效果如图4-141所示。

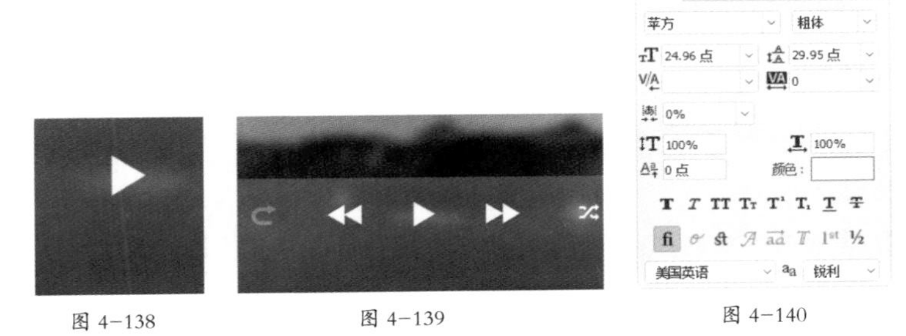

图 4-138　　图 4-139

图 4-140　　图 4-141

步骤 12 复制文本图层得到0:31的副本，并执行“滤镜>模糊>高斯模糊”命令，在“高斯模糊”对话框中按如图4-142所示设置参数，其图像效果如图4-143所示。

步骤 13 单击工具箱中的“直线工具”按钮，设置“填充”为白色、“粗细”为5像素，在画布中绘制直线，如图4-144所示，并在“图层”面板中设置“不透明度”为20%，其图形效果如图4-145所示。

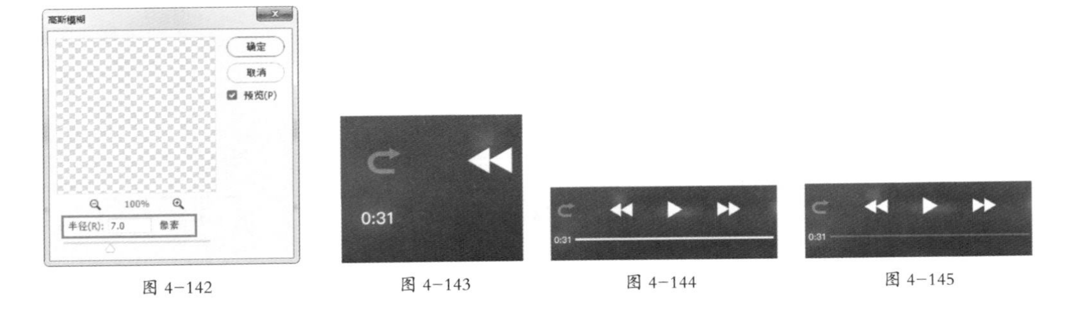

图 4-142　　图 4-143　　图 4-144　　图 4-145

步骤 14 使用相同的方法完成相似图形的绘制，如图4-146所示。单击工具箱中的“椭圆工具”按钮，在画布中绘制“填充”为黑色的椭圆，如图4-147所示。

步骤 15 在“图层”面板中设置“不透明度”为8%，其图形效果如图4-148所示。使用相同的方法完成相似图形的制作，如图4-149所示。

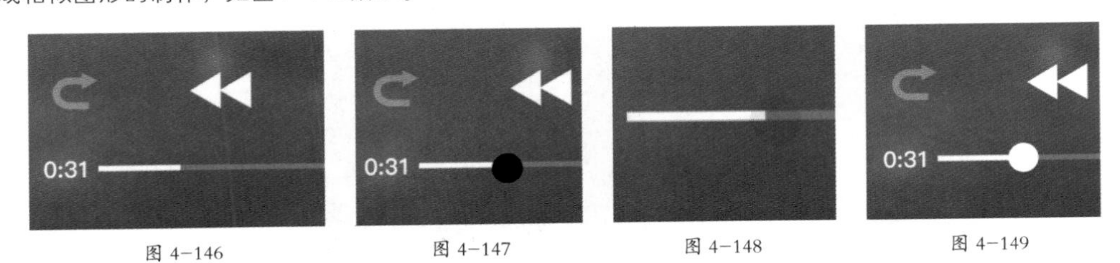

图 4-146　　图 4-147　　图 4-148　　图 4-149

步骤 16 单击“图层”面板底部的“添加图层样式”按钮，在弹出的“图层样式”对话框中选择“外发光”选项，按如图4-150所示进行设置。选择“投影”选项并设置相应参数，如图4-151所示。

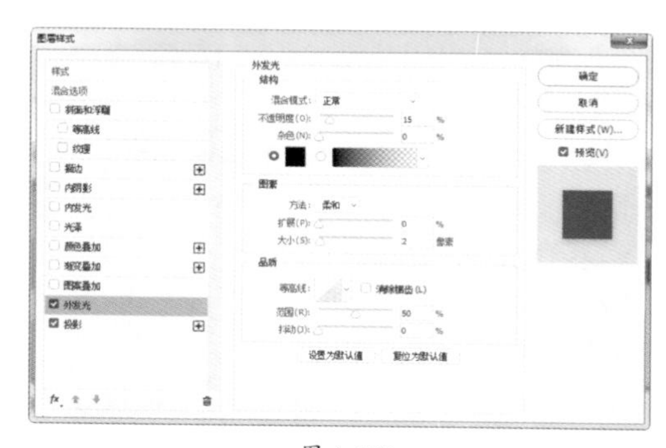

图 4-150

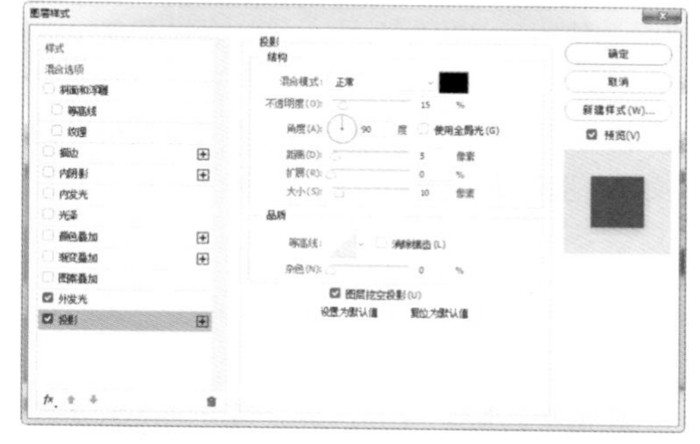

图 4-151

步骤17 使用相同的方法完成其他文字的制作，“图层”面板如图4-152所示，最终图像效果如图4-153所示。

步骤18 隐藏除“图层1”和“图层2”之外的全部图层，按Ctrl+A组合键全选画布，执行“编辑>选择性拷贝>合并拷贝”命令，如图4-154所示。执行“文件>新建”命令，弹出“新建文档”对话框，如图4-155所示。

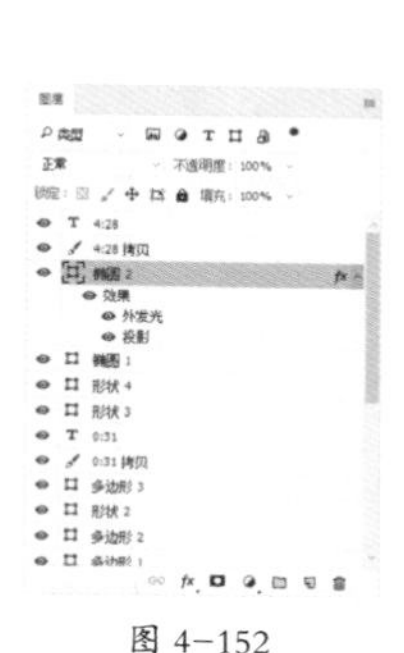

图 4-152

图 4-153

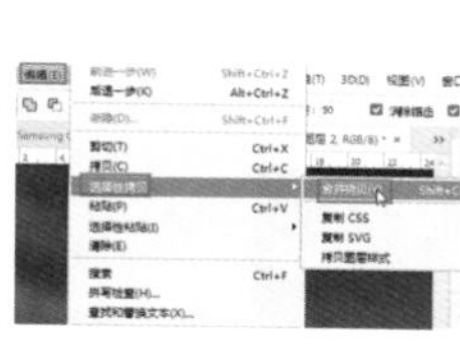

图 4-154

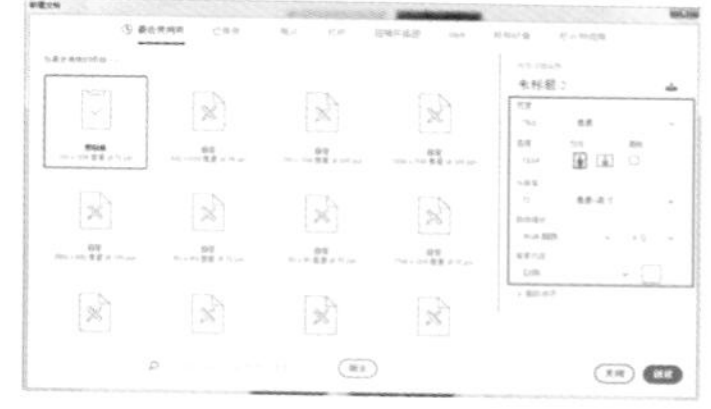

图 4-155

步骤19 单击“确定”按钮新建文档，按Ctrl+V组合键粘贴图像，如图4-156所示。执行“文件>导出>存储为Web所用格式”命令优化图像，如图4-157所示。

图 4-156

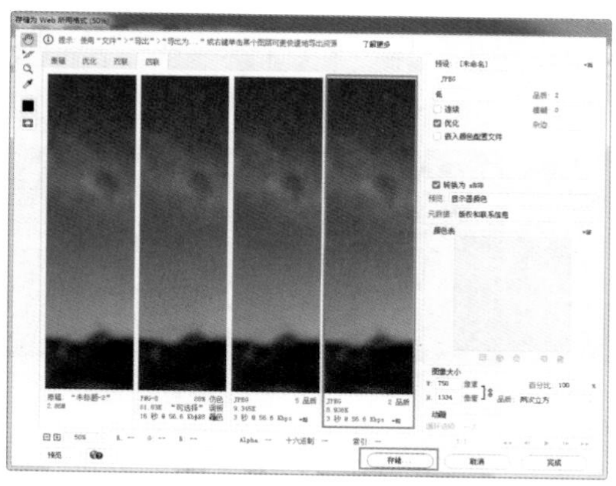

图 4-157

步骤 20 单击“存储”按钮将其重命名存储，如图4-158所示。使用相同的方法将其余内容进行切图处理，切图后的文件夹如图4-159所示。

图 4-158

图 4-159

4.3 Android系统界面设计

Android 系统是一个以 Linux 为基础的开源移动设备操作系统，主要用于智能手机和平板计算机。

4.3.1 Android系统概述

Android 操作系统最初由 Andy Rubin 开发，主要支持手机。 2005 年 8 月由 Google 收购注资。2007 年 11 月，Google 与 84 家硬件制造商、软件开发商及电信营运商组建开放手机联盟共同研发改良 Android 系统，其后于 2008 年 10 月发布了第一部 Android 智能手机。如图 4-160 所示为使用 Android 系统的智能手机和平板计算机。

图 4-160

随着 Android 系统的迅猛发展，它已经成为全球范围内具有广泛影响力的操作系统。Android 系统已经不仅仅是一款手机的操作系统，而且正越来越广泛地被应用于平板计算机、可佩带设备、电视、数码相机等设备上。

4.3.2 Android系统的界面设计规范

在设计 Android 界面时，首先要对 Android 界面的元素有一定的了解和认识，才能够有助于更好地进行标准的产品设计。

提示：关于Android界面设计尺寸和图标设计尺寸，在Chapter 01中进行了详细的讲解，如果需要参考，用户可以从中查找。

为不同控件引入字体大小上的反差有助于营造有序、易懂的排版效果。但在同一个界面中使用过多不同的字体和大小则会造成混乱。Android 设计框架使用以下有限的几种字体和大小，如图 4-161 所示。

Text Size Micro 12sp

Text Size Small 14sp

Text Size Medium 18sp

Text Size Large 22sp

图 4-161

用户可以在“设置”中调整整个系统的字体和大小。为了支持这些辅助特性，字体的像素应当设计成与大小无关的，排版的时候也应当考虑到这些设置。经过调查显示，用户可接受的文字大小如表 4-1 所示。

表 4-1

		可接受下限（80% 用户可接受）	渐小值（50% 以上用户认为偏小）	舒适值（用户认为最舒适）
Android 高分辨率（480×800）	长文本	21px	24 px	27px
	短文本	21px	24px	27px
	注释	18px	18px	21px
Android 低分辨率（320×480）	长文本	14dp	16px	18px ～ 20px
	短文本	14px	14px	18px
	注释	12px	12px	14px ～ 16px

提示：具体使用大小，可找到喜欢的APP界面，在手机上截图后放入Photoshop自动调节文字大小。

实战练习——设计Android系统解锁界面

案例分析：此款解锁界面只采用文字和基本图形作为软件界面内容，继承了扁平化风格的前提下运用了极简风格的制作方法，六边形的运用使整体界面模拟出蜂窝的感觉，同时体现出界面的设计感。

色彩分析：此款解锁界面采用色块相拼接的方法进行制作，整体采用冷色系作为主色调，冷色调的运用使得科技感和时尚感十足。文字色使用了白色，增强了文字的可辨识度。

RGB(32,41,110)　RGB(255,255,255)　RGB(84,72,132)

使用到的技术	椭圆工具、多边形工具、横排文本工具
学习时间	30 分钟
视频地址	视频 \ 第 4 章 \4-4-2.mp4
源文件地址	源文件 \ 第 4 章 \4-4-2.psd
设计风格	常规扁平化

步骤 01 打开Illustrator CC，执行“文件>新建”命令，参数设置如图4–162所示。设置“填色”值为RGB（32、32、32），使用“矩形工具”在画布中填充颜色，如图4–163所示。

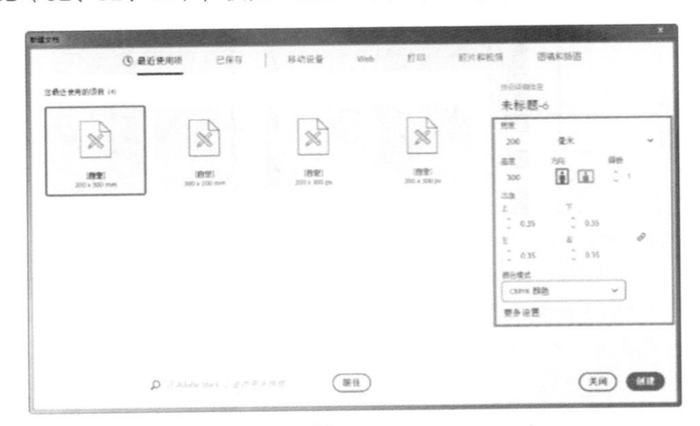

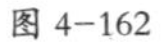
图 4–162

图 4–163

步骤 02 将“图层1”图层锁定，新建“图层2”图层，如图4–164所示。单击“圆角矩形工具”按钮，在工具箱中设置“填色”为从RGB（0,0,0）到RGB（51,51,51），再到RGB（0,0,0）的线性渐变，在画布上绘制一个圆角矩形，如图4–165所示。

步骤 03 使用相同的方法完成其余几个圆角矩形的制作，“图层”面板及图像效果如图4–166所示。继续使用“圆角矩形工具”按钮，在工具箱中设置“填色”为RGB（178,178,178），在画布上绘制一个圆角矩形，如图4–167所示。

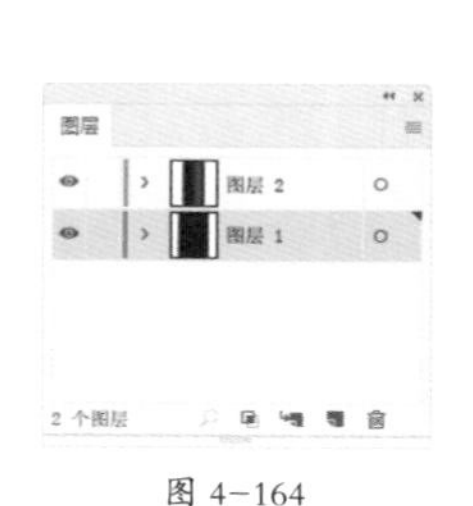

图 4-164

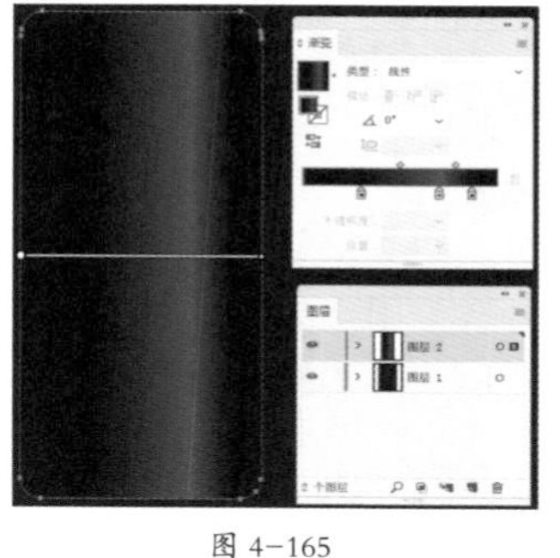

图 4-165

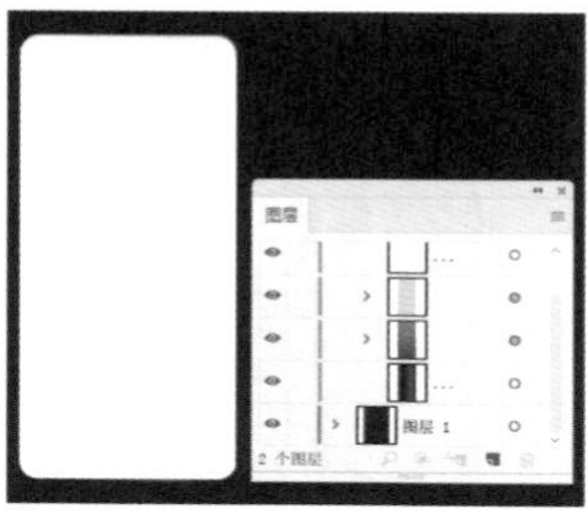

图 4-166

图 4-167

提示：此处通过多个大小差别微妙的圆角矩形相重叠实现了立体的效果，通过不同颜色及不透明度的叠加实现了金属边框的效果。

步骤 04 使用相同的方法继续绘制其他内容，图像效果如图4-168所示。单击工具箱中的“多边形工具”按钮，在画布中绘制“填色”值为RGB（43,41,83）的正六边形，如图4-169所示。

步骤 05 复制并粘贴该形状，同时修改其颜色值，完成相似内容的制作，图像效果如图4-170所示。沿手机边框绘制矩形，同时选中刚才绘制的六边形和矩形，单击鼠标右键，为其创建剪贴蒙版，如图4-171所示。

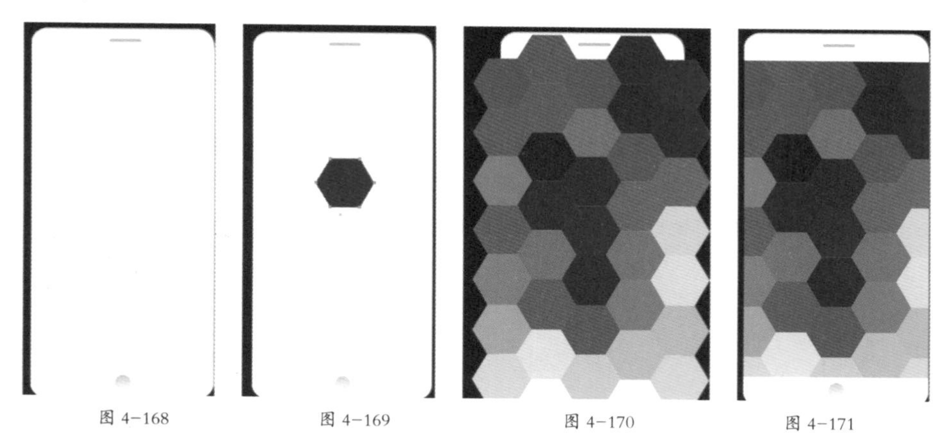

图 4-168　图 4-169　图 4-170　图 4-171

步骤 06 单击工具箱中的“矩形工具”按钮，在画布中绘制黑色矩形，如图4-172所示。单击工具箱中的“弧形工具”按钮，在画布中绘制“描边”为2pt的白色弧形，如图4-173所示。使用相同的方法完成相似内容的制作，如图4-174所示。

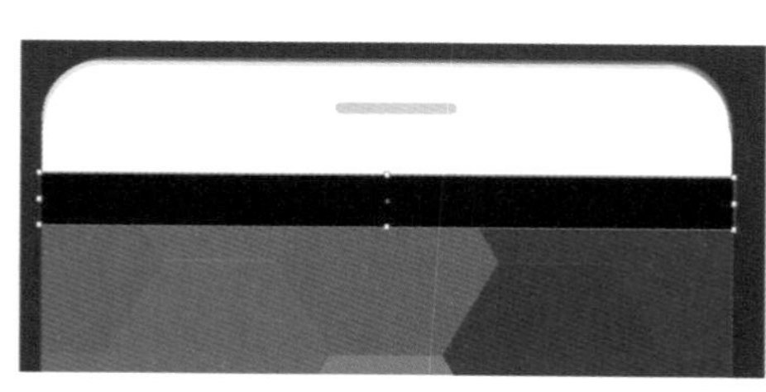

图 4-172

图 4-173

图 4-174

步骤 07 使用相同的方法完成顶部状态条的制作，并将相关图层编组处理，如图4-175所示。单击工具箱中的“横排文本工具”按钮，在“字符”面板中设置相应参数，在画布中输入文字，如图4-176所示。

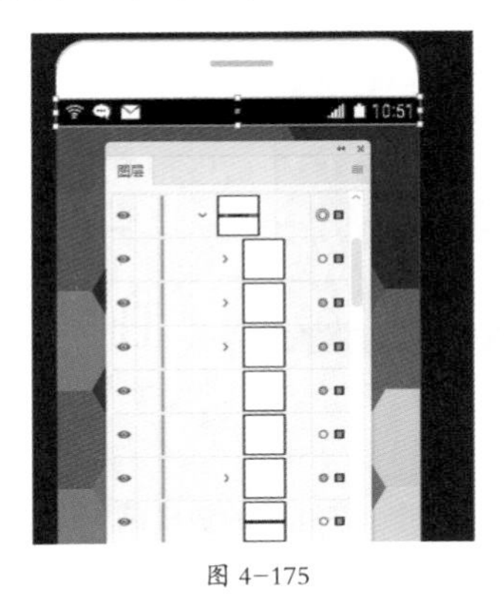

图 4-175

图 4-176

提示：从排列方式上划分，文本可分为横排文字和直排文字；从创建的内容上划分，分为点文字、路径文字和段落文字；从文字的类型上划分，可分为文字和文字蒙版。

步骤 08 使用相同的方法完成其余文字的输入，文字效果如图4-177所示。单击工具箱中的“椭圆工具”按钮，设置“描边”值为1.5pt，在画布中绘制白色圆环，如图4-178所示。使用相同的方法继续绘制同心圆环，如图4-179所示。

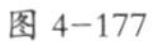

图 4-177

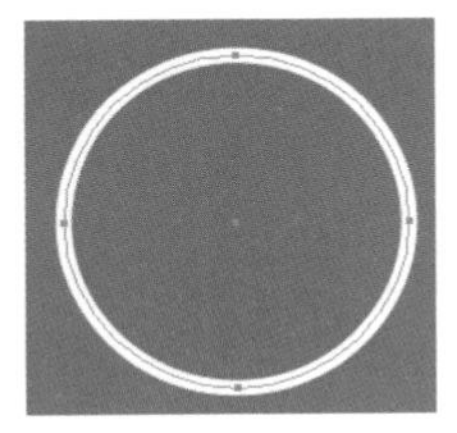

图 4-178

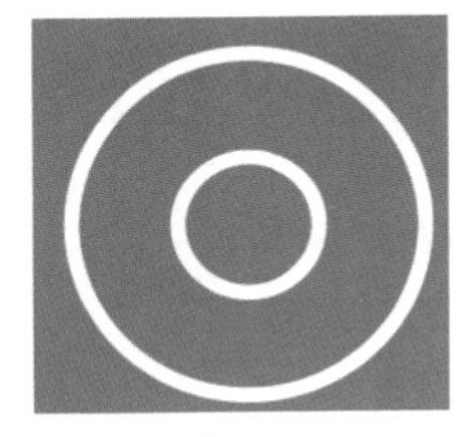

图 4-179

步骤 09 复制并移动该形状，适当调整图形位置，图像效果如图4-180所示。单击工具箱中的“矩形工具”按钮，继续在画布中绘制黑色矩形，如图4-181所示。

步骤 10 调整矩形的不透明度为80%，图像效果如图4-182所示。单击工具箱中的“椭圆工具”按钮，设置描边值为1.5pt，在画布中绘制白色圆环，如图4-183所示。

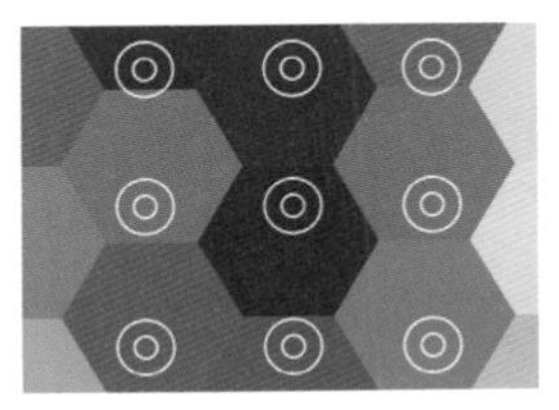

图 4-180

图 4-181

图 4-182

图 4-183

步骤 11 单击工具箱中的“椭圆工具”按钮，设置“描边”值为1.5pt，在画布中绘制白色圆环，如图4-184所示。使用相同的方法完成相似内容的制作，将相关图层编组处理，完成手机解锁界面的制作，效果如图4-185所示。

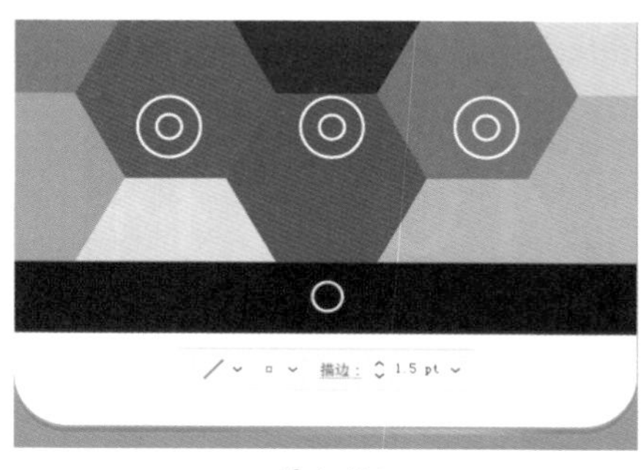

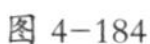

图 4-184

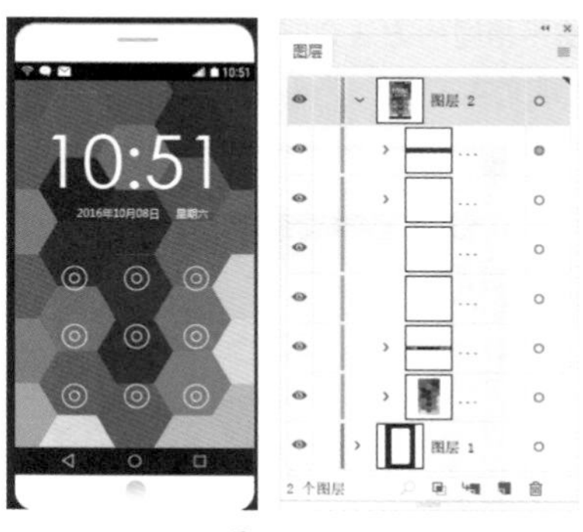

图 4-185

步骤 12 在画布中选中相应按钮，如图4-186所示。单击鼠标右键，在弹出的快捷菜单中选择“收集以导出”命令，如图4-187所示。

步骤 13 此时会弹出“资源导出”对话框，如图4-188所示。使用相同的方法完成其他内容的导入，如图4-189所示。

图 4-186

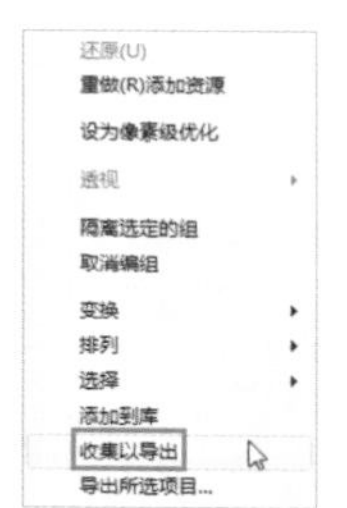

图 4-187

图 4-188

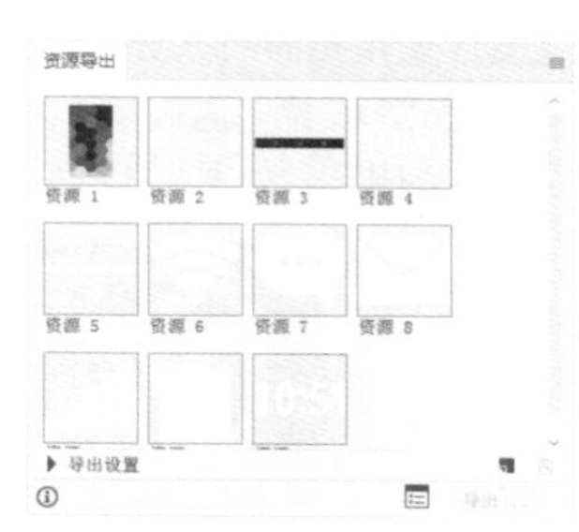

图 4-189

步骤 14 单击对话框底部的“导出多种屏幕所用格式”对话框按钮，弹出对话框，设置相关参数，如图4-190所示。单击“导出资源”按钮，完成图片的导出，如图4-191所示。

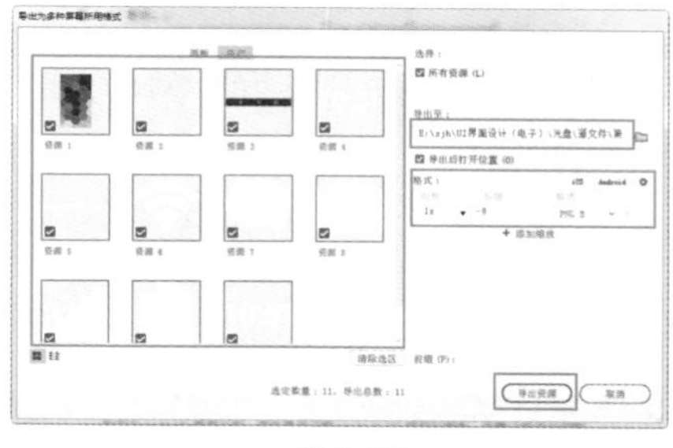

图 4-190

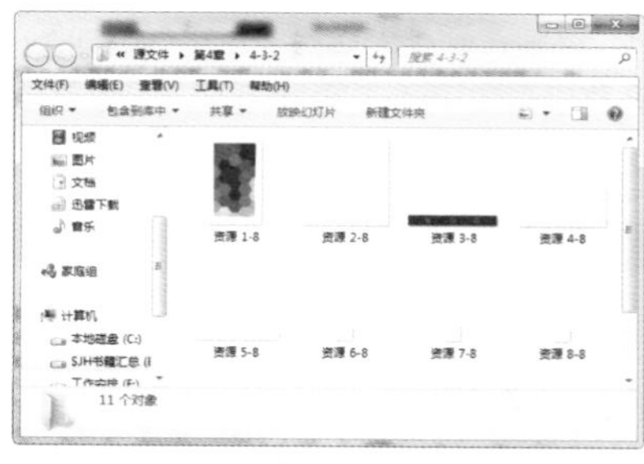

图 4-191

4.3.3 Android系统UI设计特色

在设计 Android 界面之前，首先要先了解 Android UI 的设计特色，在整个设计过程中应当考虑将这些特色应用在你自己的创意和设计思想中。除非有别的目的，否则尽量不要偏离。

1. 漂亮的界面

无论 UI 设计如何发展，美观始终是吸引用户的首要条件，在 Android APP 设计当中，可以通过以下几点来实现：

- 惊喜：漂亮的界面，精心设计的动画或悦耳的音效都能带来愉快的体验。精工细作有助于提高易用性和增强掌控强大功能的感觉，如图 4-192 所示。
- 真实的对象比菜单和按钮更有趣：让人们直接触摸和操控应用中的对象。这样可以降低完成任务时的认知难度，并且使得操作更加人性化，如图 4-193 所示。

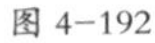

图 4-192

图 4-193

- 展现个性：人们喜欢个性化，因为这样可以使他们感到自在和掌控力。提供一个合理而漂亮的默认样式，同时在不喧宾夺主的前提下尽可能提供有趣的个性化功能。

2. 更加简单便捷的操作

由于现在手机发展速度迅猛，手机的功能性也在逐渐强大，那么便捷的操作就显得越来越重要，为了使用户更快地适应手机操作，需要通过以下几点来简化界面：

- 了解用户：逐渐认识人们的偏好，而不是询问并让他们一遍又一遍地做出相同的选择。将之前的选择放在明显的地方。
- 保持简洁：使用简洁的短句，因为人们总是会忽略冗长的句子，如图 4-194 所示。
- 展示用户所需要的：人们在同时看到许多选择时就会手足无措，分解任务和信息，可以使它们更容易让人理解。将当前不重要的选项隐藏起来，方便人们慢慢学习，如图 4-195 所示。
- 用户了解现在在哪：让人们有信心了解现在的位置。使应用中的每个页面看起来都有些不同，同时使用一些切换动画体现页面之间的关系。进行耗时的任务时提供必要的反馈，如图 4-196 所示。

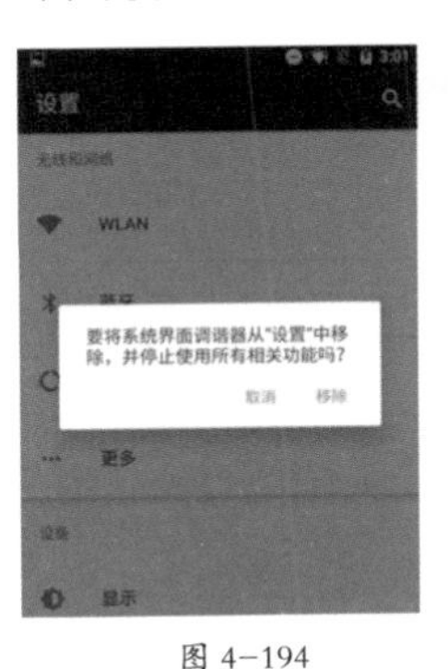

图 4-194

添加信任的面孔

面部对准手机即可将其解锁

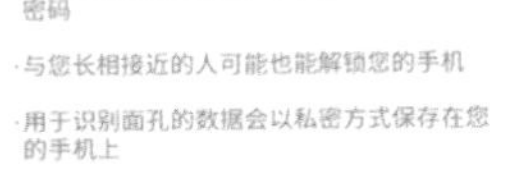

图 4-195

图 4-196

- 一图胜千言：尽量使用图片去解释想法，图片可以吸引人们注意并且更容易理解。
- 实时帮助用户：首先尝试猜测并做出决定，而不是询问用户。太多的选择和决定使人们感到不爽。但是万一猜错了，允许“撤销”操作。
- 不弄丢用户信息：确保用户创造的内容被良好地保存起来，并可以随时随地获取。记住设置和个性化信息，并在手机、平板和计算机间同步。确保应用升级不会带来任何不良的副作用。
- 只在重要时刻打断用户：就像一个好的个人助理，帮助人们摆脱不重要的事情。人们需要专心致志，只在遇到紧急或者具有时效性的事情时打断他们。

3. 更加完善的工作流程

工作流程简单，操作便捷可以使用户花费在学习使用新软件上的时间变短，同时，获取用户所需的信息时间也越短，主要有以下几种方法：

- 提醒用户小技巧：当人们自己搞明白事情的时候，会感觉很好。通过使用其他 Android 应用已有的视觉模式和通用的方法，让应用更容易学习，如图 4-197 所示。
- 委婉提示错误：当提示人们做出改正时，要保持和蔼和耐心，如图 4-198 所示。人们在使用应用时希望觉得自己很聪明。如果哪里错了，提示清晰的恢复方法，但不要让他们去处理技术上的细节。如果能够悄悄地搞定问题，那就最好了。

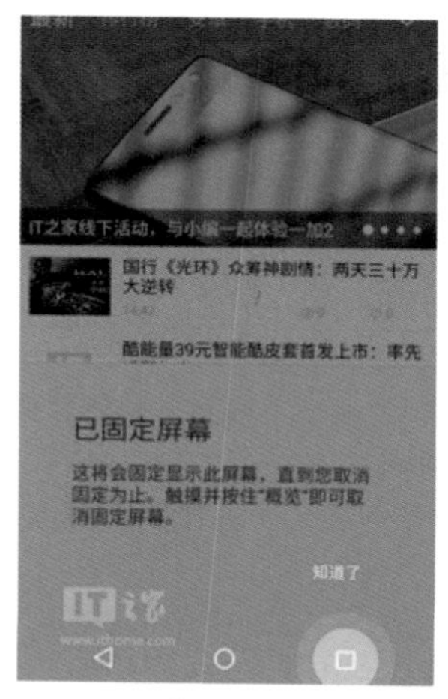

图 4-197

图 4-198

- 帮助用户完成复杂的事：帮助新手完成“不可能的任务”，让用户有专家的感觉。例如，通过几个步骤就能将几种照片特效结合起来，使得摄影新手也能创作出出色的照片。
- 简捷操作：不是所有的操作都一样重要。先决定好应用中最重要的功能是什么，并且使它容易使用、反应迅速。例如，相机的快门和音乐播放器的暂停按钮。

4.3.4 Android系统用户界面元素

Android 的系统 UI 为构建用户的应用提供了基础的框架。主要包括主屏幕的体验、状态栏、导航栏、操作栏及不同视图的展现模式。

1. 主屏幕和二级菜单

主屏幕是一个可以自定义的放置应用图标、目录和窗口小部件的地方，通过左右滑动切换不同的主屏幕面板。

提示：收藏栏在屏幕的底部，无论怎么切换面板，它都会一直显示对你最重要的图标和目录。通过点击收藏栏中间的“所有应用”按钮打开所有的应用和窗口小部件展示界面。

二级菜单界面通过上下滑动来浏览所有安装在设备上的应用和窗口小部件。用户可以在所有应用中通过拖动图标，把应用或窗口小部件放置在主屏幕的空白区域，如图 4-199 所示。

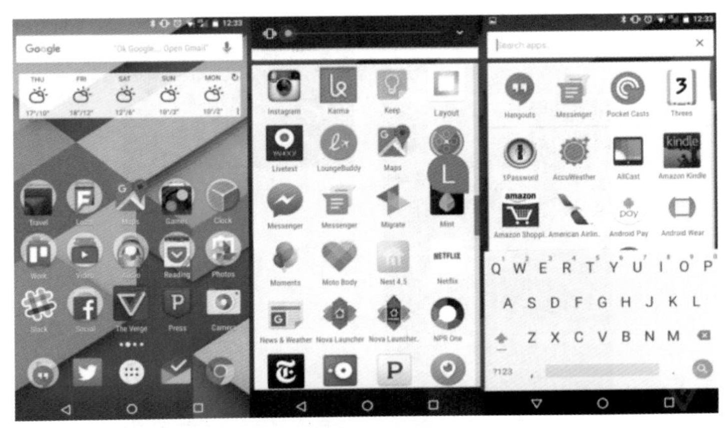

图 4-199

2. 状态栏

状态栏位于手机界面的顶端，状态栏中可显示飞行模式、移动数据、Wi-Fi、Cast、热点、蓝牙、勿扰模式、闹钟等。其中时间和电池图标是必须保留的，但是，可以选择在电池图标内部显示剩余电量，另外，还有一个 DEMO 模式，可以强制关闭状态栏通知，并固定显示网络信号、剩余电量、系统时间，方便在截屏或者录像的时候，得到一个统一的状态栏，如图 4-200 所示。

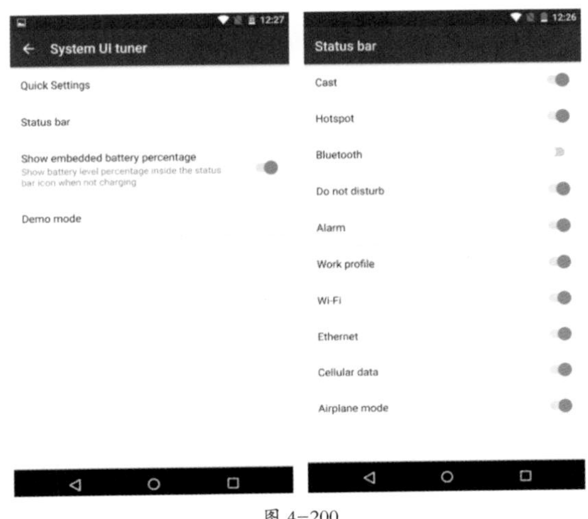

图 4-200

3. 导航抽屉

导航抽屉是一个从屏幕左边滑入的面板，用于显示应用的主要导航项，这特别适用于用户的应用有单一而且自然的主页面，而这个抽屉的作用类似于一些较少访问的目的地的目录。

提示：如果应用需要有由底层视图切换到应用中其他重要部分的交叉导航，在任意地方都可以滑动出左边的导航栏，能够让用户高效地在内容之间切换。但是，因为边栏的功能可见性不强，用户可能需要时间去让自己熟悉整个应用的内容。

导航抽屉作为顶层导航控件，不仅是下拉菜单和标签的简单替换，而且应当根据应用的实际需求选择导航控件。在以下几种情况中可使用导航抽屉，如图 4-201 所示。

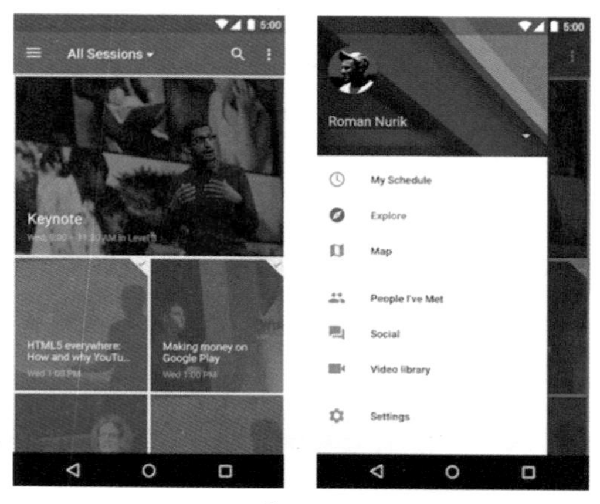

图 4-201

- 应用拥有大量的顶层视图。导航抽屉适合同时显示多个导航目标的情况。如果你的应用有超过 3 个顶层视图，应当选择导航抽屉；如果不超过 3 个，固定标签则是更合适的选择。
- 特别的深度导航的分支，并且希望可快速回到应用的顶层视图。
- 没有相互联系的视图之间可以实现快速的交叉导航。
- 希望减少应用中不经常访问内容的可见性和用户的察觉性。

4.3.5 操作栏

操作栏位于手机的最下方，其中包含 3 个按钮，左侧为返回，中间作为主界面，右侧为最近任务。操作栏是用户体验至关重要的一环，能够仔细考虑用户的应用程序行为，使得应用可以做出准确一致的导航，如图 4-202 所示。

图 4-202

实战练习——设计Android系统音乐APP界面

案例分析：此款 Android 系统音乐 APP 界面采用图片堆叠的方式进行制作，图片比文字更具有说服力，文字使用了无彩色，增强了文字的可辨识度。

色彩分析：软件本身主要采用无彩色进行设计制作，软件的色彩主要通过图片进行体现。颜色的多彩性体现出了软件的特色，青春活力十足。

使用到的技术	多边形工具、矩形工具、横排文本工具、图层样式
学习时间	30 分钟
视频地址	视频 \ 第 4 章 \4-4-5.mp4
源文件地址	源文件 \ 第 4 章 \4-4-5.psd
设计风格	常规扁平化设计

步骤 01 执行“文件>新建”命令，“新建文档”对话框中各项参数的设置如图4-203所示。执行“文件>打开”命令，打开素材图像“素材\图片\43501.jpg”，拖入到画布中，如图4-204所示。

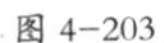

图 4-203

图 4-204

步骤 02 选中“图层1”，单击“图层”底部的“添加图层样式”按钮，在对话框中选择“颜色叠加”选项，按如图4-205所示设置参数。选择“投影”选项，按如图4-206所示设置参数。

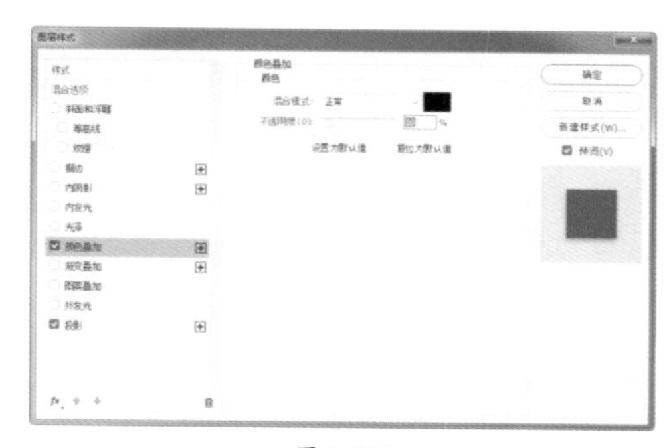
图 4-205

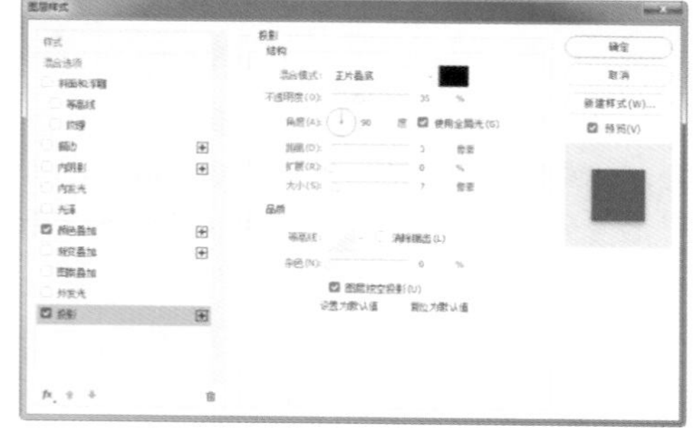
图 4-206

步骤 03 执行“文件>打开”命令，打开素材“素材>图片>43502.png”，拖入到画布中，如图4-207所示。单击工具箱中的“直线工具”按钮，设置“颜色”为白色，设置线条“粗细”为6像素，在画布中创建如图4-208所示的形状。

提示：此处界面的绘制方法与前面介绍的基本相同，因此在此处不再赘述，如果有不了解的内容可以参考之前的内容。

步骤 04 复制“形状1”，得到“形状 1 副本”和“形状 1 副本2”图层，调整它们的位置，如图4-209所示。使用相同的方法完成相似内容的制作，如图4-210所示。

图 4-207

图 4-208

图 4-209

图 4-210

步骤 05 “图层”面板如图4-211所示。单击工具箱中的“矩形工具”按钮，设置填充颜色为黑色，在画布中创建如图4-212所示的图形。

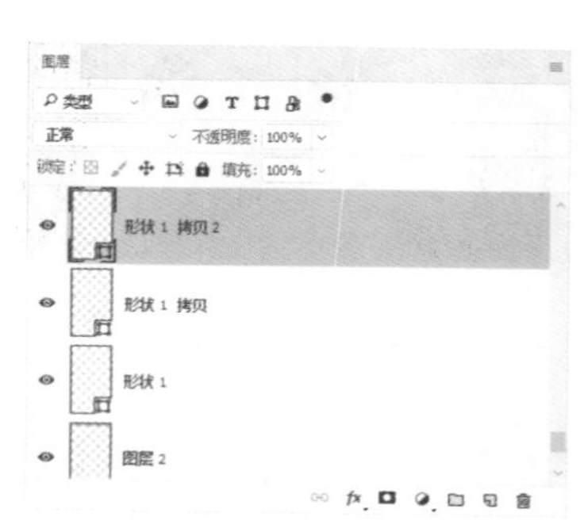

图 4-211

图 4-212

步骤 06 设置该图层的“不透明度”为25%，图像效果如图4-213所示。单击工具箱中的“横排文本工具”按钮，打开“字符”面板，按如图4-214所示设置参数。

图 4-213

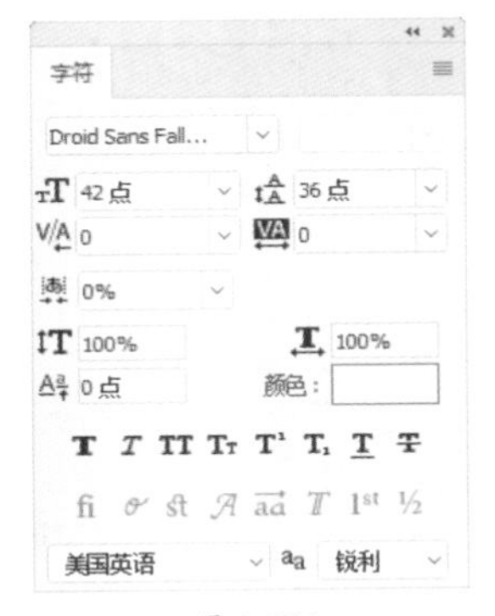

图 4-214

步骤 07 在画布中输入如图4-215所示的文字，用相同的方法完成其他文字的输入，如图4-216所示。

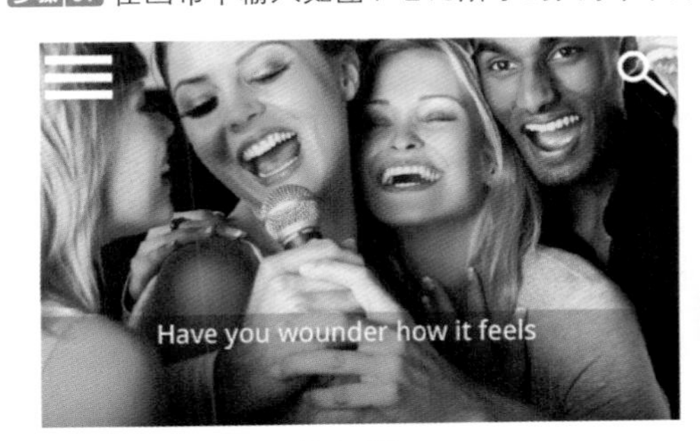

图 4-215

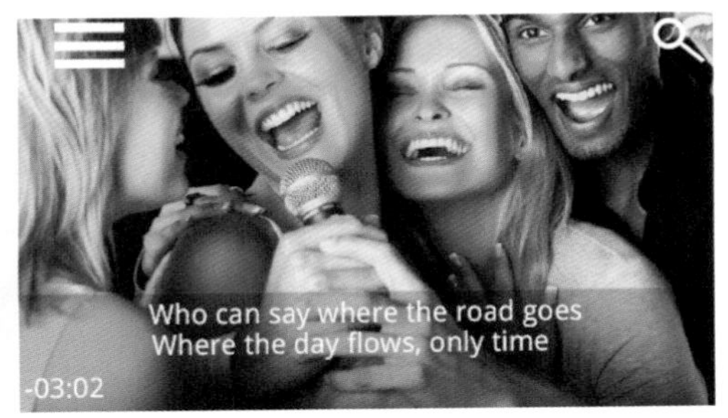

图 4-216

步骤 08 单击工具箱中的“直线工具”按钮，设置“颜色”为白色，设置“线条粗细”为3像素，在画布中绘制如图4-217所示的直线。设置该图层的“不透明度”为50%，效果如图4-218所示。

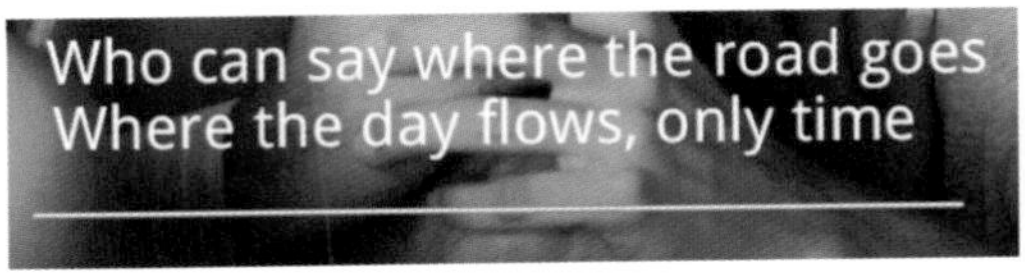

图 4-217

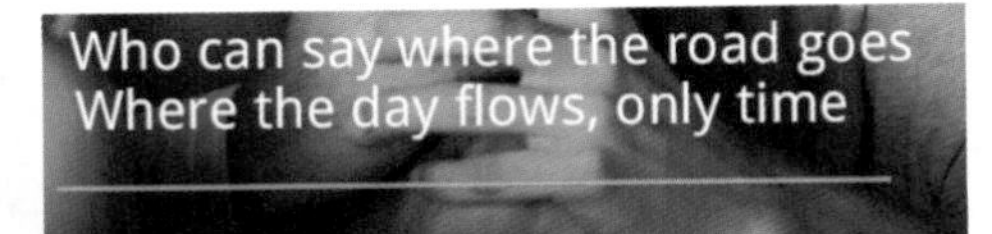

图 4-218

步骤 09 继续使用“直线工具”，设置“颜色”为RGB（255,193,7），设置“线条粗细”为19，在画布中绘制如图4-219所示的直线。使用“椭圆工具”按钮，设置“颜色”为RGB（255,193,7），在画布中绘制如图4-220所示的圆形。

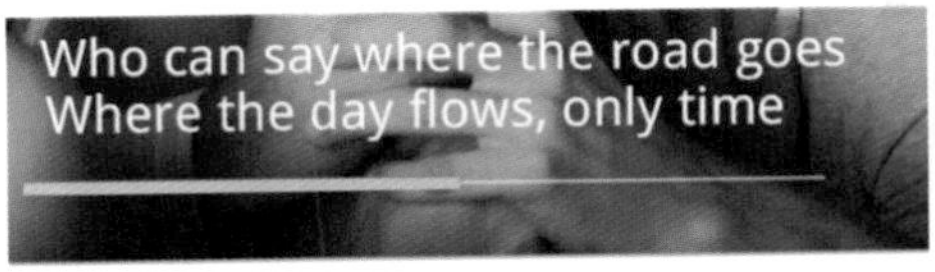

图 4-219

图 4-220

步骤 10 整理相关图层，“图层”面板如图4-221所示，单击工具箱中的“椭圆工具”按钮，设置“颜色”为RGB（255,87,34），在画布中绘制如图4-222所示的圆形。

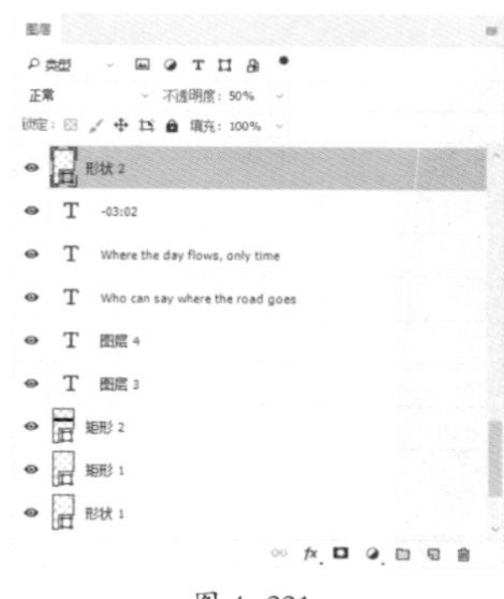

图 4-221

图 4-222

步骤 11 选中“椭圆2”图层，单击“图层”面板底部的“添加图层样式”按钮，在弹出的“图层样式”对话框中选择“投影”选项，按如图4-223所示设置参数。单击工具箱中的“多边形工具”按钮，绘制如图4-224所示的三角形。

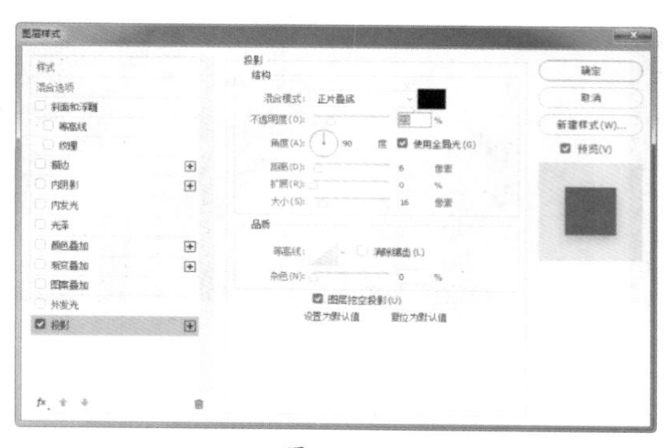

图 4-223

图 4-224

步骤 12 单击工具箱中的“横排文本工具”按钮，打开“字符”面板，按如图4-225所示设置参数，在画布中输入如图4-226所示的文字。

步骤 13 执行“视图>显示标尺”命令，显示标尺并拖出参考线，如图4-227所示。单击工具箱中的“矩形工具”按钮，在画布中绘制任意颜色的矩形，如图4-228所示。

图 4-225　图 4-226　图 4-227　图 4-228

步骤 14 选择“矩形3”图层，单击“图层”面板底部的“添加图层样式”按钮，在弹出的“图层样式”对话框中选择“投影”选项，按如图4-229所示设置参数。执行“文件>打开”命令，打开素材图像“素材\图片\19.jpg”，拖入到画布中，如图4-230所示。

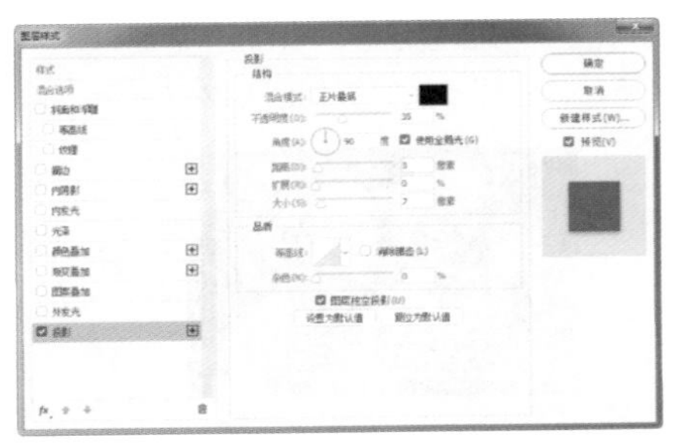

图 4-229

图 4-230

提示：使用Ctrl+O组合键，或者直接在Photoshop窗口中的灰色位置双击，都可以弹出“打开”对话框，完成素材图像的打开操作。

步骤 15 单击鼠标右键，为该图层创建剪贴蒙版，“图层”面板如图4-231所示。单击工具箱中的“横排文本工具”按钮，按如图4-232所示设置参数。

步骤 16 在画布中输入如图4-233所示的文字，用相同的方法完成其他文字的输入如图4-234所示。

图 4-231

图 4-232

图 4-233

图 4-234

步骤 17 用相同的方法完成相似内容的制作，如图4-235所示。整理图层，“图层”面板如图4-236所示。

图 4-235

图 4-236

步骤 18 单击工具箱中的“矩形工具”按钮，在画布中创建黑色的矩形，如图4-237所示。单击工具箱中的“椭圆工具”按钮，设置“描边颜色”为白色，在画布中创建如图4-238所示的圆环。

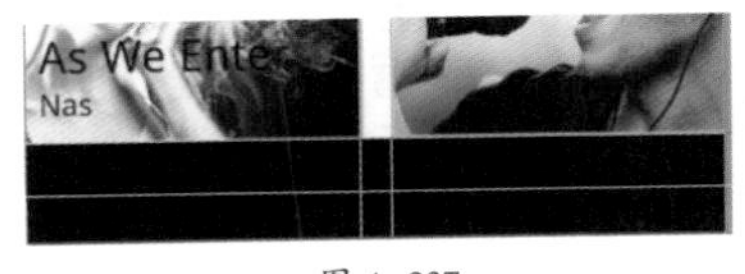

图 4-237

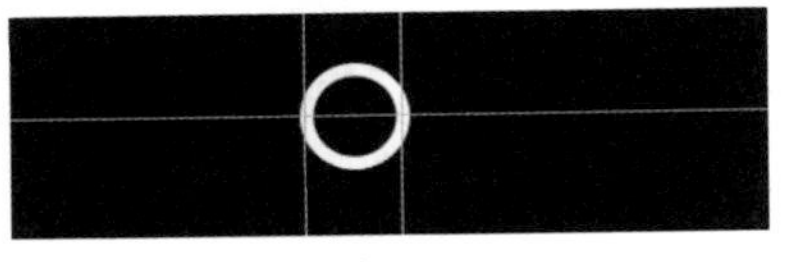

图 4-238

步骤19 用相同的方法完成其他内容的制作，如图4–239所示。将图层整理好，“图层”面板如图4–240所示。

步骤20 完成界面的制作，最终图像效果如图4–241所示。“图层”面板如图4–242所示。

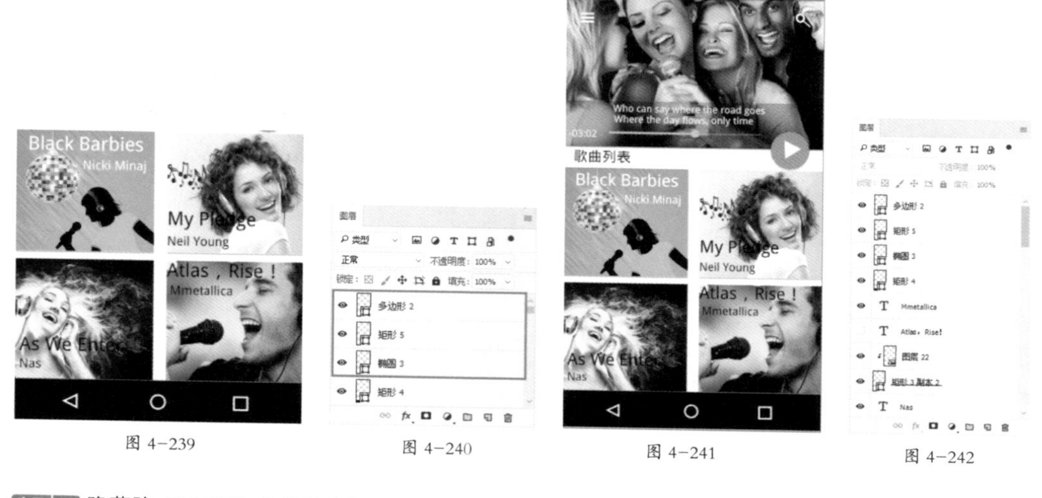

图 4–239　图 4–240　图 4–241　图 4–242

步骤21 隐藏除“图层1”之外的全部图层，按Ctrl+A组合键全选画布，执行“编辑>选择性拷贝>合并拷贝”命令，如图4–243所示。执行“文件>新建”命令，弹出“新建文档”对话框，如图4–244所示。

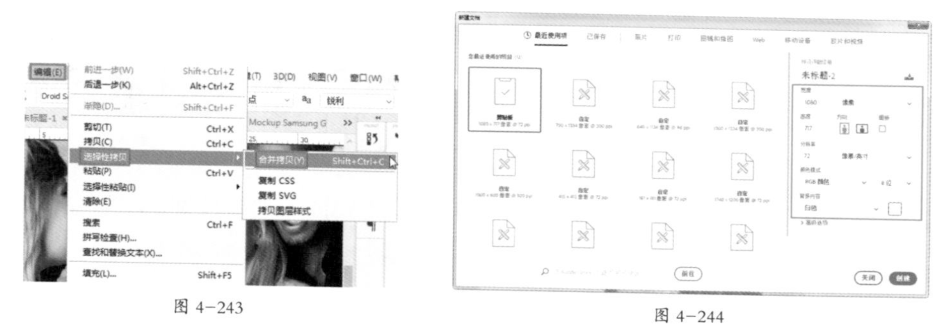

图 4–243　图 4–244

步骤22 单击“确定”按钮新建文档，按Ctrl+V组合键粘贴图像，如图4–245所示。执行“文件>导出>存储为Web所用格式”命令优化图像，如图4–246所示。

图 4–245

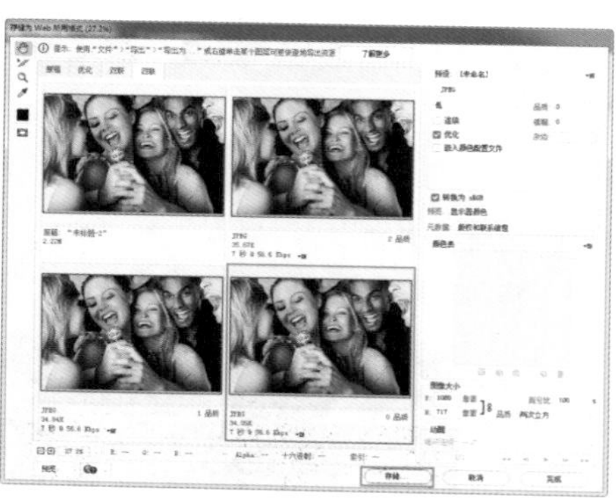

图 4–246

步骤 23 单击“存储”按钮将其重命名存储，如图4-247所示。用相同的方法将其余内容进行切图处理，切图后的文件夹如图4-248所示。

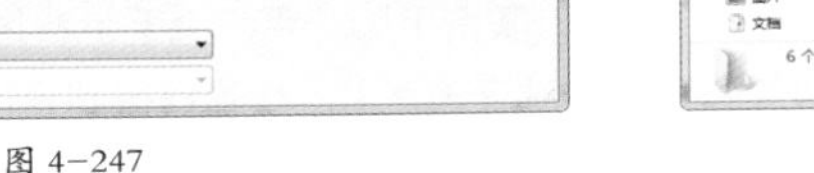

图 4-247

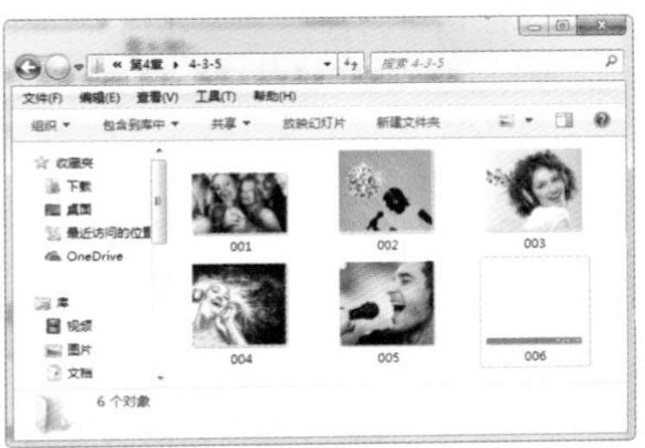

图 4-248

4.4 移动APP软件界面设计要求

在一个成熟且高效的移动 APP 产品团队中，UI 设计师会在前期加入到项目中，针对 UI 设计的产品进行分析、定位等多方面的问题进行探讨。下面为用户详细讲解移动 APP 软件界面设计要求。

4.4.1 移动APP设计流程

可以将移动 APP 设计流程总结为 1 个出发点、4 个阶段，如图 4-249 所示。

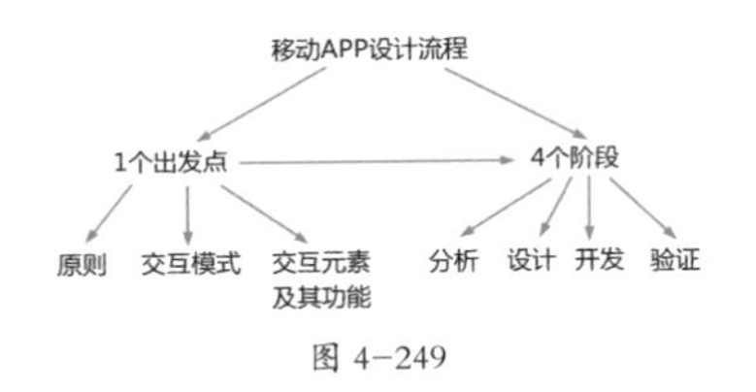

图 4-249

1. 出发点

①了解设计的原则：没有原则，就丧失了 APP 设计的立足点。

②了解交互模式：在做设计时，不了解产品的交互模式会对设计原则的实施产生影响。

③了解交互元素及其功能。

2. 分析

“分析”阶段包括 3 个方面：用户需求分析、用户交互场景分析、竞争产品分析。

出发点与分析阶段可以说是相辅相成的。对于一个比较正规的 APP 项目来说，必然会对用户的需求进行分析，如果说设计原则是设计中的出发点，那么用户需求就是本次设计的出发点。

提示：竞争产品能够上市并且被广大用户所熟知，必然有其长处。这就是所谓“三人行必有我师”的意思。每个设计师的思维都有局限性，看到别人的设计会有触类旁通的好处。当然有时可以参考的并不一定局限于竞争产品。

如果要设计出色的 APP 界面，必须对用户进行深刻了解，因此，用户交互场景分析很重要。

对于大部分项目组来说也许没有时间和精力去实际勘查用户的现有交互，进行完善的交互模型考察，但是设计人员在分析时一定要站在用户的角度进行思考：如果我是用户，我会需要什么。

3. 设计

采用面向场景、面向事件和面向对象的设计方法。APP 应用设计着重于交互，因此，必然要对最终用户的交互场景进行设计。

APP 应用是交互产品，用户所做的是对软件事件的响应，以及触发软件内置的事件，因此，要面向事件进行设计。面向对象设计可以有效地体现面向场景和面向事件的特点。

4 开发

通过“用户交互图（说明用户和系统之间的联系）”“用户交互流程图（说明交互和事件之间的联系）”“交互功能设计图（说明功能和交互的对应关系）”，最终得到设计产品。

5. 验证

对于产品的验证主要可以从以下两个方面入手：功能性对照——APP 界面设计和需求不一致也不行；实用性内部测试——APP 界面设计的重点是实用性。

通过以上 1 个出发点和 4 个阶段的设计，就可以设计出完美的、符合用户需要的 APP 应用。

4.4.2 APP软件界面配色原则

色彩搭配本身并没有一个统一的标准和规范，配色水平也无法在短时间内快速提高，不过，在对 APP 界面进行设计的过程中还是需要遵循一定的配色原则。

- 色调的一致性：在着手设计 APP 界面之前，应该先确定该 APP 界面的主色调。主色将占据界面中很大的面积，其他的辅助性颜色都应该以主色调为基准来搭配，这样可以保证 APP 应用整体色调的统一，突出重点，使设计出的 APP 界面更加专业和美观。如图 4-250 所示的 APP 应用界面中每个界面的配色都是统一的。
- 保守地使用色彩：所谓保守地使用色彩，主要是从大多数的用户角度出发的，根据 APP 应用所针对的用户不同，在 APP 界面的设计过程中会使用不同的色彩搭配。在 APP 界面设计过程中提倡使用一些柔和的、中性的颜色，以便于绝大多数用户都能够接受。

如果在 APP 界面设计过程中急于使用色彩突出界面的显示效果，反而会适得其反。如图 4-251 所示为使用柔和中性色彩进行搭配的 APP 界面设计效果。

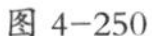
图 4-250

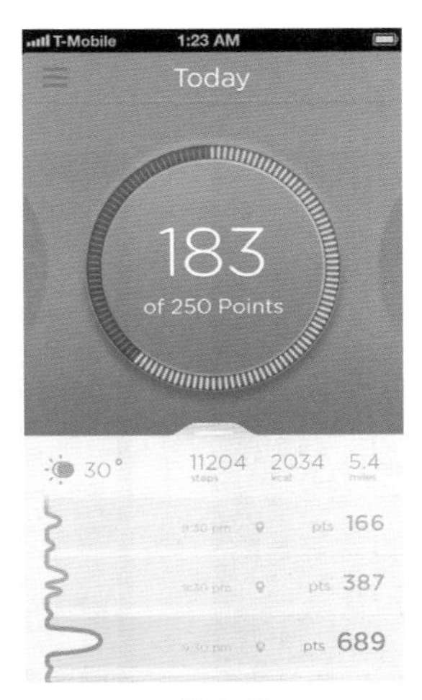

图 4-251

- 要有重点色：配色时，可以将一种颜色作为整个 APP 界面的重点色，这个颜色可以被运用到焦点图、按钮、图标或其他相对重要的元素中，使之成为整个 APP 界面的焦点，这是一种非常有效的构建信息层级关系的方法，如图 4-252 所示。
- 色彩的选择尽可能符合人们的习惯用法：对于一些具有很强针对性的软件，在对 APP 界面进行配色设计时，需要充分考虑用户对颜色的喜爱。例如，明亮的红色、绿色和黄色适合为儿童设计的 APP 应用程序。一般来说，红色表示错误，黄色表示警告，绿色表示运行正常等。如图 4-253 所示为使用鲜艳色彩设计的儿童游戏软件界面。

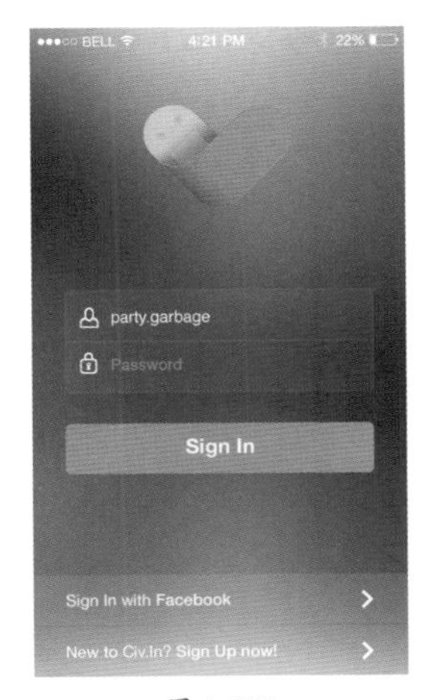

图 4-252

图 4-253

- 色彩搭配要便于阅读：通常，在 APP 界面设计中，动态对象应该使用比较鲜明的色彩，而静态对象则应该使用较暗淡的色彩，能够做到重点突出、层次突出，如图 4-254 所示。

提示：要确保APP界面的可读性，就需要注意APP界面设计中色彩的搭配，有效的方法就是遵循色彩对比的法则，如在浅色背景上使用深色文字、在深色的背景上使用浅色文字等。

- 控制色彩的使用数量：在 APP 界面设计中不宜使用过多的色彩，建议在单个 APP 界面设计中最多使用不超过 4 种色彩进行搭配，整个 APP 应用程序系统中色彩的使用数量也应该控制在 7 种左右，如图 4-255 所示。

图 4-254

图 4-255

4.5 本章小结

本章主要为读者讲解了什么是 APP 界面设计、iOS 系统界面设计及 Android 系统界面设计的相关知识，并通过实战练习的方式帮助读者对学习到的知识进行巩固。希望读者在学习了本章内容后能够对 APP 界面设计有更深层的理解。

05

Chapter

播放器界面设计

近年来，播放器界面设计随着信息的高速发展而日新月异，人们常常能够在各种网站平台上看到界面美观、令人爱不释手的播放器。播放器界面属于软件界面的一种，因此在设计时不仅要重视界面设计，更应该注重本身功能的整合，力求能够使用户毫无障碍、快捷有效地使用各个功能，从而提升用户体验。

本章知识点：

★ 了解什么是播放器界面设计

★ 了解播放器界面设计特点

★ 掌握设计个性播放器界面的方法

★ 基本掌握播放器界面设计原则

5.1 播放器界面设计概述

随着人们生活节奏的不断加快，娱乐已成为人们生活中不可缺少的一部分。计算机和网络的普及为人们的生活带来了不少乐趣。

在紧张的生活节奏中，听音乐、看电影都是最好的缓解压力的方式，因此就需要一款设计合理且精美的播放器界面。

5.1.1 为什么进行播放器界面设计

目前，各种类型的多媒体播放软件层出不穷，其媒体的播放质量、技术含量也相差无几。关键在于播放器界面设计的个性化、人性化和美观程度，使人们有欲望试用，并且长期使用。因此，播放器界面的设计显得非常重要，如图 5-1 所示为精美的播放器界面设计。

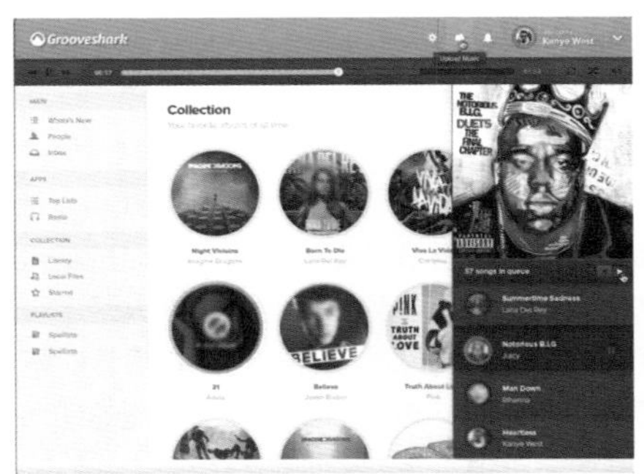

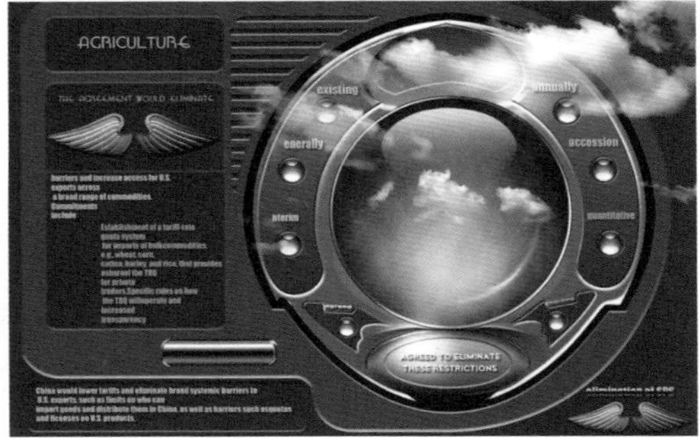

图 5-1

提示：一款好的播放软件带给用户的不只是音乐和电影，还应该有一种温馨轻松的感觉，以及简单易行的操作、见而知意的图标、视觉效果突出的播放器界面，让用户在使用时能够尽情地放松和享乐。

5.1.2 播放器界面中的情感化因素

人有喜、怒、哀、乐等丰富的情感，这些情感往往主宰着人们的行为，而设计传递着一种情感交流，需要引起情感共鸣，这样才能很容易地诱发使用和购买行为。

情感设计要从消费者的情感角度出发去理解消费者的情感需求，激发消费者的情感，引起他们使用的欲望，如图 5-2 所示。

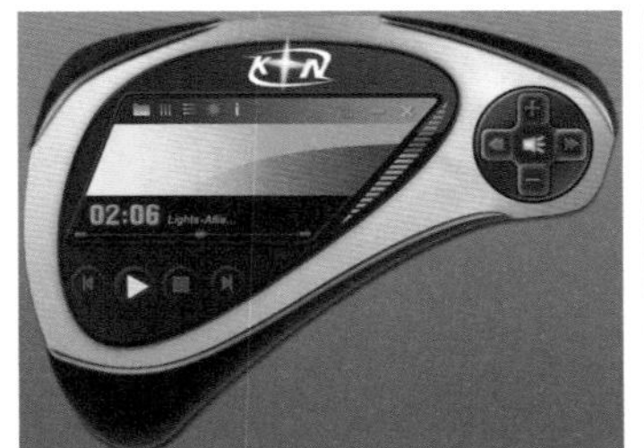

图 5-2

在设计中将感情赋予产品，就是将自己的情绪通过各种色彩、形态等造型语言表现在产品上，这样，产品将不再是冷冰冰的，而是包含了丰富的情感和深刻的思想。

使用者选择某一款播放器更多的是出于喜欢，而不仅仅是为了使用，因为播放器的功能都差不多，如图 5-3 所示。

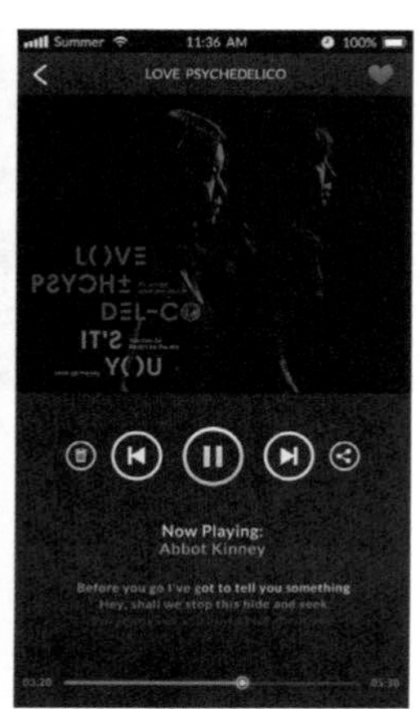

图 5-3

实战练习——设计简约的视频播放器界面

案例分析：此款简约播放器界面摒弃了不必要的部分，只采用文字和基本图形作为软件界面内容，在继承了扁平化风格的前提下采用了部分质感的制作方法，通过图片和图形的应用使界面极富设计感。

色彩分析：该软件界面采用蓝色作为主色调，蓝色作为冷静和科技的代表色，应用在软件中给人一种科技感十足的感觉。

RGB(26,151,221)　RGB(47,48,55)　RGB(154,5,19)

使用到的技术	椭圆工具、矩形工具、横排文本工具、图层样式
学习时间	20 分钟
视频地址	视频 \ 第 5 章 \5-1-2.mp4
源文件地址	源文件 \ 第 5 章 \5-1-2.psd
设计风格	常规扁平化设计

步骤01 执行“文件>打开”命令，打开素材图像“素材\第5章\51201.jpg”，图像效果如图5-4所示。执行“滤镜>模糊>高斯模糊”命令，图像效果如图5-5所示。

图 5-4

图 5-5

步骤02 单击工具箱中的“矩形工具”按钮，在画布中绘制矩形，如图5-6所示。单击“图层”面板底部的“添加图层样式”按钮，在弹出的“图层样式”对话框，选择“描边”选项，按如图5-7所示设置参数。

图 5-6

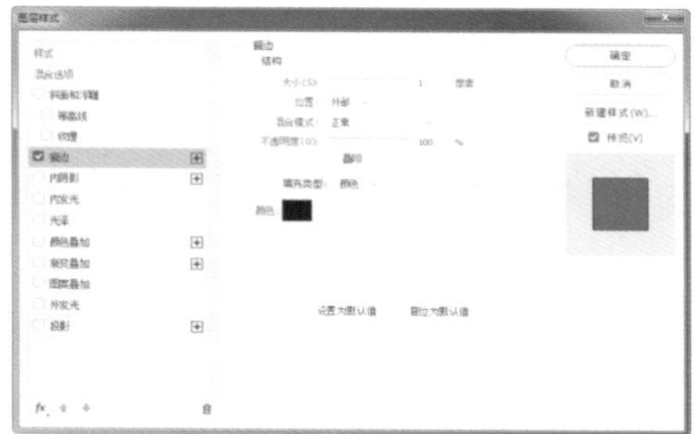

图 5-7

步骤03 继续选择“投影”选项，按如图5-8所示设置参数。单击“确定”按钮，完成对话框中各项参数的设置，图像效果如图5-9所示。

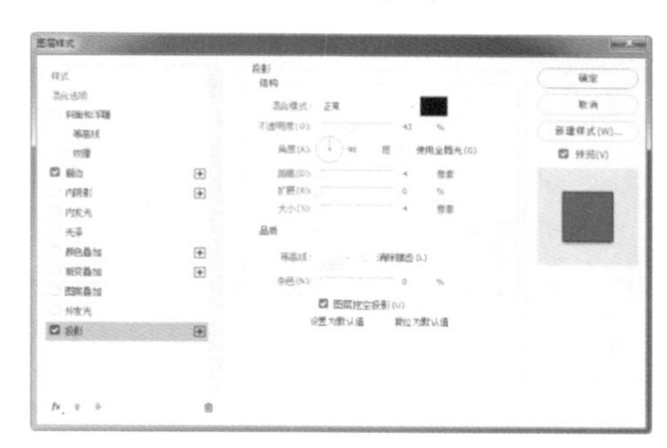

图 5-8

图 5-9

步骤04 单击工具箱中的“矩形工具”按钮，在画布中绘制任意颜色的矩形，如图5-10所示。单击“图层”面板底部的“添加图层样式”按钮，在弹出的“图层样式”对话框中选择“内阴影”选项，按如图5-11所示设置参数。

图 5-10

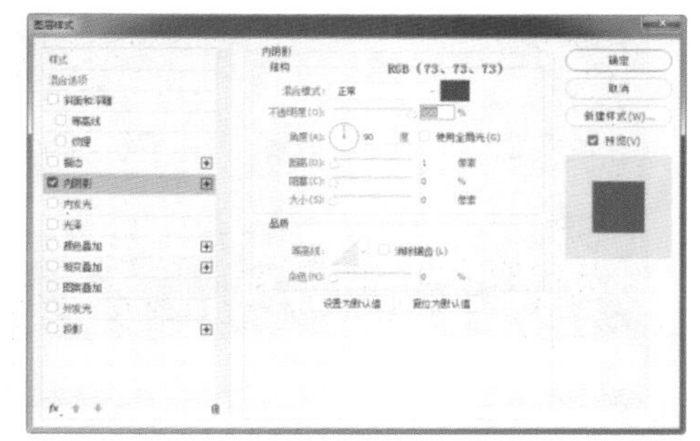

图 5-11

步骤 05 打开素材图像“素材>第5章>51202.jpg”，将其拖入设计文档中，如图5-12所示。执行“图层>创建剪贴蒙版”命令，图像效果如图5-13所示。

图 5-12

图 5-13

步骤 06 复制“矩形2”图层，得到“矩形 2 拷贝”图层，如图5-14所示。修改矩形为黑色，设置图层的“不透明度”为40%，如图5-15所示。

图 5-14

图 5-15

步骤 07 单击工具箱中的“矩形工具”按钮，设置填充颜色为RGB（180,180,180），在画布中绘制如图5-16所示的矩形。单击“图层”面板底部的“添加图层样式”按钮，在弹出的“图层样式”对话框中选择“渐变叠加”选项，按如图5-17所示设置参数。

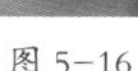

图 5-16

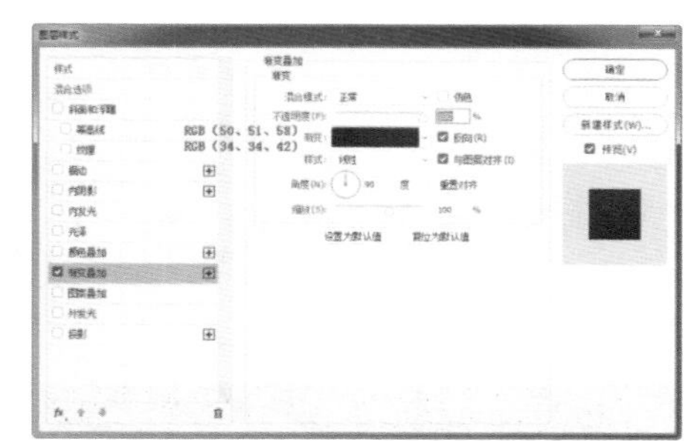

图 5-17

提示：线性渐变可以创建从起点到终点的直线渐变。径向渐变可以创建一个从起点到终点的图形渐变。角度渐变可以创建围绕起点以逆时针扫描方式的渐变。对称渐变可创建使用均衡的线型在起点的任意一侧渐变。菱形渐变以菱形方式从起点向外渐变，终点定义菱形的一个角。

步骤08 单击工具箱中的“多边形工具”按钮，在画布中绘制白色三角形，如图5-18所示。单击“图层”面板底部的“添加图层样式”按钮，在弹出的“图层样式”对话框中选择“投影”选项，按如图5-19所示设置参数。

图 5-18

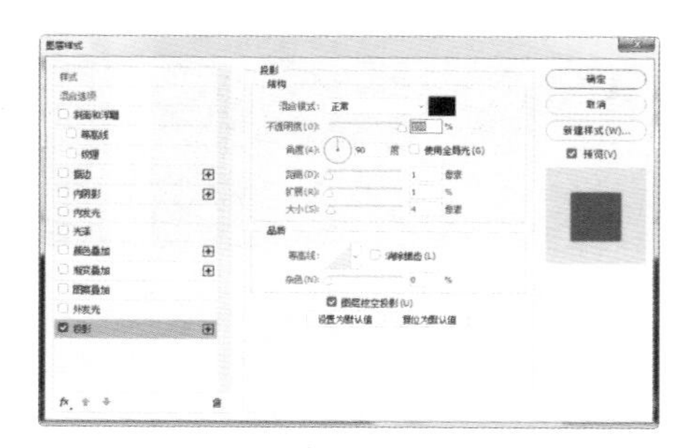

图 5-19

提示：在使用“多边形工具”绘制多边形或星形时，只有在“多边形选项”面板中选中“星形”复选框后，才可以对“缩进边依据”和“平滑缩进”选项进行设置。

步骤09 单击工具箱中的“矩形工具”按钮，在画布中绘制如图5-20所示的矩形。单击“图层”面板底部的“添加图层样式”按钮，在弹出的“图层样式”对话框中选择“内阴影”和“投影”选项，如图5-21所示。

图 5-20

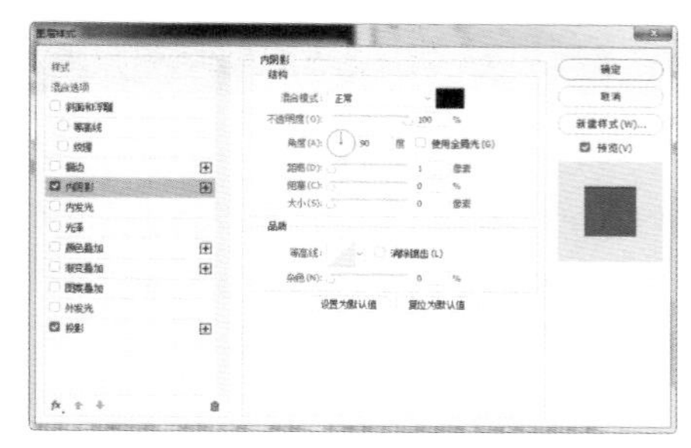

图 5-21

步骤 10 继续单击工具箱中的“矩形工具”按钮，设置填充颜色为RGB（183,6,22），在画布中绘制如图5-22所示的图形。用相同的方法完成相似内容的制作，如图5-23所示。

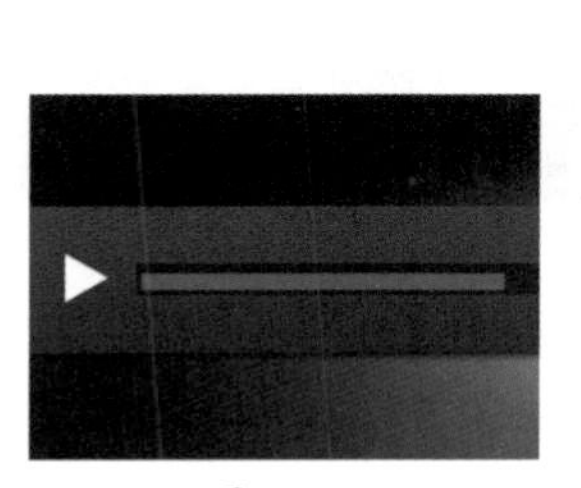
图 5-22

图 5-23

步骤 11 单击工具箱中的“横排文本工具”按钮，打开“字符”面板，设置相关参数，在画布中输入文字，如图5-24所示。使用相同的方法完成相似内容的制作，如图5-25所示。

步骤 12 单击工具箱中的“直线工具”按钮，设置“填充”颜色为RGB（163,163,163），在画布中绘制如图5-26所示的图形。使用相同的方法完成相似内容的制作，如图5-27所示。

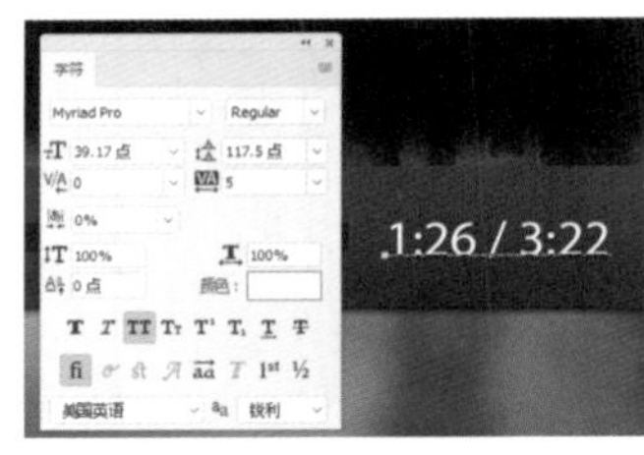

图 5-24

图 5-25

图 5-26

图 5-27

步骤 13 单击工具箱中的“椭圆工具”按钮，设置“填充”颜色为黑色，如图5-28所示，修改图层的“填充”为0%，如图5-29所示。

图 5-28

图 5-29

步骤 14 打开“图层样式”对话框，设置相关选项，如图5-30所示。单击“确定”按钮，完成“图层样式”对话框中各项参数的设置，如图5-31所示。

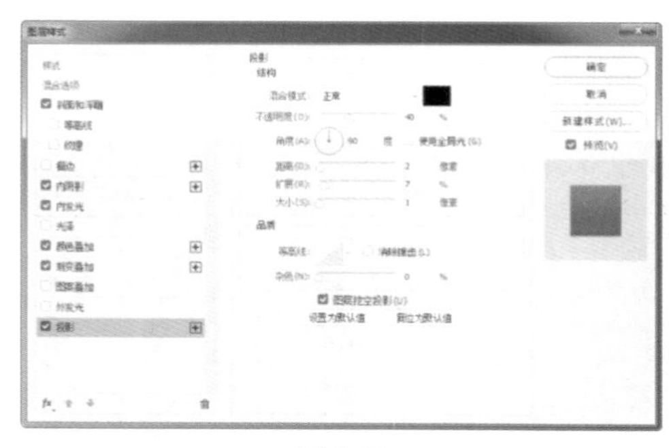

图 5-30

图 5-31

提示：此处图层样式较多，因为篇幅的关系，此处不再详细列出，如果需要可以找到源文件中的相应图层进行查看。

步骤 15 单击工具箱中的“多边形工具”按钮，设置“不透明度”为60%，在画布中绘制如图5-32所示的图形。单击“图层”面板底部的“添加图层样式”按钮，在弹出的“图层样式”对话框中选择“投影”选项，按如图5-33所示设置参数。

图 5-32

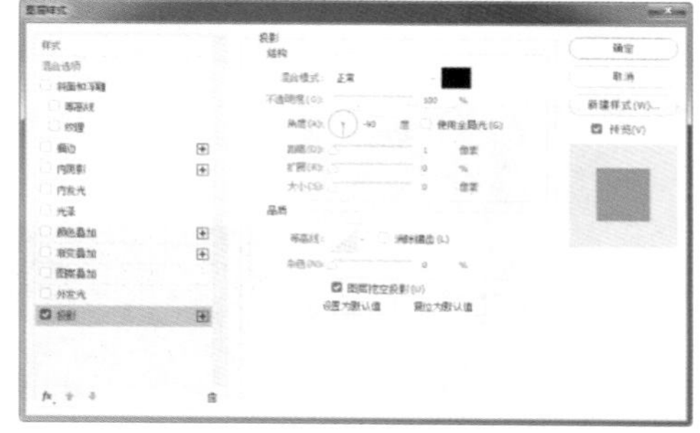

图 5-33

步骤 16 新建“图层 5”图层，单击工具箱中的“画笔工具”按钮，调整画笔的大小和硬度，设置“不透明度”为40%，效果如图5-34所示，最终效果如图5-35所示。

图 5-34

图 5-35

步骤 17 隐藏除“背景”图层之外的全部图层，按Ctrl+A组合键全选画布中的图形，执行“编辑>选择性拷贝>合并拷贝”命令，如图5-36所示。再执行“文件>新建”命令，弹出“新建文档”对话框，如图5-37所示。

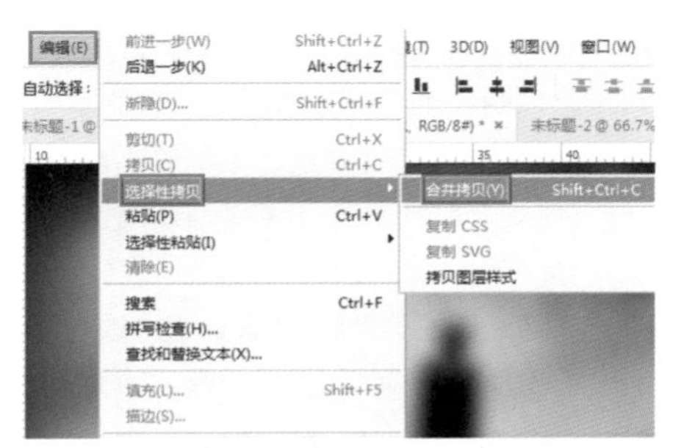

图 5-36

图 5-37

步骤18 单击“确定”按钮新建文档，按Ctrl+V组合键粘贴图像，如图5-38所示。执行“文件>导出>存储为Web所用格式”命令优化图像，如图5-39所示。

图 5-38

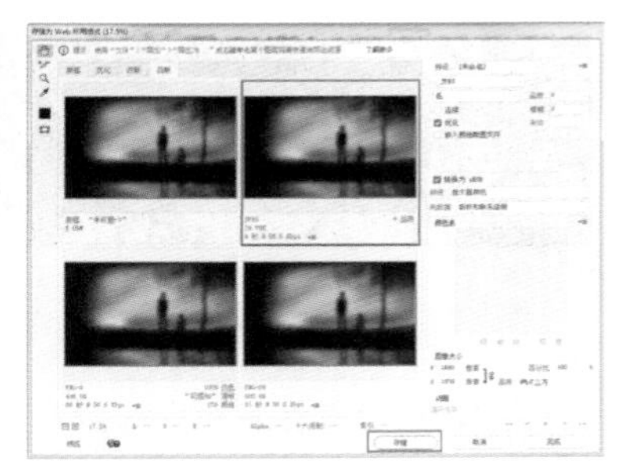

图 5-39

步骤19 单击“存储”按钮将其重命名并存储，如图5-40所示。用相同的方法将其余内容进行切图处理，切图后的文件夹如图5-41所示。

图 5-40

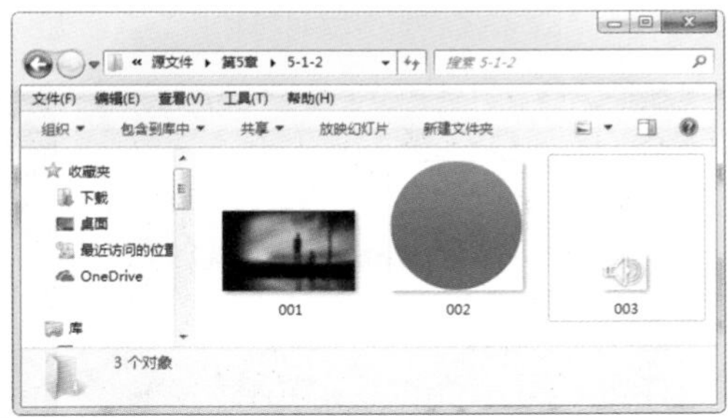

图 5-41

5.2 播放器界面设计特点

播放器界面存在于我们生活的每一个角落，我们摸不到它，却可以实实在在地感受到它带给我们的乐趣。

提示：对于一款好的播放器界面来说，仅有华美时尚的外表是远远不够的，设计者们更应该注重功能的整合，切切实实地从用户的观点和需求出发，真正设计制作出美观又实用的播放器界面。

播放器设计的 3 个特点是统一性、创造性和视觉冲击力。

5.2.1 统一性

统一性是指播放器界面中各个元素的风格应该协调统一，这是任何类型的 UI 设计都应该遵循的原则，如图 5-42 所示。

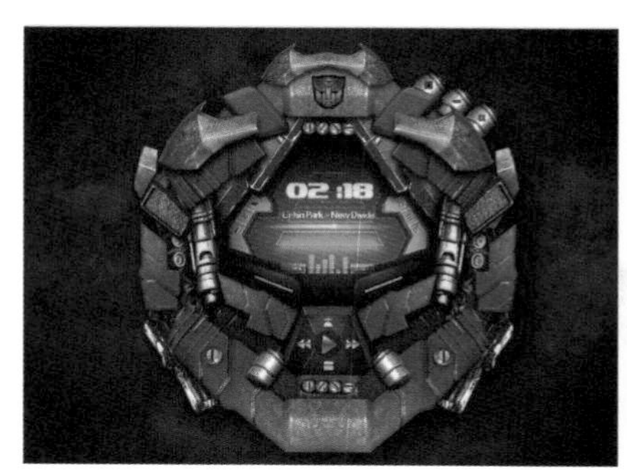

图 5-42

提示：统一性原则和创意性原则并不矛盾，统一性着重强调播放器界面的各个功能要协调统一，创意性则强调播放器界面的整体风格要独树一帜。

5.2.2 创意性

各个播放器中的功能基本都相同，那么我们应该如何从各种铺天盖地的 UI 中脱颖而出呢？答案是创意，如图 5-43 所示。

提示：相信很多人都在网上看到过各种创意绝妙的图标、按钮和各种界面，这些作品往往充满了灵性，给浏览者带来强烈的情感共鸣和视觉震撼力，令人过目难忘。

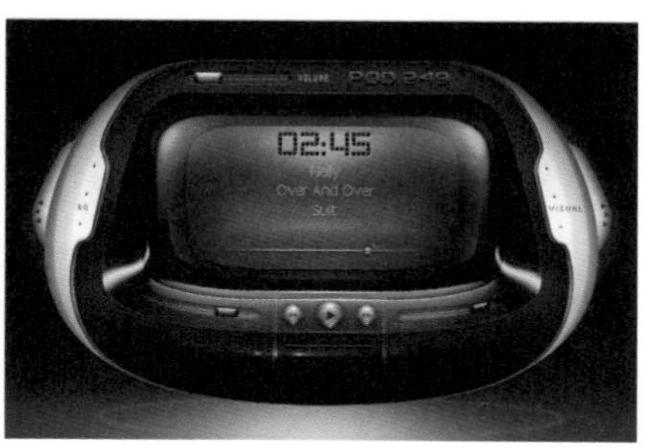

图 5-43

5.2.3 视觉冲击力

如果说创意性是针对播放器整体的外观和功能而言的，那么视觉冲击力无疑就是尽力强调视觉效果了。

随着生活质量不断提高，人们对于精神层面的要求越来越高，对美的追求也越来越高，人们渴望看到更多纹理清晰、质感逼真的播放器界面，而一个友好精美的播放器界面也确实会给用户带来极大的视觉享受，如图 5-44 所示。

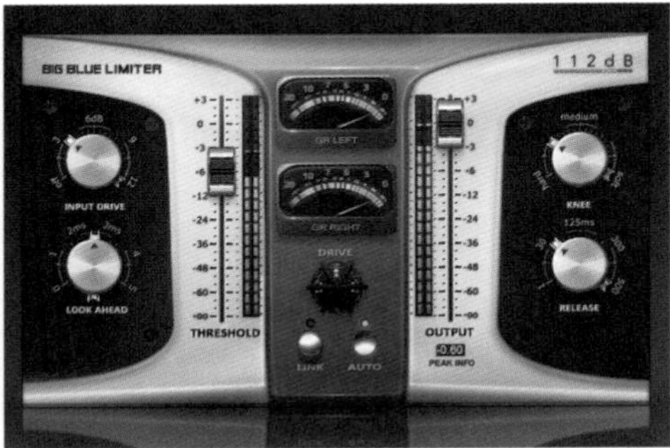

图 5-44

实战练习——设计质感音乐播放器界面

案例分析：此款音乐播放器界面多处采用高光、阴影和渐变颜色填充等方法来表现播放器界面中的质感和层次。

颜色分析：界面主色调采用了黄色，辅色采用了无彩色中的灰色，文字颜色使用了对比色，增强了文字可辨识度。

RGB(238,168,115)　RGB(181,186,34)　RGB(208,210,214)

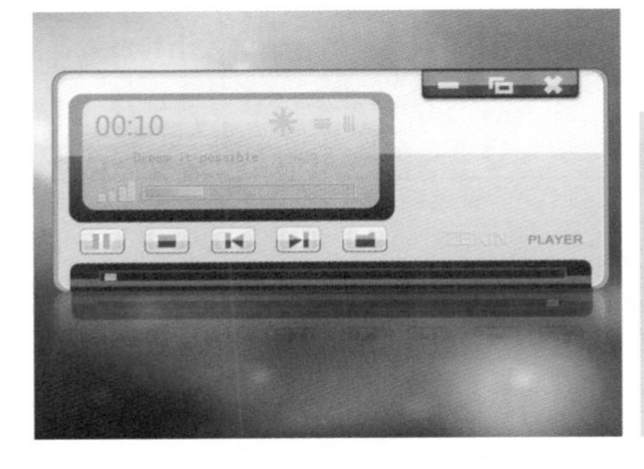

使用到的技术	多边形工具、矩形工具、横排文本工具、图层样式
学习时间	40 分钟
视频地址	视频 \ 第 5 章 \5-2-3.mp4
源文件地址	源文件 \ 第 5 章 \5-2-3.psd
设计风格	拟物化风格设计

步骤 01 执行“文件>新建”命令，弹出“新建文档”对话框，新建一个空白文档，如图5-45所示。打开素材“素材\第5章\52301.jpg”，将其拖入到文档中，调整大小，如图5-46所示。

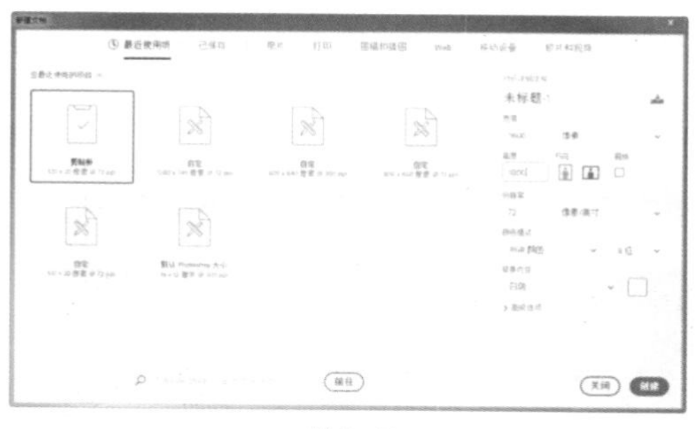
图 5-45

图 5-46

步骤 02 单击工具箱中的“圆角矩形工具”，在选项栏上设置“工具模式”为“形状”、“填充”颜色值为RGB（167,168,169）、“半径”为30像素，在画布中绘制圆角矩形，如图5-47所示。双击该图层，打开“图层样式”对话框，为该图层添加“描边”图层样式，进行相关选项的设置，如图5-48所示。

图 5-47

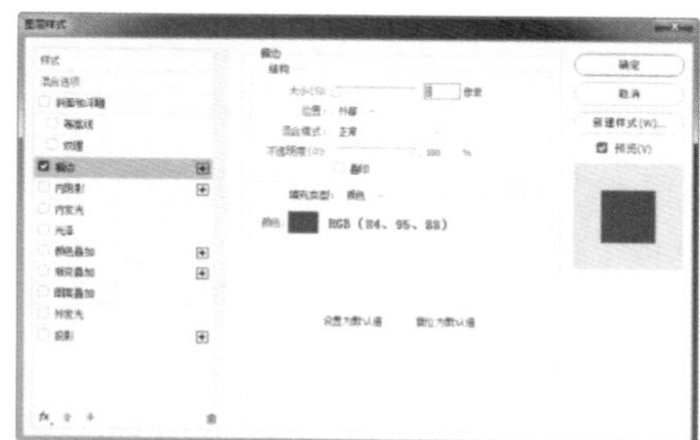
图 5-48

步骤 03 单击“确定”按钮，完成“图层样式”对话框中各选项的设置，效果如图5-49所示。复制“圆角矩形 1”图层，得到“圆角矩形1拷贝”图层，将复制得到的图形调整到合适的大小和位置，并修改其“填充”颜色为白色，效果如图5-50所示。

图 5-49

图 5-50

提示：通过添加“描边”图层样式，可以在图形边缘添加纯色、渐变颜色或者图案轮廓的描边效果，并且随时可以通过修改图层样式的方式来修改描边的效果。

步骤 04 为“圆角矩形1 拷贝”图层添加“描边”图层样式，对相关选项进行设置，如图5-51所示。继续添加“内阴影”图层样式，对相关选项进行设置，如图5-52所示。

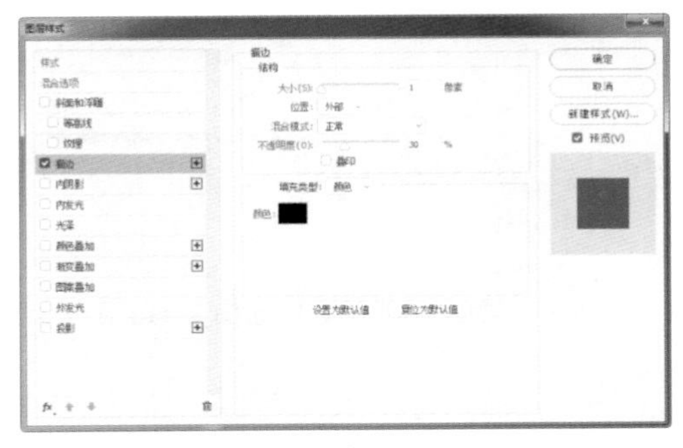

图 5-51

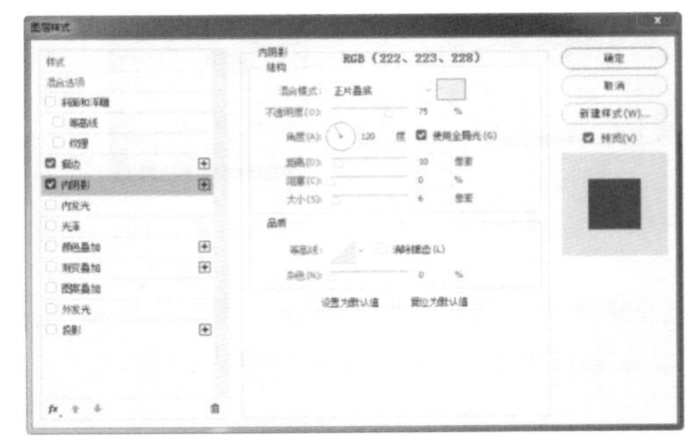

图 5-52

步骤05 继续添加“内发光”图层样式，对相关选项进行设置，如图5-53所示。最后添加“渐变叠加”图层样式，对相关选项进行设置，如图5-54所示。

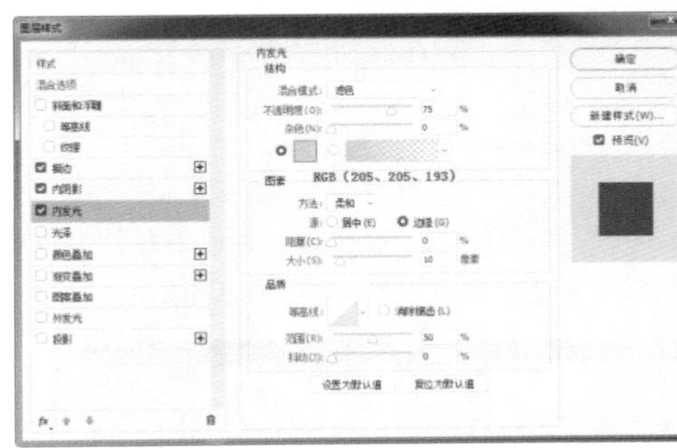

图 5-53

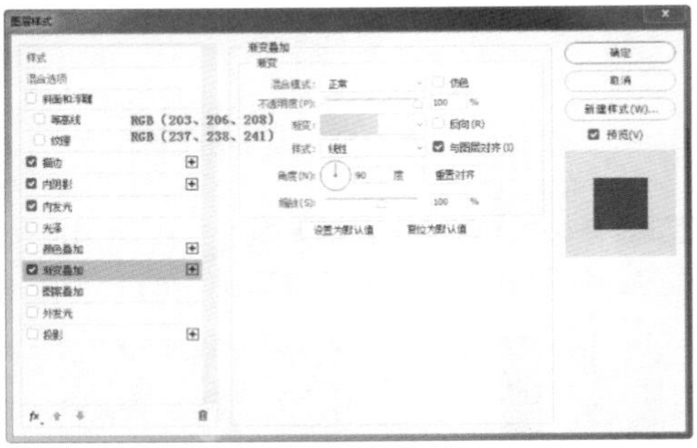

图 5-54

步骤06 单击“确定”按钮，完成“图层样式”对话框中各选项的设置，效果如图5-55所示。使用相同的制作方法，可以完成相似图形效果的绘制，效果如图5-56所示。

步骤07 单击工具箱中的“圆角矩形工具”按钮，设置“半径”为30像素，在画布中绘制白色的圆角矩形，如图5-57所示。单击工具箱中的“矩形工具”按钮，设置“路径操作”为“减去顶层形状”，在刚绘制的圆角矩形上减去矩形，效果如图5-58所示。

图 5-55

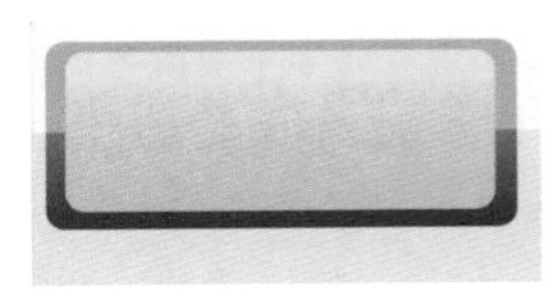

图 5-56

图 5-57

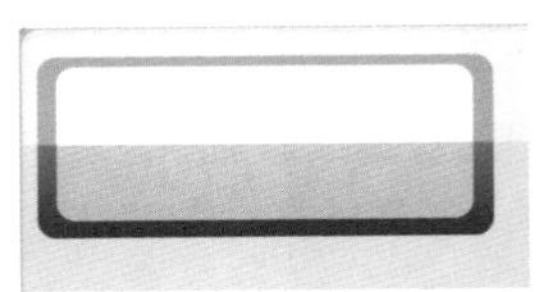

图 5-58

提示：在使用各种形状工具绘制矩形、椭圆形、多边形、直线和自定义形状时，在绘制形状的过程中按住键盘上的空格键可以移动形状的位置。

步骤08 设置该图层的“不透明度”为10%，如图5-59所示。单击工具箱中的“矩形工具”按钮，设置“填充”为RGB（220,218,45），在画布中绘制矩形，如图5-60所示。

步骤09 多次复制刚绘制的矩形，并对复制得到的图形进行相应的旋转操作，效果如图5-61所示。使用相同的制作方法，可以完成相似图形效果的绘制，如图5-62所示。

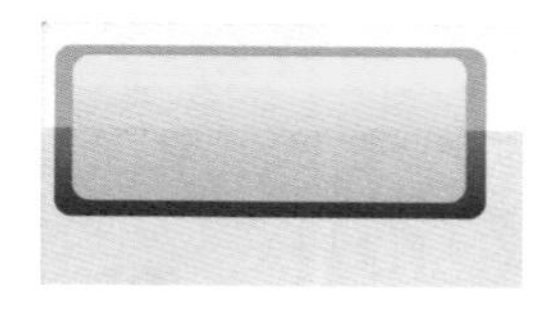

图 5-59

图 5-60

图 5-61

图 5-62

步骤 10 单击工具箱中的“横排文本工具”按钮，打开“字符”面板，设置相关选项，如图5-63所示。在画布中输入相应文字，如图5-64所示。

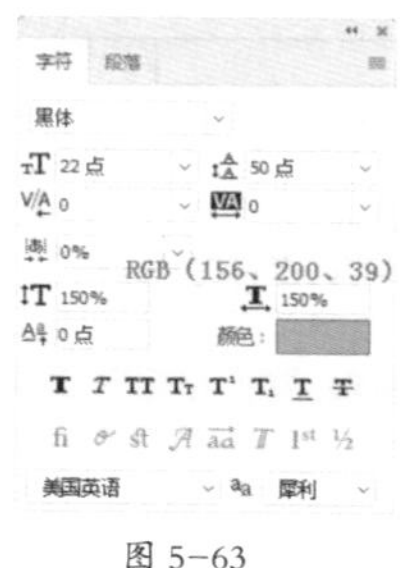

图 5-63

图 5-64

步骤 11 单击工具箱中的“圆角矩形工具”按钮，设置“半径”为10像素，在画布中绘制白色的圆角矩形，如图5-65所示。为该图层添加“描边”图层样式，对相关选项进行设置，如图5-66所示。

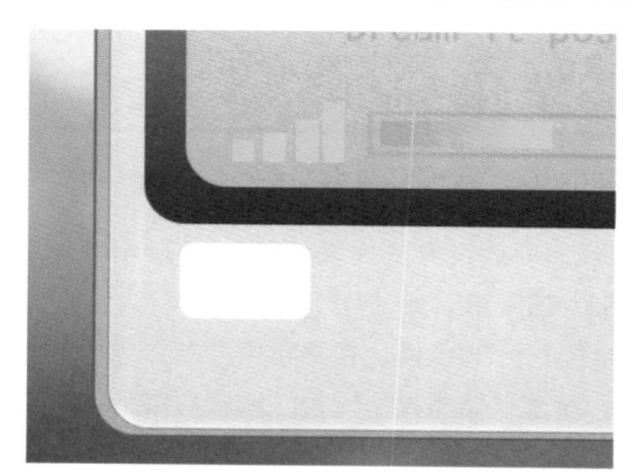

图 5-65

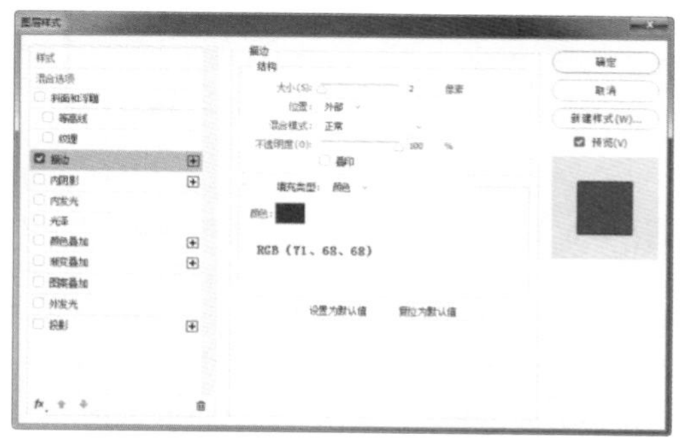

图 5-66

步骤 12 继续添加“内发光”图层样式，对相关选项进行设置，如图5-67所示。最后添加“渐变叠加”图层样式，对相关选项进行设置，如图5-68所示。

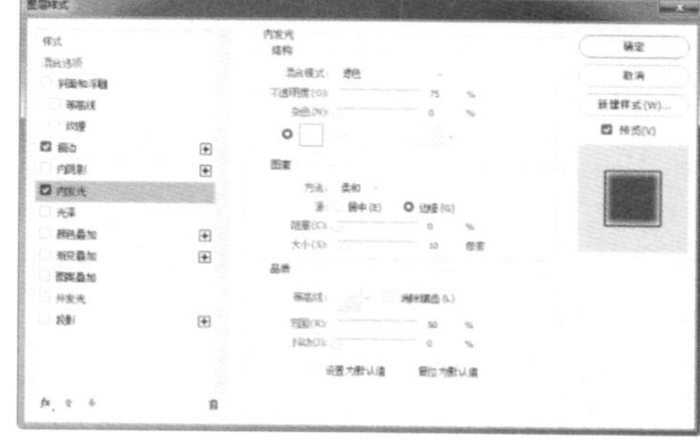

图 5-67

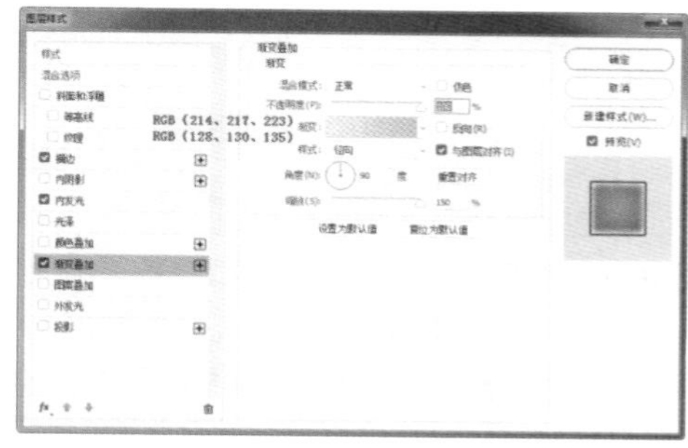

图 5-68

步骤 13 单击“确定”按钮，完成“图层样式”对话框中各选项的设置，如图5-69所示。使用相同的方法完成相似内容的制作，效果如图5-70所示。

步骤 14 单击工具箱中的“圆角矩形工具”按钮，设置“填充”为RGB（56,56,56）、半径为20像素，在画布中绘制圆角矩形，如图5-71所示。单击工具箱中的“钢笔工具”按钮，设置“路径操作”为“减去顶层形状”，在绘制的圆角矩形上减去相应的图形，如图5-72所示。

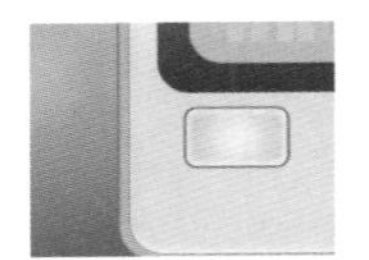

图 5-69

图 5-70

图 5-71

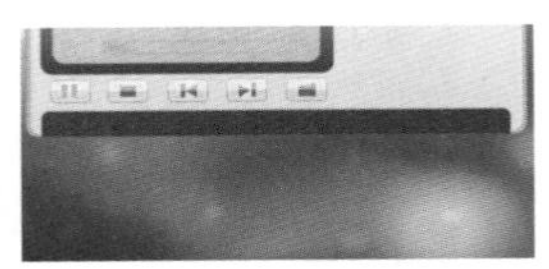

图 5-72

提示：减去顶层形状顾名思义就是将图形中的某一部分去除，该命令的使用非常简单，只需要修改“路径操作”为“减去顶层形状”就可以实现。

步骤 15 使用相同的方法完成相似内容的制作，效果如图5-73所示。单击工具箱中的“横排文本工具”按钮，打开“字符”面板，设置相关选项，在画布中输入相应文字，如图5-74所示。

图 5-73

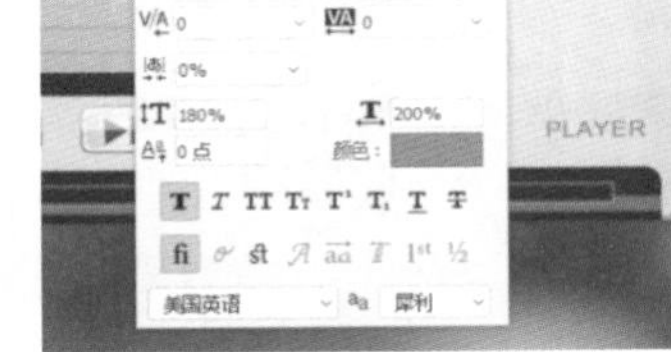

图 5-74

步骤 16 复制“全部”图层组，得到“全部 拷贝”图层组，执行“编辑>变换>垂直翻转”命令，将复制得到的图层组垂直翻转，并将图形向下移动，效果如图5-75所示。为该图层组添加图层蒙版，如图5-76所示。

图 5-75

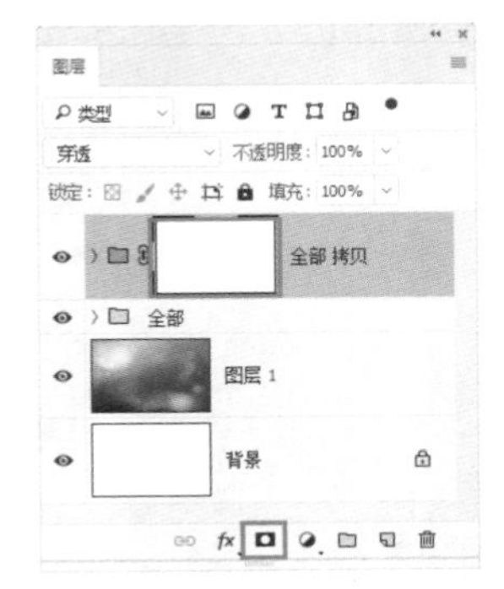

图 5-76

步骤 17 单击工具箱中的“渐变工具”，在蒙版中填充黑白线性渐变，如图5-77所示，完成该音乐播放器界面的制作，最终效果如图5-78所示。

图 5-77

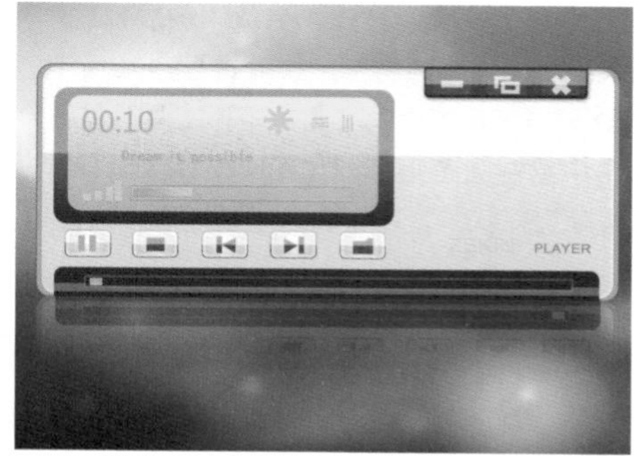

图 5-78

提示：图层蒙版是一种遮挡，一种选择的手段。可以用它来遮盖住图像中不需要的部分，从而控制图像的显示范围。图层蒙版只有灰度的变化，灰度值的大小决定图像对应区域的不透明度。

步骤 18 隐藏除“图层1”图层之外的全部图层，按Ctrl+A组合键全选画布中的图形，执行“编辑>选择性拷贝>合并拷贝”命令，如图5-79所示。再执行“文件>新建”命令，弹出“新建文档”对话框，如图5-80所示。

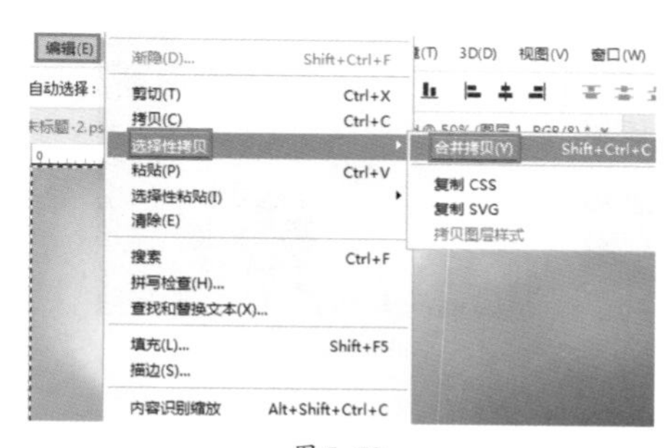

图 5-79

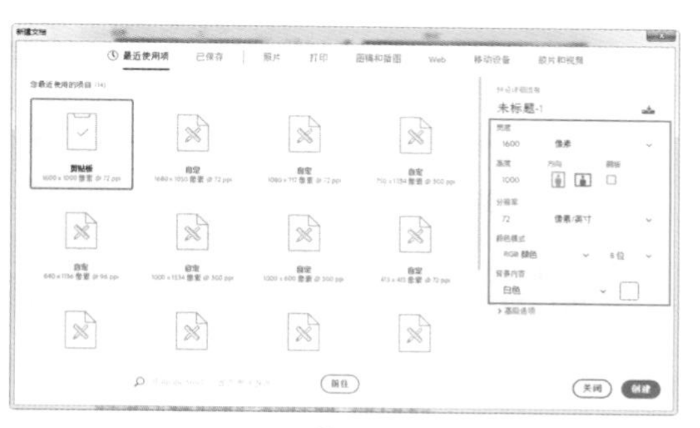

图 5-80

步骤 19 单击“确定”按钮新建文档，按Ctrl+V组合键粘贴图像，如图5-81所示。执行“文件>导出>存储为Web所用格式”命令优化图像，如图5-82所示。

图 5-81

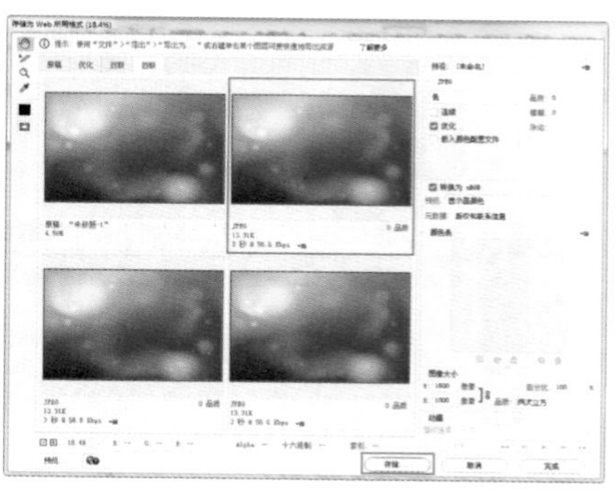

图 5-82

步骤 20 单击“存储”按钮将其重命名并存储，如图5-83所示。用相同的方法将其余内容进行切图处理，切图后的文件夹如图5-84所示。

图 5-83

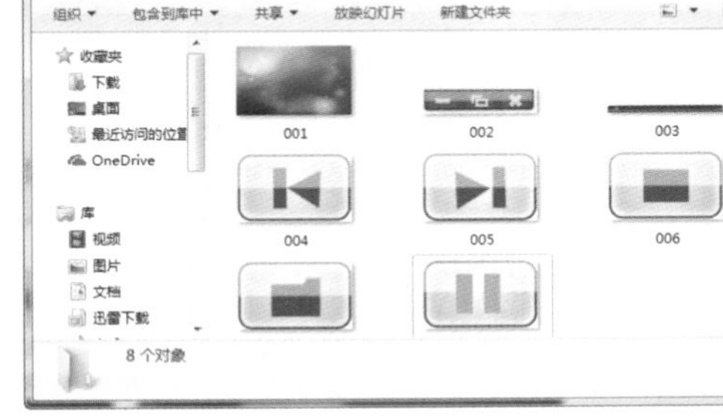

图 5-84

5.3 如何设计个性化的播放器界面

随着计算机软件的飞速发展，过去的播放器界面已经不能适应用户的要求。现在，播放器界面设计正朝着个性化和时尚化的方向发展，如图 5-85 所示。

图 5-85

提示：对于一个好的播放器界面来说，只有华丽的外衣是远远不够的，播放器界面不仅要美观，在设计方面还需要更加人性化，让用户操作起来更加舒适。

5.3.1 界面结构的统一性

在播放器界面设计中，大部分结构非常具有统一性，例如播放、暂停等功能按钮的表现。随着 UI 设计不断被人们所关注，播放器界面设计样式也是争奇斗艳。

各种播放器界面在图标和按钮功能上具有高度的统一性，这样可以使用户初次接触就能够轻松地使用该播放器，如图 5-86 所示。

图 5-86

5.3.2 界面操作的可靠性

在使用播放器的过程中，允许用户自由地做出选择，并且所有选择和操作都是可逆的。

在用户做出危险的操作时，应该弹出相应的提示警告信息，对可能造成等待时间较长的操作应该提供取消功能，如图 5-87 所示。

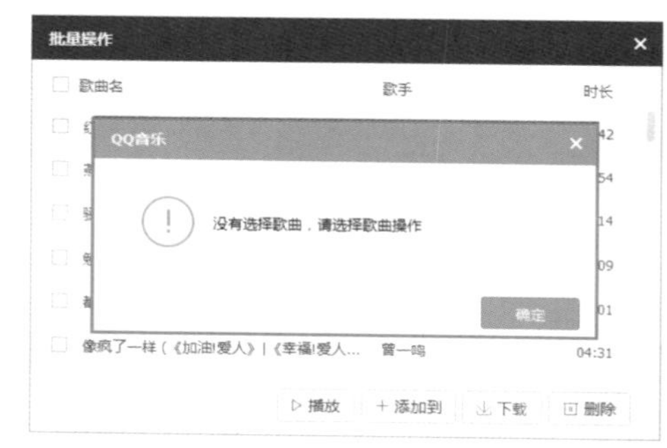

图 5-87

5.3.3 视觉效果的舒适性

在开始对播放器界面进行设计之前，首先需要明确该播放器界面的适用人群，精心选择最适合的主色调，注意主色调 + 辅助色不要超过 3 种颜色。

颜色的搭配与整体形象相统一，要保证恰当的色彩明度和亮度，以给使用者感官上的舒适体验，如图 5-88 所示。

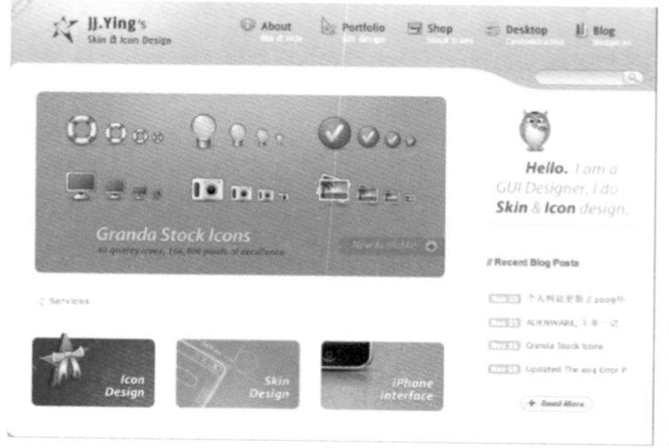

图 5-88

5.3.4 整体效果的个性化

每个人都有自己的偏好，人性化的播放器界面设计应该可以允许用户定制自己喜欢的歌曲列表并保存常听的播放列表。

高效率和用户满意度是播放器界面设计的衡量标准，如图 5-89 所示。

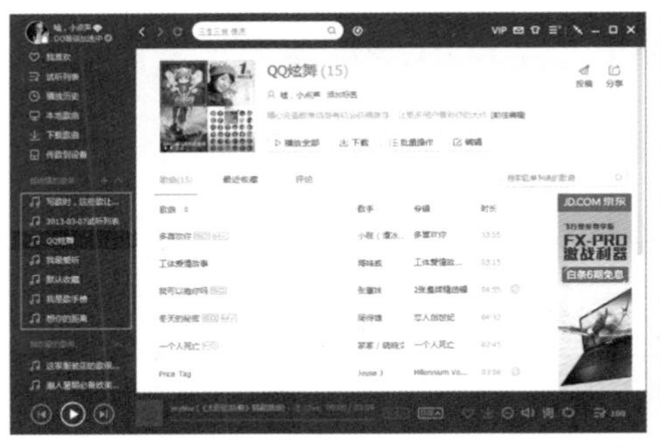

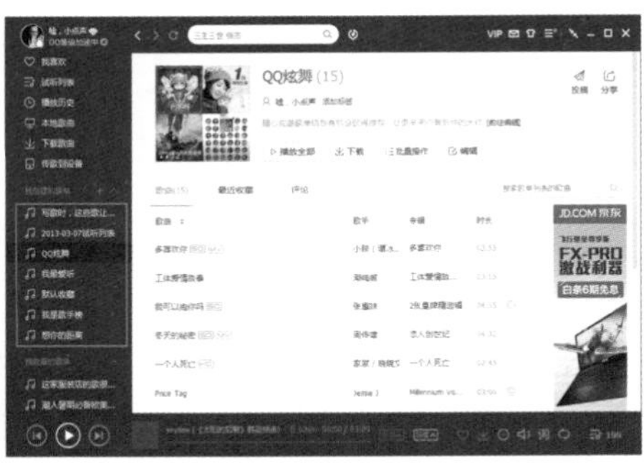

图 5-89

实战练习——设计半透明播放器界面

案例分析：此款简约的半透明播放器界面通过使用扁平化设计风格，使得播放器界面的表现更加简约和大方。

色彩分析：此款播放器界面大部分区域呈现出半透明的白色和黑色，给人一种强烈的通透感。界面中各个功能区色调形成差异，便于识别和使用。

RGB(70,86,104)　RGB(77,70,45)　RGB(255,91,60)

使用到的技术	多边形工具、矩形工具、横排文本工具、图层样式
学习时间	40 分钟
视频地址	视频 \ 第 5 章 \5-3-4.mp4
源文件地址	源文件 \ 第 5 章 \5-3-4.psd
设计风格	扁平化设计

步骤 01 执行“文件>新建”命令，弹出“新建文档”对话框，新建一个空白文档，如图5-90所示。打开素材图像“素材\第5章\53501jpg”，将其拖入到设计文档中，并调整到合适的大小和位置，如图5-91所示。

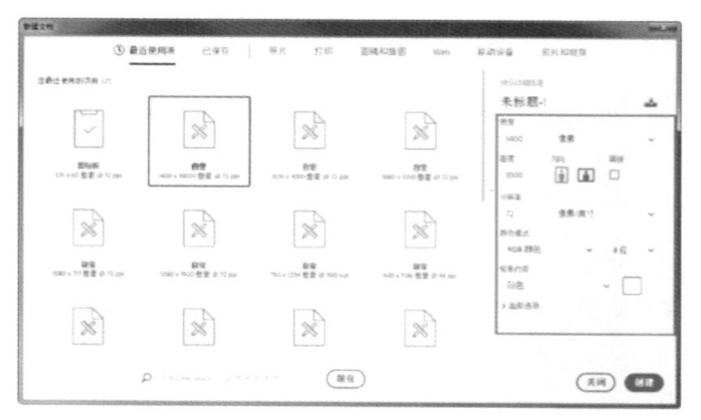

图 5-90

图 5-91

步骤 02 选择“图层1”图层，执行“滤镜>模糊>高斯模糊”命令，弹出“高斯模糊”对话框，具体设置如图5-92所示。单击“确定”按钮，效果如图5-93所示。

步骤 03 单击工具箱中的“圆角矩形工具”按钮，在选项栏上设置“工具模式”为“形状”、“填充”为RGB（253,201,79）、“半径”为5像素，在画布中绘制圆角矩形，如图5-94所示。按Ctrl+R组合键，显示文档标尺，拖出相应的参考线，如图5-95所示。

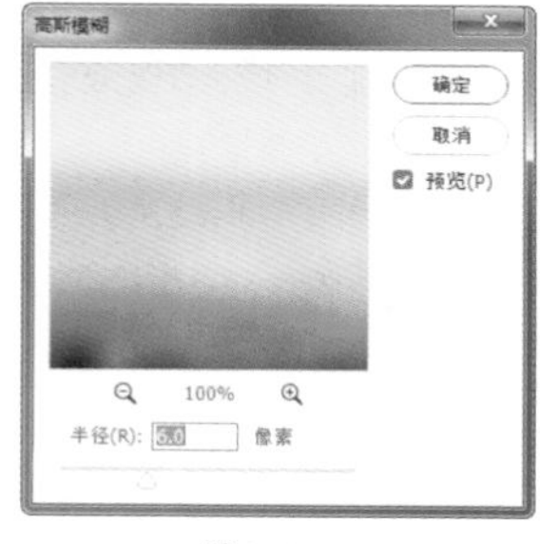

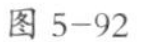

图 5-92

图 5-93

图 5-94

图 5-95

步骤 04 单击工具箱中的“圆角矩形工具”按钮，在画布中绘制圆角矩形，如图5-96所示。打开并拖入素材图像“素材\第5章\53502.jpg”，将其调整到合适的大小和位置，执行“图层>创建剪贴蒙版”命令，效果如图5-97所示。

图 5-96

图 5-97

步骤 05 单击工具箱中的“矩形工具”按钮，在选项栏上设置“填充”为RGB（69,85,103），在画布中绘制矩形，如图5-98所示。为该图层添加“渐变叠加”图层样式，对相关选项进行设置，如图5-99所示。

图 5-98

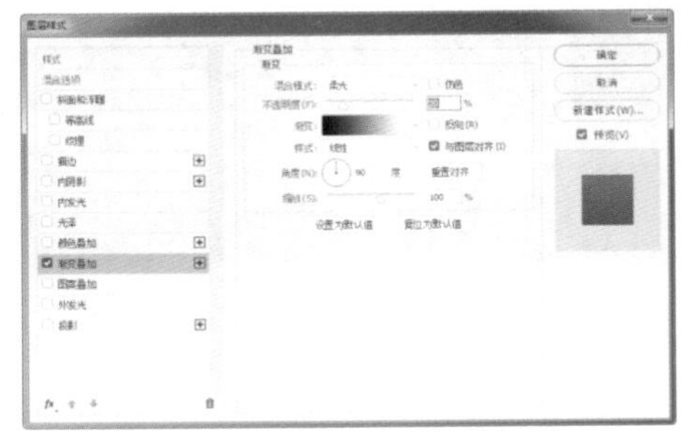

图 5-99

步骤 06 单击工具箱中的“矩形工具”按钮，在画布中绘制黑色矩形，设置该图层的“不透明度”为20%，效果如图5-100所示。单击工具箱中的“圆角矩形工具”，在选项栏上设置“半径”为5像素，在画布中绘制黑色的圆角矩形，如图5-101所示。

图 5-100

图 5-101

步骤 07 为该图层添加“内阴影”图层样式，对相关选项进行设置，如图5-102所示。单击“确定”按钮，完成“图层样式”对话框中各选项的设置，设置该图层的“填充”为20%，效果如图5-103所示。

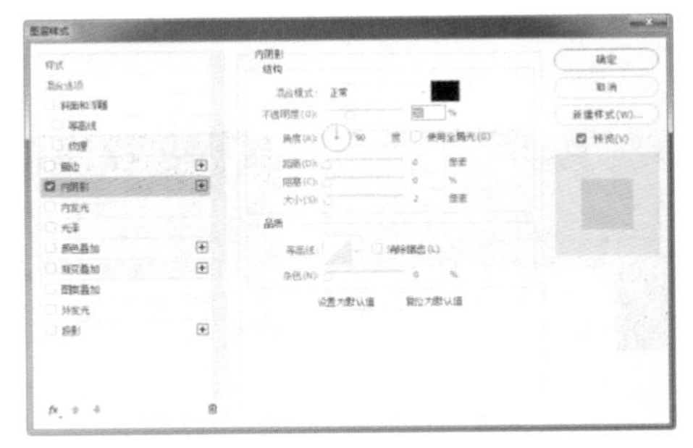

图 5-102

图 5-103

步骤 08 使用相同的制作方法，在画布中绘制圆角矩形，如图5-104所示。为该图层添加“渐变叠加”图层样式，对相关选项进行设置，如图5-105所示。

图 5-104

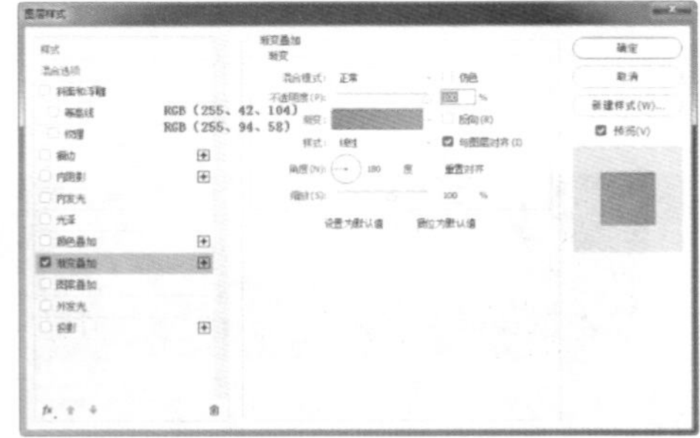

图 5-105

提示：使用“直线工具”可以绘制粗细不同的直线和带有箭头的线段，在画布中单击并拖动鼠标即可绘制直线或线段。

步骤 09 单击“确定”按钮，完成“图层样式”对话框中各选项的设置，效果如图5-106所示。单击工具箱中的“横排文本工具”按钮，在“字符”面板中对相关选项进行设置，在画布中输入文字，效果如图5-107所示。

图 5-106

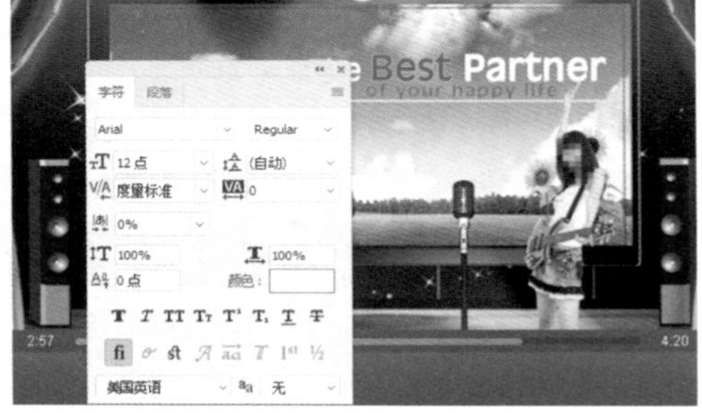

图 5-107

步骤 10 单击工具箱中的“椭圆工具”按钮，在选项栏上设置“填充”为无、“描边”为白色、“描边宽度”为1点，在画布中绘制形状，如图5-108所示。单击工具箱中的“直线工具”按钮，在选项栏上设置“填充”为白色、“描边”为无、“粗细”为4像素，效果如图5-109所示。

步骤 11 在“图层”面板中设置“椭圆1” 图层和“形状1”图层的“不透明度”为60%，如图5-110所示。使用相同的制作方法，完成相似图形的制作，效果如图5-111所示。

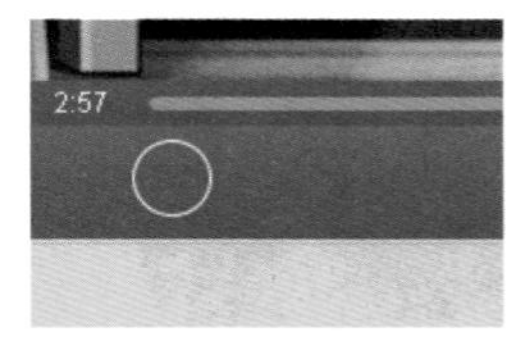

图 5-108

图 5-109

图 5-110

图 5-111

步骤 12 单击工具箱中“直线工具”按钮，在选项栏上设置“填充”为RGB（255,94,58）、“粗细”为2像素，在“设置”面板中对相关选项进行设置，在画布中绘制直线，如图5-112所示。单击工具箱中的“添加锚点工具”，在绘制的直线上单击添加锚点，如图5-113所示。

图 5-112

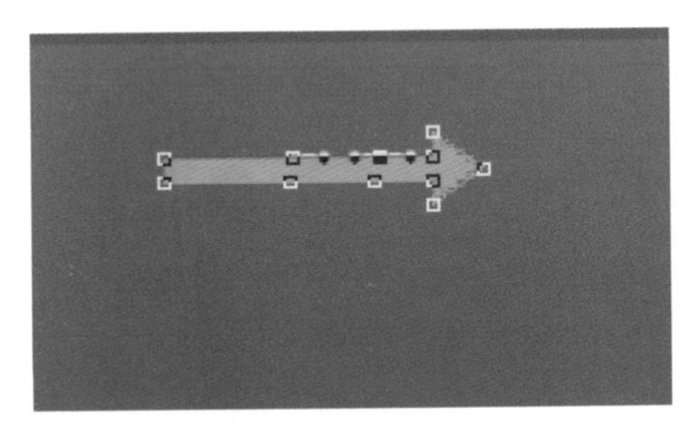

图 5-113

提示：在“箭头”设置面板中，选中“起点”或“终点”复选框，则可以在所绘制的直线的起点或终点添加箭头，“宽度”选项用来设置箭头宽度与直线宽度的百分比，范围为10%～1000%。“长度”选项用来设置箭头长度与直线宽度的百分比，范围为10%～500%。

步骤13 单击工具箱中的“直接选择工具”按钮，选中图形中相应的锚点，调整图形形状，效果如图5-114所示。复制“形状 4”图层，得到“形状4 拷贝”图层，将复制得到的图形垂直翻转并调整到合适的位置，如图5-115所示。

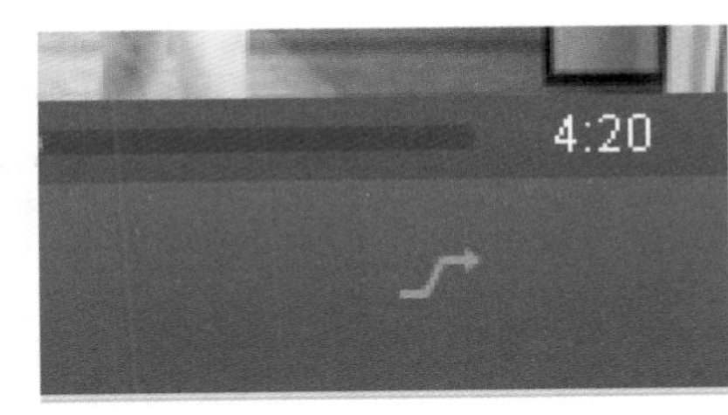

图 5-114

图 5-115

步骤14 使用相同的方法完成相似图形的制作，如图5-116所示。单击工具箱中的“横排文本工具”按钮，在“字符”面板中对相关属性进行设置，在画布中输入文字，并为文字图层添加“投影”图层样式，效果如图5-117所示。

图 5-116

图 5-117

步骤15 单击工具箱中的“矩形工具”按钮，在画布中绘制黑色矩形，设置该图层的“不透明度”为30%，如图5-118所示。单击工具箱中的“直线工具”按钮，在选项栏上设置“粗细”为2像素，在画布中绘制一条白色直线，如图5-119所示。

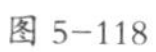
图 5-118

图 5-119

步骤 16 单击工具箱中的“路径选择工具”按钮，选中绘制的直线，按住Alt键拖动，复制该直线，调整复制得到的直线大小，如图5-120所示。使用相同的制作方法，完成该图形的绘制，如图5-121所示。

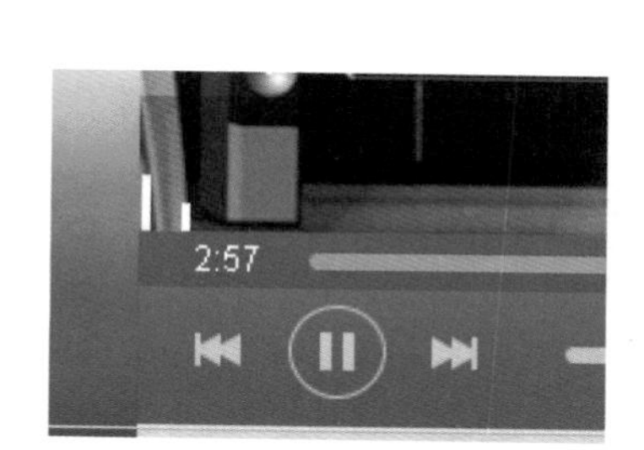

图 5-120

图 5-121

步骤 17 设置“形状7”图层的“不透明度”为50%，效果如图5-122所示。单击工具箱中的“矩形工具”按钮，设置“填充”为RGB（255,94,58），在画布中绘制矩形，设置该图层的“不透明度”为30%，效果如图5-123所示。

图 5-122

图 5-123

步骤 18 复制“形状7”图层，得到“形状7 拷贝”图层，将该图层移至“矩形4”图层上方，将该图层中相应的路径删除，设置该图层的“不透明度”为100%，效果如图5-124所示。为该图层添加“渐变叠加”图层样式，对相关选项进行设置，如图5-125所示。

图 5-124

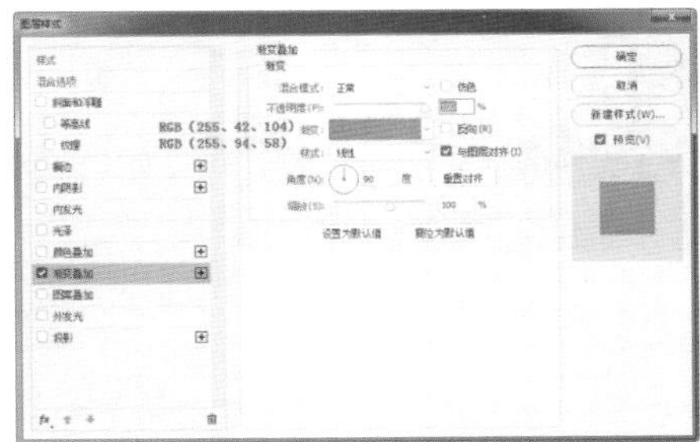

图 5-125

步骤 19 单击工具箱中的“圆角矩形工具”按钮，在画布中绘制圆角矩形，如图5-126所示。为该图层添加“渐变叠加”图层样式，对相关选项进行设置，如图5-127所示。

图 5-126

图 5-127

步骤 20 单击“确定”按钮，完成“图层样式”对话框中各选项的设置，设置该图层的“填充”为30%，效果如图5-128所示。使用相同的制作方法，可以完成该部分图形效果的绘制，如图5-129所示。

图 5-128

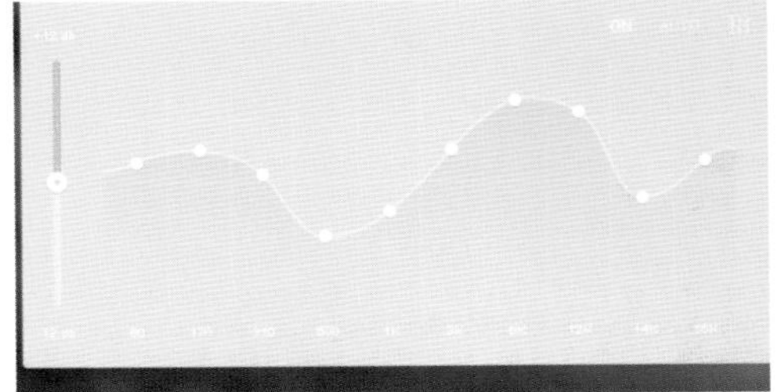

图 5-129

步骤 21 使用相同的制作方法，完成相似内容的制作，效果如图5-130所示。选择“圆角矩形1”图层，为该图层添加“投影”图层样式，对相关选项进行设置，如图5-131所示。

图 5-130

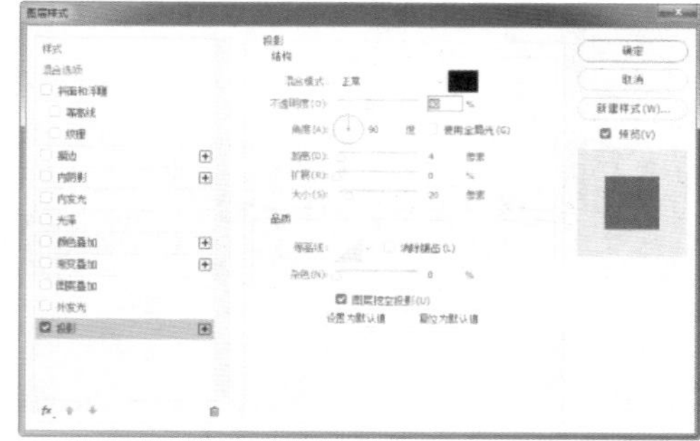

图 5-131

步骤22 单击“确定”按钮，完成“图层样式”对话框中各选项的设置，设置该图层的“填充”为0%，完成该简约半透明播放器界面的制作，最终效果如图5-132所示。

图 5-132

步骤23 隐藏除“图层1”图层之外的全部图层，按Ctrl+A组合键全选画布中的图形，执行“编辑>选择性拷贝>合并拷贝”命令，如图5-133所示。执行“文件>新建”命令，弹出“新建文档”对话框，如图5-134所示。

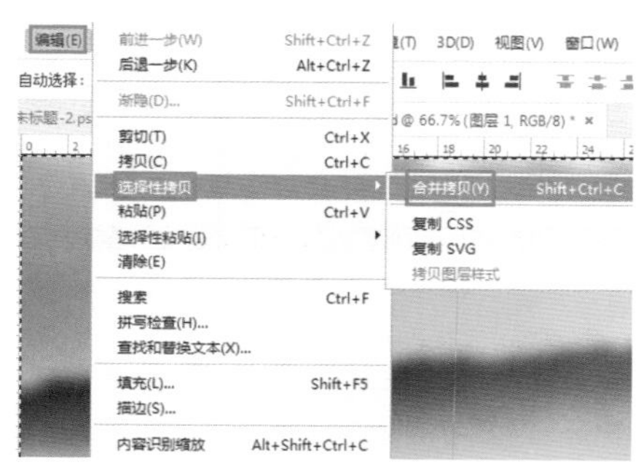

图 5-133

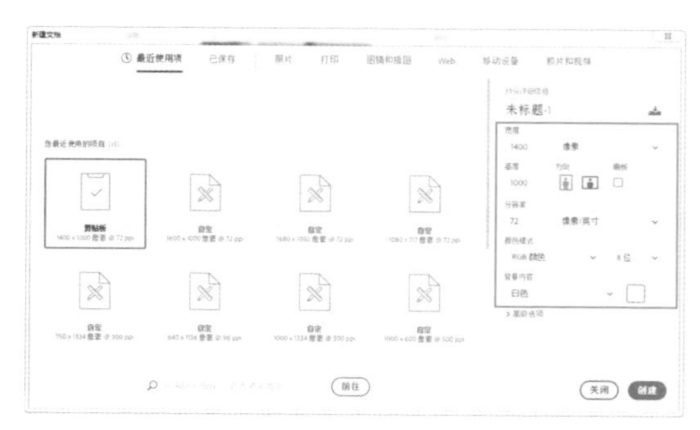

图 5-134

步骤24 单击“确定”按钮新建文档，按Ctrl+V组合键粘贴图像，如图5-135所示。执行“文件>导出>存储为Web所用格式”命令优化图像，如图5-136所示。

图 5-135

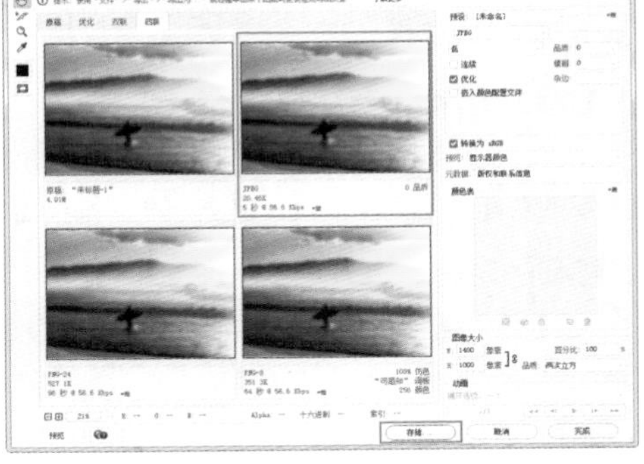

图 5-136

步骤 25 单击“存储”按钮将其重命名并存储，如图5-137所示。用相同的方法将其余内容进行切图处理，切图后的文件夹如图5-138所示。

图 5-137

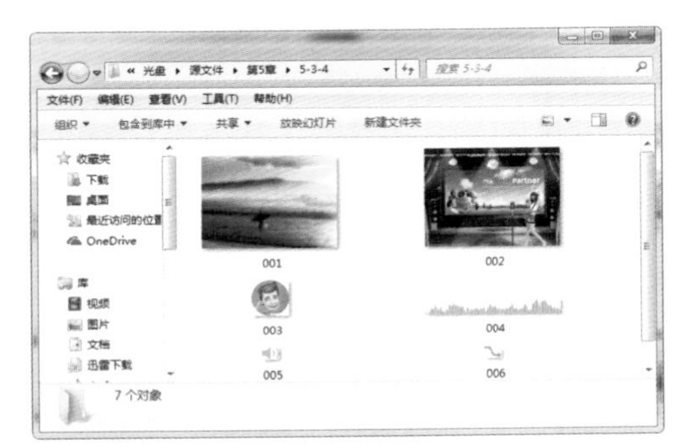

图 5-138

5.4 播放器界面的设计原则

随着多媒体技术的迅猛发展，人们越来越认识到友好界面的重要性和必要性。优秀的播放器界面应该明晰简单，用户乐于使用。

提示：将美的原则运用于播放器界面设计中，可以帮助设计师设计出具有较高审美水平的播放器界面。

5.4.1 对比原则

通过对比可以使界面中不同的功能更具有鲜明的特征，使画面更富有效果和表现力。对于播放器界面设计而言，通过对比可以在播放器界面中形成趣味中心，或者使主题从背景中凸显出来。对比分为不同类型，在播放器界面设计中，主要有 7 种形式的对比。

1. 大小的对比

大小关系是界面布局中最受重视的一项。一个界面有许多区域，它们之间的大小关系决定了用户对播放器界面最基本的印象。大小的差别小，给人的感觉较温和，大小差别大，给人的感觉较鲜明，而且具有震撼力。

2. 明暗的对比

明暗是色感中最基本的要素，利用色彩明暗对比，可以通过将播放器界面的背景设计得暗一些，把重要的功能按钮或图形设计得亮一些，来突出它的重要性。

3. 粗细的对比

重要的信息用粗体大字，甚至立体形式表现在播放器界面上，这样再搭配激荡的音乐，就会使用户产生一种气魄感；而比较柔情的词汇，则选择纤细的斜体或倒影字体出现。

4. 曲线与直线的对比

曲线富有柔和感、缓和感，直线则富有坚硬感、锐利感。如果要加深用户对曲线的意识，可以用一些直线来对比，少量的直线会使曲线感。

5. 质感的对比

在播放器界面设计中，质感是很重要的形象要素，例如平滑感、凸凹感等。播放器界面中的元素之间可以采用质感的方式加强对比。

6. 位置的对比

通过位置的不同或变化可以产生对比。例如，在播放器界面的两侧放置某种图形，不但可以表示强调，同时也可以产生对比。在对立关系的位置上放置鲜明的造型要素，可显示出对比关系，使播放器界面具有紧凑感。

7. 多重对比

将上述各种对比方法，如大小、位置、质感等交叉或混合使用，进行组合搭配，就可以制作出富有变化的播放器界面，如图 5-139 所示为对比原则在播放器界面中的应用。

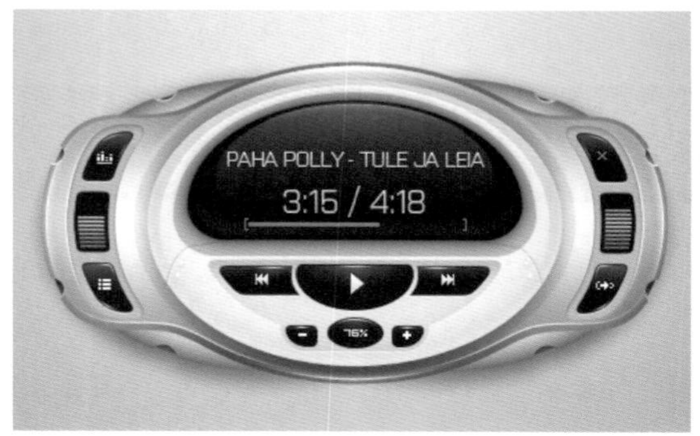

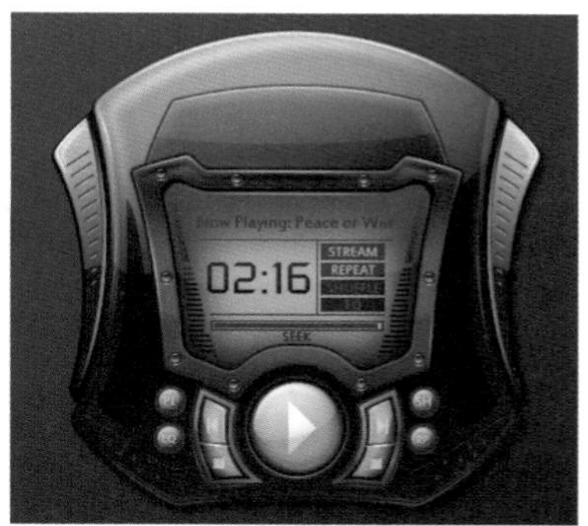

图 5-139

5.4.2 协调原则

所谓协调，就是将播放器界面上各种元素之间的关系进行统一处理，合理搭配，使之构成和谐统一的整体，协调被认为是使人感觉愉快和舒适的“美”的要素之一。

协调包括播放器界面中各种元素的协调，也包括不同界面之间各种元素的协调，主要有以下 3 个方面：

1. 主与从

在播放器界面设计中同样有主要元素和非主要元素，在播放器界面中明确表示出主从关系是很正统的界面构成方法，如果两者的关系模糊，便会使用户不适应，所以主从关系是播放器界面设计需要考虑的基本因素。

2. 动与静

动态部分包括动态的画面和事物的发展过程，静态部分则常指播放器界面中的按钮、文字解说等。动态部分占播放器界面的大部分，静态部分面积小一些，在周边留出适当的空白以强调各自的独立性，这样的安排较能吸引用户，便于表现。尽管静态部分只占小面积，却有很强的存在感。

3. 协调与统一

如果过分强调对比关系，空间预留太多造型要素，最容易使界面产生混乱。要协调这种现象，最好加上一些共同的造型要素，使界面产生共同风格，具有整体统一和协调的感觉。如图 5-140 所示为协调原则在播放器界面中的应用。

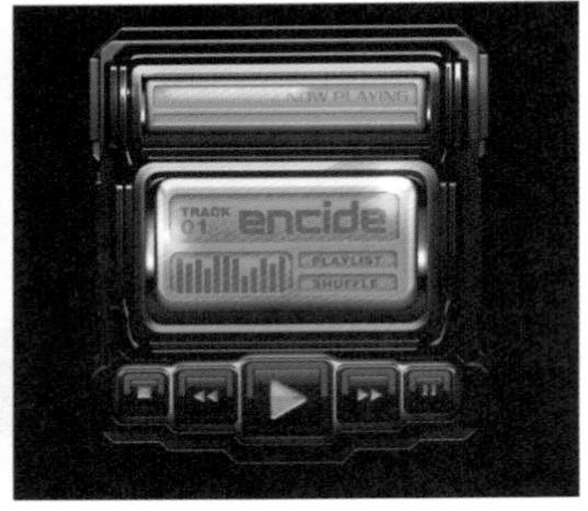

图 5-140

5.4.3 趣味原则

在播放器界面设计中，趣味性可以增强用户的好感度。运用形象、直观、生动的图形优化界面是提高软件趣味性的有效手段。

1. 比例

黄金分割点也称黄金比例，是播放器界面设计中非常有效的一种方法。在对界面中的元素进行设置时，如果能参照黄金比例来处理，就可以产生特有的稳定和美感。

2. 强调

在单一风格的播放器界面中，加入适当的变化，就会产生强调效果。强调可打破播放器界面的单调感，使播放器界面变得有朝气。

3. 凝聚与扩散

人们的注意力总会特别集中到事物的中心部分，这就构成了视觉的凝聚。一般而言，采用凝聚形布局设计，让人感觉舒适，但表示形式比较普通；扩散形的布局设计，具有现代感和个性感。

4. 规律感

具有共同印象的形式反复出现时，就会产生规律感。不一定要同一形状的东西，只要具有强烈的印象就可以了。

有时即使反复使用两次特定的形状，也会产生规律感。规律感在设计一个播放器界面时，可以使用户很快熟悉该播放器界面，掌握操作方法。

5. 导向

依眼睛所视或物体所指方向，使播放器界面产生一种引导路线，称为导向。设计者在设计播放器界面时，常常利用导向使界面给人整体更引人注目。

6. 留白

没有留白就没有界面的美。不能在一个播放器界面中放置太多的信息对象，以致界面拥挤不堪。留白的多少对界面的印象有决定性作用。

提示：留白部分多，就会使格调提高并且稳定界面；留白较少，会使人产生活泼的感觉。

实战练习——设计质感视频播放器界面

案例分析：此款质感播放器界面突出表现了界面的层次感和高光质感效果。播放窗口与控制面板采用同样的设计和表现风格，整体界面效果表现统一、质感强烈。

色彩分析：该视频播放器界面以浅灰色作为主体颜色，显示出界面的高端和科技感，采用黑色和白色的文字，使界面更加清晰，以青色的图形表现界面中的重要信息，使界面具有层次感，整个界面给人很强的科技感和质感。

RGB(161,161,161)　RGB(0,0,0)　RGB(38,214,225)

使用到的技术	多边形工具、矩形工具、横排文本工具、图层样式
学习时间	45 分钟
视频地址	视频 \ 第 5 章 \5-5-3.mp4
源文件地址	源文件 \ 第 5 章 \5-5-3.psd
设计风格	拟物化设计

步骤 01 执行“文件>新建”命令，弹出“新建文档”对话框，新建一个空白文档，如图5-141所示。打开素材图像“素材\第5章\54301.jpg”，将其拖入到设计文档中，如图5-142所示。

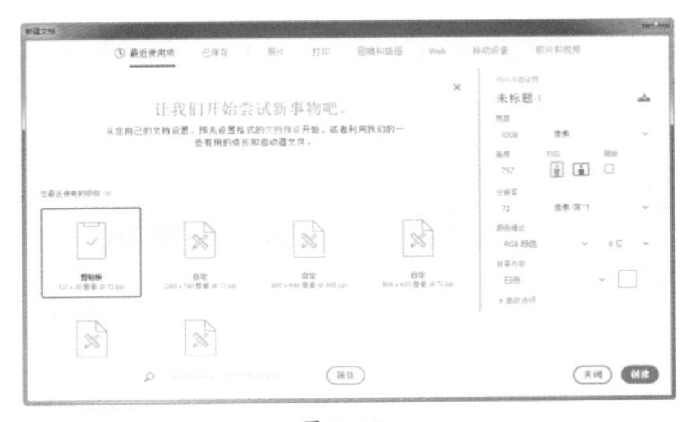

图 5-141

图 5-142

步骤 02 新建名称为“界面”的图层组，单击工具箱中的“矩形工具”按钮，在画布中绘制一个白色矩形，如图5-143所示。为该图层添加“内阴影”图层样式，对相关选项进行设置，如图5-144所示。

图 5-143

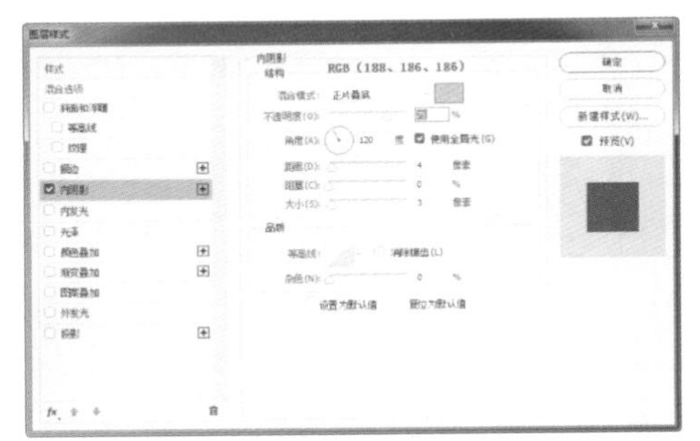

图 5-144

步骤 03 单击“确定”按钮，完成“图层样式”对话框中各选项的设置，效果如图5-145所示。单击工具箱中的“矩形工具”按钮，在画布中绘制一个矩形，如图5-146所示。

图 5-145

图 5-146

步骤 04 为该图层添加“渐变叠加”图层样式，对相关选项进行设置，如图5-147所示。单击“确定”按钮，完成“图层样式”对话框中各选项的设置，如图5-148所示。

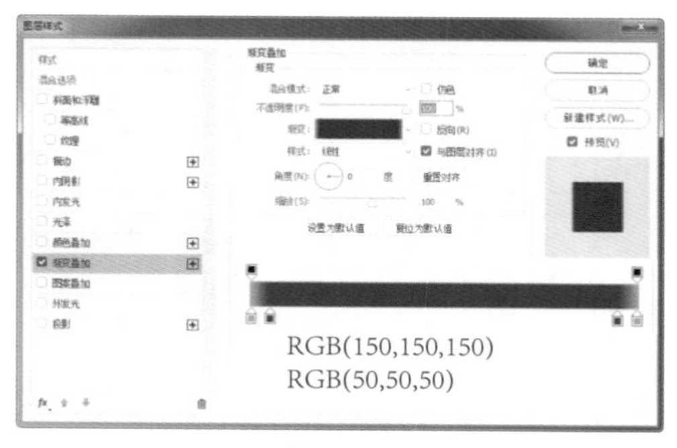

图 5-147

图 5-148

步骤 05 执行“文件>新建”命令，弹出“新建文档”对话框，新建一个空白文档，如图5-149所示。单击工具箱中的“矩形选框工具”按钮，在画布中绘制选区，并为选区填充黑色，效果如图5-150所示。

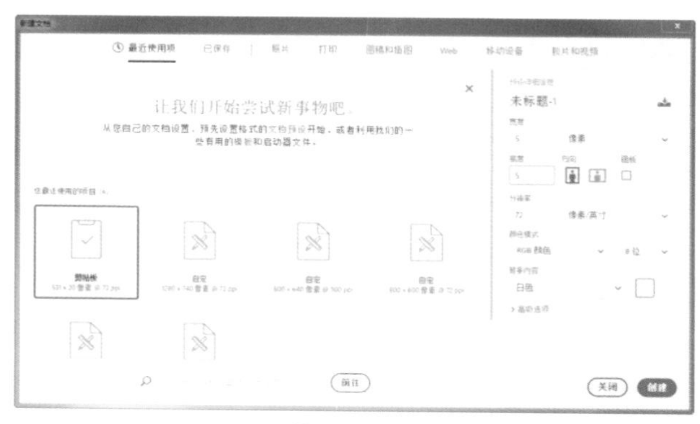

图 5-149

图 5-150

步骤 06 取消选区，执行“编辑>定义图案”命令，弹出“图案名称”对话框，如图5-151所示。单击“确定”按钮，返回设置文档中，复制“矩形2”图层，得到“矩形2 拷贝”图层，清除该图层的图层样式，为该图层添加“图案叠加”图层样式，对相关选项进行设置，如图5-152所示。

图 5-151

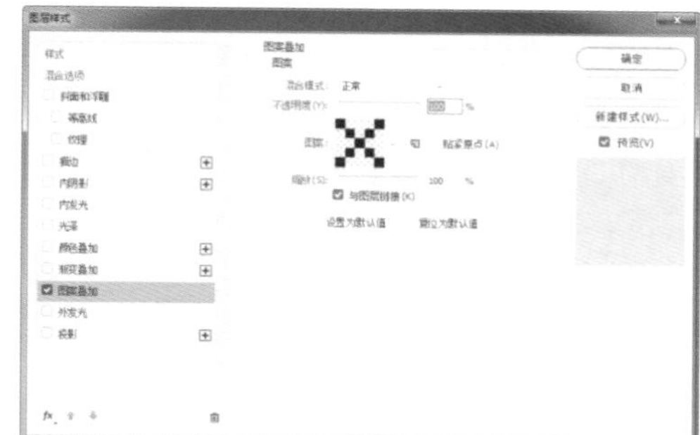

图 5-152

步骤 07 单击“确定”按钮，完成“图层样式”对话框中各选项的设置，设置该图层的“填充”为0%，效果如图5-153所示。单击工具箱中的“圆角矩形工具”按钮，设置“半径”为10像素，在画布中绘制白色的圆角矩形，如图5-154所示。

图 5-153

图 5-154

提示：在使用各种形状工具绘制矩形、椭圆形、多边形、直线和自定义形状时，在绘制过程中按住键盘上的空格键可以移动形状的位置。

步骤 08 为该图层添加“描边”图层样式，对相关选项进行设置，如图5-155所示。继续添加“渐变叠加”图层样式，对相关选项进行设置，如图5-156所示。

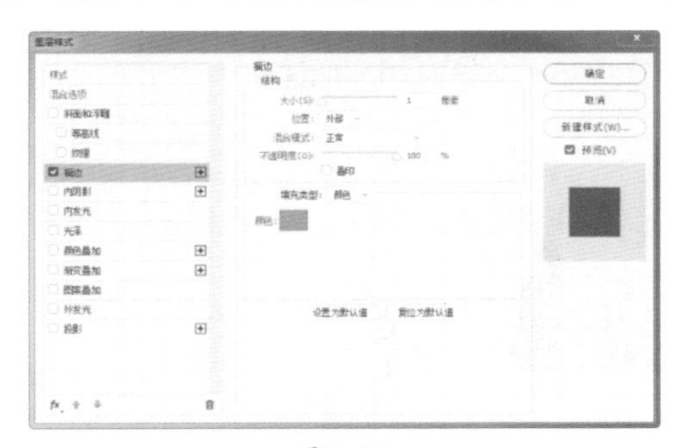

图 5-155

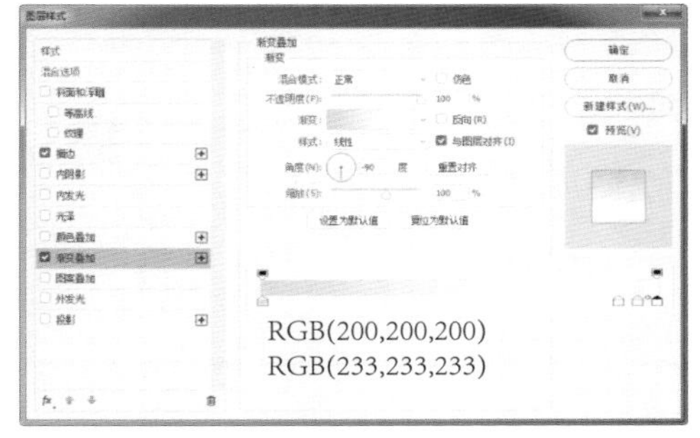

图 5-156

步骤 09 单击“确定”按钮，完成“图层样式”对话框中各选项的设置，效果如图5-157所示。单击工具箱中的“钢笔工具”按钮，设置“路径操作”为“减去顶层形状”，在该圆角矩形上减去相应的图形，得到需要的图形，效果如图5-158所示。

图 5-157

图 5-158

步骤 10 新建名称为“菜单”的图层组，使用相同的制作方法，可以完成相似图形效果的绘制，效果如图5-159所示。单击工具箱中的“横排文本工具”按钮，在“字符”面板中设置相关选项，在画布中输入相应的文字，如图5-160所示。

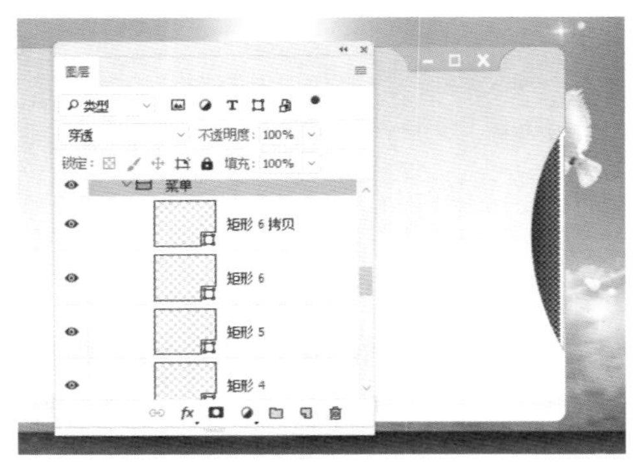

图 5-159

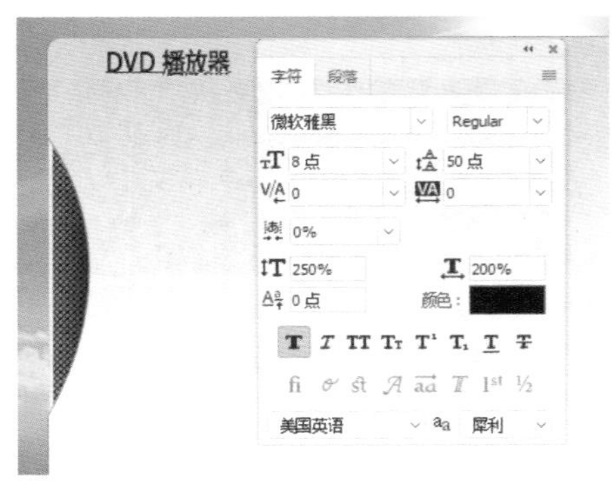

图 5-160

步骤 11 为该文字图层添加“投影”图层样式，对相关选项进行设置，如图5-161所示。单击“确定”按钮，完成“图层样式”对话框中各选项的设置，效果如图5-162所示。

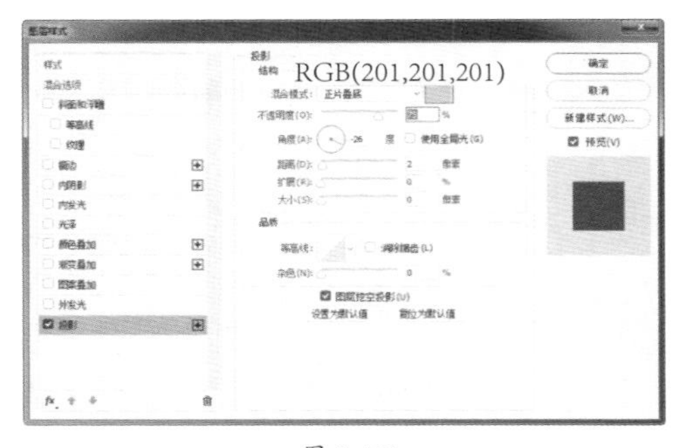

图 5-161

图 5-162

步骤 12 使用相同的制作方法，完成相似图形效果的制作，效果如图5-163所示。打开素材图像“素材\第5章\54302.jpg”，将其拖入到设计文档中，并调整到合适的大小和位置，执行“图层>创建剪贴蒙版”命令，效果如图5-164所示。

图 5-163

图 5-164

步骤 13 复制“界面”图层组，得到“界面”图层图，将复制得到的图像组垂直翻转并向下移动至合适的位置，如图5-165所示。为该图层组添加图层蒙版，单击工具箱中的“渐变工具”按钮，在蒙版中填充黑白线性渐变，效果如图5-166所示。

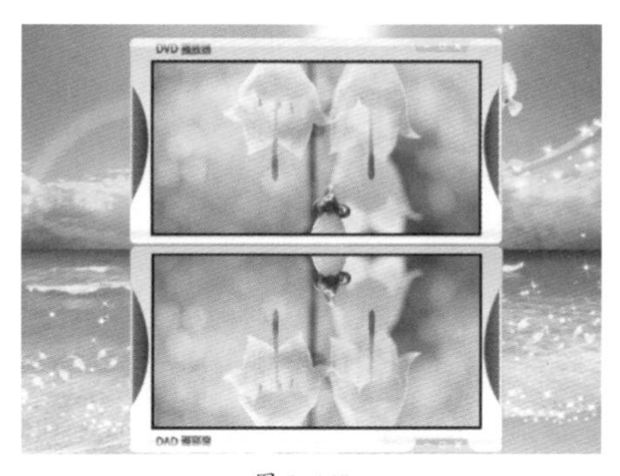
图 5-165

图 5-166

提示：蒙版主要是在不损坏原图层的基础上新建的一个活动的蒙版图层，可以在该蒙版图层上做许多处理，但有一些处理必须在真实的图层上操作，矢量蒙版可以使图像的边缘更加清晰，而且具有可编辑性。

步骤 14 新建名称为“播放”的图层组，使用相同的制作方法，可以完成相似图形效果的绘制，效果如图5-167所示。新建名称为“播放按钮”的图层组，单击工具箱中的“椭圆工具”按钮，设置“填充”为RGB（180,180,180）、“描边”为白色、“描边宽度”为5点，在画布中绘制正圆形，如图5-168所示。

图 5-167

图 5-168

步骤 15 单击工具箱中的“椭圆工具”按钮，设置“填充”为黑色、“描边”为无，在画布中绘制正圆形，效果如图5-169所示。为该图层添加“描边”图层样式，对相关选项进行设置，如图5-170所示。

图 5-169

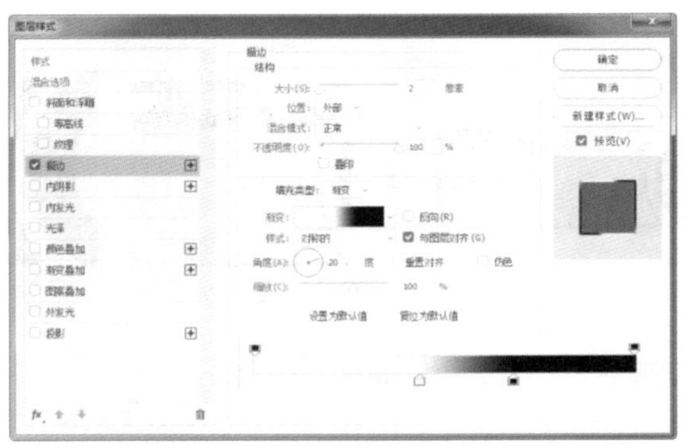
图 5-170

步骤 16 单击“确定”按钮，完成“图层样式”对话框中各选项的设置，效果如图5-171所示。使用相同的制作方法，可以完成相似图形效果的绘制，如图5-172所示。

图 5-171

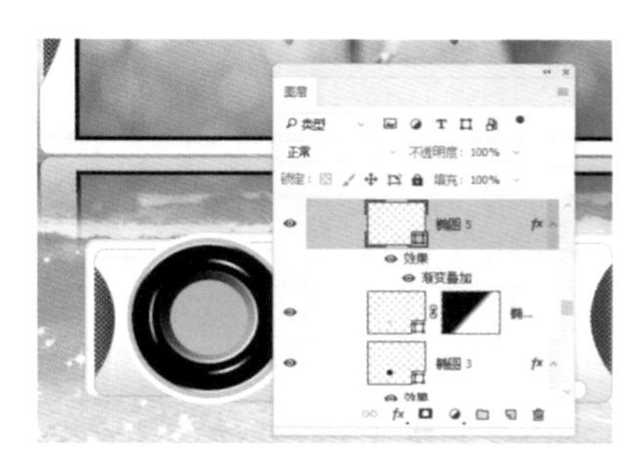
图 5-172

提示：通过绘制多个同心的正圆形，并为各正圆形填充不同的渐变颜色，可以使图形产生很强烈的层次感和质感，这也是设计中常用的一种层次感表现方法。

步骤 17 单击工具箱中的“自定形状工具”按钮，在“形状”下拉列表中选择相应的形状，在画布中绘制形状图形，如图5-173所示。单击工具箱中的“椭圆工具”按钮，在画布中绘制白色的正圆形，如图5-174所示。

步骤 18 为该图层添加图层蒙版，单击工具箱中的“渐变工具”，在蒙版中填充黑白线性渐变，效果如图5-175所示。单击工具箱中的“钢笔工具”按钮，设置“路径操作”为“减去顶层形状”，在刚绘制的正圆形上减去相应的图形，得到需要的图形，如图5-176所示。

图 5-173

图 5-174

图 5-175

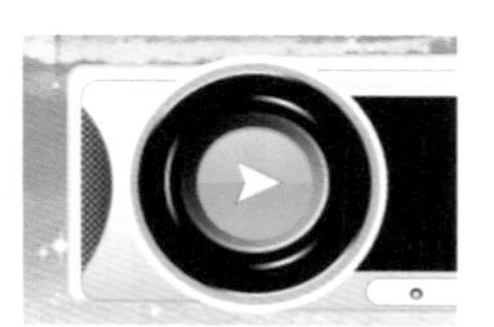
图 5-176

步骤 19 使用相同的制作方法，完成相似效果的绘制，效果如图5-177所示。新建名称为“频率”的图层组，单击工具箱中的“矩形工具”按钮，在画布中绘制白色矩形，并设置该图层的“不透明度”为50%，如图5-178所示。

步骤 20 多次复制“矩形10”图层，分别调整复制得到的矩形的位置和不透明度，效果如图5-179所示。多次复制“频率”图层组，分别调整复制得到的图层组的位置和不透明度，如图5-180所示。

图 5-177

图 5-178

图 5-179

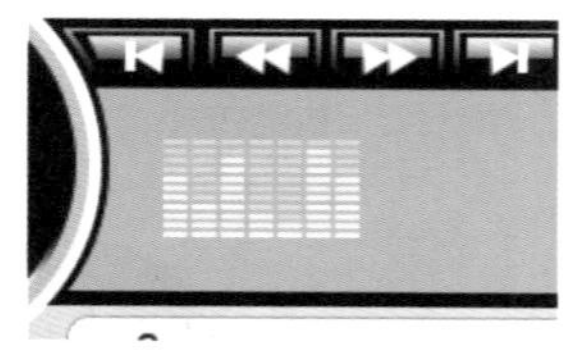
图 5-180

步骤 21 单击工具箱中的“横排文本工具”按钮，在“字符”面板中设置相关选项，在画布中输入相应文字，如图5-181所示。单击工具箱中的“自定形状工具”按钮，在“形状”下拉列表中选择相应的形状，在画布中绘制形状，如图5-182所示。

图 5-181

图 5-182

步骤22 新建名称为“滚动条”的图层组。单击工具箱中的“圆角矩形工具”按钮，设置“半径”为10像素，在画布中绘制黑色的圆角矩形，如图5-183所示。为该图层添加“描边”图层样式，对相关选项进行设置，如图5-184所示。

图 5-183

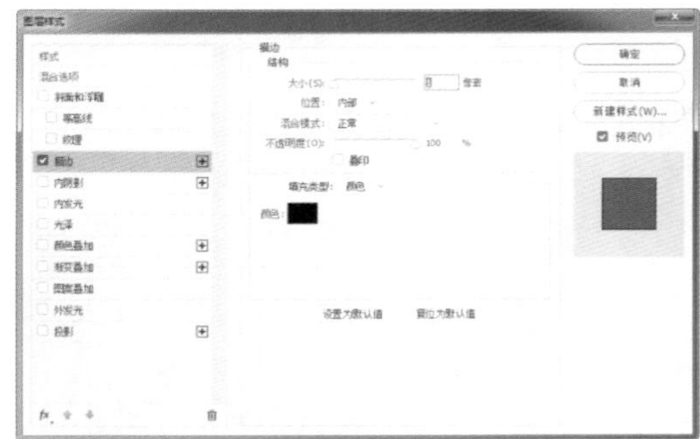

图 5-184

步骤23 继续添加“渐变叠加”图层样式，对相关选项进行设置，如图5-185所示。单击“确定”按钮，完成“图层样式”对话框中各选项的设置，效果如图5-186所示。

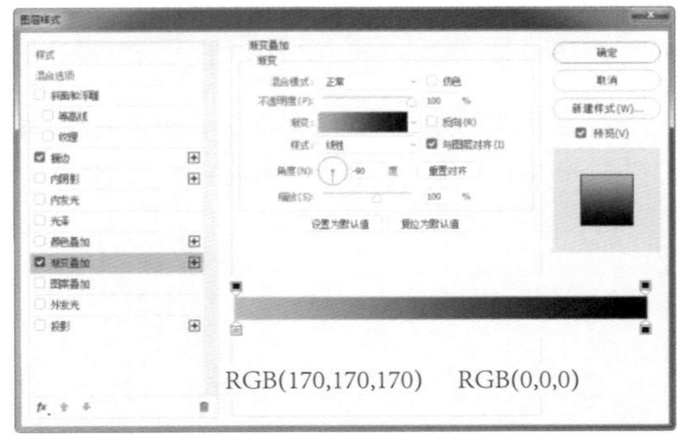

图 5-185

图 5-186

步骤24 单击工具箱中的“直线工具”按钮，在画布中绘制一条黑色的直线，如图5-187所示。复制“形状4”图层，将复制得到的直线向下移动，并修改其“填充”颜色为RGB（170,170,170），效果如图5-188所示。

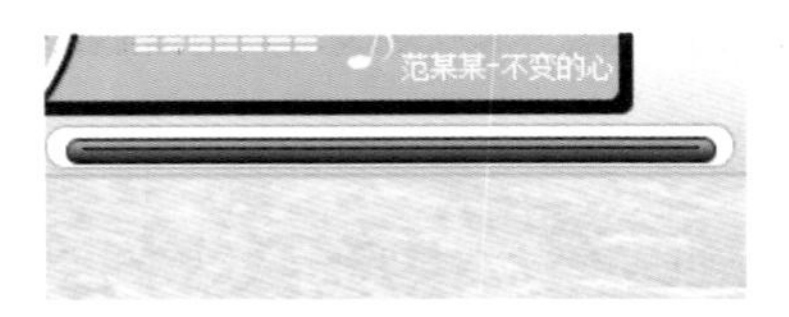

图 5-187

图 5-188

步骤 25 使用相同的制作方法，可以完成相似图形效果的绘制，效果如图5-189所示。复制“播放”图层组，得到“播放 拷贝”图层组，将其垂直翻转并向下移动至合适的位置，为该图层组添加图层蒙版，单击工具箱中的“渐变工具”按钮，在蒙版中填充黑白线性渐变，效果如图5-190所示。

图 5-189

图 5-190

步骤 26 完成质感视频播放器界面的制作，最终界面效果如图5-191所示，“图层”面板如图5-192所示。

图 5-191

图 5-192

步骤 27 隐藏除“图层1”图层之外的全部图层，按Ctrl+A组合键全选画布中的图形，执行“编辑>选择性拷贝>合并拷贝”命令，如图5-193所示。执行“文件>新建”命令，弹出“新建文档”对话框，如图5-194所示。

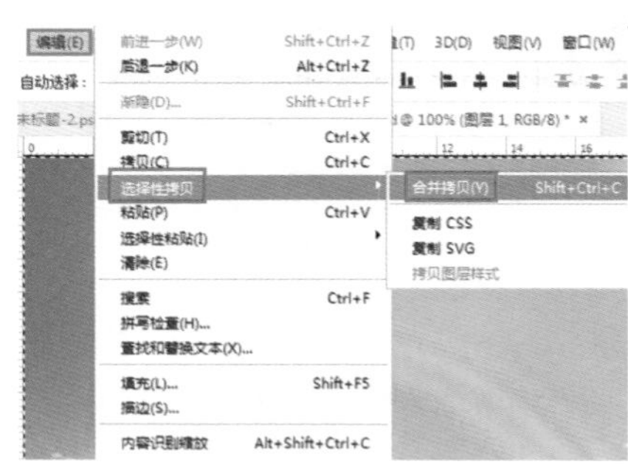

图 5-193

图 5-194

步骤 28 单击“确定”按钮新建文档，按Ctrl+V组合键粘贴图像，如图5-195所示。执行“文件>导出>存储为Web所用格式”命令优化图像，如图5-196所示。

图 5-195

图 5-196

步骤 29 单击“存储”按钮将其重命名并存储，如图5-197所示。用相同的方法将其余内容进行切图处理，切图后的文件夹如图5-198所示。

图 5-197

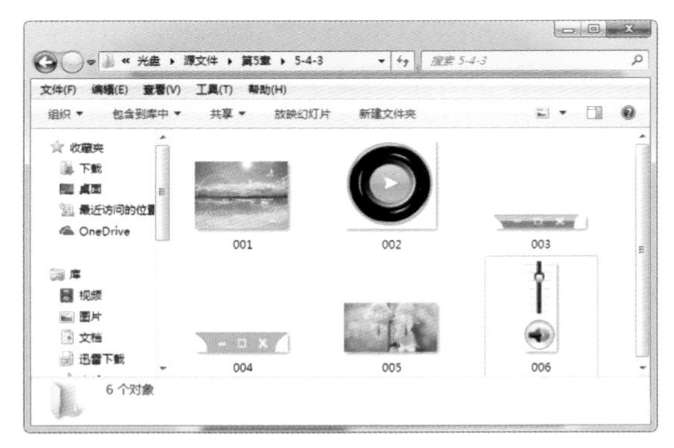

图 5-198

5.5 本章小结

本章主要为读者详细讲解了制作播放器界面的相关知识，并通过实战练习与基础知识相结合的方式帮助读者对学习到的知识进行巩固。希望读者在学习了本章内容后能够对播放器界面设计有更深层的理解。

06

Chapter

网页界面设计

网页不单单是把各种信息简单地堆叠起来能看或能够表达清楚就行，还要考虑通过各种设计手段和技术技巧，让浏览者能够更多、更有效地接受网页中的各种信息，从而对网页留下深刻的印象。

本章知识点：

★ 了解网页界面设计

★ 掌握网页设计的设计要点

★ 掌握网页设计的设计原则

★ 掌握网页设计的设计方法

6.1 了解网页界面设计

UI 的本意就是用户界面，就是人与机器的交互，为了使人机交互更为和谐，就需要设计出符合人机操作的简易性和合理性的用户界面，借此拉近人与机器之间的距离。

提示：在网络快速发展的今天，界面设计工作也越来越被重视。一个美观界面的网页会给人们带来舒适的视觉享受和操作体验，是建立在科学技术基础上的艺术。

6.1.1 什么是网页界面

一个网页就是一个 HTML 格式的文档，这个文档包含文字、图片、声音和动画等其他格式的文件，这张网页中的所有元素被存储在一台与互联网相连接的计算机中。

当用户发出浏览这个页面的请求时，就由这台计算机将页面中的元素发送至用户的计算机中，再由用户的浏览器将这些元素按照特定的排列方式显示出来，形成用户看到的网页。

作为上网的主要依托，网页变得越来越重要。网页注重的是排版布局和视觉效果，最终给每位浏览者提供一种布局合理、视觉效果强、功能强大并且实用、简单、方便的界面。如图 6-1 所示为设计精美的网页界面。

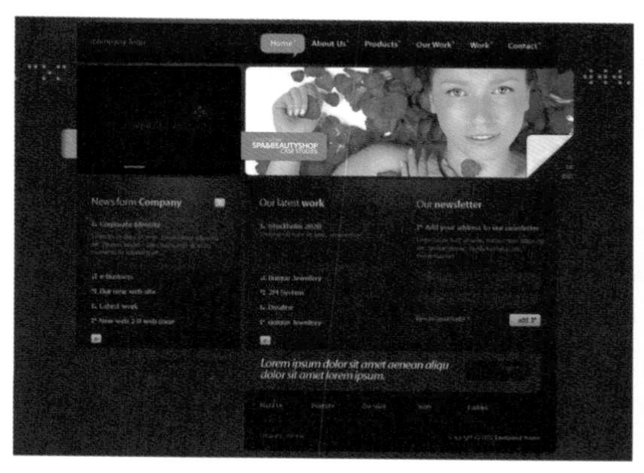

图 6-1

6.1.2 网页界面的设计特点

网络日益发达的今天，单纯的文字和数字网页已经不复存在了，取而代之的是形式和内容上极其丰富的页面。网页界面设计也具有统一的设计特点，并且兼备了新时代的艺术形式。

1. 交互性与持续性

网页不同于传统媒体之处，就在于信息的动态更新和即时交互性。即时交互性是 Web 成为热点的主要原因，也是网页设计必须考虑的问题。

传统媒体都以线性方式提供信息，即按照信息提供者的感觉、体验和事先确定的格式来传播。而在 Web 环境下，人们不再是一个传统媒体方式的被动接受者，而是以一个主动参与者的身份加入到信息的加工处理和发布之中的。

提示：持续的交互，使网页设计不像印刷品设计那样，发表之后就意味着设计的结束。网页设计人员必须根据网站各个阶段的经营目标，配合网站不同时期的经营策略，以及用户的反馈信息，经常对网页进行调整和修改。

为了保持浏览者对网站的新鲜感，很多大型网站总是定期或不定期地进行改版，这就需要设计者在保持网站视觉形象一贯性的基础上，不断创作出新的网页设计作品。如图 6–2 所示为网页界面交互性的体现。

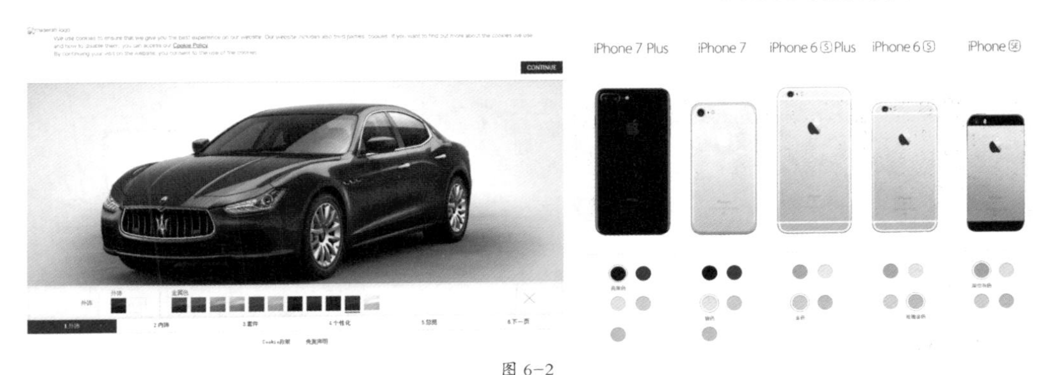

图 6–2

2. 多维性

多维性源于超链接，主要体现在网页设计中对导航的设计上。由于超链接的出现，网页的组织结构更加丰富，浏览者可以在各种主题之间自由跳转，从而打破了以前人们接收信息的线性方式。

提示：为了让浏览者在网页上迅速找到所需的信息，设计者必须考虑快捷而完善的导航设计。在替浏览者考虑得很周到的网页中，导航提供了足够的、不同角度的超链接，帮助读者在网页的各个部分之间跳转，并告知浏览者现在所在的位置、当前页面和其他页面之间的关系等。而且，每页都有一个返回主页的按钮或超链接，如果页面是按层次结构组织的，通常还有一个返回上级页面的超链接。

对于网页设计者来说，面对的不是按顺序排列的印刷页面，而是自由分散的网页，因此必须考虑更多的问题。如：怎样构建合理的页面组织结构，让浏览者对提供的信息感到有条理？怎样建立包括站点索引、帮助页面、查询功能在内的导航系统？如图 6–3 所示为网页界面中出色的导航页。

图 6–3

3. 多媒体综合性

目前网页中使用的多媒体视听元素主要有文字、图像、声音、视频等，随着网络带宽的增加、芯片处理速度的提高及跨平台的多媒体文件格式的推广，必将促使设计者综合运用多种媒体元素来设计网页，以满足和丰富浏览者对网络信息传输质量提出的更高要求。

提示：目前国内网页已经出现了模拟三维的操作界面，在数据压缩技术的改进和流技术的推动下，Internet出现实时的音频和视频服务，典型的有在线音乐、在线广播、网上电影、网上直播等。

多种媒体的综合运用是网页设计的特点之一，也是未来的发展方向。如图 6-4 所示为在网页界面中应用动画和视频等多媒体元素。

图 6-4

4. 艺术与技术紧密性

设计是主观和客观共同作用的结果，是在自由和不自由之间进行的，设计者不能超越自身已有经验和所处环境提供的客观条件限制，优秀设计者正是在掌握客观规律的基础上得到了完全的自由，一种想象和创造的自由。如图 6-5 所示为设计精美的网页界面。

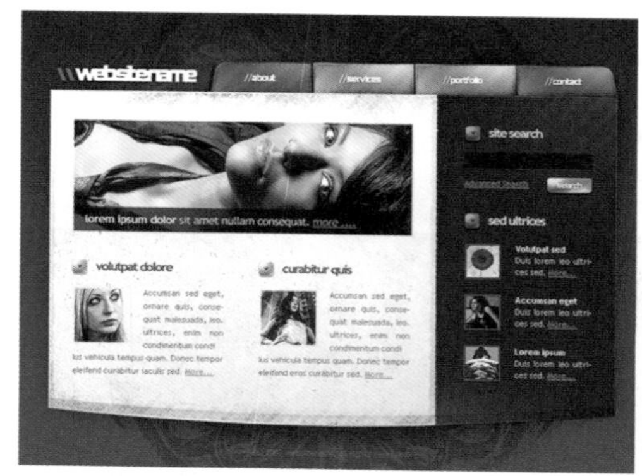

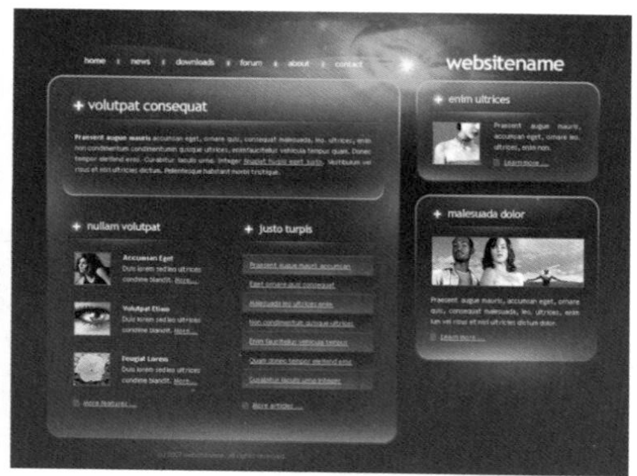

图 6-5

提示：网络技术主要表现为客观因素，艺术创意主要表现为主观因素，网页设计者应该积极主动地掌握现有的各种网络技术规律，注重技术和艺术紧密结合，这样才能穷尽技术之长，实现艺术想象，满足浏览者对网页信息的高质量需求。

5. 版式设计不可控性

网页版式设计与传统印刷版式设计有着极大的差异，一是印刷品设计者可以指定使用的纸张和油墨，而网页设计者却不能要求浏览者使用什么样的计算机或浏览器，二是网络正处于不断发展之中，不像印刷那样基本具备了成熟的印刷标准，三是网页设计过程中有关 Web 的内容都可能随时发生变化。

提示：网页版式设计的不可控制性具体表现为：一是网页页面会根据当前浏览器窗口大小自动格式化输出，二是网页的浏览者可以控制网页页面在浏览器中的显示方式，三是不同种类、版本的浏览器观察同一个网页页面，效果会有所不同，四是用户的浏览器工作环境不同，显示效果也不同。

把所有这些问题归结为一点，即网页设计者无法控制页面在用户端的最终显示效果，但这也正是网页设计的吸引人之处。如图 6-6 所示为在不同版式下的网页界面效果。

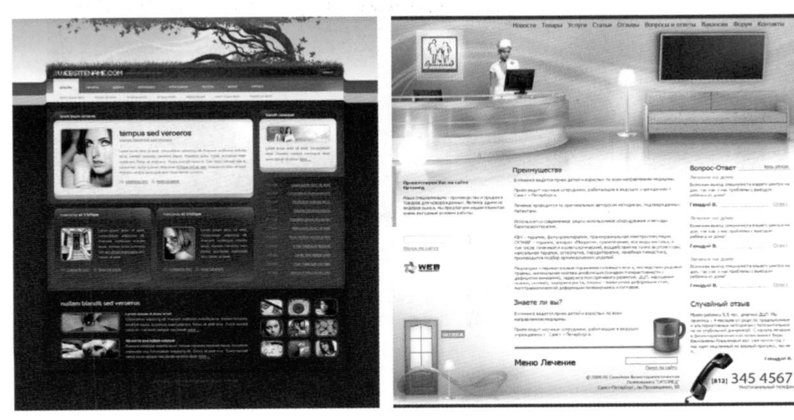

图 6-6

6.1.3 网页界面的构成元素

网页由网址来识别与存取。当访问者在浏览器的地址栏中输入网址后，通过一段复杂而又快速的程序，网页文件会被传送到访问者的计算机内，然后浏览器把这些 HTML 代码“翻译”成图文并茂的网页。

虽然网页的形式与内容不相同，但是组成网页的基本元素是大体相同的，一般包含文本、图像、超链接、动画、音频和视频等内容，如图 6-7 所示。

图 6-7

1. 文本

文本是网页中最基本的构成元素，目前所有网页中都有它的身影。 网页中的信息以文本为主。文本一直是人类最重要的信息载体与交流工具，网页中的信息也以文本为主。

文本在网页中的主要功能是显示信息和超链接。文本通过文字的具体内容与不同格式来显示信息的重要内容，这是文本的直接功能。此外，文本作为一个对象，往往又是超链接的触发体，通过文本表达的超链接目标指向相关的内容。

如图 6–8 所示为两款拥有大段文字的网页界面，从图片中可以看出，只要设计得当，文字也可以充满设计感。

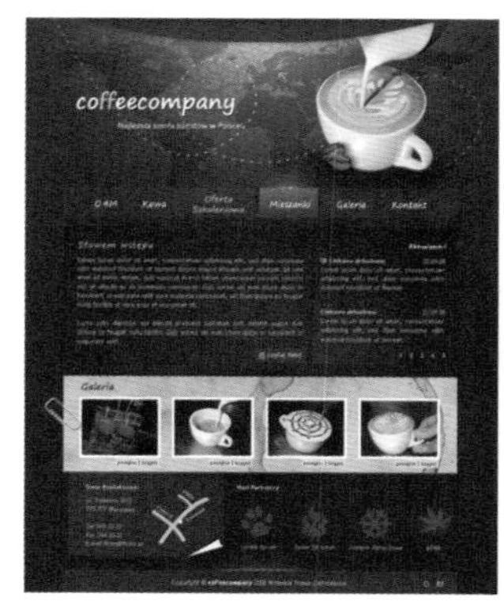

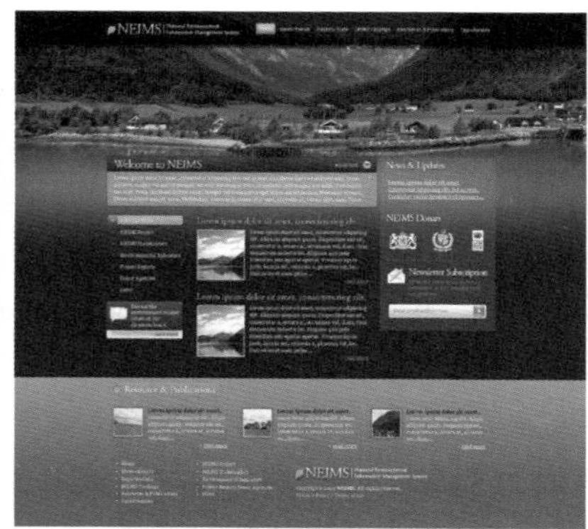

图 6–8

2. 图像

当前网页设计领域可谓是色彩横行、图片当道，因此合理地使用和处理图片元素也成为了评判网页设计的重要标准。

依托先进的图片压缩技术，可以在保证图像丰富性的同时压缩到了一个合适的体积。如图 6–9 所示为两款以图片为主的网页设计。

图 6–9

提示：图像的功能是提供信息、展示作品、装饰网页、表现风格和超链接。网页中使用的图像主要是GIF、JPEG、PNG等格式。

3. 超链接

网页中的超链接又可分为文字超链接和图像超链接两种，只要访问者用鼠标单击带有超链接的文字或者图像，就可自动链接到对应的其他文件，这样才让网页能够链接成为一个整体，超链接也是整个网络的基础。如图 6–10 所示分别为文字超链接和图像超链接。

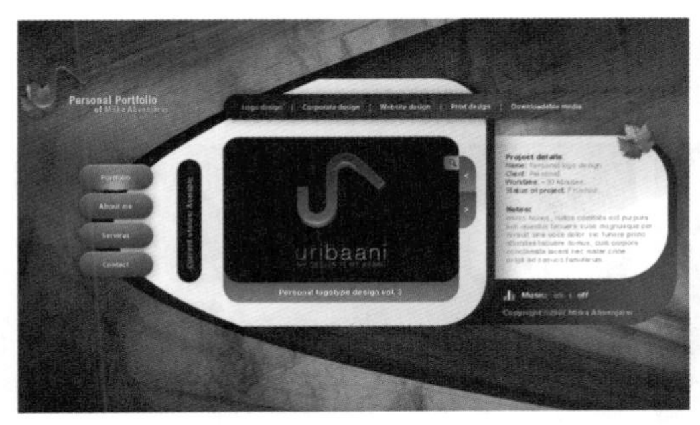

图 6-10

4. 多媒体

网页界面中的多媒体元素主要包括 Flash 动画、音频和视频。这些多媒体元素的应用能够使网页更时尚，但使用前需要确认用户的带宽是否能够快速下载这样的高数据量，不能单纯地为了炫耀技术而降低用户的体验。

- Flash 动画。Flash 动画实质上是动态的图像，在网页中使用动画可以有效地吸引浏览者的注意。活动的对象比静止的对象更具有吸引力，因而网页上通常有大量的动画。

  动画的功能是提供信息、展示作品、装饰网页和动态交互。如图 6-11 所示为使用 Flash 动画的网页界面效果。

图 6-11

- 音频。音频是多媒体网页的一个重要组成部分。当前存在着一些不同类型的声音文件和格式，也有不同的方法将这些声音添加到 Web 页中。

  在决定被添加声音的格式和方式之前，需要考虑的因素是声音的用途、声音文件的格式、声音文件的大小、声音的品质和浏览器的差别等。不同的浏览器对于声音文件的处理方法是非常不同的，彼此之间可能不兼容。

  用于网络的声音文件格式非常多，常用的有 MIDI、WAV、MP3 和 AIF 等。一般说来，不使用声音文件作为网页的背景音乐，那样会影响网页的下载速度。可以在网页中添加一个超链接来打开声音文件作为背景音乐，让播放音乐变得可以控制。

提示：浏览器不同，处理声音文件的方式也会有很大差异和不一致的地方，最好将声音文件添加到 Flash 影片，然后嵌入 SWF 文件以改善一致性。

- 视频。在网页中视频文件格式也非常多，常见的有 RealPlayer、MPEG、AVI 和 DivX 等。视频文件的使用让网页变得非常精彩而且有动感。网络上的许多插件也使向网页中插入视频文件的操作变得非常简单。如图 6-12 所示为使用视频插件的网页界面设计。

图 6-12

实战练习——设计产品宣传网页界面

案例分析：本案例是一款产品宣传网页，使用色块对网页背景进行倾斜分割，搭配比较随意的产品图片摆放，使页面产生随意感和现代感。

色彩分析：该网页界面以蓝色和浅黄色作为页面的背景颜色，通过两种颜色的对比分割页面的背景，显得层次清晰，再搭配白色的文字效果，整个界面给人干净和整洁的印象。

RGB(25,120,219)　RGB(246,230,187)　RGB(255,255,255)

使用到的技术	直接选择工具、矩形工具、文本工具
学习时间	30 分钟
视频地址	视频 \ 第 6 章 \6-1-3.mp4
源文件地址	源文件 \ 第 6 章 \6-1-3.psd
设计风格	常规扁平化设计

步骤01 执行“文件>新建”命令，按如图6-13所示设置参数。单击工具箱中的“矩形工具”按钮，在画布底部绘制“填充”颜色为RGB（7,160,254）的矩形，如图6-14所示。

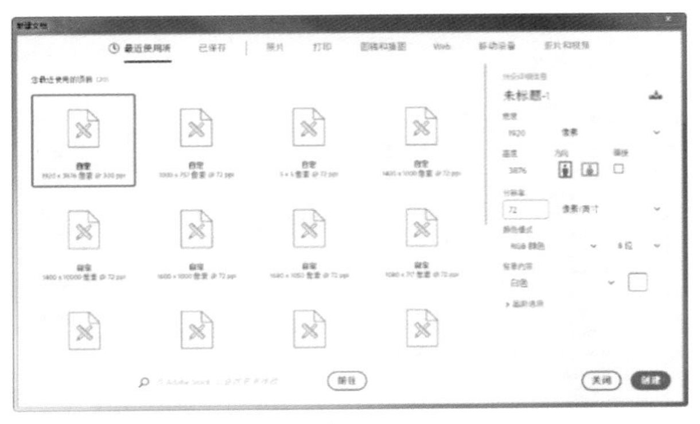

图 6-13

图 6-14

步骤02 复制“矩形1”图层，得到“矩形1拷贝”图层，对复制后的矩形进行变换操作，调整到合适的角度和大小，修改其“填充”颜色为RGB（244,226,176），如图6-15所示。双击该图层，打开“图层样式”对话框，按如图6-16所示设置参数。

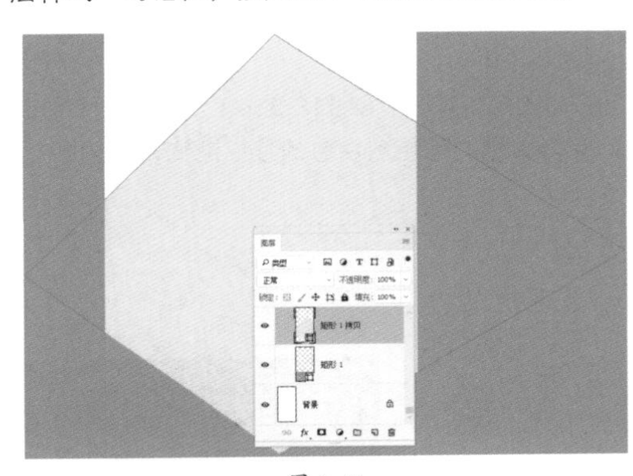

图 6-15

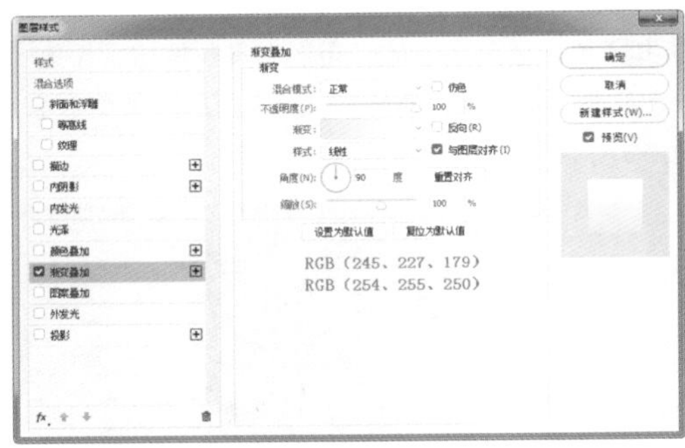

图 6-16

步骤03 单击“确定”按钮，完成“图层样式”对话框中各选项的设置，图形效果如图6-17所示。使用“钢笔工具”在画布中绘制“填充”颜色为RGB（253,250,241）的形状，如图6-18所示。

图 6-17

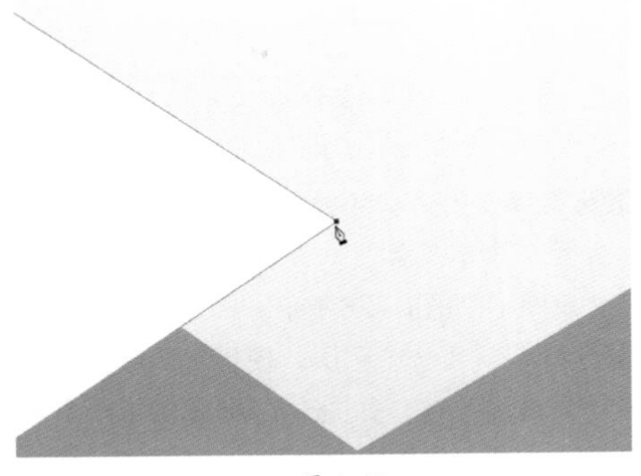

图 6-18

提示：此处绘制形状有多种方式，也可以使用多边形工具进行绘制，使用“钢笔工具”绘制图形较为精细，但比较难把握，用户可以根据自身能力进行选择。

步骤 04 使用相同的方法完成相似内容的制作，可以完成其他图形效果的绘制，图形效果如图6-19所示。为“矩形3”图层添加图层样式，并设置相关参数，如图6-20所示。

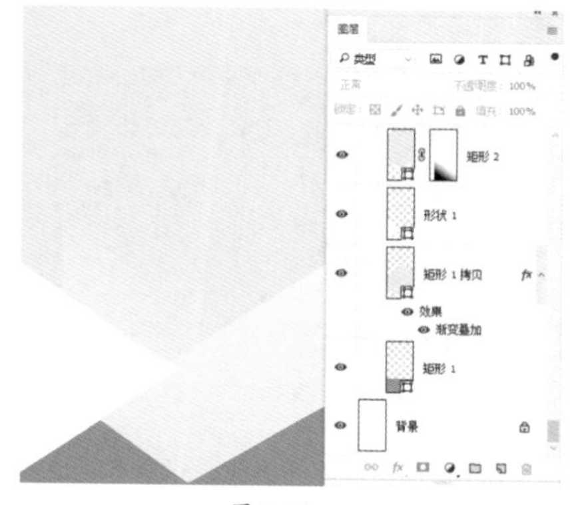

图 6-19

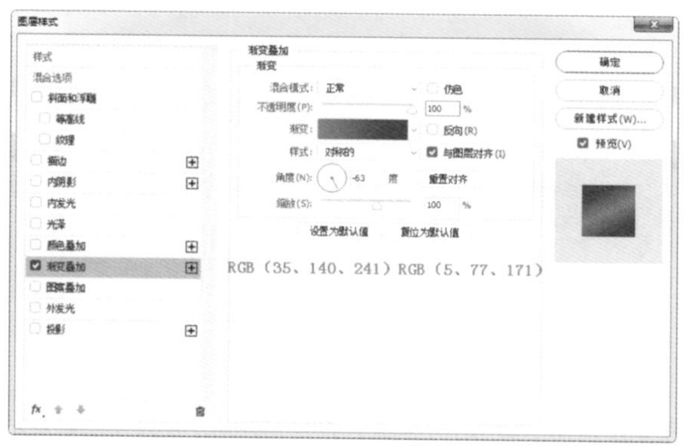

图 6-20

步骤 05 单击“确定”按钮，完成“图层样式”对话框中各选项的设置，图像效果如图6-21所示。使用相同的方法完成背景图层的绘制，如图6-22所示。

步骤 06 单击工具箱中的“矩形工具”按钮，设置“填充”颜色为RGB（12,118,236），在画布中绘制一个矩形，如图6-23所示。为该图层添加图层蒙版，并为其添加黑色到白色的线性渐变，如图6-24所示。

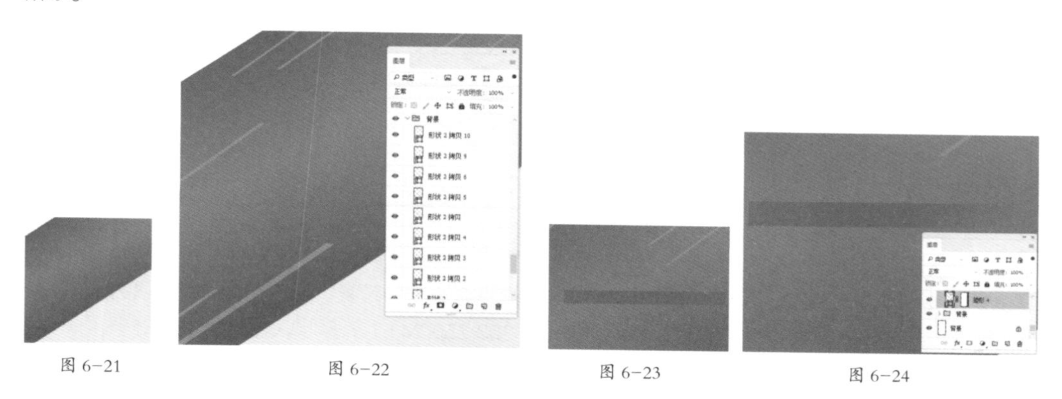

图 6-21　　图 6-22　　图 6-23　　图 6-24

提示：涂黑色的地方蒙版变为不透明的，看不见当前图层的图像。涂白色则使涂色部分变为透明的，可看到当前图层上的图像，涂灰色使蒙版变为半透明，透明的程度由涂色的灰度深浅决定。

步骤 07 继续使用适当的绘图工具，完成相似内容的绘制，图形效果如图6-25所示。新建“图层1”图层，使用“画笔工具”，设置“前景色”为白色，在画布的相应位置进行涂抹，并设置该图层的“填充”为50%，如图6-26所示。

步骤 08 继续新建一个图层，使用“画笔工具”，设置“前景色”为RGB（112,246,255），在画布中相应位置进行涂抹，如图6-27所示。单击工具箱中的“横排文本工具”按钮，设置相应的参数，在画布中输入文字，如图6-28所示。

图 6-25

图 6-26

图 6-27

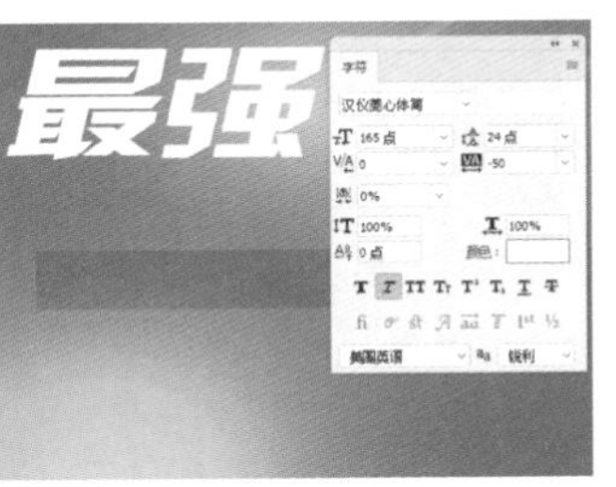

图 6-28

提示：使用“画笔工具”在画布中进行涂抹，注意选择柔角笔触，并且在选项栏上设置“画笔工具”的不透明度。

步骤 09 使用相同的方法完成相似内容的制作，图形效果如图6-29所示。执行“文件>打开”命令，打开“素材\第6章\61301.PNG”，并将其拖入到设计文档中，如图6-30所示。

图 6-29

图 6-30

步骤 10 单击工具箱中的“矩形工具”按钮，设置“填充”颜色为RGB（79,212,255），在画布中绘制一个矩形，并对其进行变换操作，如图6-31所示。使用相同的方法完成相似内容的制作，图像效果如图6-32所示。

图 6-31

图 6-32

步骤 11 单击工具箱中的“椭圆工具”按钮，设置“填充”颜色为无、“描边”为白色，在画布中绘制白色圆环，如图6-33所示。使用“钢笔工具”在画布中绘制形状，如图6-34所示。多次复制并移动该形状，得到如图6-35所示的图形。

图 6-33

图 6-34

图 6-35

提示：在绘制曲线路径的过程中调整方向线时，按住Shift键拖曳鼠标光标可以将方向线的方向控制在水平、垂直或以45°角为增量的角度上。如果要结束一段开放的路径，按住Ctrl键单击画布的空白处，或者单击其他工具，或者使用Esc键。

步骤12 单击工具箱中的“横排文本工具”按钮，设置相应的参数，在画布中输入文字，如图6-36所示。使用相同的方法完成相似内容的制作，图像效果如图6-37所示。

图 6-36

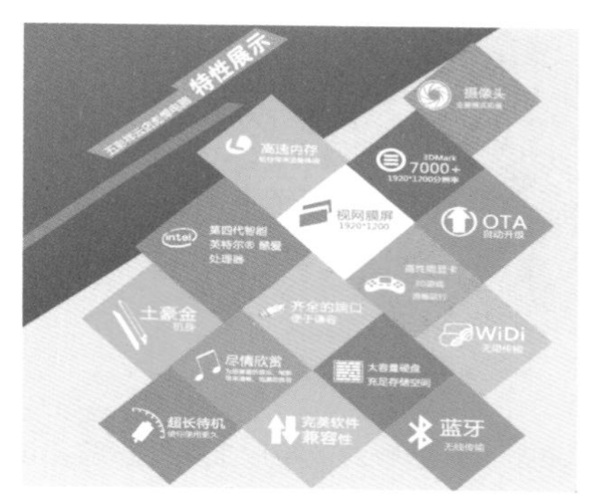

图 6-37

步骤13 执行“文件>打开”命令，打开“素材\第6章\61302.png”，并将其拖入到设计文档中，如图6-38所示。使用相同的方法完成相似内容的制作，图像效果如图6-39所示。

图 6-38

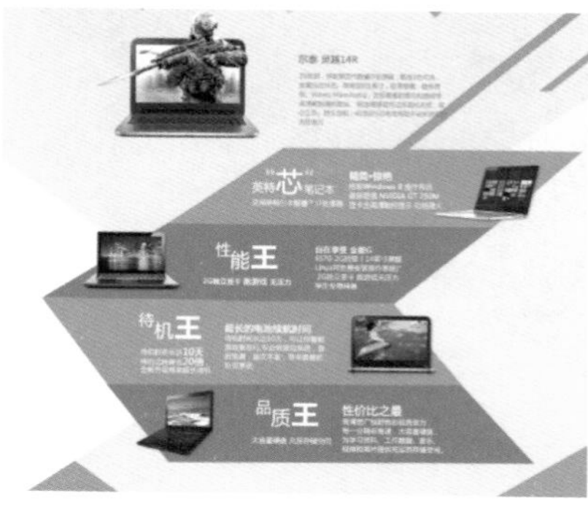

图 6-39

步骤14 适当调整图层的位置，将相应图层进行编组处理，最终图像效果及“图层”面板如图6-40所示。

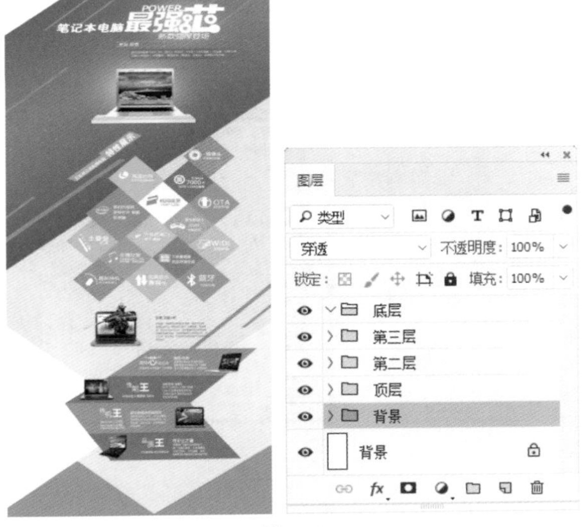

图 6-40

步骤 15 隐藏除“图层3”图层之外的全部图层，按Ctrl+A组合键全选画布中的图形，执行“编辑>选择性拷贝>合并拷贝”命令，如图6-41所示。执行“文件>新建”命令，弹出“新建文档”对话框，如图6-42所示。

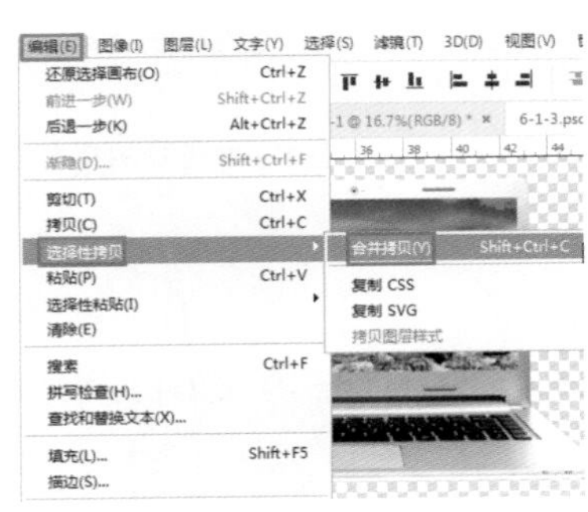

图 6-41

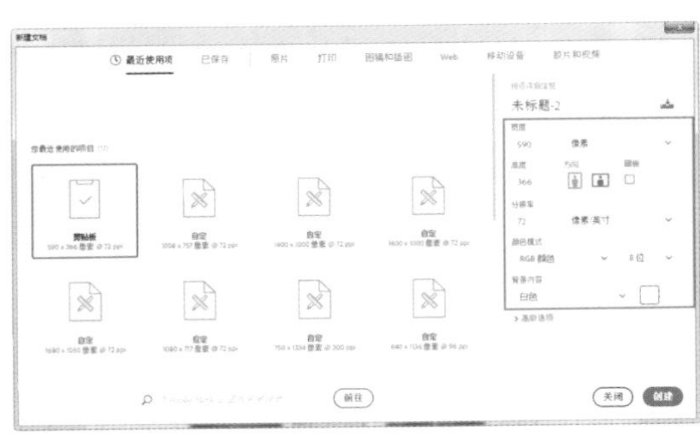

图 6-42

步骤 16 单击“确定”按钮新建文档，按Ctrl+V组合键粘贴图像，如图6-43所示。执行“文件>导出>存储为Web所用格式”命令优化图像，如图6-44所示。

图 6-43

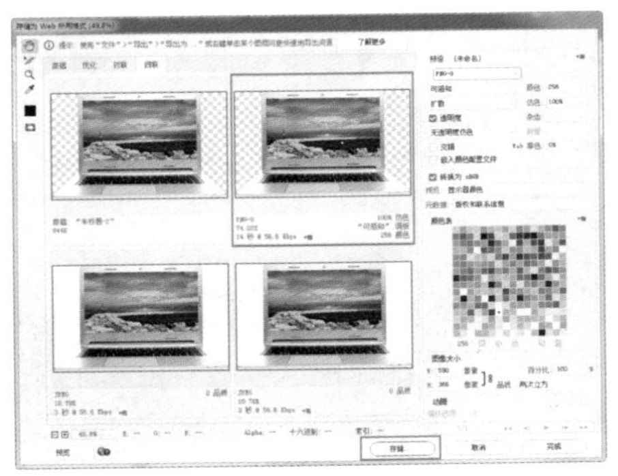

图 6-44

步骤 17 单击“存储”按钮将其重命名并存储，如图6-45所示。用相同的方法将其余内容进行切图处理，切图后的文件夹如图6-46所示。

图 6-45

图 6-46

6.2 网页界面设计的设计要点

随着互联网技术的进一步发展与普及，网页界面更注重审美的要求及个性化的视觉表达，这对设计师来说也提出了更高层次的要求。

通常来说，平面设计中的审美观点都能够套用到网页 UI 设计上来，并利用各种色彩的搭配营造出不同的氛围及不同形式的美。

6.2.1 设计与技术相结合

在这里提到的设计并不仅仅是网页界面上的一些装饰，而是需要将企业形象、文化内涵等元素都体现在网页界面设计中。

网页界面是整个网站的“脸面”，网页能否吸引消费者、是否能够引起消费者的兴趣、是否还能够吸引消费者再次光临，其界面设计是至关重要的，如图 6-47 所示。

图 6-47

提示：人们在接受外界信息时，视觉占绝大部分，而听觉只占很少一部分，也可以说网页界面UI设计是否新颖、是否独特，决定了大多数浏览者对该网页内容和信息的关注，在该基础上，网页才能够更好地为企业服务，将产品、服务等推销给浏览者。

1. 主题鲜明

不同的网页所针对的消费群体或者服务对象也不同，需要采用不同的形式。有些网页只提供简洁的文本信息，有些采用多媒体的表现手法，使用华丽的图像、欢乐的动画，甚至是精彩的视频和动人的声音，从而使网页主题鲜明、特点突出，如图 6-48 所示。

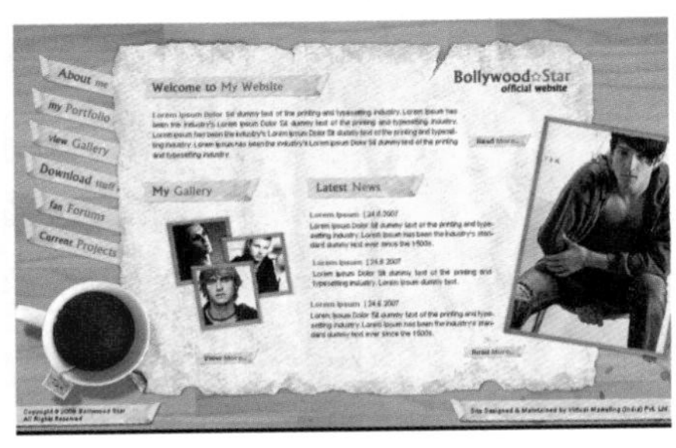

图 6-48

提示：在设计规划时，需要考虑：设计此网页界面的目的是什么？受众群体是哪些？该网页所属网站用户有哪些特点？该网站提供什么样的服务和产品？产品和服务适合什么样的风格？等等，从而做出符合网站整体形象的网页UI规划。

2. 目标明确

网页界面设计是展现企业形象、介绍产品和服务、体现企业发展战略的重要途径，因此必须明确设计网站的目的和用户需求，从而做出切实可行的网页 UI 设计计划。

根据受众群体的需求、市场的状况、企业自身的情况等进行综合分析，明确企业整体视觉形象，以用户为中心、艺术设计为辅进行设计规划，如图 6-49 所示。

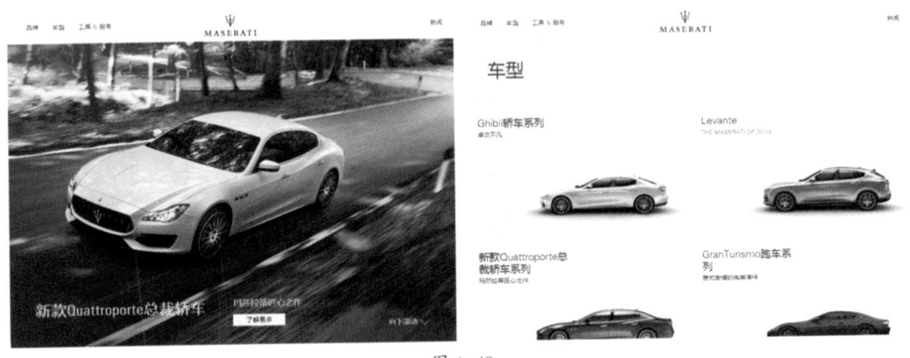

图 6-49

3. 版式精彩

网页 UI 设计作为一种视觉语言，特别讲究排版和布局，虽然网页的设计不等于平面设计，但它们有许多共通之处。版式设计通过文字和图形的结合，表达出了和谐之美。

如图 6–50 所示为麦当劳中国官方网站页面，运用不规则的页面布局展现网站内容，给人眼前一亮的感觉。运用不规则、大小不等的小方块来展现产品，操作方便、直观，并且突破了传统的网页布局形式，给人留下了深刻的印象。

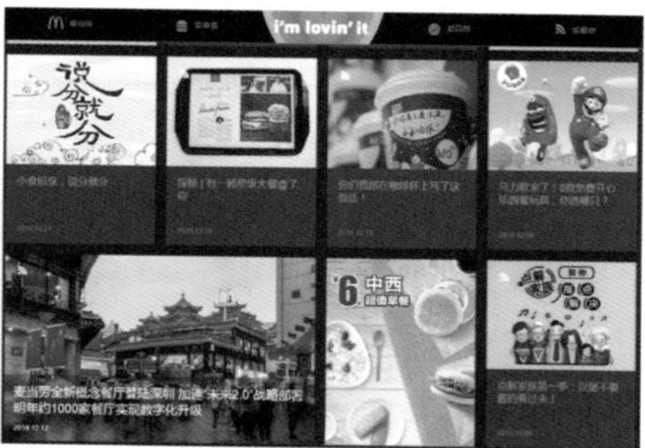

图 6–50

提示：网页界面的版式设计要把网站中各页面之间的有机联系反映出来，特别要处理好页面之间和页面内秩序与内容的关系。为了达到最佳的视觉表现效果，设计者需要反复尝试各种不同的页面排版和布局，找到最佳的方案，给浏览者带来流畅、轻松的视觉体验。

4. 配色合理

色彩是艺术表现的要素之一。在网页 UI 设计中，设计师根据和谐、均衡和突出重点的原则，将不同的色彩进行组合、搭配来构成美丽的界面。

如图 6–51 所示为可口可乐活动网站页面，运用该品牌视觉形象中的红色进行网页界面的配色处理，既体现了品牌形象的统一性，又可以提高消费者对该品牌的认知度。

图 6–51

提示：根据色彩对人们心理的影响，合理地加以运用，或者也可以根据企业VI（企业视觉识别系统）来选用标准色，使企业整体形象统一。

5. 内容及形式统一

为了将丰富的内容和多样化的形式统一在页面结构中，形式语言必须符合页面的内容，体现内容的丰富含义。灵活运用对比与调和、对称与平衡及留白等方法，通过空间、文字、图形之间的相互关系，建立整体的均衡状态，产生和谐的美感。

如图 6-52 所示为星巴克活动网站的界面，因为网站中的内容并不多，所以整个网站运用 Flash 动画的形式，将精美、深邃的蓝色作为背景，配合 Q 版的画面和文字内容介绍，使得整个网页给人一种舒适、静心的感觉，达到了内容与形式的完美统一。

图 6-52

提示：点、线、面作为视觉语言中的基本元素，巧妙地互相穿插、互相衬托，构成最佳的页面效果，充分表达完美的设计意境。

6.2.2 立体空间节奏感

网页界面中的立体空间是一个想象空间，这种关系需要借助动静变化、图像的比例关系等空间因素来表现。

网络中常见的是页面上、下、左、右、中位置所产生的空间关系，以及疏密的位置关系所产生的空间层次，这两种位置关系使产生的空间层次富有弹性，同时让人产生轻松或紧迫的心理感受，如图 6-53 所示。

现在，人们已不满足于二维空间的网页界面效果，三维空间开始吸引更多的人，于是出现了使用特殊的网页语言实现的三维网页界面，如图 6-54 所示。

图 6-53

图 6-54

提示：在界面中，图片、文字位置前后叠压，或页面位置变化所产生的视觉效果各不相同。根据浏览器的特点，网页界面设计适合采用规范、简明的版式。

6.2.3 视觉导向性

浏览者在浏览网页界面时，界面中的文字、图像、颜色、图标等都是作为信息特征和视觉导向来进行视觉引导的。对于一个网站而言，网页的清晰性、逻辑性是用户通行的保障，如图 6–55 所示。

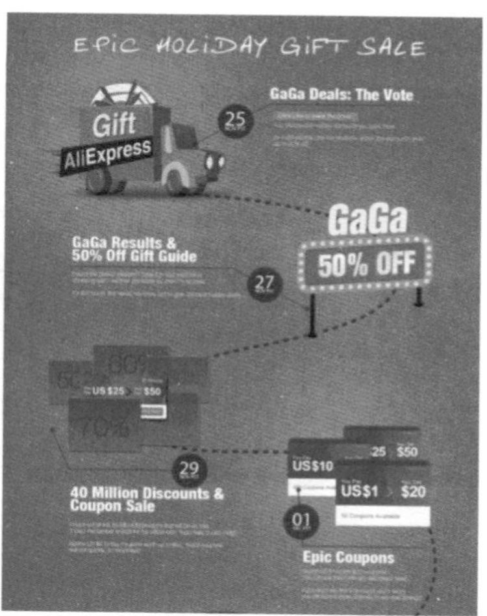

图 6–55

提示：进行整体网站视觉导向性设计，使浏览者既可以方便快速地到达其需要的页面，又可以清晰地知道自己的位置，并能通过网页上的超链接迅速地引导浏览者浏览到相应的网站内容。

1. 树状超链接导航

树状超链接导航就是一级连着一级，首页超链接指向一级页面，一级页面超链接指向二级页面，这种页面的浏览是逐级进入的。

它的优点是网站的条理清晰，访问者不会迷路，明确地知道自己的位置；不足的是浏览效率低，这种导向性适合类型较小、信息单一化的网站页面，如图 6–56 所示。

2. 星状超链接导航

星状超链接导航以一个共同的链接为枢纽，使所有页面都可以通过枢纽保持连接。这种导航方式适合于内容较多、信息量大的网站。

它的优点是浏览方便，随时可以切换到自己所要关注的内容，通常门户类网站都采用这种导向方式，如图 6–57 所示。

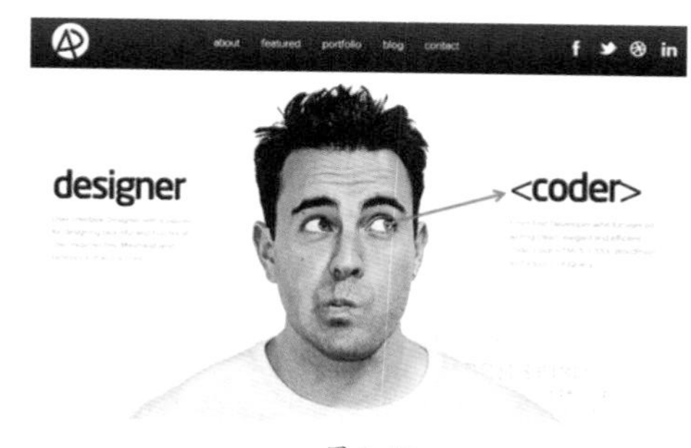

图 6–56

图 6–57

6.2.4 视觉服务

在进行网页界面设计的过程中，一定要注意控制网页的容量，这将决定浏览者在浏览该网页时所需要等待的时间。

任何一个浏览者都不愿意等待几分钟才看到网页的内容，等待时间过长会使浏览者过早地对网页失去兴趣。如图 6–58 所示的网页界面很好地向浏览者展示了页面的信息内容。

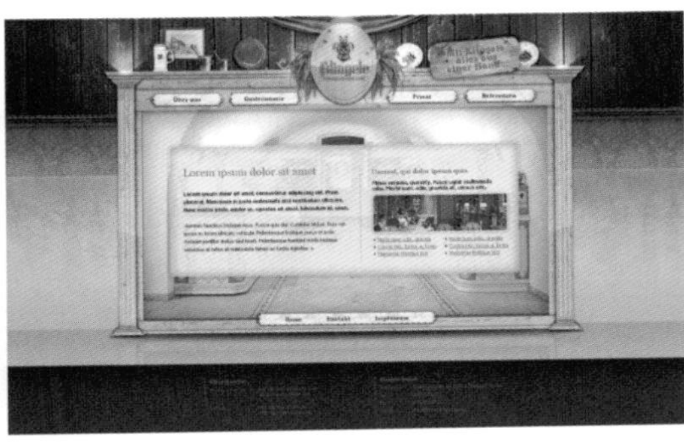

图 6–58

提示：设计师在网页界面设计过程中，尽量避免使用过多的图像和体积过大的图像。

实战练习——设计企业网站界面

案例分析：此款企业网站主页采用渐变的方法进行界面的制作，简洁的文字和图形营造出了设计感，通过图片和图形的熟练应用使整体界面极富设计感。

色彩分析：该企业网站以黑色作为主色调，强调出企业的沉稳和神秘，突出设计感；辅色用到了紫色，紫色的运用更加加重了神秘的色彩；文字采用了白色，提高了文字的可辨识度，整体界面沉稳且富有艺术气息。

RGB(0,0,0)　RGB(199,8,199)　RGB(255,255,255)

使用到的技术	矩形工具、文本工具
学习时间	40 分钟
视频地址	视频 \ 第 6 章 \6-2-4.mp4
源文件地址	源文件 \ 第 6 章 \6-2-4.ai
设计风格	微渐变扁平化设计

步骤 01 打开Illustrator CC，执行“文件>新建”命令，按如图6-59所示设置参数。设置渐变颜色值为RGB（44,43,43）到RGB（0,0,0）的渐变，在画布中绘制矩形，如图6-60所示。

图 6-59

图 6-60

步骤 02 执行“文件>置入”命令，将“素材\第6章\62401.jpg”置入到画布中，单击“嵌入”按钮将图片嵌入，适当调整图像的位置和大小，如图6-61所示。继续使用“矩形工具”，设置相应参数，在画布中绘制矩形，如图6-62所示。

图 6-61

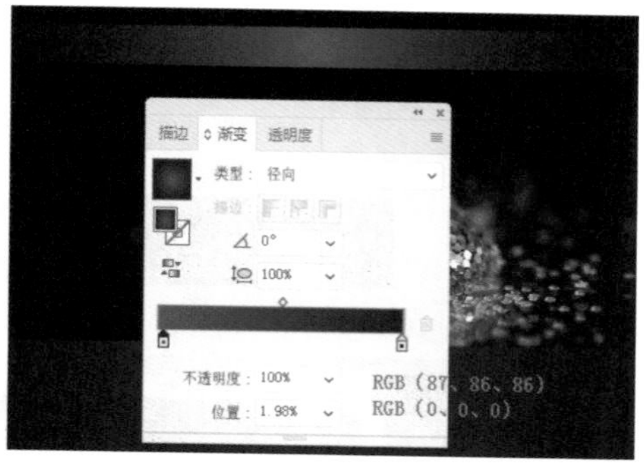

图 6-62

步骤 03 单击工具箱中的“钢笔工具”按钮，设置“填充”颜色为RGB（221,10,223）到RGB（181,0,184）的线性渐变，如图6-63所示。复制并原位粘贴该图形，修改其“填充”颜色为白色到黑色的线性渐变，修改“混合模式”为“正片叠底”，如图6-64所示。

提示：在使用“钢笔工具”绘制路径时，如果按住Ctrl键，可以将正在使用的“钢笔工具”临时转换为“直接选择工具”；如果按住Alt键，可以将正在使用的“钢笔工具”临时转换为“转换点工具”。

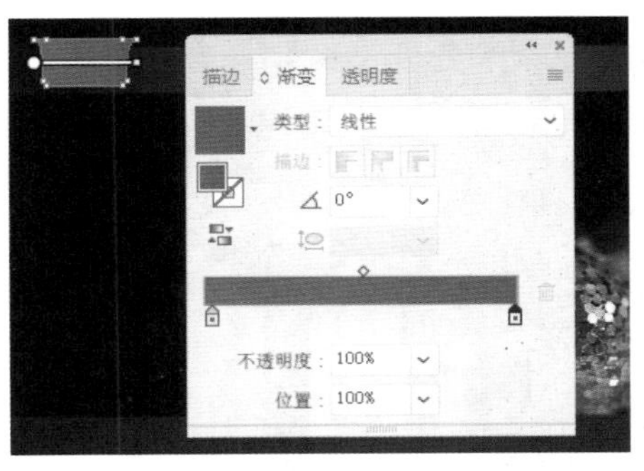

图 6-63

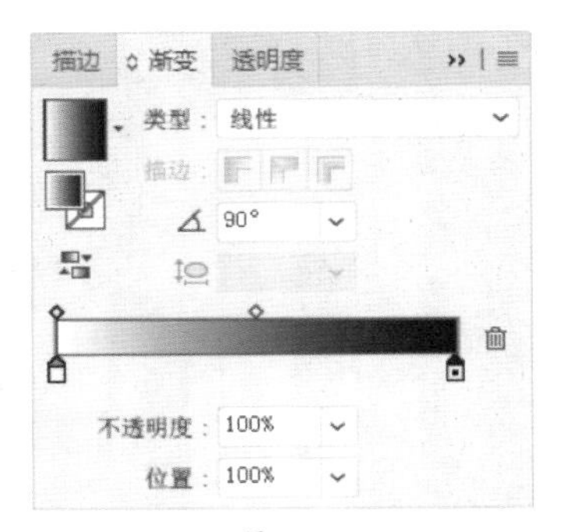

图 6-64

步骤 04 单击工具箱中的“文本工具”按钮，在“字符”面板中设置相应参数，在画布中输入文字，如图6-65所示。单击工具箱中的“矩形工具”按钮，设置“填充”颜色为RGB（225,228,230）到RGB（255,255,255）的渐变，在画布中绘制矩形，如图6-66所示。

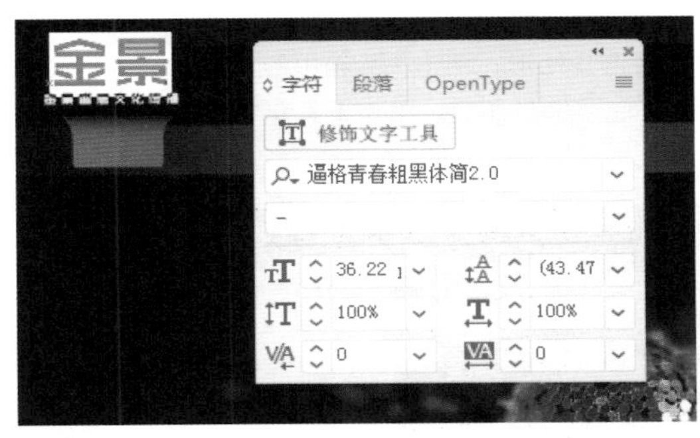

图 6-65

图 6-66

步骤 05 使用相同的方法完成相似内容的制作，将相关图层编组，图像效果如图6-67所示。单击工具箱中的“文本工具”按钮，在“字符”面板中设置相应参数，在画布中输入文字，如图6-68所示。

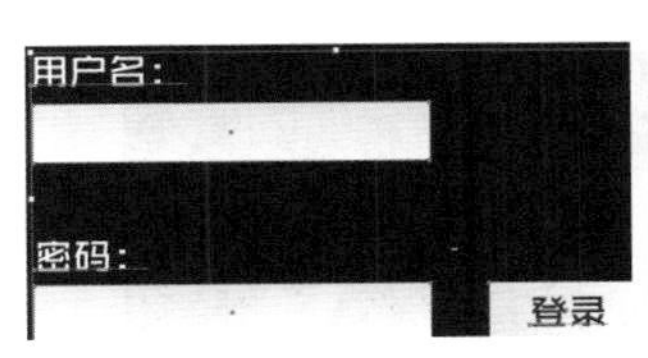

图 6-67

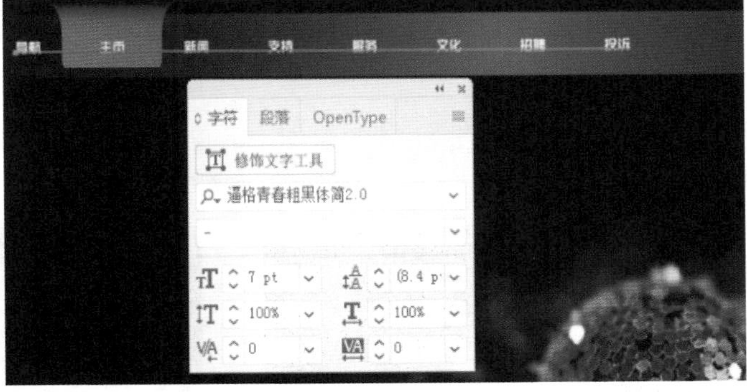

图 6-68

步骤 06 执行“文件>置入”命令，将“素材\第6章\62402.jpg”置入到画布中，单击“嵌入”按钮将图片嵌入，适当调整图像的位置和大小，如图6-69所示。绘制任意颜色的圆角矩形，同时选中图像和圆角矩形，为其创建剪贴蒙版，图像效果如图6-70所示。

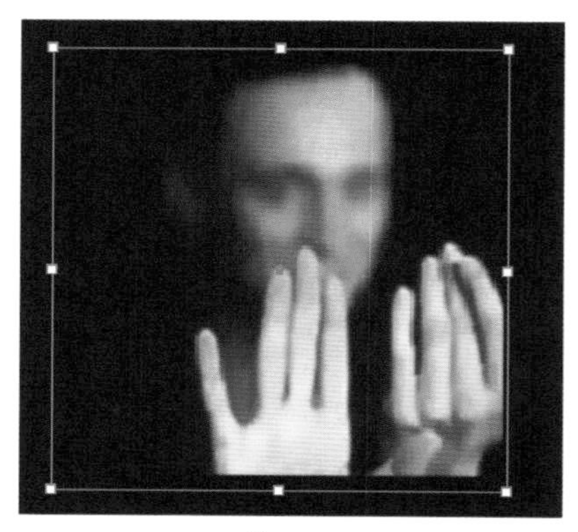

图 6-69

图 6-70

提示：将光标放置于“图层”面板中需要创建剪贴图层的两条图层分隔线上，按住Alt 键，单击即可创建剪贴蒙版。按住Alt 键，单击即可释放剪贴蒙版。

步骤 07 继续使用“圆角矩形工具”在画布中绘制白色圆角矩形，单击工具箱中的“文本工具”按钮，在"字符"面板中设置相应参数，在画布中输入文字，如图6-71所示。单击工具箱中的“钢笔工具”按钮，在画布中绘制形状，如图6-72所示。

图 6-71

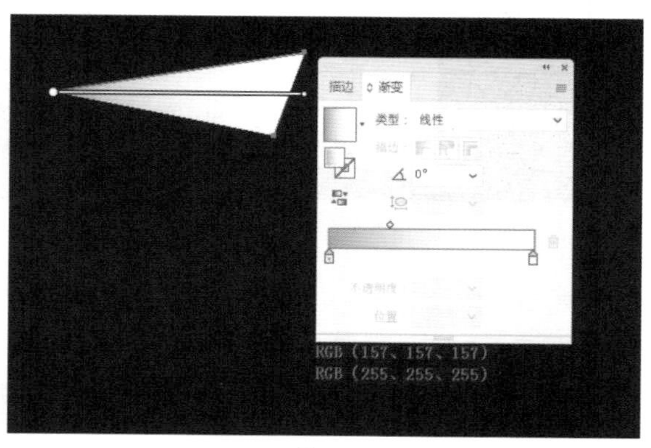

图 6-72

步骤 08 用相同的方法完成相似内容的制作，如图6-73所示。复制并移动绘制好的图形，适当调整图像大小，用相同的方法完成相似内容的制作，如图6-74所示。

图 6-73

图 6-74

步骤 09 单击工具箱中的“椭圆工具”按钮，在画布中绘制正圆形，如图6-75所示，单击工具箱中的“圆角矩形工具” 按钮，在画布中绘制白色圆角矩形，如图6-76所示。

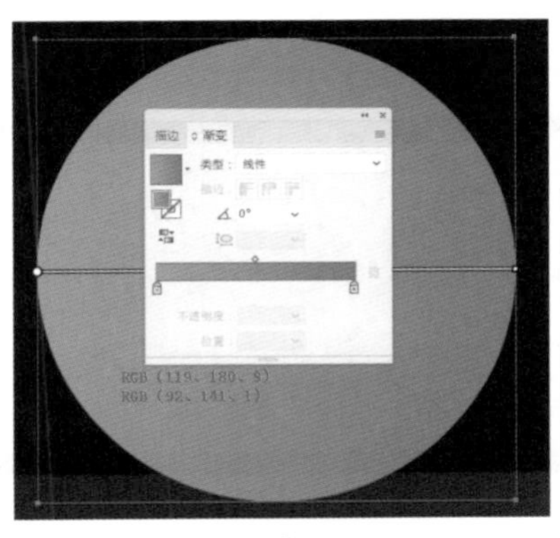

图 6-75

图 6-76

步骤 10 使用相同的方法完成相似内容的制作，图像效果如图6-77所示。单击工具箱中的“文本工具”按钮，在画布中输入文字，如图6-78所示。

图 6-77

图 6-78

步骤 11 使用相同的方法完成相似内容的制作，图像效果如图6-79所示。

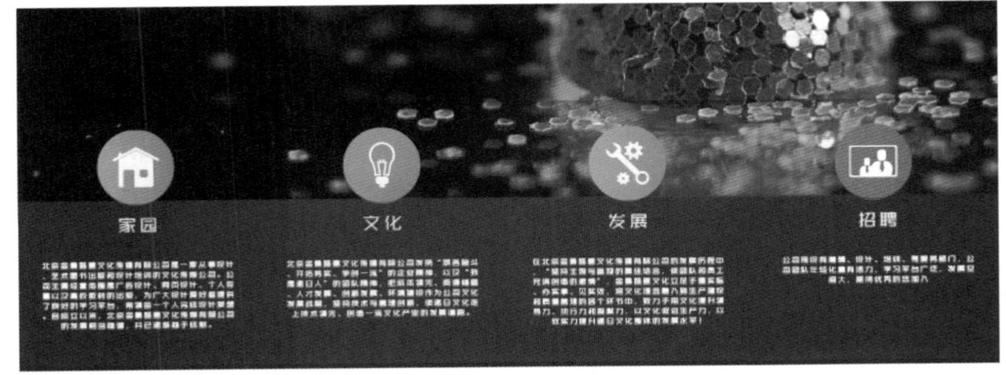

图 6-79

步骤12 单击工具箱中的“矩形工具”按钮，设置“填充”颜色为黑色到白色的渐变，如图6-80所示。执行“文件>置入”命令，将“素材\第6章\62403.jpg”置入到画布中，单击“嵌入”按钮将图片嵌入，适当调整图像的位置和大小，绘制任意颜色的矩形，同时选中图像和矩形，为其创建剪贴蒙版，如图6-81所示。

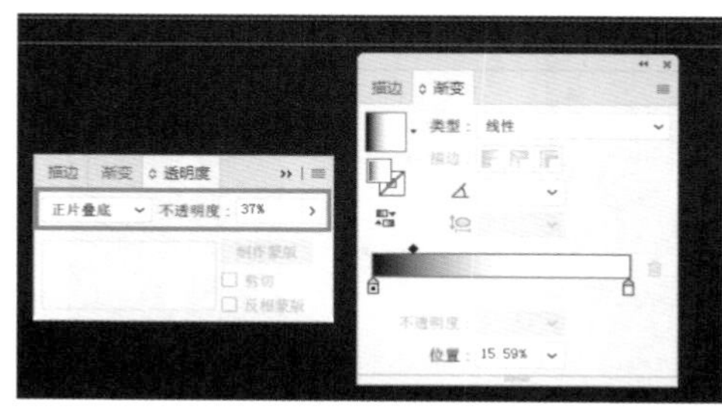

图 6-80

图 6-81

步骤13 单击工具箱中的“多边形工具”按钮，在画布中绘制白色三角形，调整图层的“不透明度”为80%，如图6-82所示。使用相同的方法完成相似内容的制作，图像效果如图6-83所示。

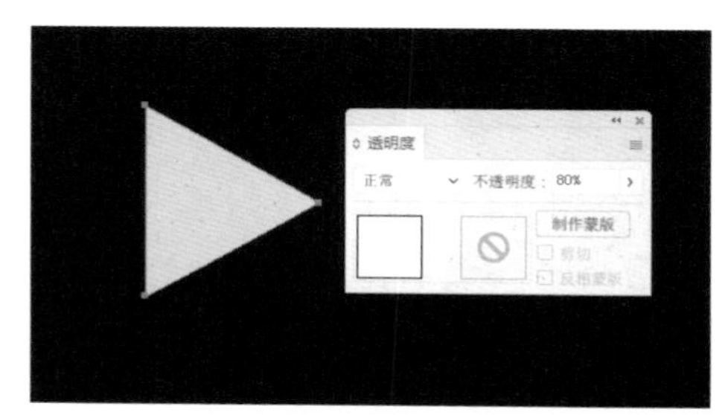

图 6-82

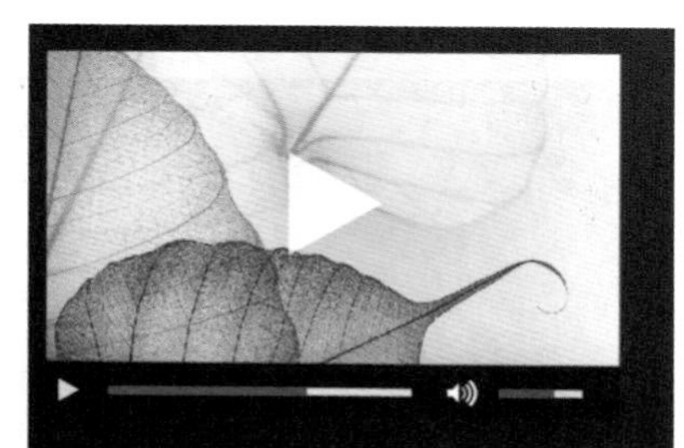

图 6-83

提示：“半径”是用来设置所绘制的多边形或星形的半径，即图形中心到顶点的距离。设置该值后，在画布中单击并拖曳鼠标光标即可按照指定的半径值绘制多边形或星形。

步骤14 单击工具箱中的“椭圆工具”按钮，设置“填充”颜色为RGB（0,168,220），在画布中绘制三角形，如图6-84所示。单击工具箱中的“多边形工具”按钮，在画布中绘制白色三角形，如图6-85所示。

图 6-84

图 6-85

步骤15 使用相同的方法完成相似内容的制作，图像效果如图6-86所示。单击工具箱中的“文本工具”按钮，在画布中输入文字，如图6-87所示。

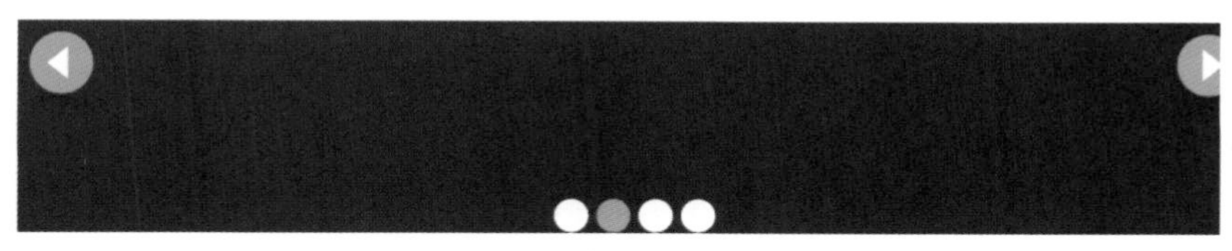

图 6-86

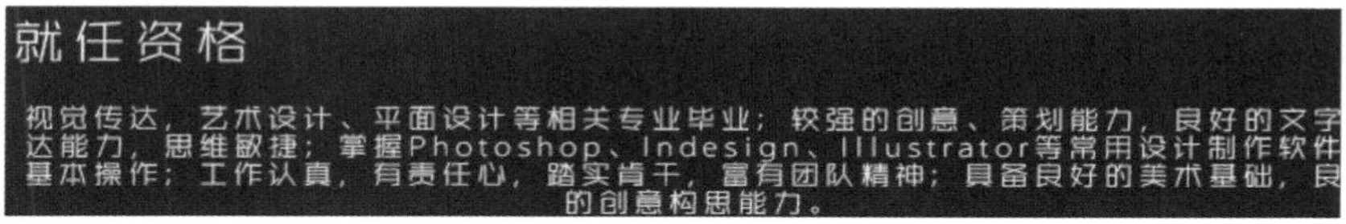

就任资格
视觉传达，艺术设计、平面设计等相关专业毕业；较强的创意、策划能力，良好的文字
达能力，思维敏捷；掌握Photoshop、Indesign、Illustrator等常用设计制作软件
基本操作；工作认真，有责任心，踏实肯干，富有团队精神；具备良好的美术基础，良
的创意构思能力。

图 6-87

步骤 16 使用相同的方法完成页面底部内容的制作，适当调整图形位置和大小，如图6-88所示，完成页面的制作，图像效果如图6-89所示。

图 6-88

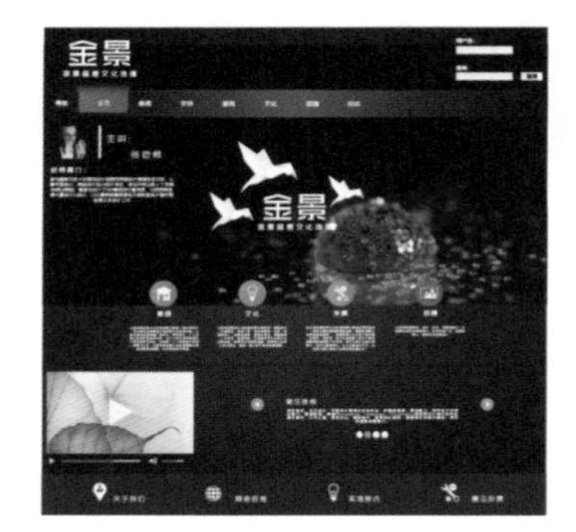

图 6-89

步骤 17 在画布中选中相应的按钮，如图6-90所示。单击鼠标右键，在弹出的快捷菜单中选择“收集以导出”命令，如图6-91所示。

步骤 18 此时会弹出“资源导出”对话框，如图6-92所示。用相同的方法完其他内容的导入，如图6-93所示。

图 6-90

还原(U)
重做(R)添加资源
设为像素级优化
透视
隔离选定的组
取消编组
变换
排列
选择
添加到库
收集以导出
导出所选项目...

图 6-91

资源导出
资源 1
导出设置

图 6-92

资源导出
资源 4
资源 6
资源 7
资源 8
资源 9
资源 10
导出设置

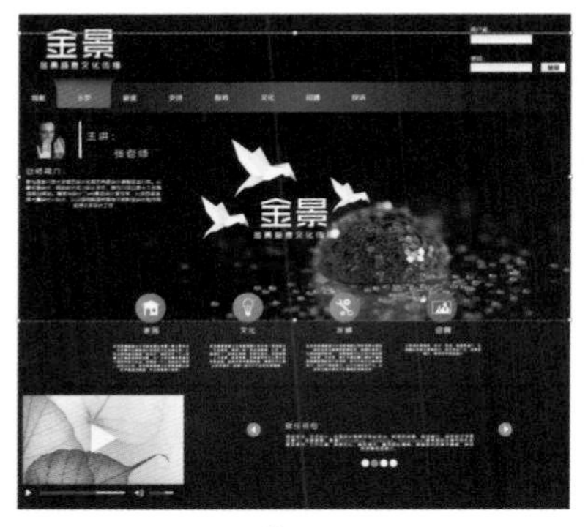

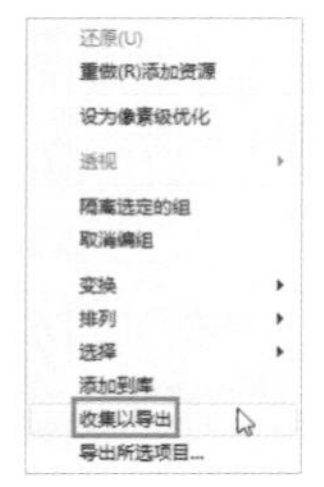

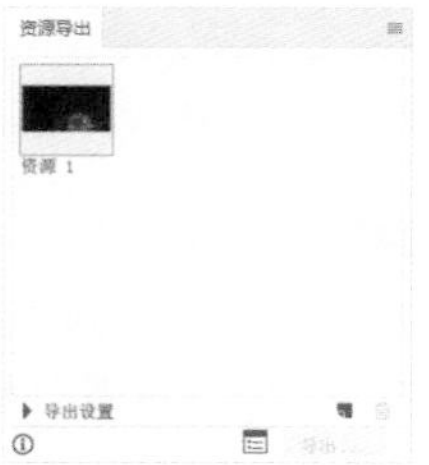

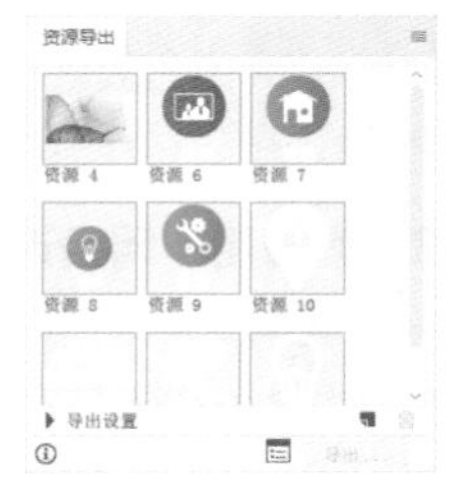

图 6-93

步骤 19 单击对话框底部的“导出多种屏幕所用格式”按钮，在弹出的对话框中，设置相应的参数，如图6-94所示。单击“导出资源”按钮，完成图片的导出，如图6-95所示。

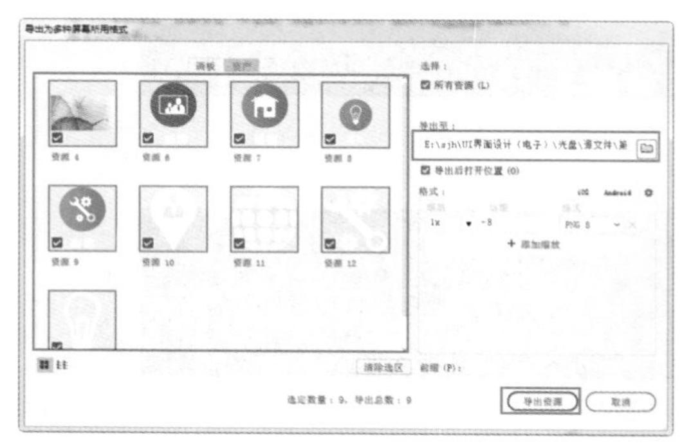

图 6-94

图 6-95

6.3 网页界面设计的原则

网页作为传播信息的一种载体，也要遵循一些设计的基本原则。但是，由于表现形式、运行方式和社会功能的不同，网页 UI 设计又有其自身的特殊规律。网页 UI 设计是技术与艺术的结合、内容与形式的统一。

6.3.1 以用户为中心

以用户为中心的原则实际上就是要求设计者要时刻站在浏览者的角度来考虑问题，主要体现在以下几个方面：

1. 使用者优先

无论在什么时候，不管是在着手准备设计网页界面之前、正在设计之中，还是已经设计完毕，都应该有一个最高行动准则，那就是使用者优先。使用者想要什么，设计者就要去做什么。如果没有浏览者去光顾，再好看的网页界面都是没有意义的。

2. 考虑用户浏览器

还需要考虑用户使用的浏览器，如果想要让所有的用户都可以毫无障碍地浏览页面，那么最好使用所有浏览器都可以阅读的格式，不要使用只有部分浏览器可以支持的 HTML 格式或程序。

提示：如果想展现自己的高超技术，又不想放弃一些潜在的观众，可以考虑在主页中设置几种不同的浏览模式选项（例如纯文字模式、Frame模式和Java模式等），供浏览者自行选择。

3. 考虑用户网络连接类型

还需要考虑用户的网络连接，因为浏览者可能使用 ADSL、高速专线或小区光纤，所以在进行网页界面设计时就必须考虑这种状况，不要放置一些文件量很大、下载时间很长的内容。网页界面设计制作完成之后，最好能够亲自测试一下。

6.3.2 视觉美观

网页界面设计首先需要能够吸引浏览者的注意力，由于网页内容的多样化，传统的普通网页不再是主打的方式。动画、交互设计、三维空间等多媒体形式大量在网页界面设计中出现，给浏览者带来不一样的视觉体验，给网页界面的视觉效果增色不少，如图 6-96 所示。

图 6-96

提示：只有在设计中给每个信息一个相对正确的定位，才能使整个网页结构条理清晰；最后综合应用各种视觉效果表现方法，为用户提供一个视觉美观、操作方便的网页界面。

在对网页界面进行设计时，首先需要对页面进行整体的规划，根据网页信息内容的关联性，把页面分割成不同的视觉区域；然后再根据每一部分的重要程度，采用不同的视觉表现手段，分析清楚网页中哪一部分信息是最重要的，什么信息次之。

6.3.3 主题明确

网页界面设计表达的是一定的意图和要求，有明确的主题，并按照视觉心理规律和形式将主题主动地传达给观赏者，以使主题在适当的环境里被人们及时地理解和接受，从而满足其需求。

这就要求网页界面设计不但要单纯、简练、清晰和精确，而且在强调艺术性的同时，更应该注重通过独特的风格和强烈的视觉冲击力来鲜明地突出设计主题，如图 6-97 所示。

图 6-97

根据认知心理学的理论，大多数人在短期记忆中只能同时把握 4~7 条分类信息，而对多于 7 条的分类信息或者不分类的信息则容易产生记忆上的模糊或遗忘。概括起来，就是较小且分类的信息要比较长且不分类的信息更为有效和容易浏览。

这个规律蕴含在人们寻找信息和使用信息的实践活动中，它要求设计师的设计活动必须自觉地掌握和遵循设计规则，如图 6-98 所示。

图 6-98

提示：网页界面设计属于艺术设计范畴的一种，其最终目的是达到最佳的主题诉求效果。这种效果的取得，一方面要通过对网站主题思想运用逻辑规律进行条理性处理，使之符合浏览者获取信息的心理需求和逻辑方式，让浏览者快速地理解和吸收。另一方面还要通过对网页构成元素运用艺术的形式美法则进行条理性处理，以更好地营造符合设计目的的视觉环境，突出主题，增强浏览者对网页的注意力，增进对网页内容的理解。

只有这两个方面有机地统一，才能实现最佳的主题诉求效果，如图 6-99 所示。

图 6-99

优秀的网页界面设计必然服务于网站的主题，也就是说，什么样的网站就应该有什么样的设计。例如，百度作为一个搜索引擎，首先要实现“搜索”的“功能”，它的主题就是它的“功能”，如图 6-100 所示。

一个个人网站，可以只体现作者的设计思想，或者仅仅以设计出“美”的网页为目的，它的主题只有美，如图 6-101 所示。

图 6-100

图 6-101

提示：设计类的个人网站与商业网站的性质不同，目的也不同，所以评论的标准也不同。网页界面设计与网站主题的关系应该是这样的：首先设计是为主题服务的；其次设计是艺术和技术相结合的产物，也就是说，既要“美”，又要实现“功能”；最后“美”和“功能”都是为了更好地表达主题。当然，在某些情况下，“功能”就是主题，“美”就是主题。

一般来说，我们可以通过对网页的空间层次、主从关系、视觉秩序及彼此间的逻辑性的把握运用，来达到使网页界面从形式上获得良好的诱导力，并鲜明地突出诉求主题的目的。

6.3.4 内容与形式统一

任何设计都有一定的内容和形式。设计的内容是指它的主题、形象、题材等要素的总和，形式就是它的结构、风格设计语言等表现方式。优秀的设计必定是形式对内容的完美表现。

提示：网页界面设计所追求的形式美必须适合主题的需要，这是网页界面设计的前提。只有将这两者有机地统一起来，再融合自己的思想感情，找到一个完美的表现形式，才能体现网页界面设计独具的分量和特有的价值。要确保网页上的每一个元素都有存在的必要，不使用冗余的技术，那样得到的效果可能会适得其反。

只有通过认真设计和充分的考虑来实现全面的功能并体现美感，才能实现形式与内容的统一，如图 6-102 所示。

图 6-102

网页界面具有多屏、分页、嵌套等特性，设计师可以对其进行形式上的适当变化以达到多变的处理效果，丰富整个网页界面的形式美。

这就要求设计师在注意单个页面形式与内容统一的同时，也不能忽视同一主题下多个分页面组成的整体网站的形式与整体内容的统一，如图 6-103 所示。

图 6-103

6.3.5 有机的整体

网站是传播信息的载体，它要表达的是一定的内容、主题和观念，在适当的时间和空间环境里为人们所理解和接受，它以满足人们的需求——实用性为目标。

提示：设计时强调其整体性，可以使浏览者更快捷、更准确、更全面地认识它、掌握它，并给人一种内部联系紧密、外部和谐完整的美感。整体性也是体现一个网页界面独特风格的重要手段之一。

网页界面的结构形式是由各种视听要素组成的。在设计网页界面时，强调页面各组成部分的共性因素或者使各个部分共同含有某种形式的特征，是形成整体的常用方法。这主要从版式、色彩、风格等方面入手，如图 6-104 所示。

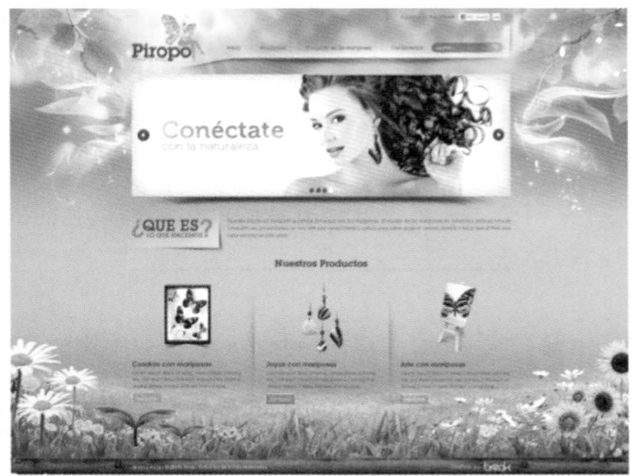

图 6-104

提示：强调网页界面结构形式的整体性必然会牺牲灵活的多变性，因此，在强调界面整体性设计的同时，必须注意过于强调整体性可能会使网页界面显得呆板、沉闷，以致影响浏览者的兴趣和继续浏览的欲望。“整体”是“多变”基础上的整体。

实战练习——设计儿童教育网站界面

案例分析：本案例是一款儿童教育网站首页，运用卡通场景对网页界面进行布局，使得网页界面富有趣味性，页面中多使用卡通图像和文字相结合，内容清晰、层次分明。

色彩分析：儿童网页的色彩比较丰富，重点使用蓝色的天空、绿色的草地和白色的云朵构成大自然的和谐色彩，给人一种活泼、清新和自然的感觉。

RGB(128,173,0)　RGB(131,222,237)　RGB(255,255,255)

使用到的技术	矩形工具、文本工具
学习时间	50 分钟
视频地址	视频 \ 第 6 章 \6-3-5.mp4
源文件地址	源文件 \ 第 6 章 \6-3-5.psd
设计风格	拟物化设计

步骤01 执行“文件>打开”命令，打开素材图像“素材\63501.jpg”，效果如图6-105所示。新建名称为“书本”的图层组，打开素材图像“素材\63502.jpg”，将图片拖曳到画布中，图像效果如图6-106所示。

步骤02 新建“图层2”图层，单击工具箱中的“椭圆选框工具”按钮，在画布中绘制一个椭圆形选区，效果如图6-107所示。执行“选择>修改>羽化”命令，弹出“羽化选区”对话框，按如图6-108所示设置参数。

图 6-105

图 6-106

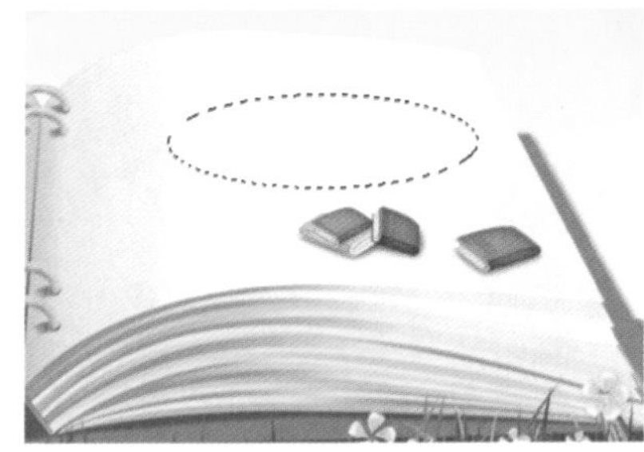
图 6-107

图 6-108

提示：除了可以通过执行“选择>修改>羽化”命令来对选区进行羽化操作外，其实有很多创建选区的工具，比如选项栏中都有“羽化”选项，可以在创建选区前就设置羽化值。如果熟练使用，可以更好地提高工作效率。

步骤03 单击“确定”按钮，羽化选区，设置“填充”颜色为RGB（136,187,82），取消选区，效果如图6-109所示。使用相同的方法完成相似内容的制作，效果如图6-110所示。

步骤04 单击工具箱中的“圆角矩形工具”按钮，设置“填充”颜色为RGB（73,97,189）、“半径”为2像素，在画布中绘制一个圆角矩形，如图6-111所示。单击工具箱中的“钢笔工具”按钮，设置“路径操作”为“减去顶层形状”，在刚绘制的圆角矩形上减去相应的形状，调整到合适的角度和位置，如图6-112所示。

图 6-109

图 6-110

图 6-111

图 6-112

步骤05 单击“图层”面板底部的“添加图层样式”按钮，在弹出的“图层样式”对话框中选择“描边”选项，按如图6-113所示设置。继续添加“投影”图层样式，对相关选项进行设置，具体设置如图6-114所示。单击“确定”按钮，完成“图层样式”对话框中各选项的设置。

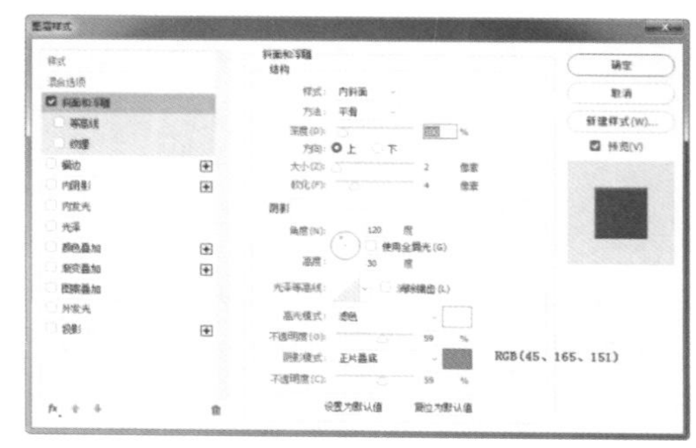

图 6-113

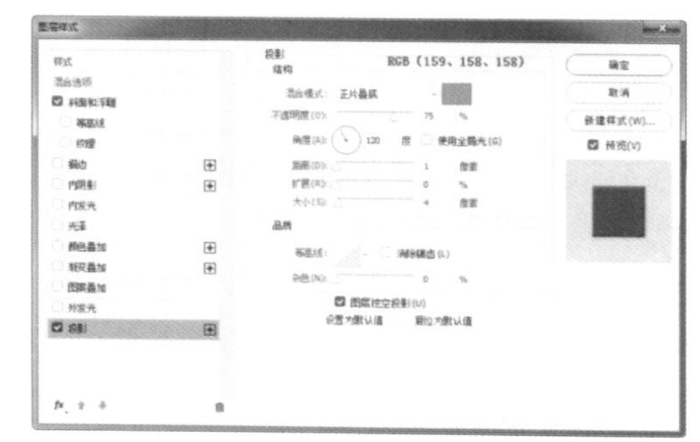

图 6-114

步骤06 用相同的方法完成相似内容的制作，效果如图6-115所示。单击工具箱中的“自定形状工具”按钮，在画布相应位置绘制图形，如图6-116所示。

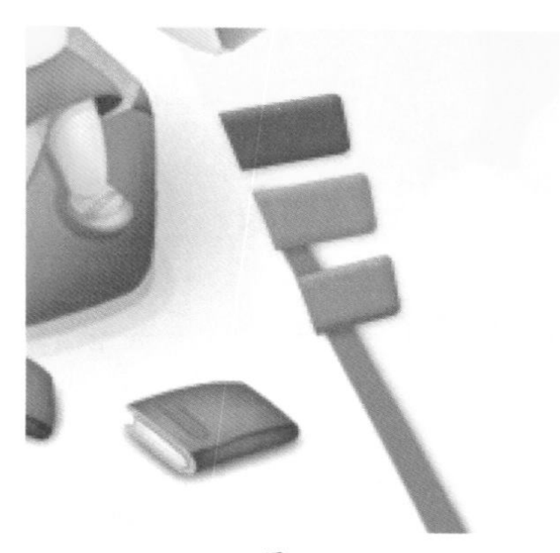

图 6-115

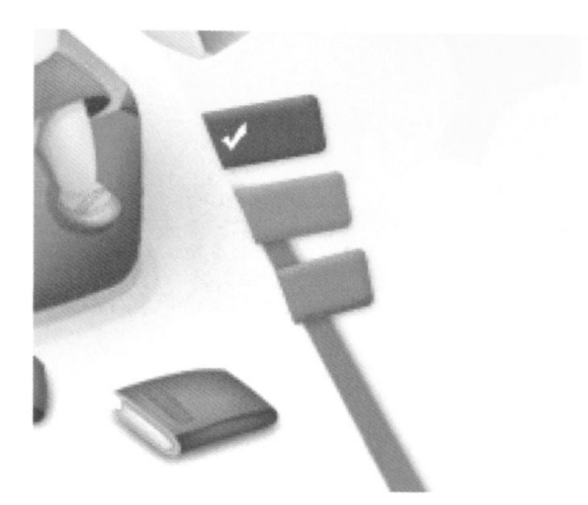

图 6-116

提示：单击“形状”按钮右侧的下三角，可以打开“自定形状”拾色器，单击拾色器右上角的“设置”按钮，可以在打开的菜单中选择形状的类型、缩览图的大小，以及复位形状、替换形状等。

步骤07 单击工具箱中的“横排文本工具”按钮，打开“字符”面板设置相关参数，在画布中输入文字，效果如图6-117所示。使用相同的方法，在画布中输入文字，如图6-118所示。

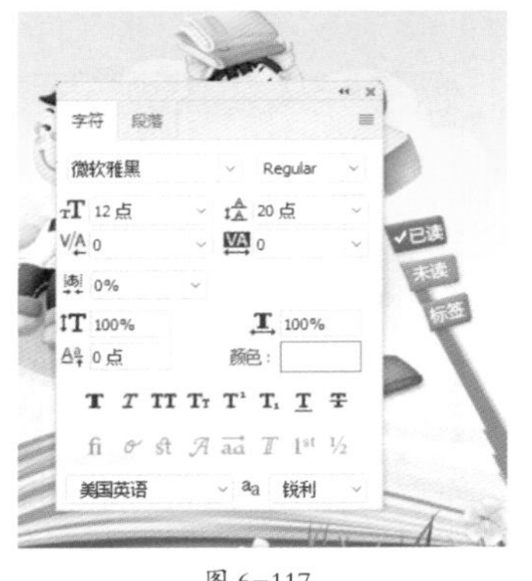

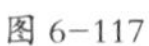

图 6-117

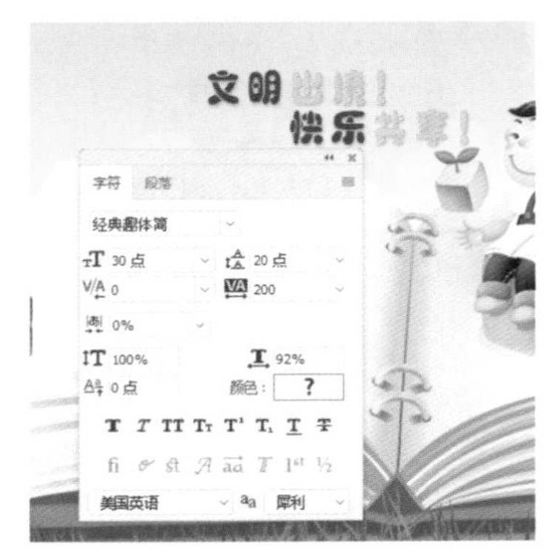

图 6-118

步骤 08 单击“图层”面板底部的“添加图层样式”按钮，在弹出的“图层样式”对话框中选择“投影”选项，具体设置如图6-119所示。单击“确定”按钮，完成“图层样式”对话框中各选项的设置。新建名称为“故事大全”的图层组，单击工具箱中的“横排文本工具”，在“字符”面板中设置相关参数，在画布中输入文字，效果如图6-120所示。

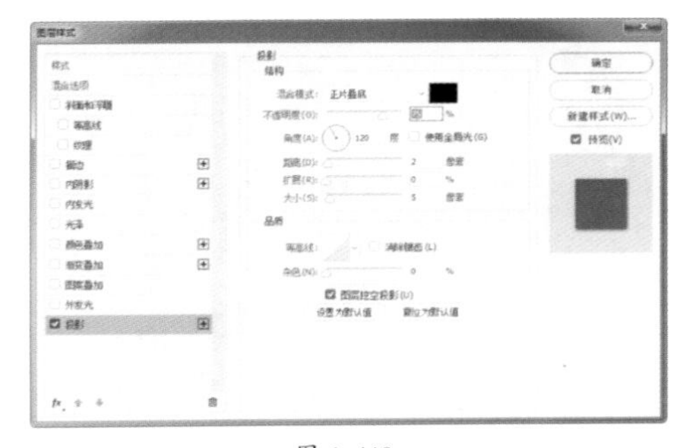

图 6-119

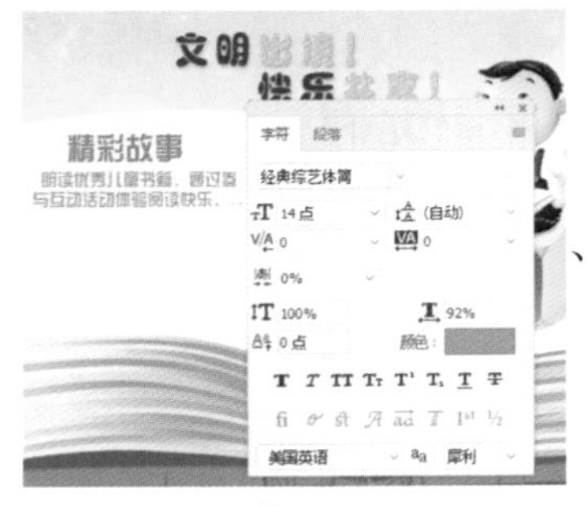

图 6-120

步骤 09 为该图层添加“描边”图层样式，对相关选项进行设置，如图6-121所示。继续添加“投影”图层样式，对相关选项进行设置，如图6-122所示。

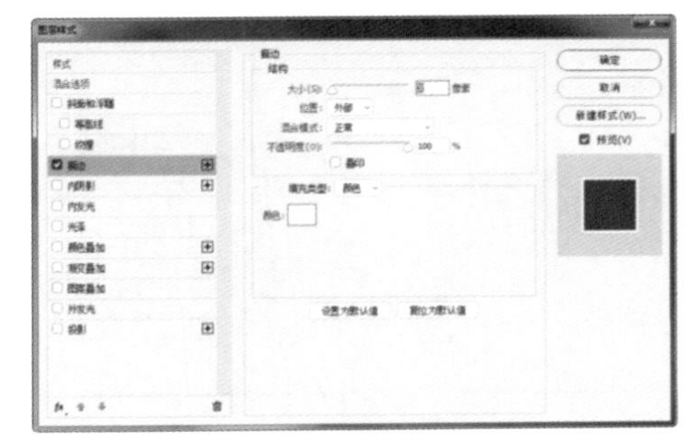

图 6-121

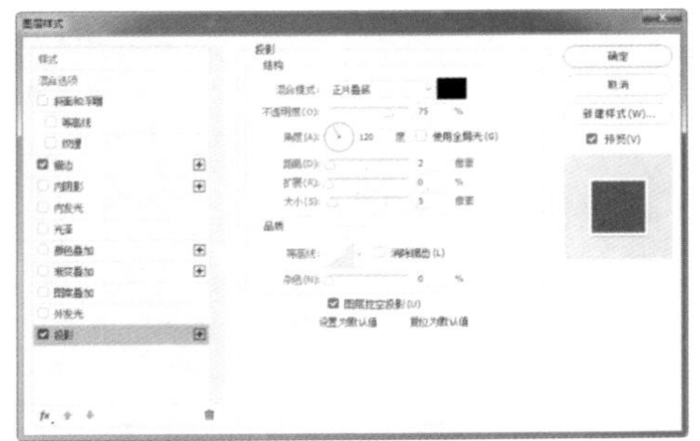

图 6-122

步骤 10 单击“确定”按钮，完成“图层样式”对话框中各选项的设置，如图6-123所示。单击工具箱中的“直线工具”按钮，在选项栏上设置“填充”为黑色、“描边”为白色，打开“描边选项”面板，单击“更多选项”按钮，弹出“描边”对话框，具体设置如图6-124所示。

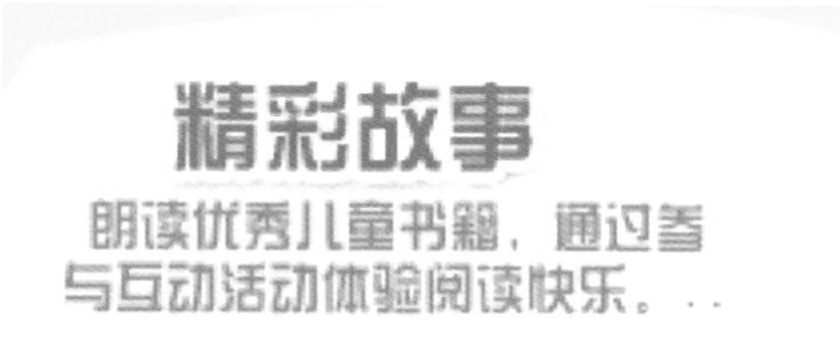

图 6-123

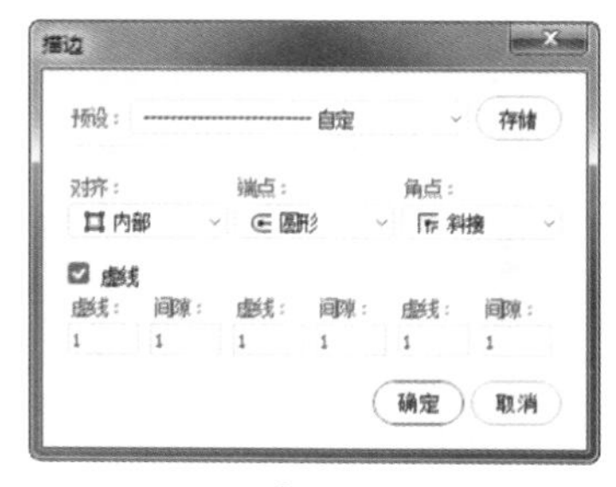

图 6-124

提示：单击工具箱中的“直线工具”按钮，可以绘制直线和带有箭头的线段。使用“直线工具”绘制直线也可以按住Shift键，绘制出的直线是水平、垂直或以45°角为增量的直线。

步骤 11 单击“确定”按钮，完成“描边”对话框中各选项设置，在画布中绘制如图6-125所示的形状。使用相同的方法完成相似内容的制作，效果如图6-126所示。

图 6-125

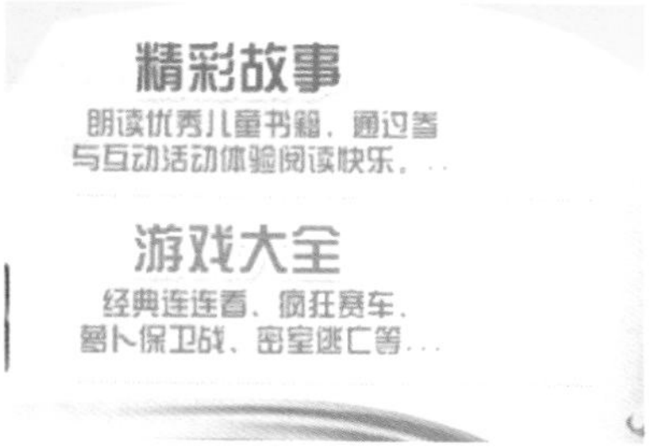

图 6-126

步骤 12 单击工具箱中的“横排文本工具”按钮，设置相关参数，在画布中输入文字，效果如图6-127所示。为图层添加“描边”图层样式，对相关选项进行设置，如图6-128所示。

图 6-127

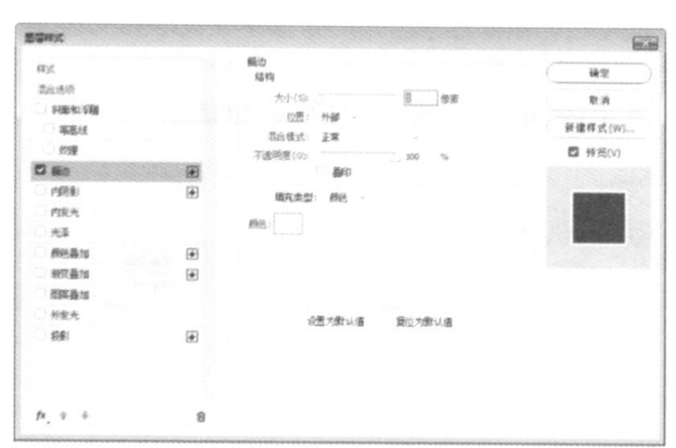

图 6-128

提示：使用“描边”图层样式可以为图像边缘添加颜色、渐变或图案轮廓描边。通过位置可以选择描边的位置，共有3个选项可以选择：外部、内部及居中。

步骤 13 继续添加“投影”图层样式，对相关选项进行设置，如图6-129所示。单击“确定”按钮，完成“图层样式”对话框中各选项的设置，效果如图6-130所示。

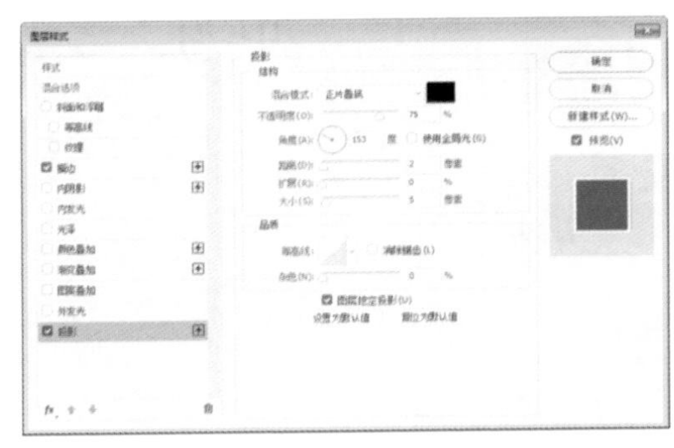
图 6-129

图 6-130

步骤 14 新建名称为“铅笔”的图层组，单击工具箱中“钢笔工具”按钮，在画布中绘制形状，效果如图6-131所示。为该图层添加“渐变叠加”图层样式，对相关选项进行设置，如图6-132所示。

图 6-131

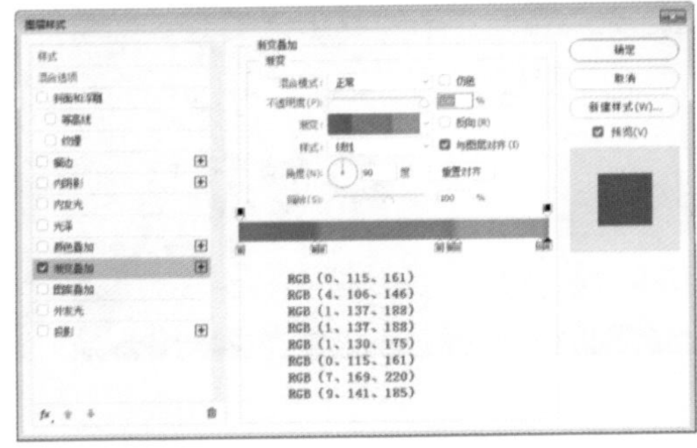

图 6-132

步骤 15 继续添加“投影”图层样式，对相关选项进行设置，如图6-133所示。单击“确定”按钮，完成“图层样式”对话框中各选项的设置，效果如图6-134所示。

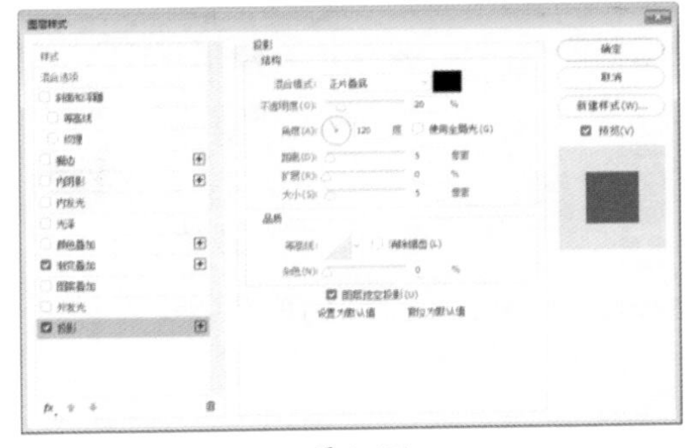
图 6-133

图 6-134

步骤 16 使用相同的方法完成相似内容的制作，效果如图6-135所示。单击“画笔工具”按钮，设置“前景色”为白色，选择合适的笔触，在画布中相应的位置涂抹，效果如图6-136所示。

图 6-135　　　　图 6-136

步骤 17 使用相同的方法，完成网站导航菜单效果的制作，效果如图6-137所示。使用“矩形工具”按钮，设置“填充”颜色为RGB（103,154,0），在画布中绘制矩形，如图6-138所示。

图 6-137

图 6-138

步骤 18 单击工具箱中的“椭圆工具”按钮，设置“路径操作”为“减去顶层形状”，在刚绘制的矩形上减去正圆形，效果如图6-139所示。为该图层添加“投影”图层样式，对相关选项进行设置，如图6-140所示。

图 6-139

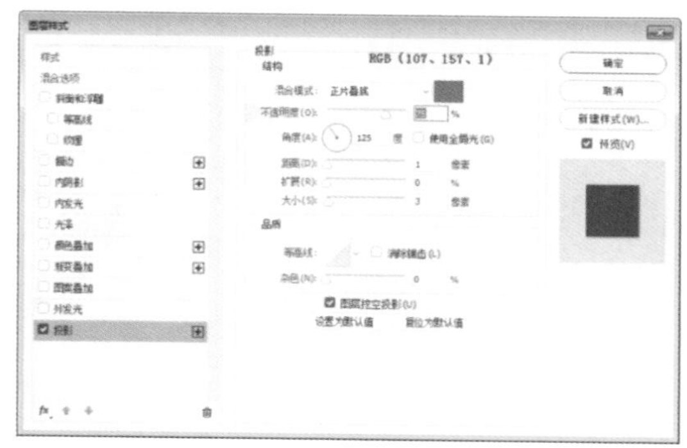

图 6-140

步骤 19 单击“确定”按钮，完成“图层样式”对话框中各选项的设置，使用相同的制作方法，可以完成页面中相似内容的制作，图像效果及“图层”面板如图6-141所示。

图 6-141

步骤 20 隐藏除“背景”图层之外的全部图层，按Ctrl+A组合键全选画布，执行“编辑>选择性拷贝>合并拷贝”命令，如图6-142所示。执行“文件>新建”命令，弹出“新建文档”对话框，如图6-143所示。

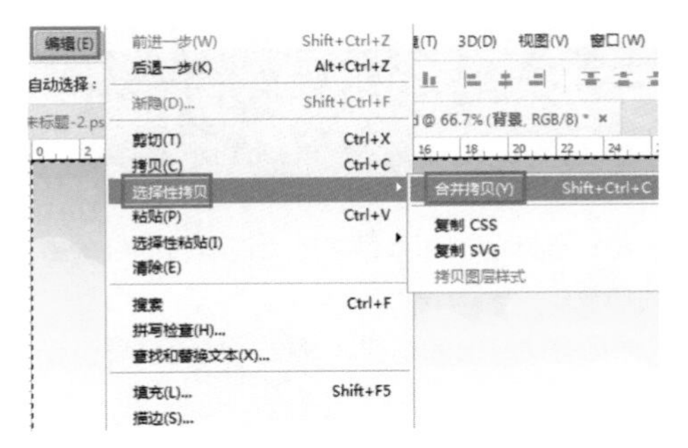

图 6-142

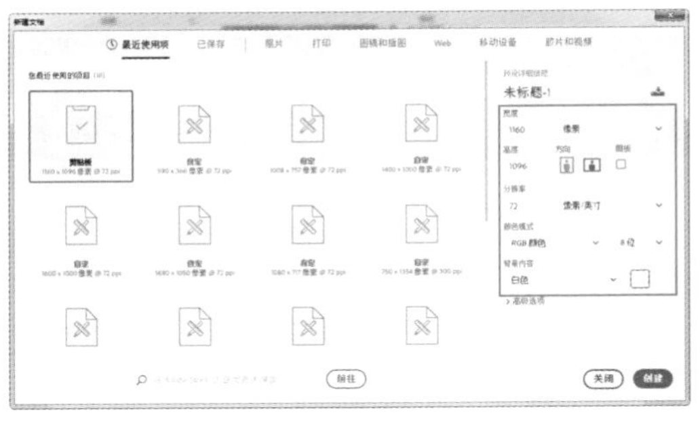

图 6-143

步骤 21 单击“确定”按钮新建文档，按Ctrl+V组合键粘贴图像，如图6-144所示。执行“文件>导出>存储为Web所用格式”命令优化图像，如图6-145所示。

图 6-144

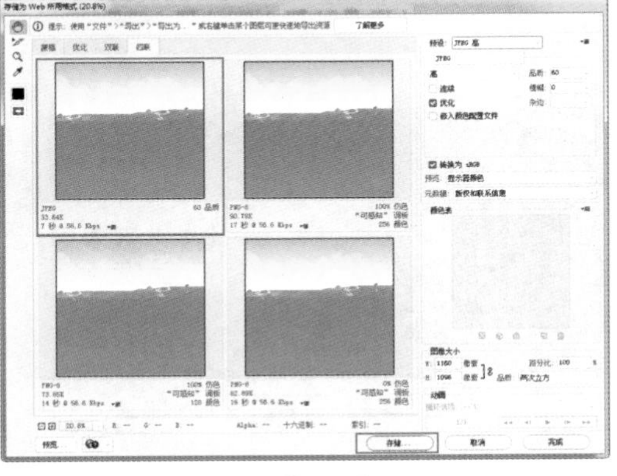

图 6-145

步骤 22 单击“存储”按钮将其重命名并存储，如图6-146所示。用相同的方法将其余内容进行切图处理，切图后的文件夹如图6-147所示。

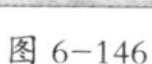
图 6-146

图 6-147

6.4 网页界面创意设计方法

设计风格的不断创新，以及设计手法的不断变化，既给设计师的创作提供了庞大而丰富的经验库，也给初次涉足这个领域的设计师以茫然无措、眼花缭乱的印象。

针对网页界面自身视觉效果的特点，设计师可以根据已有的经验和规律，总结一些网页界面设计的创意方法。

6.4.1 综合型

综合型方法是指在分析各个构成要素的基础上加以综合，使综合后的网页界面整体表现出创造性的新成果。

设计中广泛应用的方法，追求和谐的美感，从各个元素的适宜性处理中体现设计师的创作意图，如图 6-148 所示。

图 6-148

提示：界面的布局设计采用常见的布局形式，运用德克士企业形象中的绿色和黄色作为界面配色的主要色调，从文字排列到图形处理，从版式安排到色彩的配置，以及各个页面之间的连接，都体现出和谐有序。

6.4.2 趣味型

趣味型方法是以幽默、夸张的表现形式，表现出较强的视觉冲击力，使浏览者在浏览网页界面时感受到轻松、愉悦的氛围。

在网页界面设计中，通过在界面中采用一些经过夸张处理的图像，能够更鲜明地强调主题，同时增强画面的视觉效果，如图 6-149 所示。

图 6-149

6.4.3 联想型

联想型是很多艺术形式中常用的表现手法。在网页界面设计中使用富于联想的图形和色彩，可以使浏览者在形象与主题之间建立必然的联系，从而起到加强主题表现的作用。联想型创意要选择受众最熟悉的联想形象诱导浏览者，如图 6-150 所示。

图 6-150

6.4.4 比喻型

比喻型与联想型都是强化主题表现的艺术手法，比喻型与联想型的不同在于，联想型选择与主题有直接关系的形象，比喻型则是使用与主题在某些方面有相似点的形象，如图 6-151 所示。

图 6-151

提示：比喻型的形象在某一特点上与主题相同甚至比主题更加美好，从而加强主题的特点，增加网页界面设计的形式美感和浏览者的兴趣，起到有效传达信息的作用。

6.4.5 变异型

变异型创意也称为矛盾型创意，是指在网页界面设计中故意加入一些不和谐的元素，造成冲突、矛盾的视觉效果，表现出强烈、不安定的视觉刺激感和炫目感。变异型的方法打破了和谐的页面形式，却能够营造出强大的视觉冲击力，如图 6-152 所示。

图 6-152

提示：图6-152所示是一款卡通绘画网站的页面，其界面的布局与常见的界面布局不同，将主体信息内容放置在界面的左上角，而且是比较小的一块区域中，界面整体给人纷乱、躁动的视觉印象，很受追求多元文化的现代青年欢迎。

6.4.6 古朴型

古朴型创意是通过在网页界面设计中加入具有传统风格和古朴风格的元素来吸引浏览者。古朴传统、古色古香的造型元素随处可见，可以勾起浏览者对传统的回忆。古朴型创意方法通常会受到主题的制约，常用在宣传传统艺术文化的网站中，如图 6-153 所示。

图 6-153

提示：设计师利用毛笔书法、印章、书法字体等元素，凸显网页界面的中国传统特色及人文气息。通过这些元素的应用，可以更好地表现文化气息和传统特色。

6.4.7 流行型

现代设计追求简洁的形式、清新的风格和跃动的活力。流行型创意手法通过鲜明的色彩、单纯的形象及编排上的节奏感，体现流行的形式特征。

这种创意方法在设计中的应用非常广泛，再加入动画的效果，使得界面的效果更加突出，如图6-154所示。

图 6-154

实战练习——设计咖啡厅网站界面

案例分析：本案例设计的是一款咖啡厅网站页面，使用左右布局的方法，左侧安排页面导航菜单，右侧是页面的正文内容，页面结构清晰。

色彩分析：与咖啡厅有关的页面通常会采用与咖啡类似的颜色进行配色，该案例也不例外，使用咖啡色作为页面的主色调，并搭配同色系的色彩，页面整体色调统一，给人一种温馨和舒适的感觉。

RGB(97,45,26)　RGB(196,191,180)　RGB(255,255,255)

使用到的技术	矩形工具、文本工具
学习时间	30 分钟
视频地址	视频 \ 第 6 章 \6-4-7.mp4
源文件地址	源文件 \ 第 6 章 \6-4-7.psd
设计风格	常规扁平化设计

步骤 01 执行“文件>新建”命令，如图6-155所示。执行“文件>打开”命令，打开素材图像“素材\图片\64701.jpg”，拖入到画布中，调整图像大小，为该图层添加图层蒙版，在图层中填充黑白线性渐变，如图6-156所示。

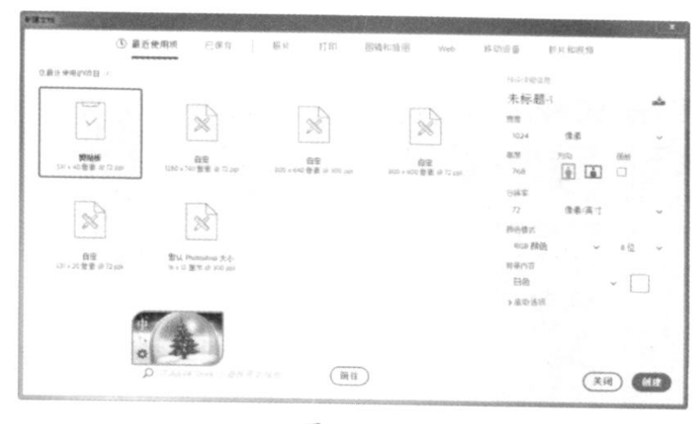

图 6-155

图 6-156

步骤 02 使用相同的方法完成相似内容的制作，将素材分别调整到合适位置，如图6-157所示。单击工具箱中的“矩形工具”按钮，在选项栏上设置“工具模式”为“形状”、“填充”为RGB（97,45,26），在画布中绘制矩形，效果如图6-158所示。

图 6-157

图 6-158

步骤 03 单击工具箱中的“画笔工具”按钮，设置“前景色”为RGB（127,69,49），选择合适的笔触与大小，在画布中相应的位置进行涂抹，为该图层创建剪贴蒙版，效果如图6-159所示。单击工具箱中的“横排文本工具”，在画布中输入文字，效果如图6-160所示。

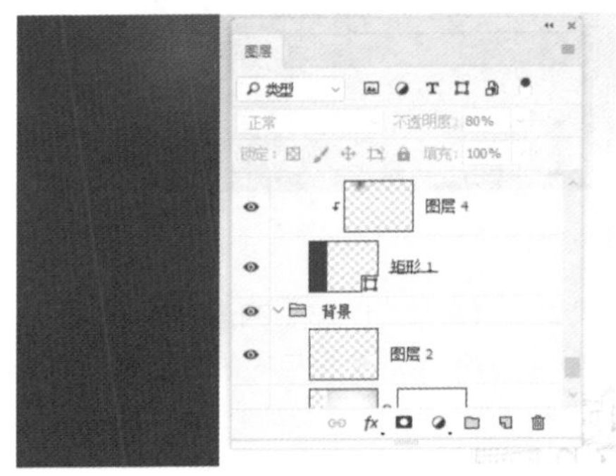

图 6-159

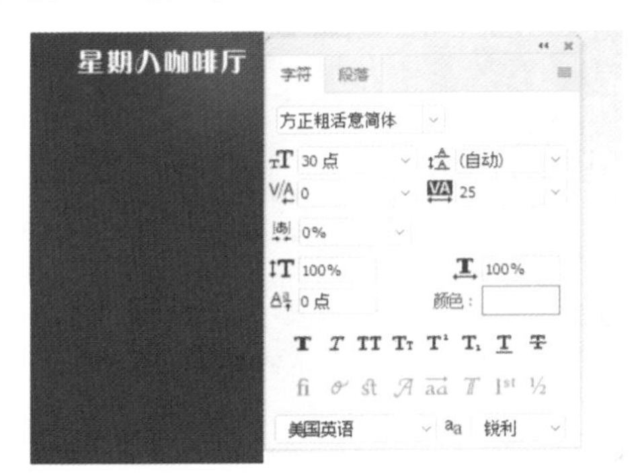

图 6-160

步骤 04 为该文字图层添加“投影”图层样式，对相关选项进行设置，如图6-161所示。单击“确定”按钮，完成“图层样式”对话框中各选项的设置，效果如图6-162所示。

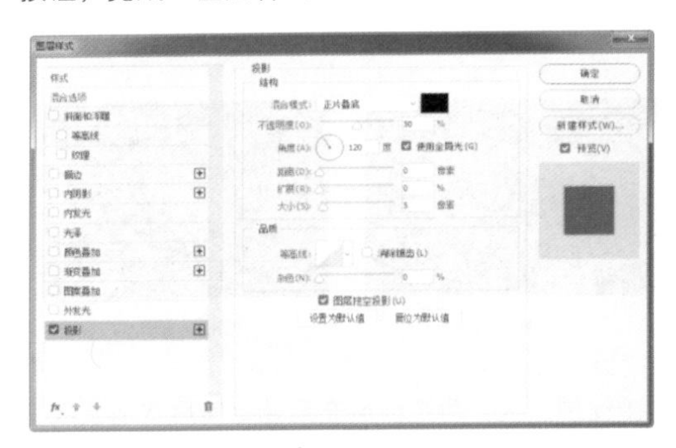

图 6-161

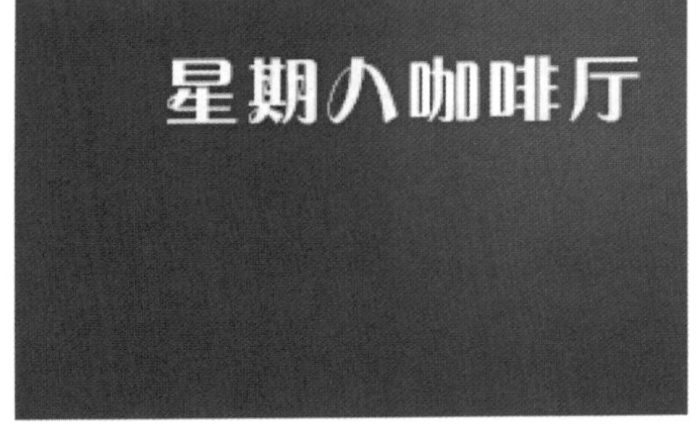

图 6-162

步骤 05 使用相同的方法完成相似内容的制作，效果如图6-163所示。单击工具箱中的“矩形工具”按钮，在选项栏上设置“填充”为RGB（74,27,12），在画布中绘制矩形，如图6-164所示。

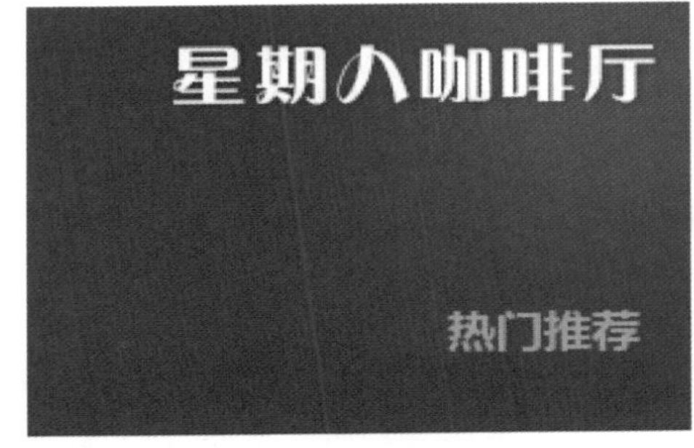

图 6-163

图 6-164

步骤 06 为该图层添加“内阴影”图层样式，对相关选项进行设置，如图6-165所示。单击“确定”按钮，完成“图层样式”对话框中各选项的设置，效果如图6-166所示。

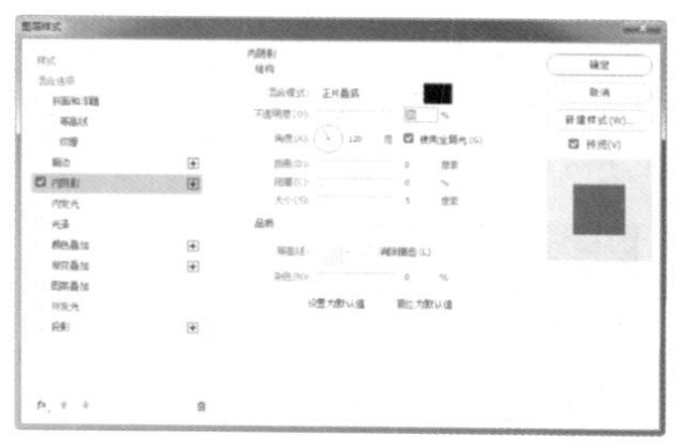

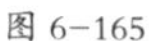

图 6-165

图 6-166

步骤 07 单击工具箱中的“直线工具”按钮，在选项栏上设置“填充”为RGB（92,41,20），在画布中绘制直线，设置该图层的“不透明度”为80%，效果如图6-167所示。使用相同的方法完成相似内容的制作，效果如图6-168所示。

步骤 08 单击工具箱中的“矩形工具”按钮，在选项栏上设置“填充”为RGB（115,65,38），在画布中绘制矩形，如图6-169所示。使用相同的方法完成相似内容的制作，如图6-170所示。

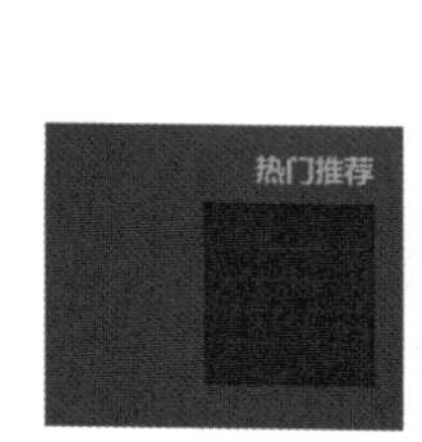

图 6-167

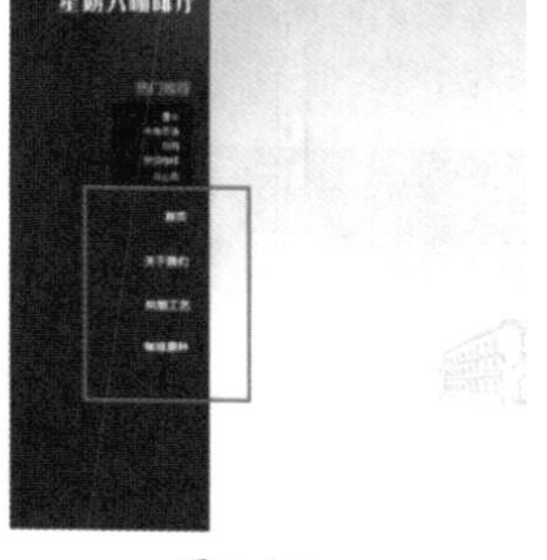

图 6-168

图 6-169

图 6-170

步骤 09 单击工具箱中的“矩形选框工具”按钮在画布中绘制选区，为选区填充黑色，然后取消选区，如图6-171所示。为图层添加“投影”图层样式，弹出“图层样式”对话框，设置相应参数，如图6-172所示。

提示：利用“高斯模糊”滤镜可以添加低频细节，使图像产生一种朦胧的效果。设置的半径数值越大，模糊的效果越强烈。

步骤 10 单击“确定”按钮，将“图层8”图层调整到“矩形3”图层下方，设置该图层的“不透明度”为20%，效果如图6-173所示。使用相同的方法制作，在画布中输入相应的文字，效果如图6-174所示。

图 6-171

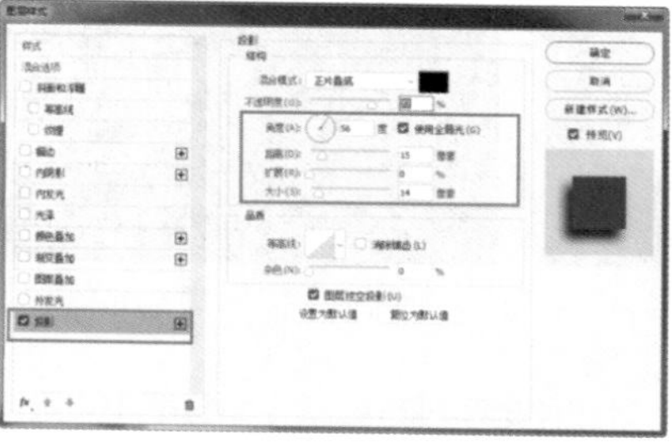

图 6-172

图 6-173

图 6-174

步骤 11 使用相同的方法完成相似内容的制作，如图6-175所示。单击工具箱中的“椭圆工具”按钮，设置“填充”RGB（122,50,46），在画布中绘制圆形，如图6-176所示。

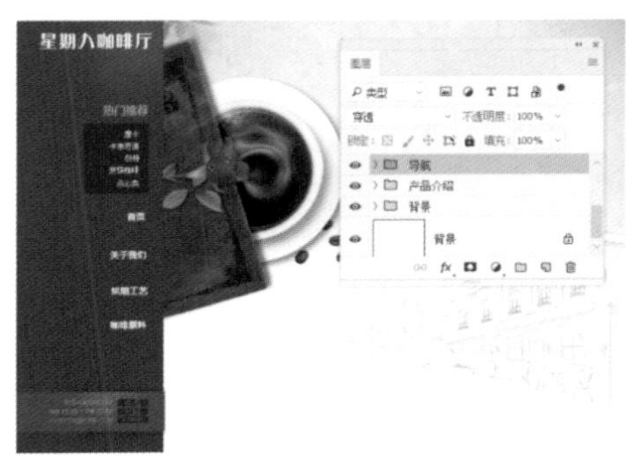

图 6-175

图 6-176

步骤 12 为该图层添加“投影”图层样式，对相关选项进行设置，如图6-177所示。单击“确定”按钮，完成“图层样式”对话框中各选项的设置，效果如图6-178所示。

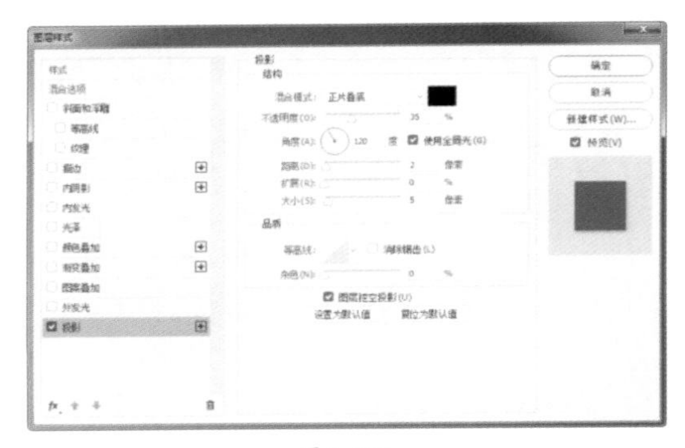

图 6-177

图 6-178

步骤 13 使用相同的方法完成相似内容的制作，效果如图6-179所示。单击工具箱中的“横排文本工具”按钮，在“字符”面板上进行相关设置，在画布中输入文字，如图6-180所示。

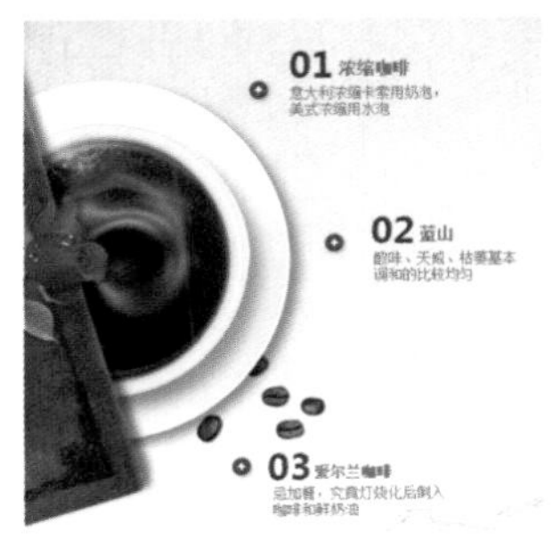

图 6-179

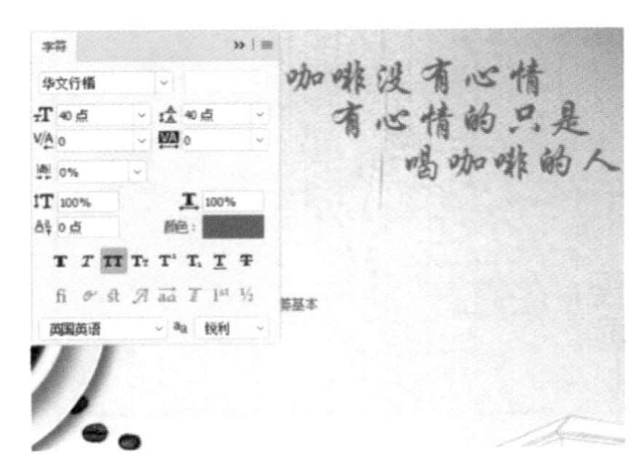

图 6-180

步骤 14 为该文字图层添加“渐变叠加”图层样式，对相关选项进行设置，如图6-181所示。单击“确定”按钮，完成“图层样式”对话框中各选项的设置，并更改图层的“不透明度”为60%，如图6-182所示。

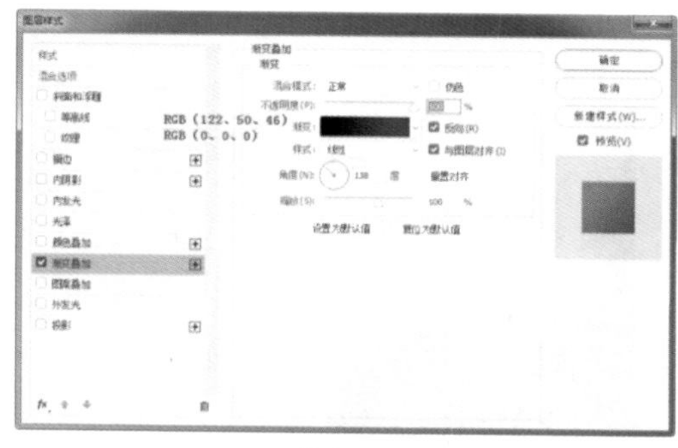

图 6-181

图 6-182

步骤 15 使用相同的方法完成相似内容的制作，效果如图6-183所示。单击工具箱中的“矩形工具”按钮，在画布中绘制任意颜色的矩形，如图6-184所示。

图 6-183

图 6-184

步骤 16 为该图层添加“渐变叠加”图层样式，对相关选项进行设置，如图6-185所示。单击“确定”按钮，完成“图层样式”对话框中各选项的设置，效果如图6-186所示。

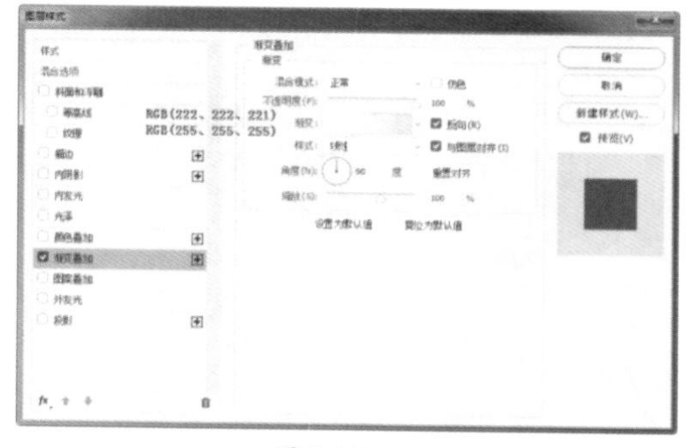

图 6-185

图 6-186

步骤 17 载入“矩形8”选区，新建图层，执行“编辑>描边”命令，弹出“描边”对话框，具体设置如图6-187所示。单击“确定”按钮，完成“描边”对话框中各选项的设置，效果如图6-188所示。

图 6-187

图 6-188

步骤 18 为该图层添加图层蒙版，选择“画笔工具”，设置“前景色”为黑色，选择合适的笔触与大小，在蒙版中进行涂抹，效果如图6-189所示。单击工具箱中的“钢笔工具”按钮，在选择栏上设置“工具模式”为“形状”、“填充”为RGB（126,68,42），在画布中绘制形状，如图6-190所示。

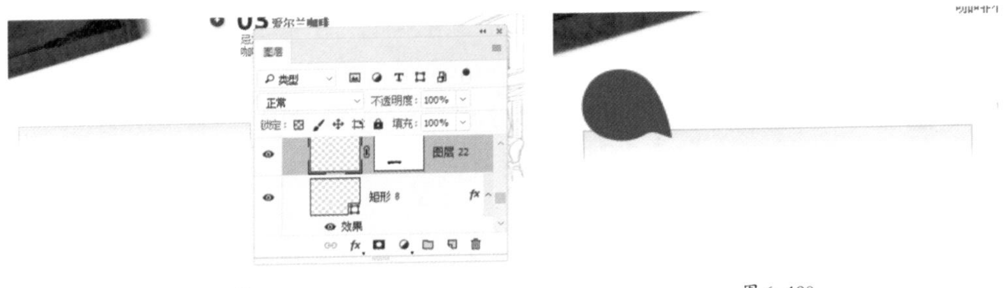

图 6-189

图 6-190

提示：使用“画笔工具”时，在英文输入状态下，按键盘上的[或]键可以减小或增加画笔的直径；按Shift+[或Shift+]组合键可以减少或增加具有柔边、实边的圆或书画笔的硬度；按键盘中的数字键可以调整“画笔工具”的不透明度；按住Shift+主键盘区域的数字键可以调整“画笔工具”的流量。按住Shift键可以绘制水平、垂直和45°为增量的直线。

步骤 19 单击工具箱中“横排文本工具”，设置相应的参数，在画布中输入文字，效果如图6-191所示。使用相同的方法完成页面中其他部分内容的制作，效果如图6-192所示。

图 6-191

图 6-192

步骤 20 使用相同的方法完成该咖啡厅网站页面其他内容的设计制作，最终图像效果及“图层”面板如图6-193所示。

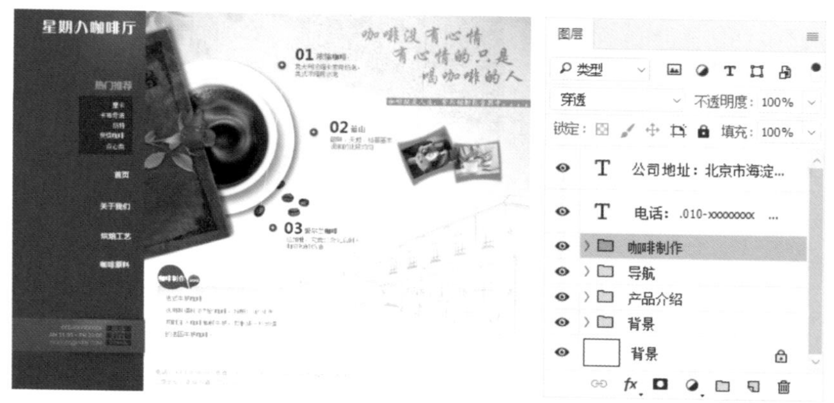

图 6-193

步骤21 隐藏除“背景”图层组之外的全部图层，按Ctrl+A组合键全选画布中的图形，执行“编辑>选择性拷贝>合并拷贝”命令，如图6-194所示。执行“文件>新建”命令，弹出“新建文档”对话框，如图6-195所示。

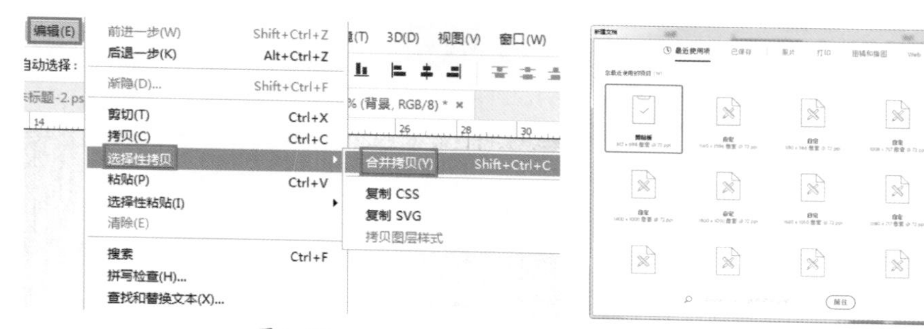

图 6-194

图 6-195

步骤22 单击“确定”按钮新建文档，按Ctrl+V组合键粘贴图像，如图6-196所示。执行“文件>导出>存储为Web所用格式”命令优化图像，如图6-197所示。

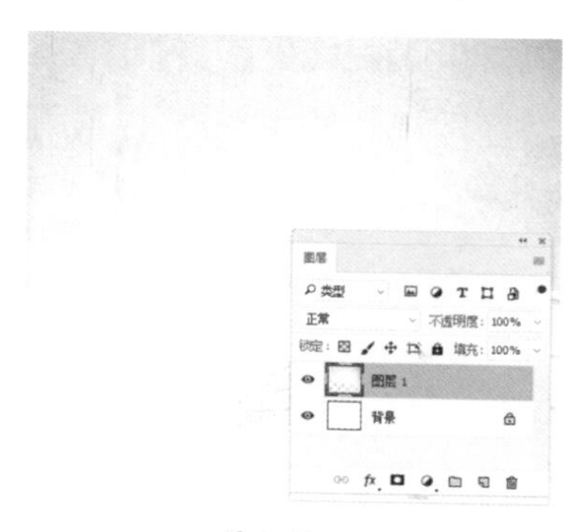
图 6-196

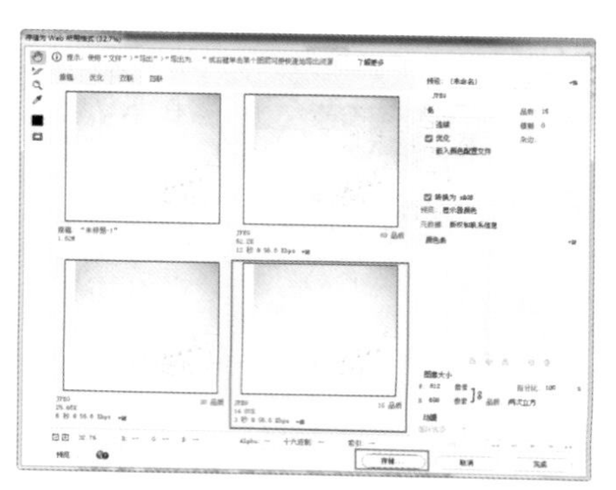
图 6-197

步骤23 单击“存储”按钮将其重命名并存储，如图6-198所示。用相同的方法将其余内容进行切图处理，切图后的文件夹如图6-199所示。

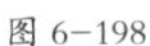

图 6-198

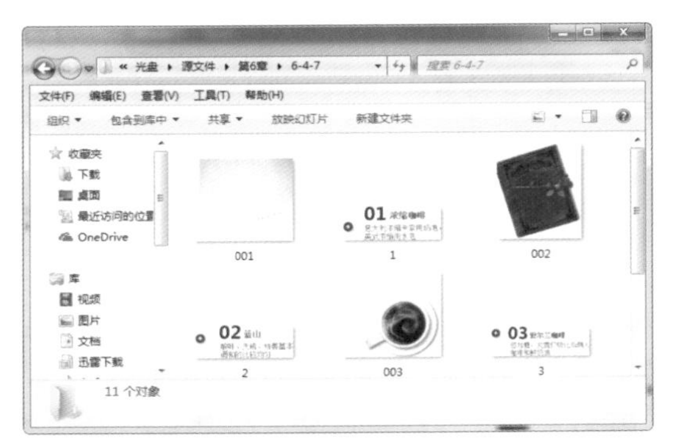

图 6-199

6.5 网页界面的设计风格

在网页界面设计中，大众化的网页界面布局形态是比较常用的。它注重文本信息的快速传达，以及方便用户熟练地使用网页所提供的功能。

独特的、有创意的个性化网页界面布局不仅可以增加界面的新颖感与趣味感，而且给用户耳目一新的感觉。

6.5.1 大众化设计风格

目前网络上各种类型的网站类似于现实生活中的一些建筑物，虽然在规模上会有很大的区别，但是，从外观上来看却具有相似性。

由于大众化网页界面布局形态具有传达大量文本信息的优势，因此，在一些搜索、专业门户、购物等内容较多的功能型网站较为常用，如图 6-200 所示。

图 6-200

提示：大众化网页界面布局形态是指忠实于旨在快速传达信息的网页界面布局类型。大众化网页界面布局形态主要是通过使用相似的界面布局结构给用户留下深刻印象。

6.5.2 个性化设计风格

个性化的网页是指界面布局外观和结构形态能够表现出一种独特性、新颖性风格的网页。可以通过这种网页十分容易地了解设计师所设计的具有个性化外观形态的网站的意图。

提示：在设计个性化网页时，首先，设计师要从企业或产品的经营发展理念出发，深入理解所需要表现的主题内容，隐喻所确定的象征物形态并开始类推出几何学的线条和形态。其次，设计具有差别化的网页布局形态。

在设计的过程中，可以根据设计师的意图和表现策略，不断地进行尝试，以设计出具有多样化网页布局形态的网站。另外，还需要考虑的是这种布局形态是否符合网站的性质，以及在审美上是否能够达到一定的协调性。如图 6–201 所示为个性化的网页界面布局设计。

图 6–201

实战练习——设计游戏网站界面

案例分析：此款游戏网站界面突出枪战类游戏激烈的感觉，以游戏内的人物和场景作为网页背景，加重游戏的氛围。六边形的运用，突出了设计感，并且注重了交互性。

色彩分析：该网页使用深蓝色作为主色调，强调了冷静和深邃的主题，符合枪战类游戏的主题，辅色用到了反差极大的红色，吸引浏览者的目光；文字色使用了白色，增强了内容的可辨识度。

RGB(30,42,58)　RGB(166,45,45)　RGB(255,255,255)

使用到的技术	矩形工具、文本工具
学习时间	50 分钟
视频地址	视频 \ 第 6 章 \6-5-2.mp4
源文件地址	源文件 \ 第 6 章 \6-5-2.psd
设计风格	扁平化设计

步骤01 执行“文件>打开”命令，打开素材“素材\第6章\102201.PNG”，图像效果如图6-202所示。单击工具箱中的“矩形工具”按钮，在画布中绘制黑色矩形，如图6-203所示。

图 6-202

图 6-203

步骤02 更改图层的“不透明度”为50%，图像效果如图6-204所示。用相同的方法完成相似内容的制作，图像效果如图6-205所示。

图 6-204

图 6-205

提示：绘制黑色半透明矩形的方法有很多，可以使用“矩形选框工具”绘制选区后填充黑色，更改图层“不透明度”为50%，也可以使用“矩形工具”绘制黑色矩形，在选项栏设置“不透明度”为30%。

步骤03 单击工具箱中的“横排文本工具”按钮，在画布中输入如图6-206所示的文字。单击工具箱中的“直线工具”按钮，设置“线条粗细”为1像素，绘制白色直线，如图6-207所示。

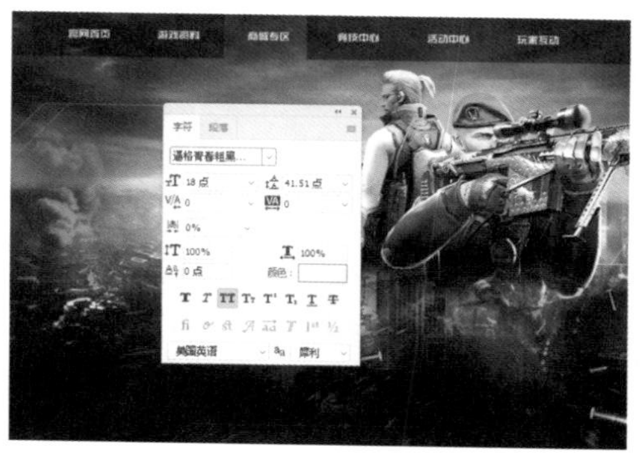

图 6-206

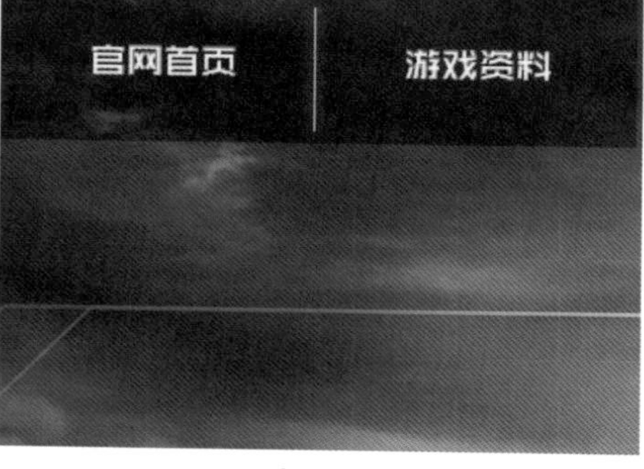

图 6-207

步骤 04 单击“图层”面板底部的“添加图层样式”按钮，在弹出的“图层样式”对话框中选择“外发光”选项，按如图6-208所示设置参数。用相同的方法完成相似内容的制作，图像效果如图6-209所示。

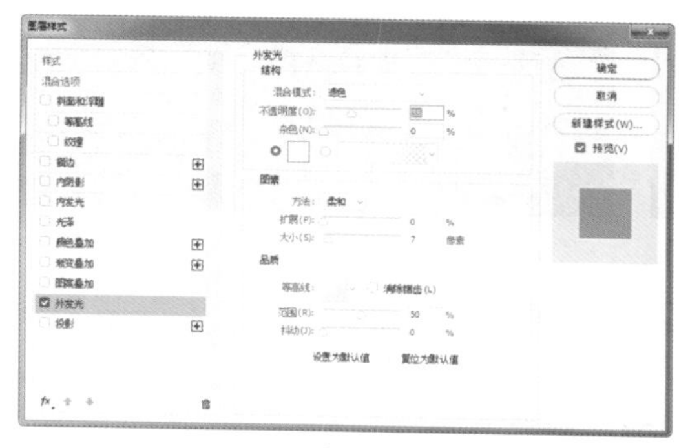

图 6-208

图 6-209

提示：图层样式中的“外发光”和“内发光”选项，在网页设计中应用范围很广泛，都可以为图层添加发光效果。

步骤 05 将相关图层编组，重命名为“导航”，“图层”面板如图6-210所示。单击工具箱中的“矩形工具”按钮，在画布中绘制颜色为RGB（0,40,106）的矩形，如图6-211所示。

步骤 06 单击工具箱中的“横排文本工具”按钮，在画布中输入如图6-212所示的文字。单击工具箱中的“多边形工具”按钮，在画布中绘制如图6-213所示的正六边形，“描边颜色”为白色。

图 6-210

图 6-211

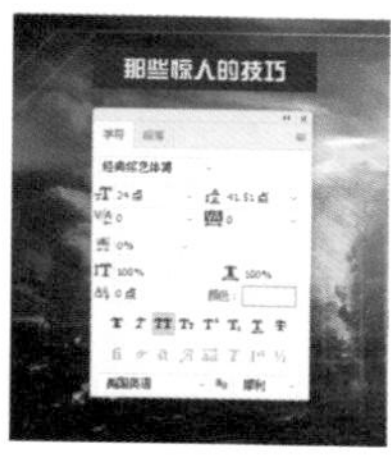

图 6-212

图 6-213

步骤 07 单击“图层”面板底部的“添加图层样式”按钮，在弹出的“图层样式”对话框中选择“外发光”选项，参数设置如图6-214所示。用相同的方法完成相似内容的制作，图像效果如图6-215所示。

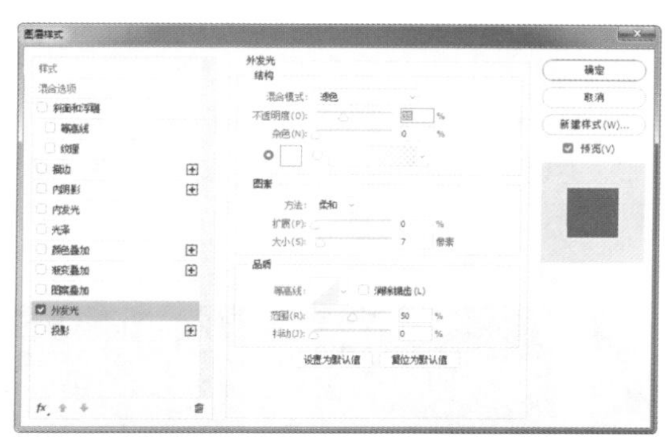

图 6-214

图 6-215

步骤 08 单击工具箱中的“椭圆工具”按钮，在画布中绘制如图6-216所示的正圆形。执行“图层>栅格化>形状”命令栅格化图层，单击工具箱中“橡皮擦工具”，擦除部分内容，图像效果如图6-217所示。

图 6-216

图 6-217

提示：此处圆环的绘制可以使用“椭圆工具”绘制后栅格化图形，也可以使用“椭圆选框工具”绘制椭圆选区，通过“描边”命令绘制圆环。

步骤 09 单击“图层”面板底部的“添加图层样式”按钮，在弹出的“图层样式”对话框中选择“颜色叠加”选项，参数设置如图6-218所示。用相同的方法完成相似内容的制作，图像效果如图6-219所示。

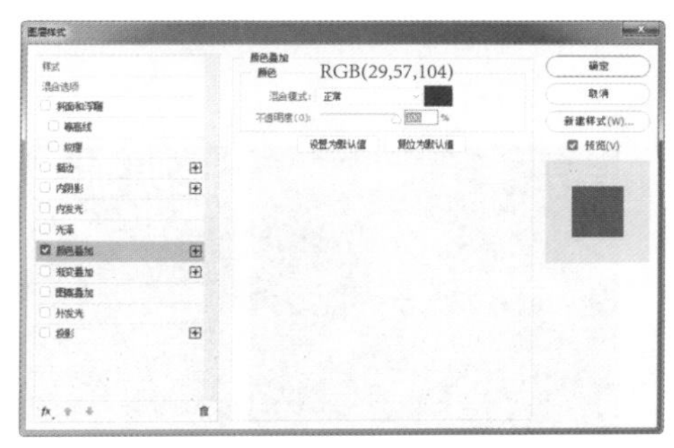

图 6-218

图 6-219

步骤 10 单击工具箱中的“横排文本工具”按钮，在画布中输入如图6-220所示的文字。将相关图层编组，复制图层组并移动到适当的位置，图像效果如图6-221所示。

步骤 11 单击工具箱中的“横排文本工具”按钮，在画布中输入如图6-222所示的文字。单击工具箱中的“矩形工具”按钮，在画布中绘制黑色矩形，并设置图层的“不透明度”为50%，图像效果如图6-223所示。

图 6-220

图 6-221

图 6-222

图 6-223

步骤 12 单击“图层”面板底部的“添加图层样式”按钮，在弹出的“图层样式”对话框中选择“外发光”选项，参数设置如图6-224所示。用相同的方法完成相似内容的制作，图像效果如图6-225所示。

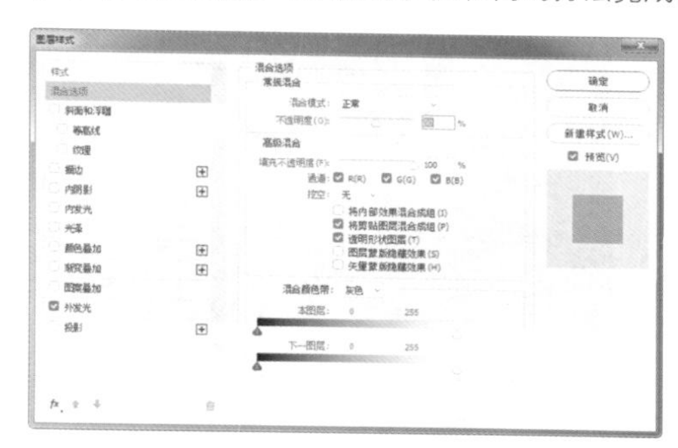

图 6-224

图 6-225

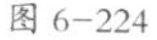

提示：“混合”选项可以对图层的常规混合模式及高级混合模式进行设置，除了可以控制图层的“不透明度”“混合模式”外，还可以对图层的“填充”及当前图层在通道的显示方式进行设置。

步骤 13 单击工具箱中的“横排文本工具”按钮，在画布中输入如图6-226所示的文字。用相同的方法完成其他文字的输入，图像效果如图6-227所示。

步骤 14 单击工具箱中的“矩形工具”按钮，在画布中绘制如图6-228所示的矩形。用相同的方法完成相似内容的制作，图像效果如图6-229所示。

图 6-226

图 6-227

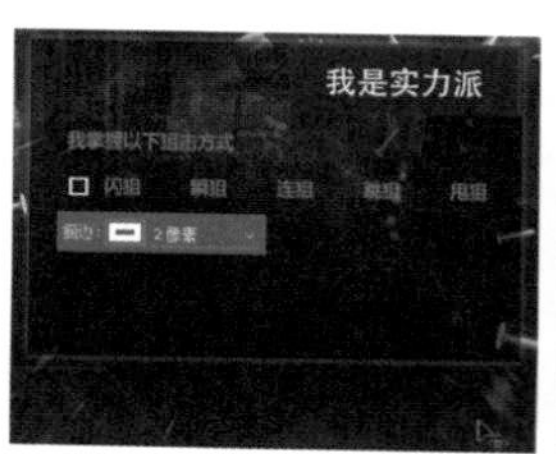

图 6-228

图 6-229

步骤 15 单击工具箱中的“矩形工具”按钮，在画布中绘制颜色为RGB（66,112,192）的矩形，如图6-230所示。单击“图层”面板底部的“添加图层样式”按钮，在弹出的“图层样式”对话框中选择相应选项，参数设置如图6-231所示。

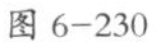
图 6-230

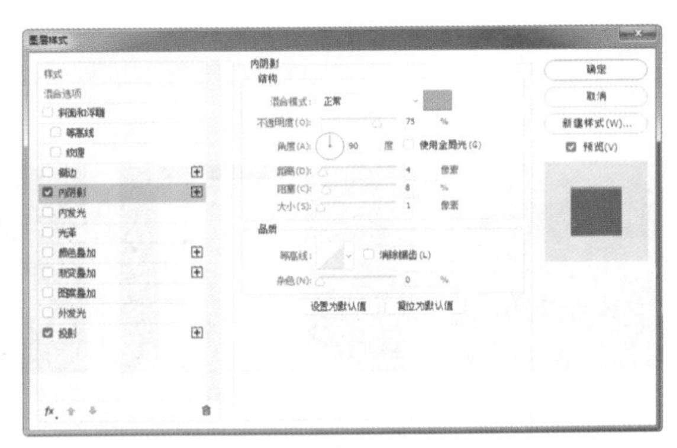

图 6-231

步骤 16 单击工具箱中的“横排文本工具”按钮，在画布中输入如图6-232所示的文字。将相关图层编组，图层面板如图6-233所示。

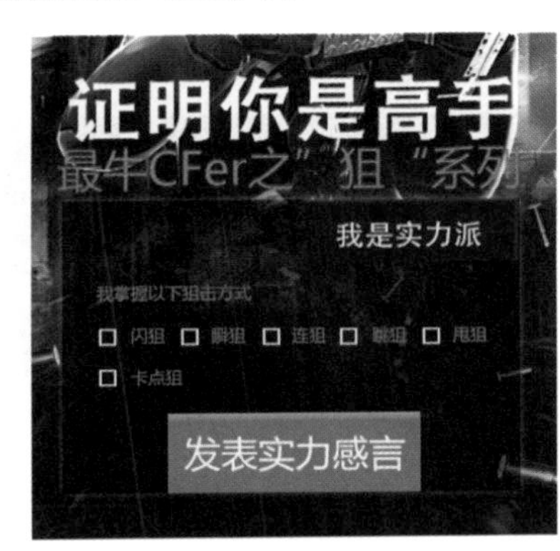

图 6-232

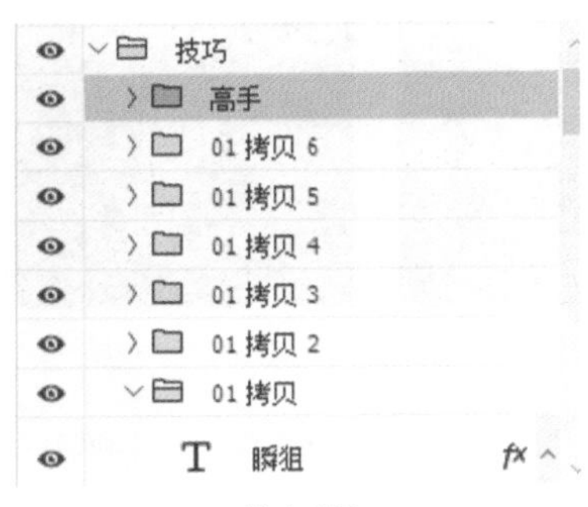

图 6-233

步骤 17 单击工具箱中的“矩形工具”按钮，在画布中绘制黑色矩形并设置图层的“不透明度”为50%，如图6-234所示。单击“图层”面板底部的“添加图层样式”按钮，在弹出的“图层样式”对话框中选择“外发光”选项，参数设置如图6-235所示。

图 6-234

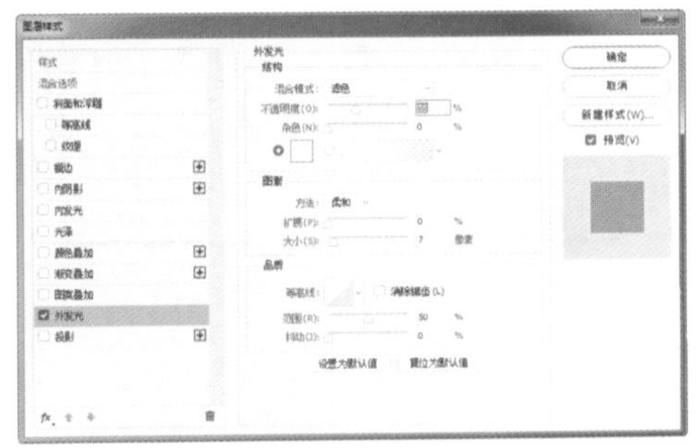

图 6-235

提示："外发光"图层样式的相应设置与"内发光"基本类似，不过设置"外发光"后，图像的发光效果是在图像的外侧。

步骤18 用相同的方法完成相似内容的制作，图像效果如图6-236所示。单击工具箱中的"横排文本工具"按钮，在画布中输入如图6-237所示的文字。

步骤19 用相同的方法完成相似内容的制作，图像效果如图6-238所示。单击工具箱中的"矩形工具"按钮，在画布中绘制如图6-239所示的矩形。

图 6-236

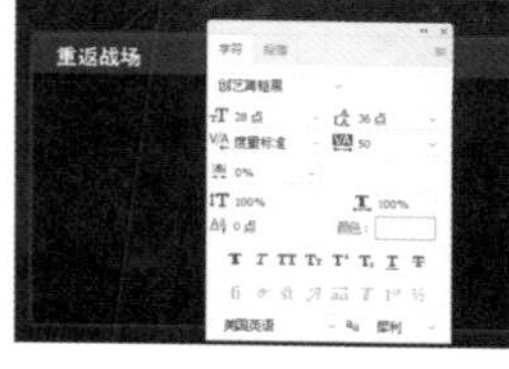

图 6-237

图 6-238

图 6-239

步骤20 用相同的方法完成相似内容的制作，图像效果如图6-240所示。执行"文件>打开"命令，打开素材"素材\第6章\65202.PNG~65207.PNG"，将素材图像拖入到设计文档中，适当调整图像的大小和位置，图像效果如图6-241所示。

步骤21 单击工具箱中的"横排文本工具"按钮，在画布中输入如图6-242所示的文字。单击工具箱中的"矩形工具"按钮，在画布中绘制"填充"颜色为RGB（166,45,45）的矩形，如图6-243所示。

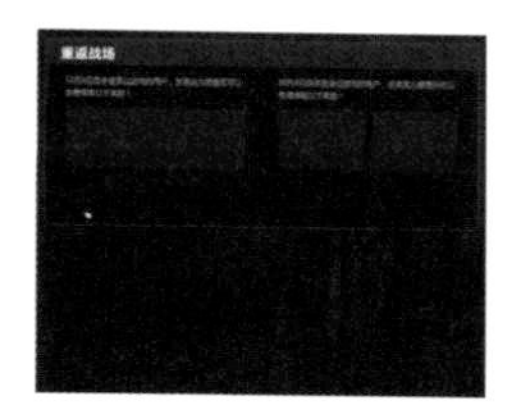

图 6-240

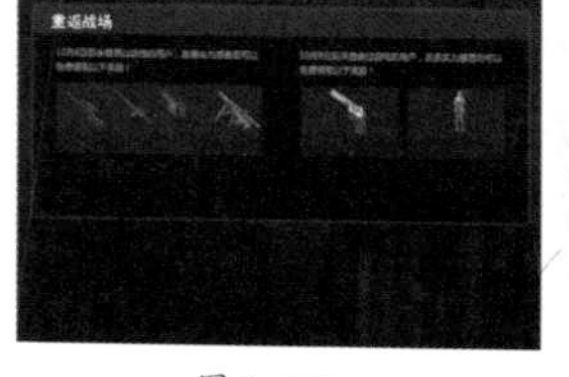

图 6-241

图 6-242

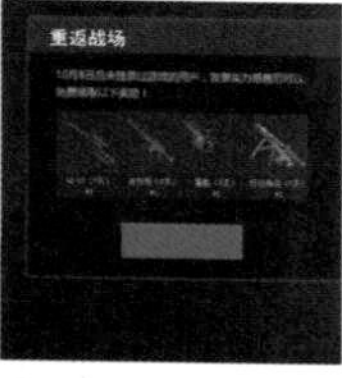

图 6-243

步骤22 单击"图层"面板底部的"添加图层样式"按钮，在弹出的"图层样式"对话框中选择"内阴影"选项，参数设置如图6-244所示。继续选择"内发光"选项，参数设置如图6-245所示。

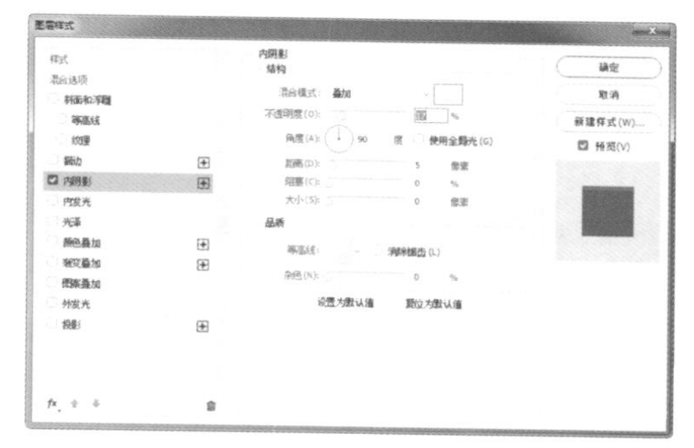

图 6-244

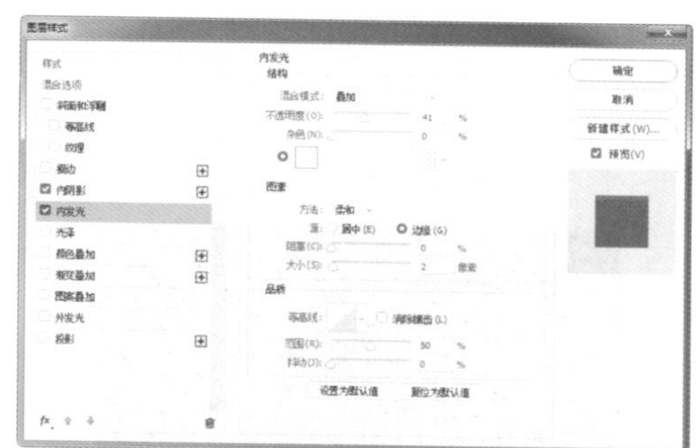

图 6-245

步骤23 单击工具箱中的"横排文本工具"按钮，在画布中输入如图6-246所示的文字。用相同的方法完成相似内容的制作，图像效果如图6-247所示。

步骤 24 将相关图层编组，重命名为“活动”，“图层”面板如图6-248所示。单击工具箱中的“矩形工具”按钮，在画布中绘制黑色矩形，并设置图层的“不透明度”为50%，如图6-249所示。

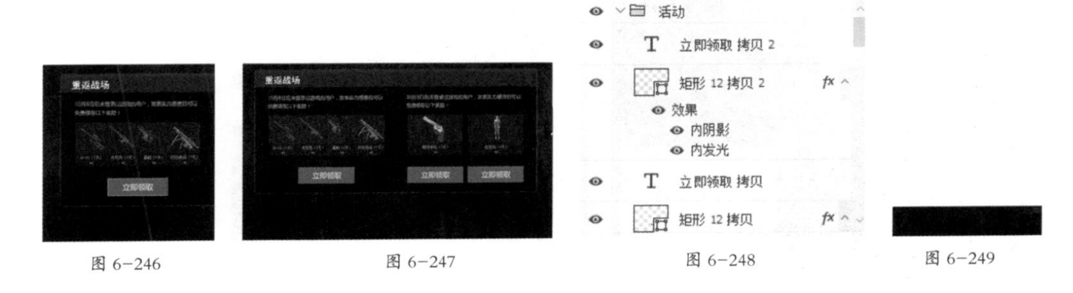

图 6-246　　图 6-247　　图 6-248　　图 6-249

步骤 25 单击工具箱中的“横排文本工具”按钮，在画布中输入如图6-250所示的文字，完成游戏网站界面设计，图像效果如图6-251所示。

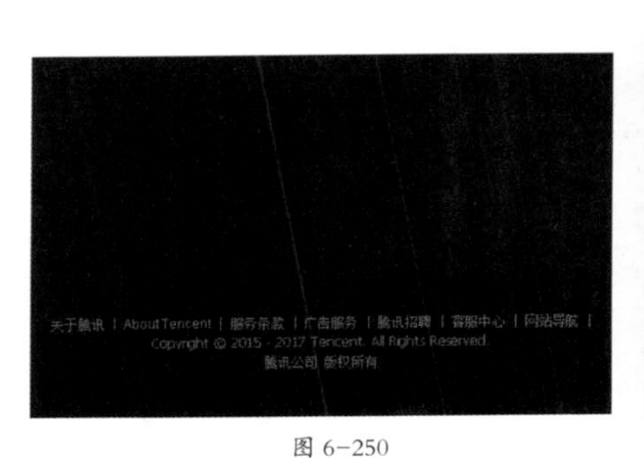

图 6-250

图 6-251

步骤 26 隐藏除“背景”图层组之外的全部图层，按Ctrl+A组合键全选画布中的图像，执行“编辑>选择性拷贝>合并拷贝”命令，如图6-252所示。执行“文件>新建”命令，弹出“新建文档”对话框，如图6-253所示。

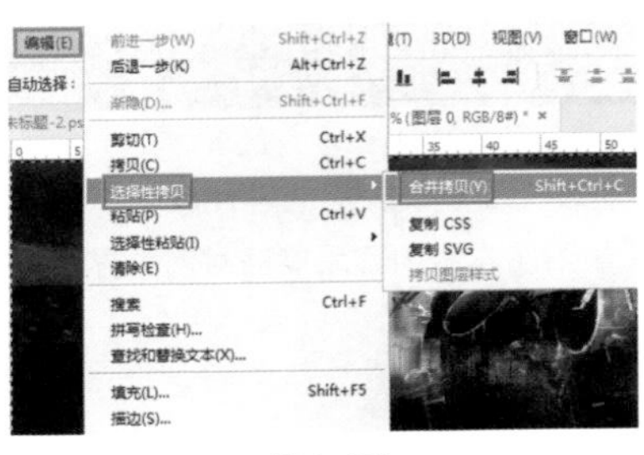

图 6-252

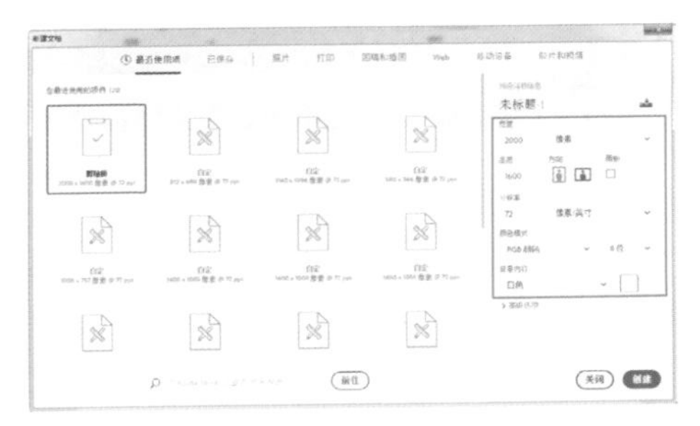

图 6-253

步骤 27 单击“确定”按钮新建文档，按Ctrl+V组合键粘贴图像，如图6-254所示。执行“文件>导出>存储为Web所用格式”命令优化图像，如图6-255所示。

图 6-254

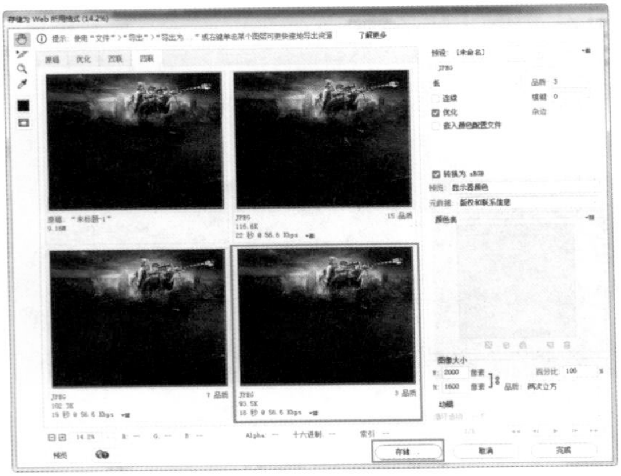

图 6-255

步骤 28 单击“存储”按钮将其重命名并存储，如图6-256所示。用相同的方法将其余内容进行切图处理，切图后的文件夹如图6-257所示。

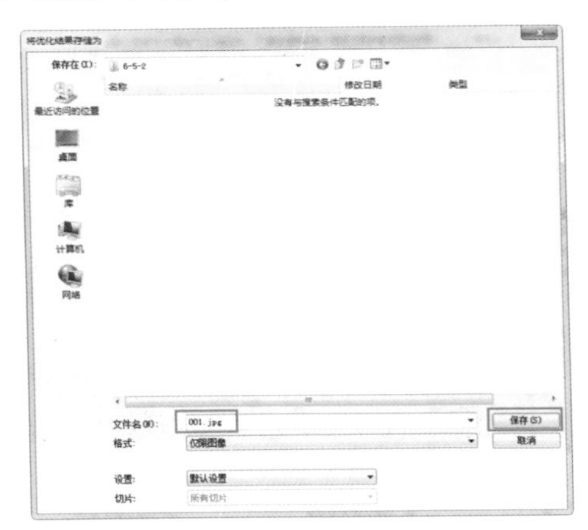

图 6-256

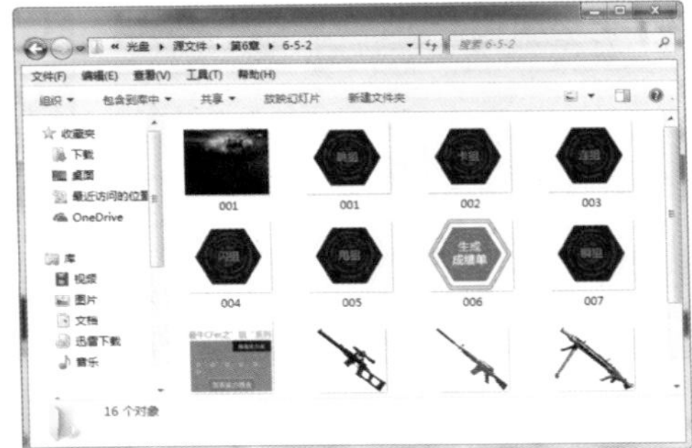

图 6-257

6.6 本章小结

本章主要为用户讲解了什么是网页界面设计、网页界面设计要点及相应的设计原则，并通过实战练习的方式帮助用户对学习到的知识进行巩固。希望用户在学习了本章内容后能够对网页界面设计有更深层的理解。

07

Chapter

游戏界面设计

游戏界面在当代社会中十分常见，其表现力和感染力较强，非常吸引玩家。游戏界面通常较为重视视觉效果和交互性，在设计过程中通过富有质感的图形和按钮，使用具有游戏特点的场景和排版布局方式来表现。

本章知识点：

★ 了解游戏界面设计基础知识

★ 掌握游戏界面设计的准备工作

★ 了解不同种类游戏界面的设计方法

7.1 了解游戏界面设计

游戏 UI 就是游戏的用户界面，包括游戏中和游戏前两个部分的界面。游戏 UI 设计师相对而言更受重视一些，程序员一般都会尊重设计师的想法。

因为一般 UI 用户更注重功能实现得快捷与否。除此以外游戏玩家，还更多地希望能够获得感官上的享受，因此对视觉和创意的要求比一般 UI 用户更为挑剔。

7.1.1 游戏界面设计概述

在计算机科学领域，界面是人与机器交流的一个“层面”，通过这一层面，人可以对计算机发出指令，并且计算机可以将指令的接收、执行结果通过界面即时反馈给使用者，如此循环往复，便形成了人与机器的交互过程，这个承载信息接收与反馈的层面就是人机界面。如图 7-1 所示为精美的游戏 UI 设计。

提示：游戏界面作为人机界面的一种，是玩家与游戏进行沟通的桥梁。玩家通过游戏界面对游戏中各个环节、功能进行选择，实现游戏视觉和功能的切换，并对游戏角色和进程进行控制，游戏界面则及时反馈玩家在游戏中的状态。游戏界面的存在不仅联系了游戏与游戏参与者，同时也将游戏者之间以一种特殊的方式联系起来。

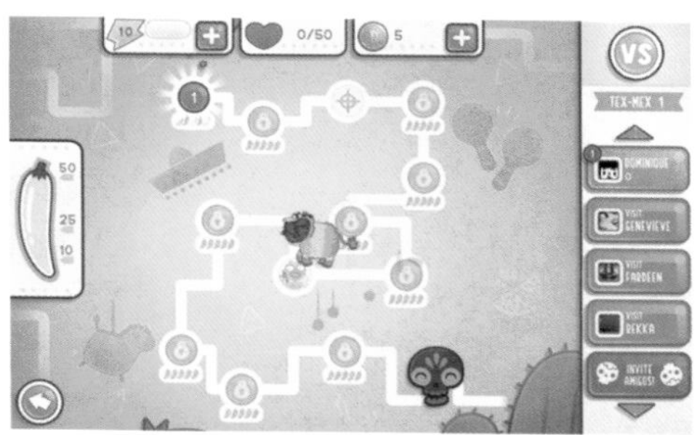

图 7-1

7.1.2 游戏UI与其他UI设计的区别

UI 设计承载的是其内容，而游戏 UI 设计承载的是其内容与玩法，性质上都是引导用户或玩家进行更流畅的操作。游戏 UI 设计与其他类型的 UI 设计有许多相似的地方，但由于游戏本身的特点也决定了游戏 UI 设计与其他类型 UI 设计的不同。

1. 视觉风格不同

其他类型 UI 设计的视觉风格可以独立于其内容，而游戏 UI 必须结合游戏本身的风格进行设计，所以在视觉层面上其他类型的 UI 设计自由度相对较高一些，如图 7-2 所示为应用程序 UI 设计。游戏 UI 设计需要在已有游戏美术范围内做设计，相对于其他类型的 UI，在设计上会困难一些、复杂一些，如图 7-3 所示为游戏 UI 设计。

图 7-2　　　　图 7-3

2. 表现形式不同

UI 设计只是考虑视觉层面的效果，更多的还需要兼顾到逻辑层面的交互与功能。与其他类型的 UI 相比，游戏 UI 需要多考虑玩法的表现，不仅需要一个美观、表意明确的游戏界面，还必须考虑到表现形式与游戏玩法的相互结合。如图 7-4 所示为游戏 UI 的表现形式。

图 7-4

提示：以摄像头为例，应用程序UI首先要考虑的是它的功能，无非就是拍照、滤镜、摄像，而游戏UI里就会衍生出无限的玩法，比如大头贴、打飞碟等一大堆基于摄像头感应交互的游戏，而这些游戏看似都是以摄像头为基础的游戏互动，但是稍微变换一下或者添加一个玩法，这个游戏的性质就会不一样，而游戏UI就需要考虑到这种无限的变化性。

3. 复杂程度不同

因为游戏本身逻辑的复杂性，一般大型游戏的界面数量都会达到上百个，因此在视觉、逻辑和数量上都比其他类型 UI 的设计要复杂得多，在设计领域中是很重要的一部分，如图 7-5 所示为复杂的网络游戏 UI 设计。

图 7-5

7.1.3 游戏UI设计的重要性

游戏界面存在的主要意义就是为了实现游戏参与者与游戏之间的交流，这里的交流包括玩家对游戏的控制，以及游戏给玩家提供的信息反馈，总而言之，游戏界面的首要目的是实现控制与反馈。

玩家沉浸在游戏世界当中时，游戏必须告诉玩家游戏世界中正在发生的事情、玩家将面临的情况、得分情况、是否已经完成游戏目标等。除此之外，一个成功的游戏界面会利用反馈功能帮助玩家快速了解游戏规则、剧情、环境及操作方式等，如图 7-6 所示为游戏界面中的信息反馈。

提示：游戏界面的信息反馈目的之一是让玩家了解游戏进程，以便调整游戏策略。

图 7-6

提示：游戏界面的次要目的是通过色彩、图形、声音等元素的应用，使容易打破玩家在游戏中完整体验的界面尽可能地隐于游戏世界中，辅助整个游戏，烘托游戏所要传达的情感，让游戏玩家在不知不觉中更加自然地操控游戏世界中的各种元素。

7.2 游戏UI设计的准备工作

游戏 UI 承载的不仅仅是单纯的内容，还需要传递游戏的世界观、基因。在开始对游戏 UI 进行设计之前，用户首先需要了解该款游戏的世界观，以及游戏 UI 的设计风格，这样设计出来的游戏 UI 才能够与该款游戏相契合。

7.2.1 了解游戏的世界观

判断一款游戏 UI 好与坏不仅要看表面上的视觉效果，而且要根据游戏 UI 元素与游戏世界观是否贴切来判断。

世界观在游戏中是普遍存在的，设计师在设计游戏之初都会为游戏搭建一些规则，添加一些元素，有些游戏的世界观表现得比较完整。

提示：什么是游戏的世界观呢？游戏的世界观告诉我们这个游戏是什么样的、游戏的主要矛盾是什么，以及发生的背景是什么。在一个游戏中几乎所有的元素都是世界观的组成部分。

7.2.2 确定游戏UI设计风格

游戏 UI 的设计风格取决于这个游戏的原画设定。UI 设计师基本上是按照已有的游戏原画风格去设计游戏 UI 的。多变的风格要求游戏 UI 设计师需要有扎实的设计能力和灵活的应变能力。从游戏风格角度可以将游戏分为 4 种类型。

1. 超写实风格

超写实风格的游戏画面真实感很强，游戏场景细节表现非常细腻，为了防止过多的视觉信息干扰，通常会把游戏界面设计得简洁通透，几乎让玩家感受不到游戏界面的存在，仿佛置身于游戏场景之中。如图 7–7 所示为超写实风格的游戏 UI 设计。

图 7–7

2. 涂鸦风格

游戏画面以涂鸦的感觉为主，画面轻松、自然，让玩家在游戏中回味童年。这类游戏的 UI 设计，通常采取看似笨拙的涂鸦风格，与游戏的内容保持一致。如图 7–8 所示为涂鸦风格的游戏 UI 设计。

图 7–8

3. 暗黑风格

暗黑风格类游戏，画面色调较暗，局部有绚丽的光线，给玩家一个真实的魔幻世界。这类游戏 UI 通常用大花纹装饰、厚重的金属框体、破旧的木板和羊皮纸作为设计元素，增加游戏的带入感。如图 7–9 所示为暗黑风格的游戏 UI 设计。

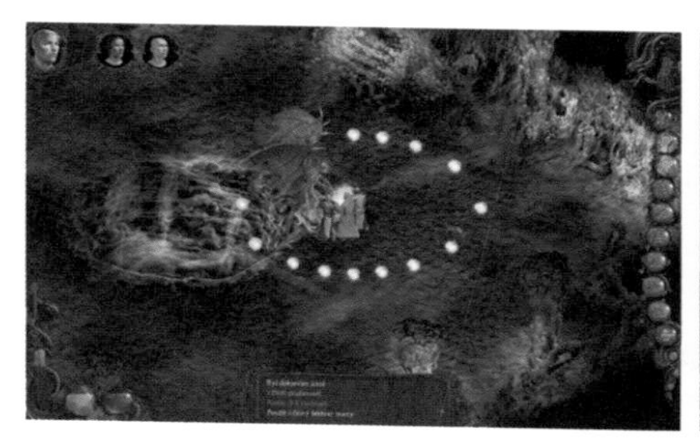

图 7-9

4. 卡通风格

此类游戏画面轻松活泼，常使用比较鲜艳亮丽的色彩进行搭配。在符合轻松活泼的气氛下，这种风格的游戏 UI 设计的形式和颜色相对比较自由。如图 7-10 所示为卡通风格的游戏 UI 设计。

图 7-10

7.2.3 游戏UI设计的流程

一个游戏 UI 设计大体可以分为需求阶段、分析设计、调查验证、方案改进和用户体验反馈 5 个阶段。

1. 需求阶段

游戏 UI 设计属于工业设计的范畴，因此离不开 3W 的考虑（Who、Where、Why），也就是使用者、使用环境、使用方式的需求分析。所以在设计一个游戏产品的 UI 部分之前应该明确什么人用（用户的年龄、性别、爱好、收入和教育程度等）、什么地方用（办公室、家庭、公共场所）、如何用（鼠标键盘、手柄、屏幕触控）。上面的任何一个元素改变了，结果都会有相应的改变。

提示：举一个简单的例子，当设计一套PC平台的Q版网络游戏界面和一套游戏机平台的动作游戏界面时，由于针对的受众不同，操作习惯与操作方式会有所差别，所以在设计风格上也要体现出相应的变化。

除此之外，在需求阶段同类竞争产品也是必须要了解的。同类产品比我们的产品提前问世，我们要比它做得更好才有存在的价值。那么单纯从 UI 设计的美学角度考虑说哪个好哪个不好是没有一个很客观的评价标准的，只能说哪个更合适，更适合最终用户也就是玩家的产品就是最好的产品。

2. 分析设计阶段

通过分析上面的需求后进入设计阶段，也就是方案形成阶段。设计师可以设计出几套不同风格的界面用于备选。首先制作一个体现用户定位的词坐标，例如以 15 岁左右的男性玩家为游戏的主要用户，对于这类用户进行分析得到的词汇有：娱乐、趣味、交流、时尚、酷、个性、品质、放松等。

分析这些词汇的时候会发现有些词是绝对必须体现的，例如品质、精美、趣味、交流。然后开始收集相应的素材，放在坐标的不同点上，这样根据不同坐标的风格，设计出数套不同风格的游戏 UI 界面。如图 7-11 所示为网络休闲游戏 UI 界面，其主要用户是女性玩家。

> 提示：但有些词是相互矛盾的，必须放弃一些，例如时尚、放松与酷、个性化等。所以可画出一个坐标，上面是必须体现的品质：精美、趣味、时尚、交流。左边是贴近用户心理的词汇：时尚、放松、人性化，右边是体现用户外在形象的词汇：酷、个性、工业化。

图 7-11

3. 调查验证阶段

游戏的这几套风格必须保证在同等的设计制作水平上，不能明显看出差异，这样才能得到用户客观的反馈。

（1）对测试的细节进行清楚的分析描述。例如：

- 数据收集方式：游戏厅、办公室。
- 测试时间：___ 年 ___ 月 ___ 日。
- 测试对象：某游戏界定市场用户。
- 测试区域：北京、上海、天津。

（2）主要特征为：

- 对计算机的硬件配置及相关的性能指标比较了解，计算机应用水平较高。
- 计算机使用经历一年以上。
- 玩家购买游戏时品牌和游戏类型的主要决定因素。
- 年龄：___ ~ ____ 岁。
- 年龄在 ___ 岁以上的被访者文化程度为大专及以上。
- 个人月收入 ___ 以上或家庭月收入 ___ 元及以上。
- 样品： ___ 套游戏界面。
- 样本量： ___ 个，实际完成 ____ 个。

（3）调研阶段需要从以下几个问题出发：

- 用户对各套方案的第一印象。

- 选出最喜欢的。
- 对各方案的色彩、文字、图形等分别打分。

（4）结论出来以后请所有用户说出最受欢迎方案的优、缺点。

所有这些都需要使用图形表达出来，这样更直观、科学。

4. 方案改进阶段

经过用户调研，得到用户最喜欢的方案，而且了解用户为什么喜欢，以及还有什么想法等，这样就可以进行下一步修改，将该 UI 设计方案做到细致精美。

5. 用户体验反馈阶段

改正以后的方案就可以推向市场了，但是设计并没有结束，设计者还需要用户反馈，好的设计师应该在产品上市以后多与用户接触，了解用户真正使用时的感想，为以后的升级版本积累经验资料。

经过上面设计过程的描述，可以清楚地发现，游戏界面 UI 设计是一个非常科学的推导公式，有设计师对艺术的理解感悟，但绝对不是仅仅表现设计师个人的绘画，所以要一再强调这个工作过程是设计的过程。

> 提示：以上是整个游戏界面UI设计的主要流程，但在实际操作中设计师可能还会面临很多如时间与质量的问题，所以这里并不强调一定要严格地按照这个公式来设计和制作游戏界面。

实战练习——设计手机游戏登录界面

案例分析：作为手机游戏的登录界面，主题文字需要体现游戏的特点，该案例中主题文字使用的是可爱的卡通体，通过图层样式的添加体现出其质感和层次感。

色彩分析：使用蓝色作为游戏文字的背景颜色，在对游戏文字进行设计时，使用同色系的不同明度和纯度的渐变蓝色为文字配色，通过高明度的黄色和绿色构成图标和按钮，活跃整体气氛。

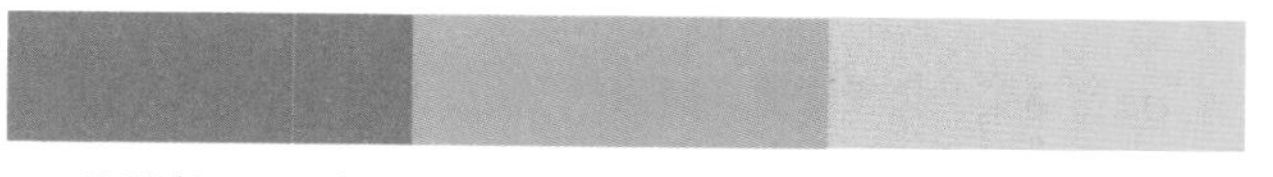

RGB(0,128,241)　　RGB(135,236,34)　　RGB(254,212,29)

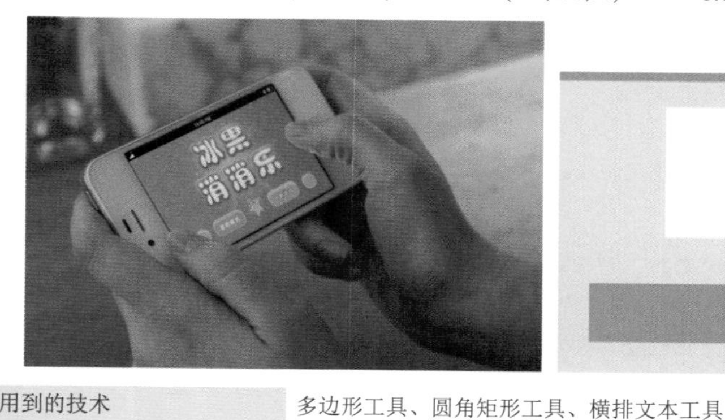

使用到的技术	多边形工具、圆角矩形工具、横排文本工具
学习时间	25 分钟
视频地址	视频 \ 第 7 章 \7-2-3.mp4
源文件地址	源文件 \ 第 7 章 \7-2-3.psd
设计风格	拟物化设计

步骤01 执行“文件>新建”命令，弹出“新建文档”对话框，新建一个空白文档，在“新建文档”对话框中设置各项参数，如图7-12所示。使用“渐变工具”在弹出的“渐变编辑器”对话框中设置渐变颜色，如图7-13所示。

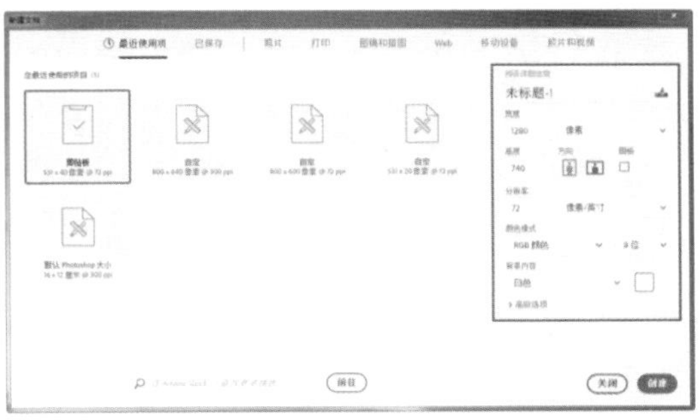
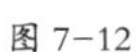

图 7-12

图 7-13

步骤02 单击“确定”按钮，完成渐变颜色设置，在画布中填充线性渐变，如图7-14所示。单击工具箱中的“横排文本工具”按钮，打开“字符”面板，设置相关参数，如图7-15所示。

图 7-14

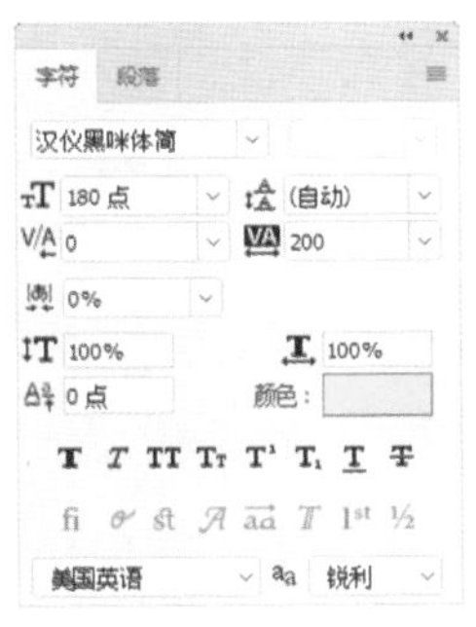

图 7-15

步骤03 在画布中输入文字，如图7-16所示。单击“图层”面板底部的“添加图层样式”按钮，在弹出的“图层样式”对话框中选择“斜面和浮雕”选项，参数设置如图7-17所示。

图 7-16

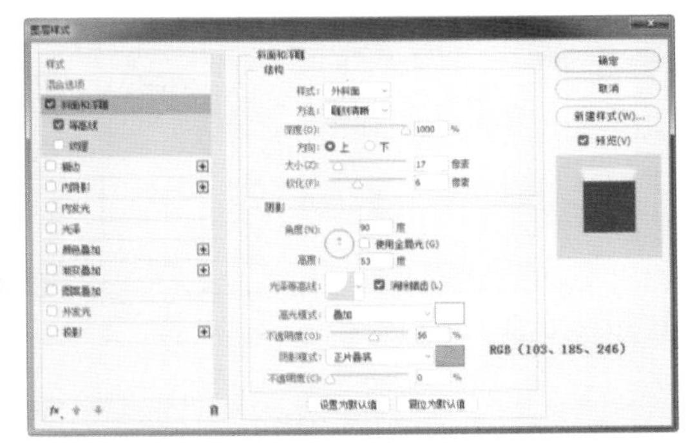

图 7-17

步骤04 继续添加“描边”图层样式，对相关选项进行设置，如图7-18所示。单击“确定”按钮。完成“图层样式”对话框中各选项的设置，效果如图7-19所示。

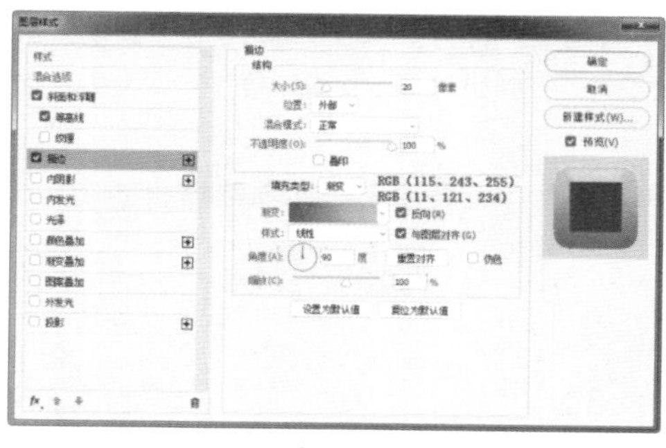

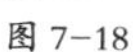

图 7-18

图 7-19

步骤05 复制“冰果”图层，得到“冰果 拷贝”图层，清除该图层样式，单击“图层”面板底部的“添加图层样式”按钮，在弹出的“图层样式”对话框中选择“斜面和浮雕”选项，参数设置如图7-20所示。继续选择“描边”选项，参数设置如图7-21所示。

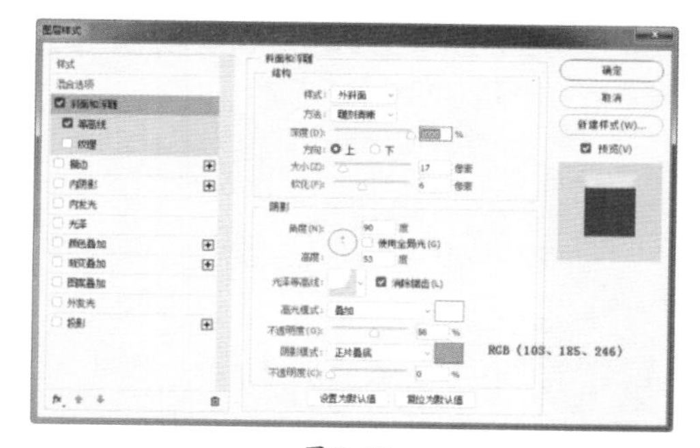

图 7-20

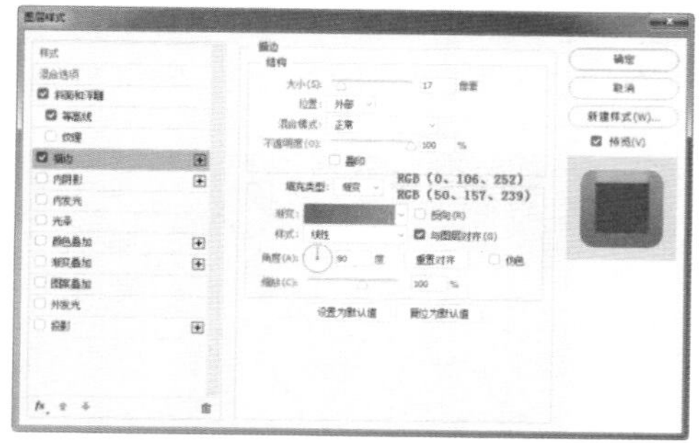

图 7-21

步骤06 最后选择“内阴影”选项，参数设置如图7-22所示。单击“确定”按钮，效果如图7-23所示。

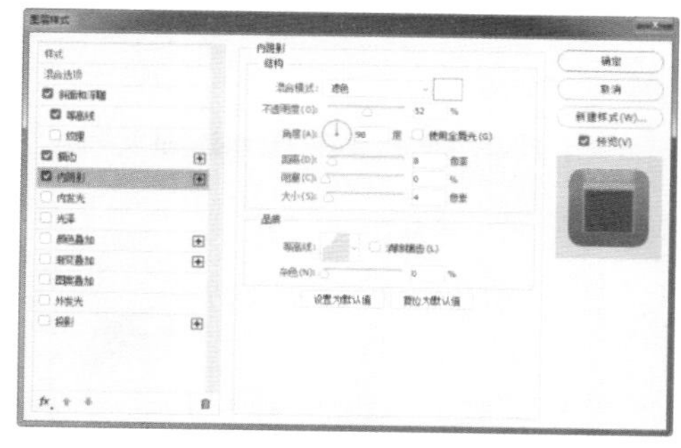

图 7-22

图 7-23

> 提示：选择需要添加图层样式的图层，执行“图层>图层样式”命令，通过选择“图层样式”可以为图层添加图层样式；或者单击“图层”面板下方的“添加图层样式”按钮，在弹出的菜单中也可以选择相应的样式；在需要添加图层样式的图层名称外侧区域双击，也可以弹出“图层样式”对话框，为该图层添加样式。

步骤 07 复制“冰果 拷贝”图层，得到“冰果 拷贝2”图层，清除该图层样式，单击“图层”面板底部的“添加图层样式”按钮，在弹出的“图层样式”对话框中选择“斜面和浮雕”选项，参数设置如图7-24所示。继续选择“描边”选项，参数设置如图7-25所示。

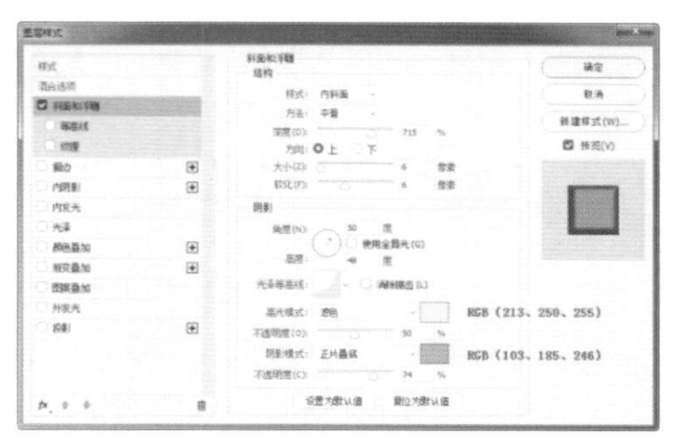

图 7-24

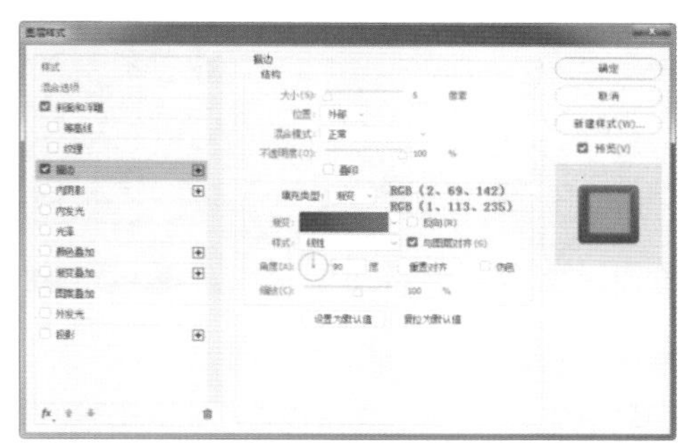

图 7-25

步骤 08 继续选择“内阴影”选项，参数设置如图7-26所示。最后选择“投影”选项，参数设置如图7-27所示。

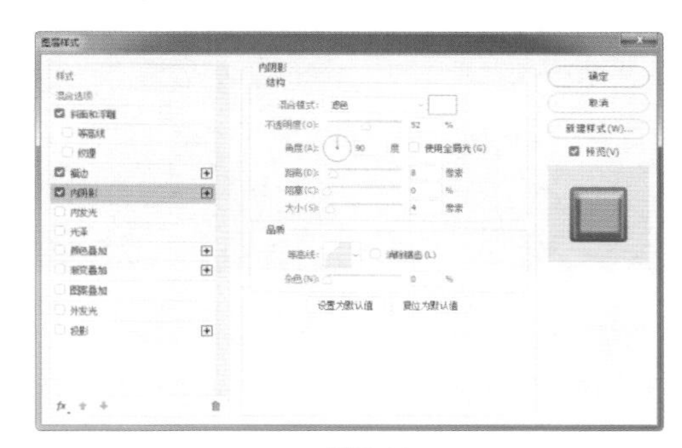

图 7-26

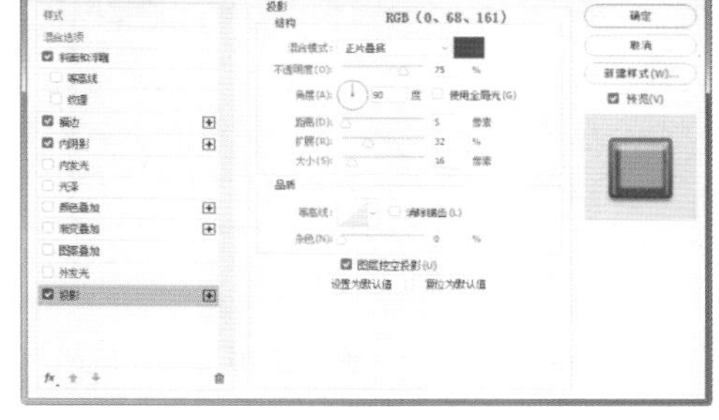

图 7-27

步骤 09 单击“确定”按钮，完成“图层样式”对话框中各选项的设置，效果如图7-28所示。使用相同的方法完成相似内容的制作，如图7-29所示。

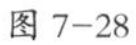

图 7-28

图 7-29

步骤 10 单击工具箱中的“圆角矩形工具”按钮，设置“填充”颜色为RGB（34,158,255）、“半径”为40像素，在画布中绘制如图7-30所示的圆角矩形。单击“图层”面板底部的“添加图层样式”按钮，在弹出的“图层样式”对话框中选择“描边”选项，参数设置如图7-31所示。

图 7-30

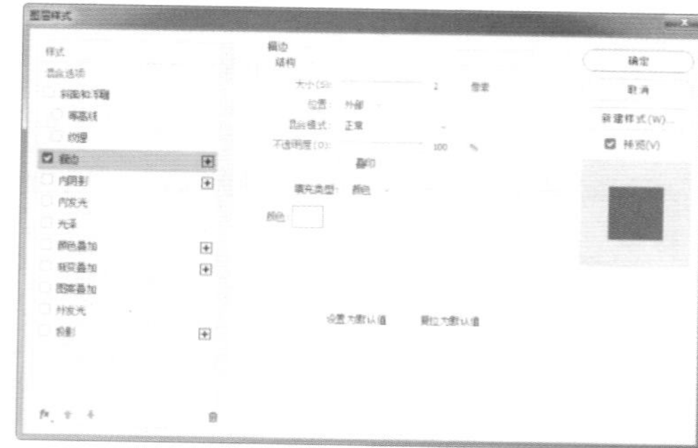

图 7-31

步骤 11 添加“内阴影”图层样式，对相关选项进行设置，如图7-32所示。单击“确定”按钮，完成“图层样式”对话框中各选项的设置，效果如图7-33所示。

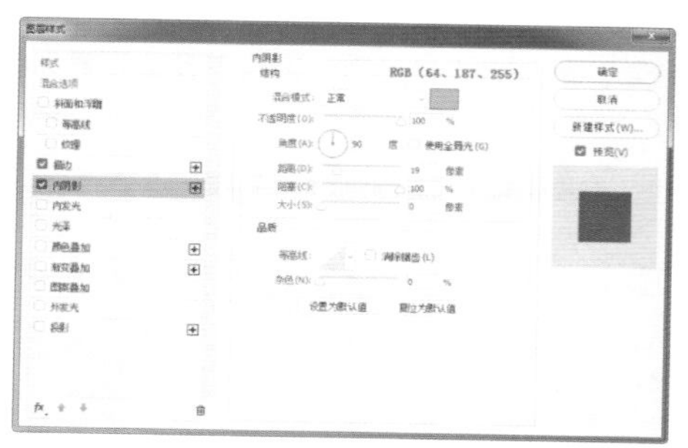

图 7-32

图 7-33

步骤 12 单击工具箱中的“横排文本工具”按钮，打开“字符”面板进行相关设置，如图7-34所示。并在画布中输入文字，如图7-35所示。

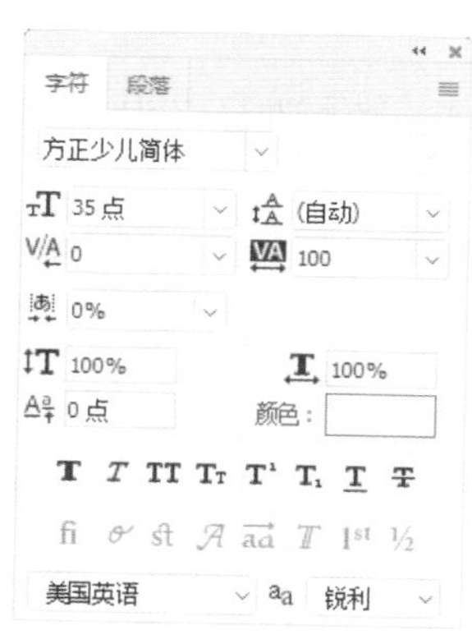

图 7-34

图 7-35

步骤 13 单击“图层”面板底部的“添加图层样式”按钮，在弹出的“图层样式”对话框中选择“描边”选项，参数设置如图7-36所示。单击“确定”按钮，完成“图层样式”对话框中各选项的设置，如图7-37所示。

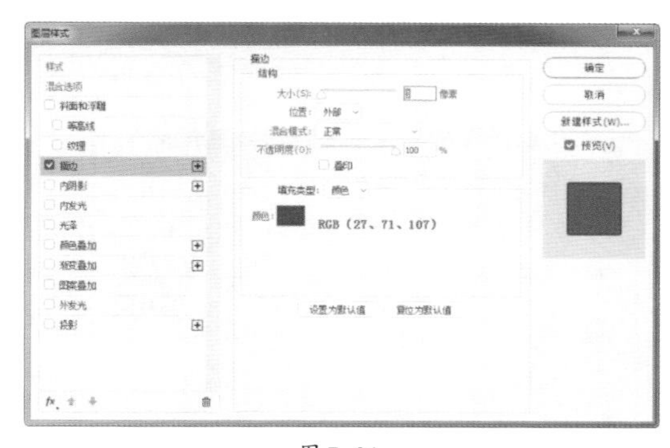

图 7-36

图 7-37

步骤 14 单击工具箱中的“自定形状工具”，在选项栏上的“形状”下拉面板中选择合适的图形，在画布中绘制五角星，设置“填充”颜色为RGB（255,209,61），如图7-38所示。单击“图层”面板底部的“添加图层样式”按钮，在弹出的“图层样式”对话框中选择“描边”选项，参数设置如图7-39所示。

图 7-38

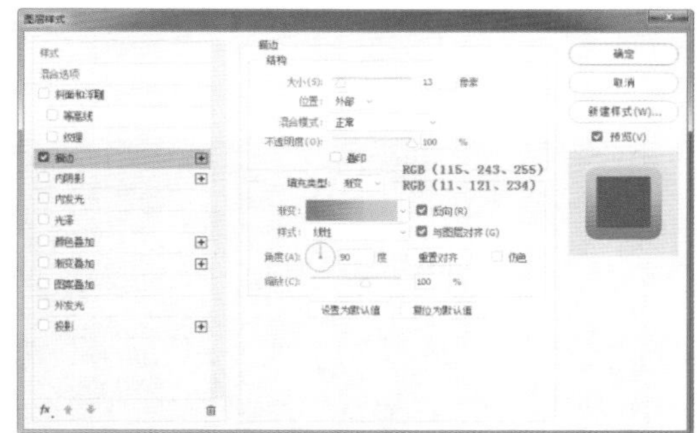

图 7-39

提示：除了可以使用系统提供的形状外，在Photoshop中还可以将自己绘制的路径图形创建为自定义形状。只需要将自己绘制的图形选中，执行“编辑>定义自定形状”命令，即可将其保存为自定义形状。

步骤 15 单击“确定”按钮，完成“图层样式”对话框中各选项的设置，效果如图7-40所示。复制“形状1”图层，得到“形状1 拷贝”图层，清除该图层的图层样式，为该图层添加“斜面和浮雕”图层样式，对相关选项进行设置，如图7-41所示。

图 7-40

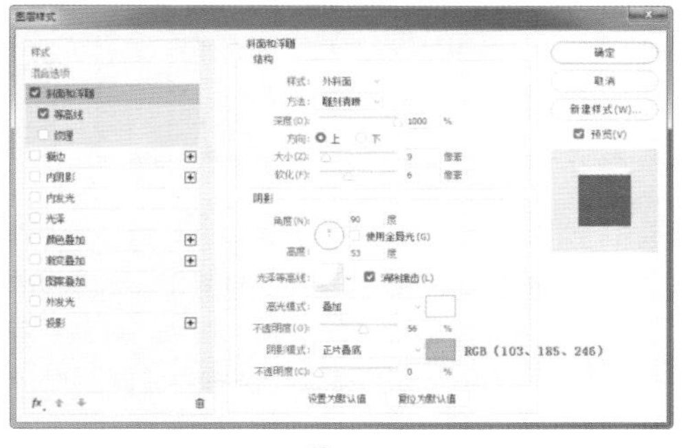

图 7-41

步骤 16 继续添加“描边”图层样式，对相关选项进行设置，如图7-42所示。最后添加“内阴影”图层样式，对相关选项进行设置，如图7-43所示。

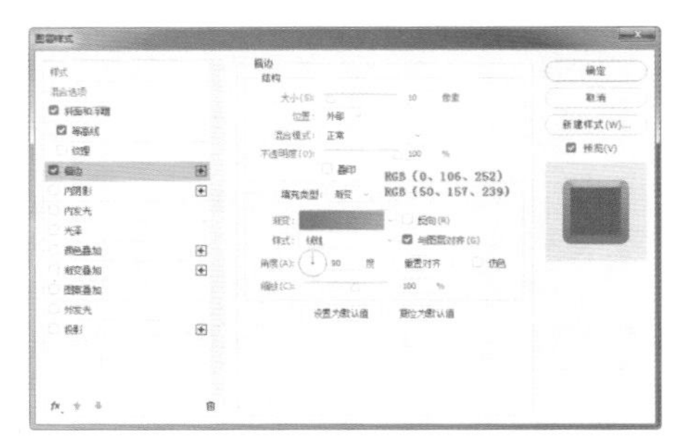

图 7-42

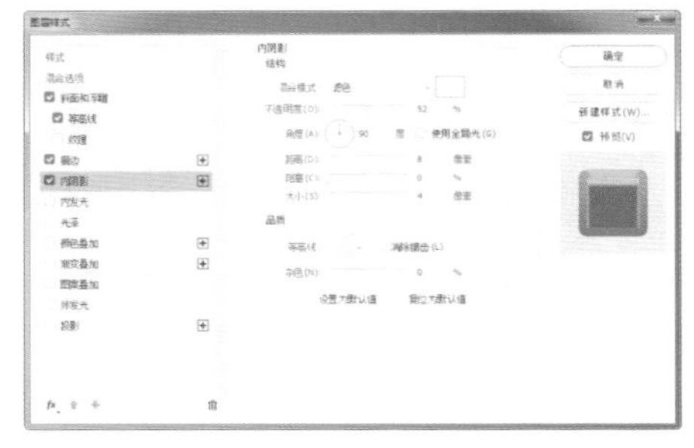

图 7-43

步骤 17 单击“确定”按钮，完成“图层样式”对话框中各选项的设置，如图7-44所示。复制“形状1 拷贝”图层，得到“形状1 拷贝2”图层，清除该图层的样式，为该图层添加“斜面和浮雕”图层样式，对相关选项进行设置，如图7-45所示。

图 7-44

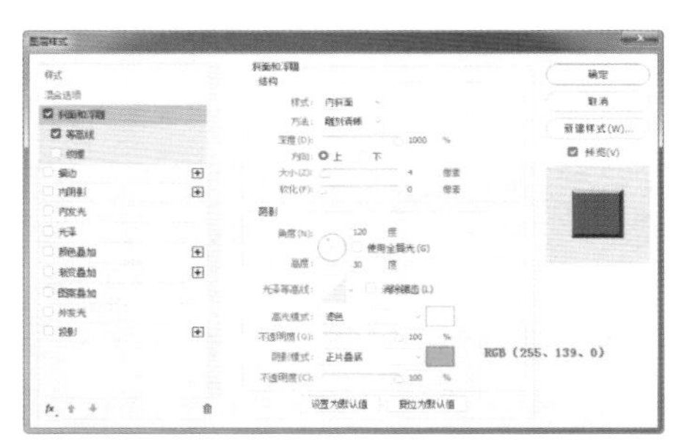

图 7-45

步骤 18 继续添加“渐变叠加”图层样式，对相关选项进行设置，如图7-46所示。单击“确定”按钮，完成“图层样式”对话框中各选项的设置，如图7-47所示。

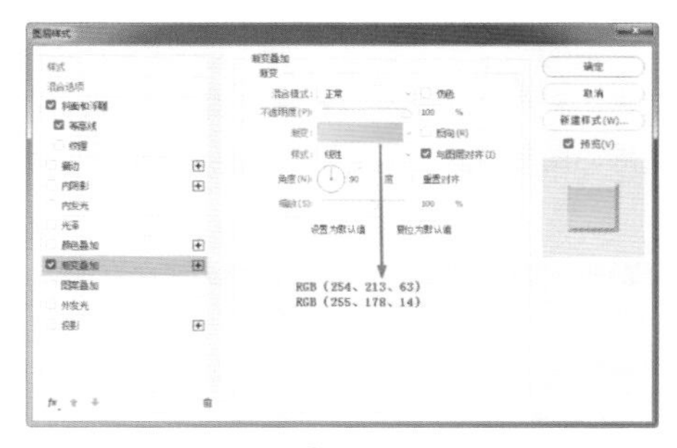

图 7-46

图 7-47

步骤 19 使用相同的方法完成相似内容的制作，效果如图7-48所示。在“背景”图层上方新建“图层1”图层，单击工具箱中的“画笔工具”按钮，设置“前景色”为白色，选择合适的笔触与大小，在选项栏上设置“不透明度”为80%，在画布中绘制图形，设置该图层的“混合模式”为“叠加”，效果如图7-49所示。

图 7-48

图 7-49

提示：
在这里使用了相同的方法完成相似内容的制作，便于用户可以清楚地看到图层效果，将“冒险模式”的 “描边”图层样式隐藏。设置图层的“混合模式”为“叠加”后，可以改变图像的色调，但图像的高光和暗调将会被保留。

步骤 20 新建“图层2”图层，单击工具箱中的“椭圆选框工具”按钮，在画布中绘制椭圆选区，如图7-50所示。为选区填充白色，取消选区，执行“滤镜>模糊>高斯模糊”命令，参数设置如图7-51所示。

步骤 21 单击“确定”按钮，关闭“高斯模糊”对话框，效果如图7-52所示。复制“图层2”图层，得到“图层2 拷贝”图层，执行“编辑>变换>旋转”命令，在选项栏上设置“旋转”为30°，效果如图7-53所示。

图 7-50

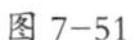

图 7-51

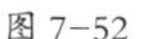

图 7-52

图 7-53

步骤 22 按住Shift+Alt+Ctrl组合键不放，多次按T键，对图形进行对戏旋转复制操作，效果如图7-54所示。将相关图层合并，设置该图层的“混合模式”为“叠加”、“不透明度”为25%，效果如图7-55所示。

步骤 23 为该图层添加图层蒙版，单击工具箱中的“画笔工具”按钮，设置“前景色”为黑色，选中合适的笔触与大小进行涂抹，效果如图7-56所示。完成最终效果，如图7-57所示。

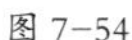

图 7-54

图 7-55

图 7-56

图 7-57

步骤 24 隐藏除“字体”图层组之外的全部图层，按Ctrl+A组合键全选画布中的图像，执行“编辑>选择性拷贝>合并拷贝”命令，如图7-58所示。执行“文件>新建”命令，弹出“新建文档”对话框，如图7-59所示。

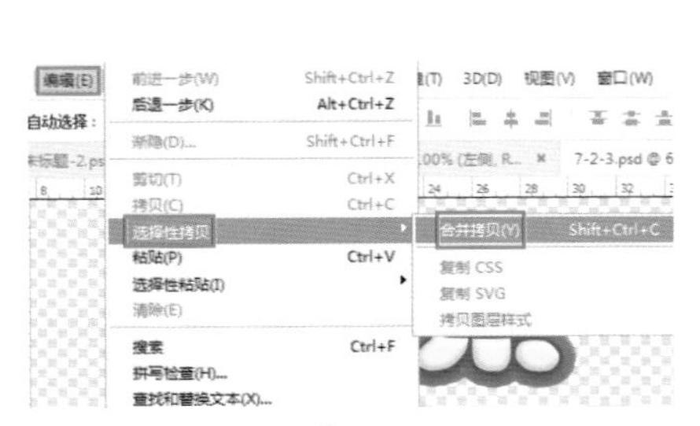

图 7-58

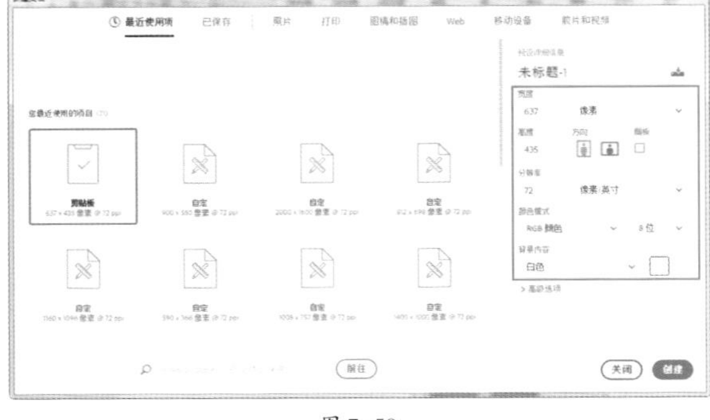

图 7-59

步骤 25 单击“确定”按钮新建文档，按Ctrl+V组合键粘贴图像，如图7-60所示。执行“文件>导出>存储为Web所用格式”命令优化图像，如图7-61所示。

图 7-60

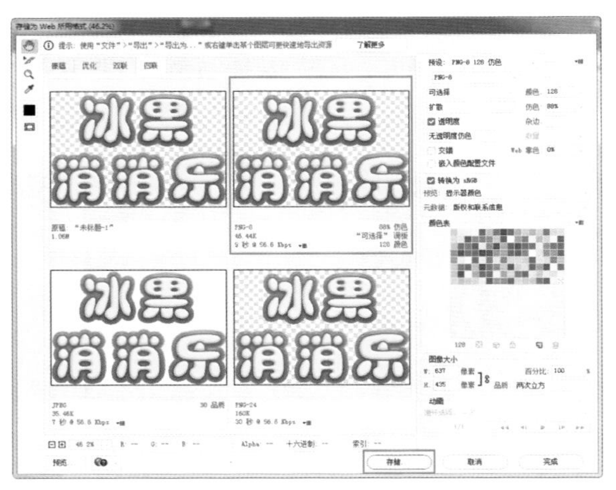

图 7-61

步骤 26 单击“存储”按钮将其重命名存储，如图7-62所示。用相同的方法将其余内容进行切图处理，切图后的文件夹如图7-63所示。

图 7-62

图 7-63

7.3 网页游戏界面

网页游戏又称为无端网游和 Web 游戏，是可以直接在浏览器玩的游戏，不需要下载任何客户端，在任何地方、任何地点、任何时间，只要有一台能上网的计算机，就可以玩游戏，非常适合上班一族，如图 7–64 所示为两款设计精美的网页游戏。

图 7–64

7.3.1 网页游戏的优势与不足

网页游戏经过多年的发展，已经趋于成熟，在网页游戏的界面和动态交互过程中，玩家几乎已经难以区分这是浏览器上的网页应用，还是一个独立的游戏程序。与传统的计算机游戏相比，网页游戏具有不同的优势。

网页游戏的优势是：它不需要客户端，它采用 Java 网页技术，在 IE 浏览器上输入游戏网址，不需要下载客户端，即可进行游戏。

这种方便的游戏方式无疑扩大了针对人群，也是网页游戏爆发的根本原因之一。再则网页游戏形式简单，内容丰富，对玩家的吸引力和黏度也得到了很大的提高，很多网页游戏的玩家其实每天只是习惯地做着重复的简单操作，但是他们依然乐此不疲。

提示：网页游戏具有3个方面的优势：便利性；跨平台性；很强的用户黏性。

网页游戏不需要购买或者安装任何客户端游戏软件。而传统的网络游戏，无论是大型游戏还是休闲游戏，都需要下载并安装相应的游戏客户端，对计算机配置要求也越来越高，而且运行游戏需要占用一定的内存和空间。然而网页游戏具有很高的便利性，所以网页游戏具有很强的用户黏性。

尽管网页游戏有着天然的优势和原始的受众需求，但其也带有先天的缺陷性：网页游戏具有如下 3 个方面的不足

1. 游戏过于单一，剧情简单

页游与客户端游戏相比，游戏画面太过于单一，游戏情节也单调乏味。虽然网页游戏可以在几个小时甚至几天内脱机自动执行命令，但是基本上的页面游戏中很多游戏的战斗过程非常无聊，不重视剧情，这种长时间重复只会让玩家感到乏味。

2. 游戏节奏缓慢

网页游戏由于不需要实时在线，使得大部分类型的网页游戏节奏相对来说比较缓慢。

3. 同质化严重

网页游戏整个行业出现非常严重的版权山寨化，很多游戏企业没有授权也可以用别人的形象、情节;我们看到不同的厂商出来的都是一样的，而同样的游戏能达到上百种。

7.3.2 网页游戏界面的设计目标

以用户为中心是网页游戏界面设计的重要原则，中心问题是要设计出一个既便于游戏玩家使用，又能提供愉悦游戏体验的游戏界面。

提示：游戏界面设计的目标包括可用性目标和用户体验目标。可用性目标是关于游戏界面本身所要承担的人机交互功能的目标，而用户体验目标则是用户对于整个游戏界面设计的使用体验。

1. 可用性目标

对于可用性的定义，一般可以被概括为有用性和易用性两个方面。

有用性是指游戏界面能否实现特定的功能，而易用性是指玩家与界面的交互效率、易学性及玩家的满意度。

提示：可用性目标体现在要求网页游戏界面具有一定的使用功能，且具有有效的游戏和用户的交互功能，人机交互效率高，易于游戏玩家学习和使用，具备一定的通用性。

简单性原则是游戏界面设计中最重要的原则，简洁的游戏界面能让玩家更快地找到所需要操作的对象，提高操作效率。

提示：许多游戏界面设计人员希望把尽量多的信息放置在游戏界面中，这样一来就使得玩家对界面信息的识别、检索和操作变得复杂。

在设计网页游戏界面时舍弃一些没有必要的图标、按钮等元素，从用户需求的角度出发，尽量根据游戏玩家的需求和任务来进行功能设定与放置界面元素，在最大化保证必要的功能和形式美感的基础上，使界面的设计更为简洁、明快和易于操作，更加符合用户可用性标准和用户体验标准。

一致性原则也应该贯穿游戏界面设计的始终，不一致的游戏界面设计同样会增加用户的操作使用难度，如图 7-65 所示为简单易用的网页游戏界面。

图 7-65

2. 用户体验目标

用户体验指的是游戏玩家在玩游戏，与整个游戏系统进行交互时的感觉，是基于游戏玩家本身体验的主观要求。例如，可以把一款游戏的界面设成“十分绚丽多彩的”“吸引人的”“有趣的”“新奇好玩的”等。

提示：用户体验目标注重的不是游戏界面的有效性和可靠性，而是是否能让游戏用户满意、是否能增强游戏的沉浸感、是否能激发游戏玩家的创造力和满足感等。

7.3.3 网页游戏界面的设计流程

在网页游戏 UI 设计中，除了要考虑游戏的风格外，还要考虑按钮具体使用的字体，以及显示的位置。必须将游戏功能分清楚，然后再继续深入。

网页游戏的界面应该尽量做到大方、简练、美观而精致。同时考虑到资源的通用性，尽量统一视觉元素，以避免制作过程中很多意想不到的麻烦。

1. 玩家游戏调查

一个游戏的优劣，在很大程度上取决于玩家的使用评价，因此在网页游戏开发的最初阶段，尤其需要重视游戏中人机交互部分的用户需求。

提示：调查玩家的类型、特性，了解玩家的喜好，预测玩家对不同交互设计的反响，保证游戏中交互活动的明确。分别从玩家心理、背景和使用环境来进行用户体验设计。

2. 游戏任务分析

确定游戏设计任务后，要多与策划人员和多数玩家反复交流，根据策划人员和多数玩家的意见来构思游戏 UI 的风格，并定位文化背景。

具体而言，要把界面视觉效果与游戏的时代联系在一起，不能不伦不类。不管怎样，形式服务于内容，一切艺术效果都要建立在易用、高效的原则下，如图 7-66 所示。

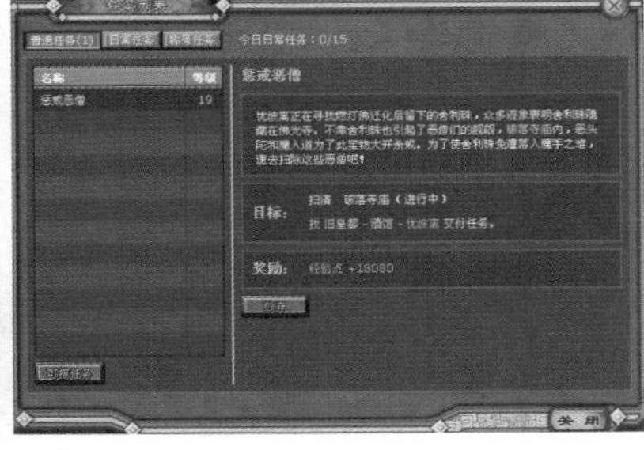

图 7-66

3. 创建游戏界面模型

草绘游戏界面模型，摸索游戏界面风格的各种可能性，这样就可以大致确定出几种游戏界面风格。

提示：根据玩家的不同特性，以及系统任务和环境，制定最为合适的游戏交互类型，确定人机交互的方式、估计能为交互提供的支持级别，以及预计交互活动的复杂程度等。

4. 设计游戏 UI 界面图形

接下来就要对游戏界面中的各种元素进行视觉效果设计了，设计师可以使用各种绘图软件来辅助绘制游戏 UI 界面图形，需要绘制出游戏中的界面效果，并且列出每一个界面中所包含的图像和按钮等，如图 7-67 所示为精美的网页游戏 UI 界面图形。

图 7-67

提示：游戏界面交付程序设计人员实现之后，要反复与策划人员和多数玩家交流，确定使用过程中所存在的问题和期望值之间的差距。这个设计过程需要反复多次。

5. 游戏交互效果测试

完成游戏的交互效果开发后，必须经过严格的测试，以便及时发现错误，对游戏进行改进和完善。

实战练习——设计网页游戏登录界面

案例分析：一般来说，网页游戏都需要进行登录后才能够进入，该网页游戏登录界面最大的特点就是将登录框与背景有机的融合在一起，并且风格统一。

色彩分析：本案例使用深蓝色作为主体颜色，与主界面的主色调统一，搭配明度较高的浅蓝色和白色，突出背景内容，蓝色给人很强的科技感，让人感觉有很强的娱乐性。

RGB(19,54,88) RGB(157,255,255) RGB(255,255,255)

使用到的技术	多边形工具、矩形工具、横排文本工具
学习时间	25 分钟
视频地址	视频 \ 第 7 章 \7-3-3.mp4
源文件地址	源文件 \ 第 7 章 \7-3-3.psd
设计风格	扁平化设计

步骤01 执行“文件>新建”命令，弹出“新建文档”对话框，如图7-68所示。执行“文件>打开”命令，打开素材图像“素材\第7章\73301.jpg”，拖入到画布中并调整大小，如图7-69所示。

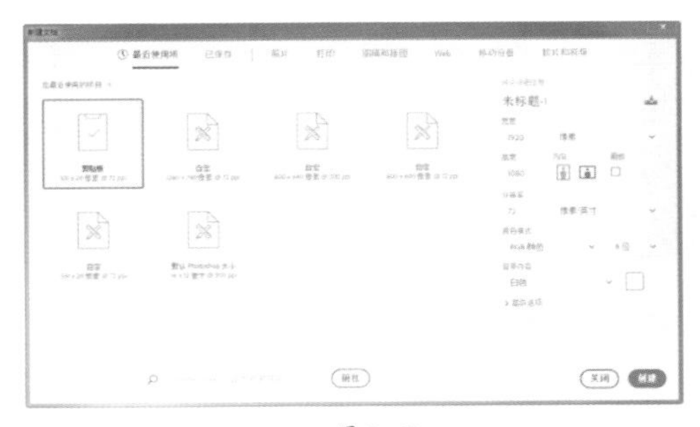

图 7-68

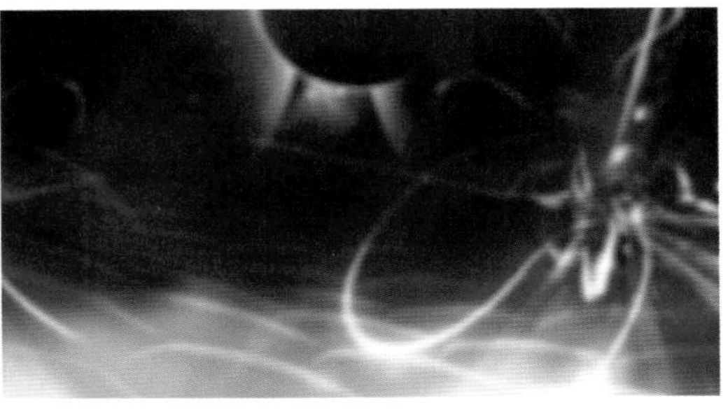

图 7-69

步骤02 新建名称为“登录”的图层组，单击工具箱中的“矩形工具”按钮，在选项栏上设置“工具模式”为“形状”、“填充”为RGB（74,209,255），在画布中绘制矩形，如图7-70所示。单击工具箱中的“添加锚点工具”按钮，在刚绘制的矩形路径上单击以添加锚点，如图7-71所示。

图 7-70

图 7-71

步骤03 单击工具箱中的“直接选择工具”按钮，选中左上角的锚点，将该锚点水平向右移动，效果如图7-72所示。使用相同的方法完成相似内容的制作，如图7-73所示。

图 7-72

图 7-73

步骤04 为该图层添加“外发光”图层样式，对相关选项进行设置，如图7-74所示。单击“确定”按钮，完成“图层样式”对话框中各选项的设置，如图7-75所示。

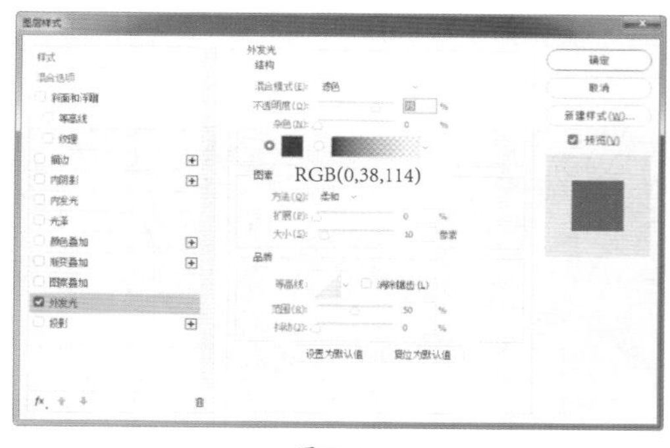

图 7-74

图 7-75

步骤05 复制“矩形1”图层得到“矩形1 拷贝”图层，清除该图层的图层样式，为该图层添加“内发光”图层样式，对相关选项进行设置，如图7-76所示。继续添加“颜色叠加”图层样式，对相关选项进行设置，如图7-77所示。

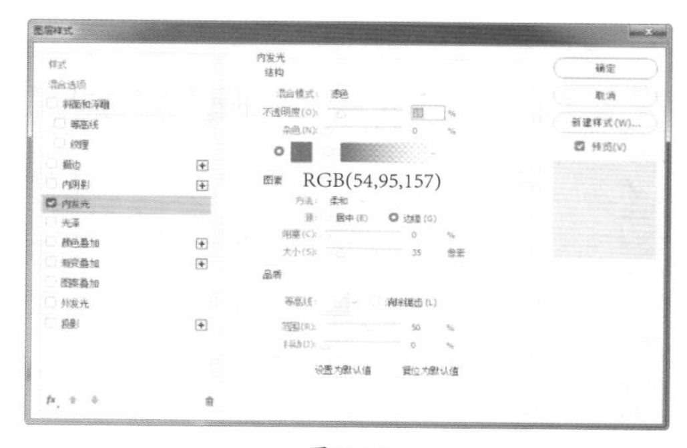

图 7-76

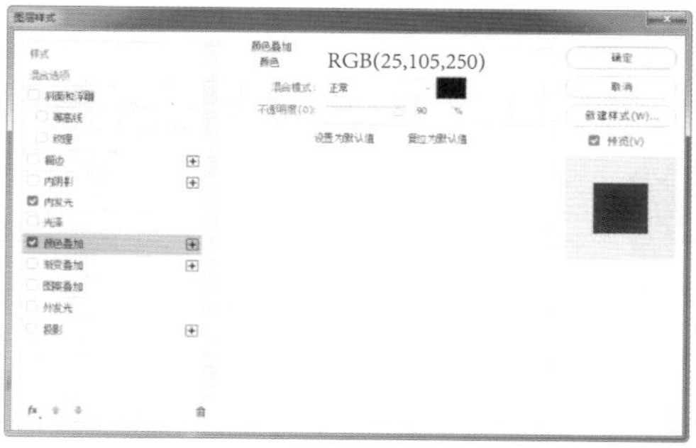

图 7-77

步骤06 单击“确定”按钮，完成“图层样式”对话框中各选项的设置，效果如图7-78所示。执行“编辑>变换>缩放”命令，对图像进行缩放操作并调整到合适的位置，设置该图层的“填充”为0%，效果如图7-79所示。

图 7-78

图 7-79

提示：通过观察缩放后的效果可以看出，此处将上下进行缩小，而左右并没有发生变化，这么做的目的是为了为界面添加层次感。

步骤 07 新建“图层2”图层，单击工具箱中的“画笔工具”，设置“前景色”为白色，选择合适的笔触与大小，在画布中绘制图形，如图7-80所示。设置该图层的“混合模式”为“叠加”，效果如图7-81所示。

图 7-80

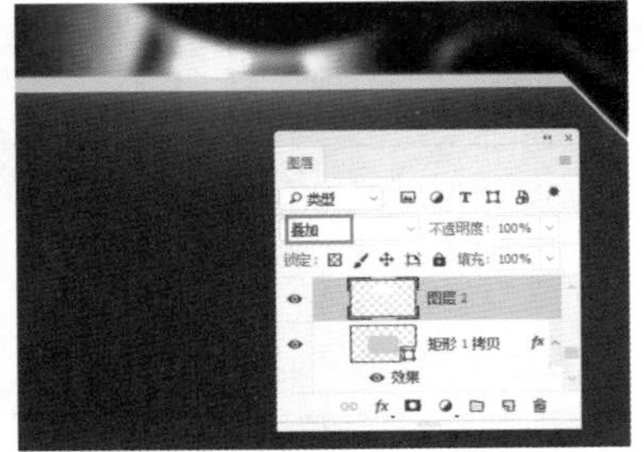

图 7-81

步骤 08 执行“文件>打开”命令，打开素材图像“素材\第7章\73302.png”，拖入到画布中，效果如图7-82所示。载入“矩形1 拷贝”图层选区，为“图层3”添加图层蒙版，效果如图7-83所示。

图 7-82

图 7-83

步骤 09 设置该图层的“混合模式”为“叠加”，单击工具箱中的“画笔工具”，设置“前景色”为黑色，选择合适的笔触与大小，在图层蒙版中进行涂抹，效果如图7-84所示。复制“图层3”两次，使纹理效果清晰一些，如图7-85所示。

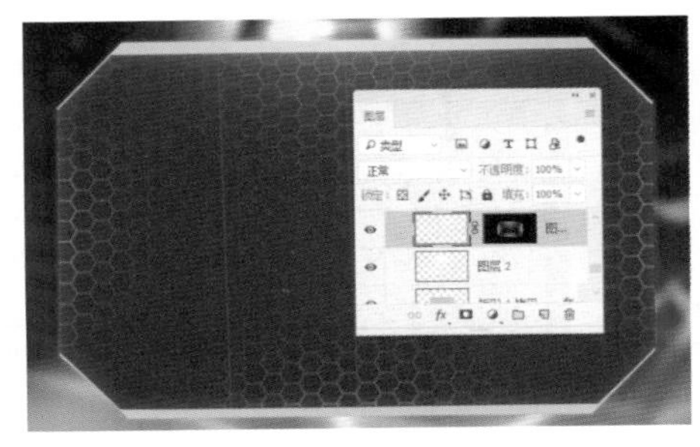

图 7-84

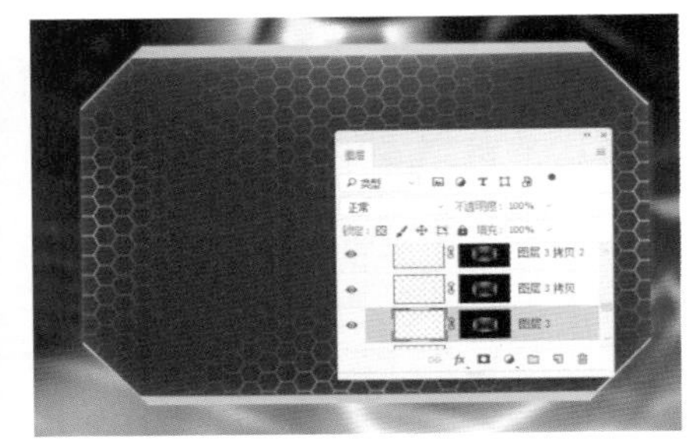

图 7-85

步骤 10 单击工具箱中的“直线工具”按钮，在选项栏上设置“粗细”为1像素，在画布中绘制白色直线，如图7-86所示。复制“形状1”图层得到“形状1 拷贝”图层，按Ctrl+T组合键，将复制得到的直线向下移动至合适的位置，按Enter键确认变换操作，如图7-87所示。

步骤 11 按Shift+Alt+Ctrl组合键不放，多次按T键，对图形进行多次移动操作，如图7-88所示。同时选中所有直线图层，合并图层，载入“矩形1 拷贝”图层选区，为该图层添加图层蒙版，效果如图7-89所示。

图 7-86

图 7-87

图 7-88

图 7-89

步骤 12 设置该图层的“混合模式”为“叠加”、“填充”为70%，效果如图7-90所示。单击工具箱中的“横排文本工具”按钮，打开“字符”面板，设置相关参数，并在画布中输入文字，设置该图层的“混合模式”为“叠加”，如图7-91所示。

图 7-90

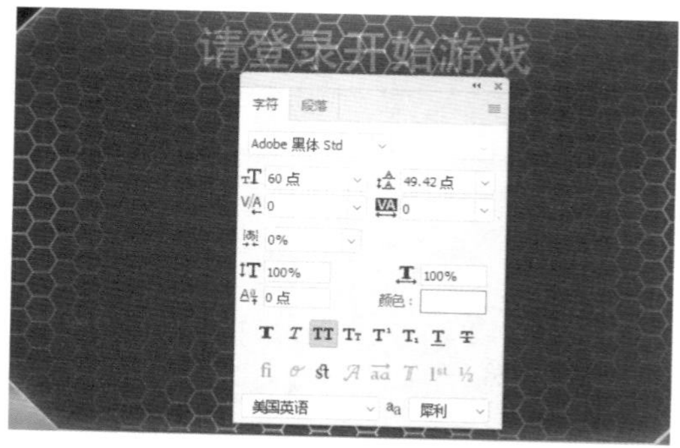

图 7-91

步骤 13 复制该文字图层，为复制的文字图层添加“内发光”图层样式，对相关选项进行设置，如图7-92所示。单击“确定”按钮，完成“图层样式”对话框中各选项的设置，效果如图7-93所示。

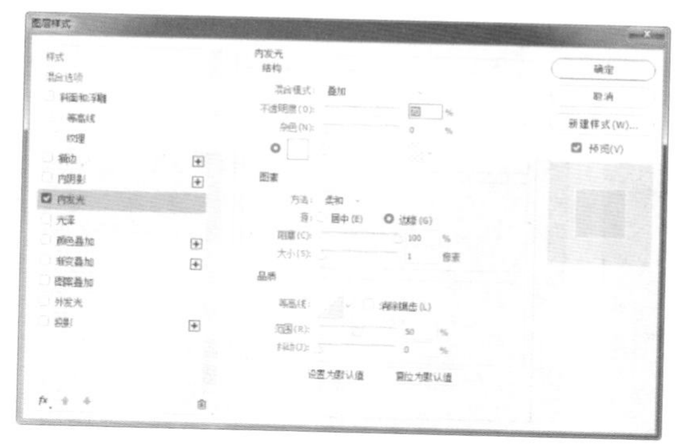
图 7-92

图 7-93

步骤 14 单击工具箱中的“矩形工具”按钮，在画布中绘制白色矩形，如图7-94所示。单击工具箱中的“添加锚点工具”，在刚绘制的矩形路径上单击以添加锚点，如图7-95所示。

步骤 15 单击工具箱中的“直接选择工具”按钮，选中左侧中间的锚点，将该锚点向左移动，效果如图7-96所示。使用相同的制作方法完成相似内容的制作，对右侧中间的锚点进行调整，效果如图7-97所示。

图 7-94

图 7-95

图 7-96

图 7-97

步骤16 为该图层添加“内阴影”图层样式，对相关选项进行设置，如图7-98所示。继续添加“颜色叠加”图层样式，对相关选项进行设置，如图7-99所示。

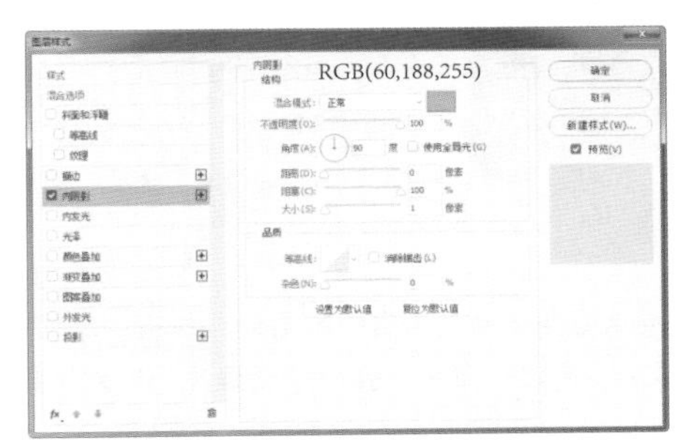

图 7-98

RGB(60,189,255)

图 7-99

步骤17 单击“确定”按钮，完成“图层样式”对话框中各选项的设置，设置该图层的“填充”为0%，效果如图7-100所示。使用相同的方法完成相似内容的制作，效果如图7-101所示。

步骤18 执行“文件>打开”命令，打开素材图像“素材\第7章\73303.jpg”，拖入到画布中，效果如图7-102所示。设置该图层的“混合模式”为“线性减淡（添加）”、“填充”为50%，为该图层添加蒙版，单击工具箱中的“画笔工具”，设置“前景色”为黑色，在画布中合适的位置进行涂抹，效果如图7-103所示。

图 7-100

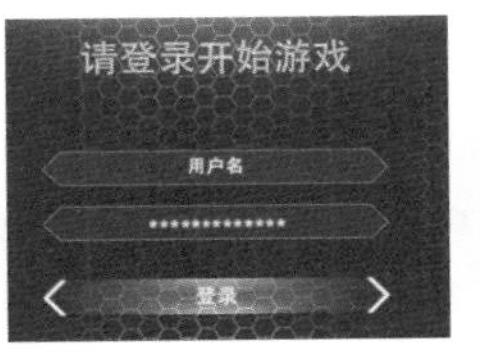

图 7-101

图 7-102

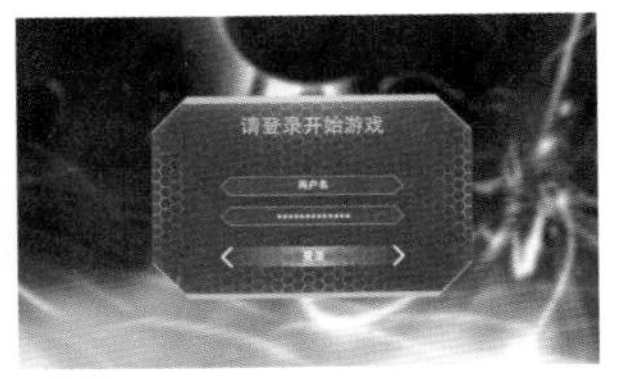

图 7-103

步骤19 使用相同的方法完成相似内容的制作，效果如图7-104所示。添加“色相/饱和度”调整图层，在“属性”面板中对相关选项进行设置，如图7-105所示。

步骤20 完成“色相/饱和度”调整图层的设置，效果如图7-106所示。继续添加“亮度/对比度”调整图层，在“属性”面板中对相关选项进行设置，如图7-107所示。

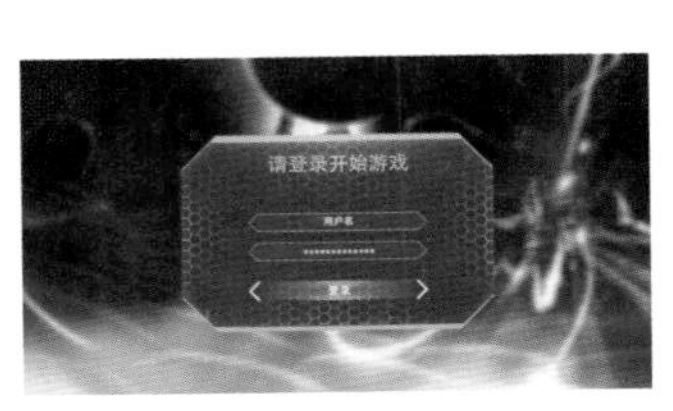

图 7-104

图 7-105

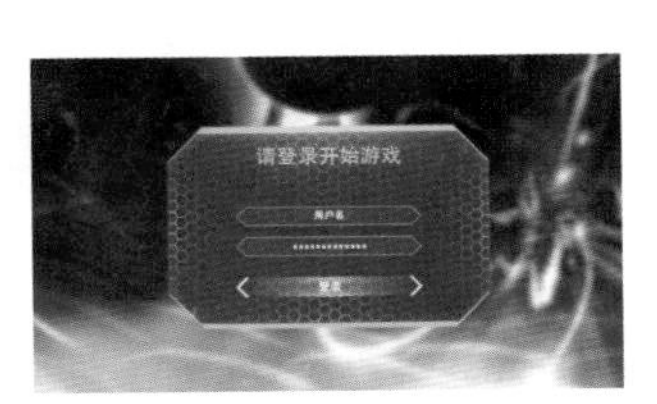

图 7-106

图 7-107

步骤 21 完成“亮度/对比度”调整图层的设置，完成该网页游戏登录界面的制作，最终效果如图7-108所示，“图层”面板如图7-109所示。

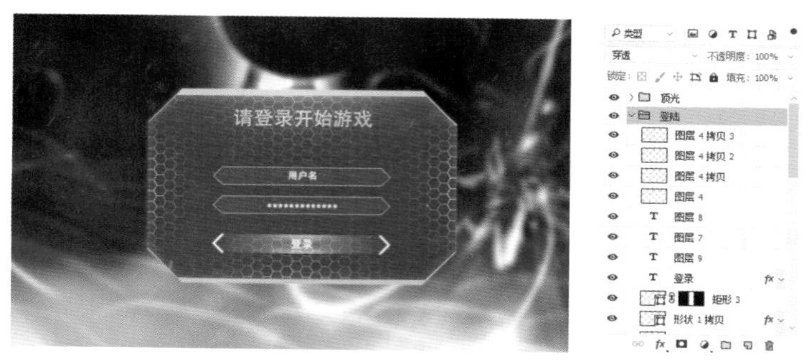

图 7-108

步骤 22 隐藏除“图层1”图层之外的全部图层，按Ctrl+A组合键全选画布中的图像，执行“编辑>选择性拷贝>合并拷贝”命令，如图7-110所示。执行“文件>新建”命令，弹出“新建文档”对话框，如图7-111所示。

图 7-109

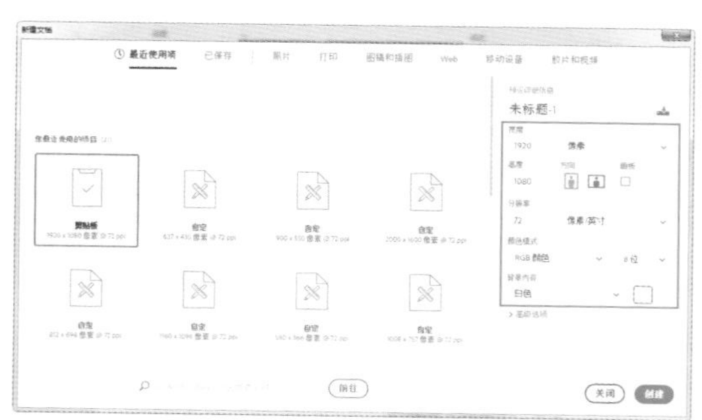

图 7-110

步骤 23 单击“确定”按钮新建文档，按Ctrl+V组合键粘贴图像，如图7-112所示。执行“文件>导出>存储为Web所用格式”命令优化图像，如图7-113所示。

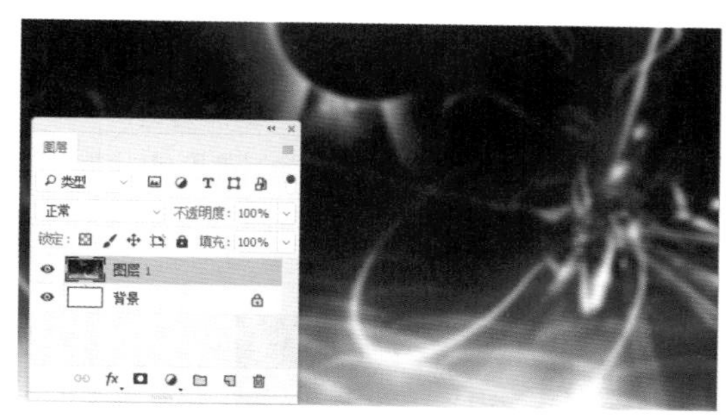

图 7-111

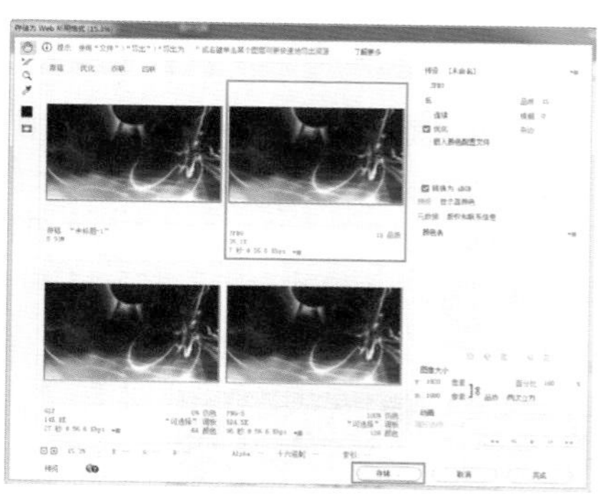

图 7-112

步骤 24 单击“存储”按钮将其重命名存储，如图7-114所示。用相同的方法将其余内容进行切图处理，切图后的文件夹如图7-115所示。

图 7-113

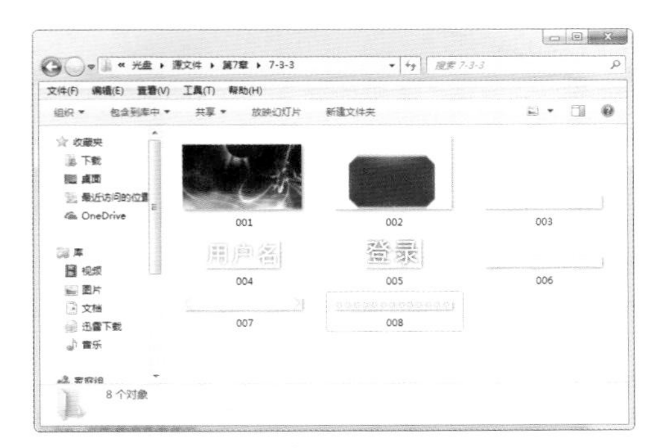

图 7-114

7.4 手机游戏界面设计

手机游戏由于其运行设备的特殊性，与传统的计算机游戏相比有其自身的特点，由于这些特点会直接影响到手机游戏 UI 设计。

7.4.1 手机游戏的优势和不足

手机游戏是指运行于手机上的游戏软件。目前用来编写手机最多的程序是 Java 语言，其次是 C 语言。随着科技的发展，现在手机的功能也越来越多，越来越强大，如图 7-116 所示。

图 7-115

图 7-116

1. 手机游戏优势

作为运行于手持设备上的应用程序，手机的硬件特征决定了手机游戏的特点。

- 覆盖用户全面：在信息化的今天，计算机已经远远不能解决人们对信息、娱乐的需求，手机更能提供随时随地的信息、娱乐服务。手机游戏玩家将超过任何游戏平台，而且这个玩家群将覆盖不同的种族、不同的文化、不同的年龄、不同的职业。
- 便于携带：与计算机游戏相比，手机拥有计算机的大部分功能，而且小巧轻便。人们可以随身携带，随时、随地进行游戏。
- 能够接入网络：因为手机是网络设备，可以实现多人在线游戏，这比单机游戏的互动性要强得多。

2. 手机游戏的缺点

- 屏幕尺寸较小：手机的屏幕尺寸相对较小，在一定程度上限制了内容的展示。在一个游戏界面中不能出现太多的东西，否则小的图标或文字会给玩家阅读带来很大的负担。

提示：由于手机屏幕尺寸较小，在游戏移植方面也有很多问题。将计算机游戏移植过来就得重新考虑布局，不仅是视觉效果上的布局，还包括交互方面。

- 色彩分辨率和音效：目前，中高端手机屏幕的分辨率较高，iPhone 7 的分辨率已经达到 1080px × 1920px，但是还有许多分辨率并不高的手机，各种分辨率版本众多，多版本的分辨率对于手机游戏开发造成了一定的难度。

手机游戏在音效方面，和计算机的专业音响相比还有一定的差距，也会让玩家在游戏时得不到更好的听觉享受。

- 运行游戏受 CPU 和内存的影响较大：如果在手机上运行较大的游戏，会出现游戏画面卡死的现象，这是由于手机硬件本身的限制引起的。CPU、内存的局限，也会对手机游戏的开发产生制约。
- 易受到干扰：当玩家正在游戏时，突然接了一个电话，就会中断游戏。设计手机游戏时要尽量考虑到这些干扰性因素，需要在后台替用户继续保留当前的游戏进度，而不是继续运行游戏或退出。

7.4.2 手机游戏与传统游戏UI设计的异同

智能手机由于屏幕尺寸较小，并且手机操作系统较多，所以传统游戏 UI 设计的相关规范并不是完全适用于手机游戏的 UI 设计，如图 7–117 所示。

手机游戏界面

计算机游戏界面

图 7–117

在对手机游戏 UI 进行设计时，设计师必须了解该款游戏所适用的手机类型、操作系统、屏幕尺寸等，下面向大家介绍传统游戏与手机游戏 UI 设计的相同点和不同点。

1. 手机游戏与传统游戏的相同点

从整体上来讲，传统游戏与手机游戏都属于 UI 设计的范畴，都是为了使玩家能够更好地体验游戏而存在的。

从设计方法上来讲，它们所遵循的方法也是一致的，它们都需要考虑 UI 设计是否有利于玩家目标的完成，是否有利于高效、易用地操作。

在视觉上，需要有与游戏整体效果相统一的视觉元素；在交互上，都需要一个清晰、简捷、便于记忆、易于操作的逻辑。

2. 手机游戏与传统游戏的不同点

- 操作系统：现在的计算机使用的基本上是 Windows 操作系统、Mac 操作系统和 Linux 操作系统，大多数用户使用的是 Windows 操作系统。智能手机的操作系统较多，目前市面上比较流行的有 iOS 系统和 Android 系统。
- 硬件：手机屏幕尺寸对玩家的游戏体验影响较大。目前市场上各种类型的智能手机品种非常多，不同的分辨率、尺寸，各种各样的硬件配置都制约着手机游戏的开发。
- 使用环境：在操作习惯上，计算机游戏是键盘加鼠标的操作方式，操作的精度更高，自由度也更好。而手机受尺寸的影响，操作的精确度较低。

提示：比如我们的大拇指在480px×640分辨率上热感应区域是44px×44px，食指感应区是24px×24px，这就要求我们在设计相关功能按钮的时候考虑是否有足够的空间。

一般玩计算机游戏的时候玩家基本上拥有大段可以自由支配的时间，坐在一个固定的位置上，而手机游戏玩家大多数都是利用碎片的、零散的时间，游戏的间断性也比较高。

提示：在设计手机游戏UI的时候，设计师需要为玩家考虑的东西更多、更贴切。例如，用户通常的游戏环境、使用习惯及信息识别性。

实战练习——设计棋牌游戏主界面

案例分析：通常作为棋牌类游戏，会提供玩家多种模式进行选择，从而满足不同玩家的需求。该案例采用左右布局方式，整体界面简单清晰，趣味性高。

色彩分析：本案例使用红色作为主体颜色，与主界面的主色调统一，搭配明度较高的浅红色和橘黄色，突出背景内容。红色给人喜庆的感觉，让人感觉有很强的娱乐性。

RGB(216,0,1)　RGB(254,159,1)　RGB(252,175,172)

使用到的技术	自定义形状工具、圆角矩形工具、横排文本工具
学习时间	25 分钟
视频地址	视频 \ 第 7 章 \7-4-2.mp4
源文件地址	源文件 \ 第 7 章 \7-4-2.psd
设计风格	拟物化设计

步骤 01 执行“文件>打开”命令，打开素材图像“素材>第7章>74201.jpg”，效果如图7-118所示。新建图层，单击工具箱中的“画笔工具”按钮，设置“前景色”为RGB（238,0,0），选择合适画笔大小和硬度，在画布中涂抹，效果如图7-119所示。

提示：此处由于篇幅的问题将背景以图片的方式导入，用户可以根据自身能力的不同，选择使用图片或者自己设计制作不同花纹和色彩的背景。

步骤 02 设置该图层“混合模式”为 “叠加”，以相同方法完成相似图像的制作，效果如图7-120所示。执行“文件>打开”命令，打开素材图像“素材\第7章\74202.PNG”，效果如图7-121所示。

图 7-118

图 7-119

图 7-120

图 7-121

步骤 03 单击工具箱中的“横排文本工具”按钮，打开“字符”面板，设置相关选项，效果如图7-122所示。单击“图层”面板底部的“添加图层样式”按钮，在弹出的“图层样式”对话框中选择“描边”选项，参数设置如图7-123所示。

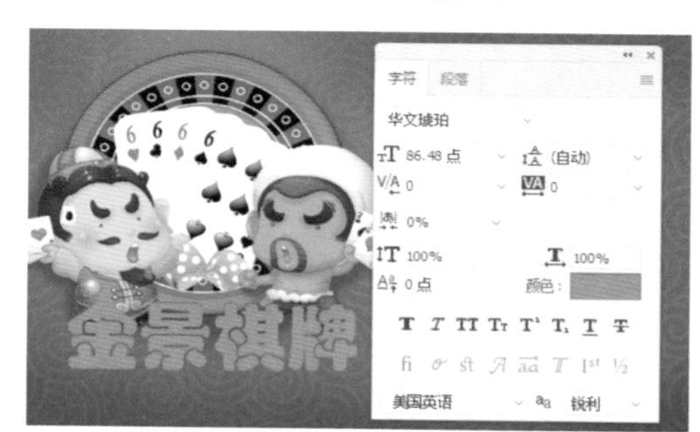

图 7-122

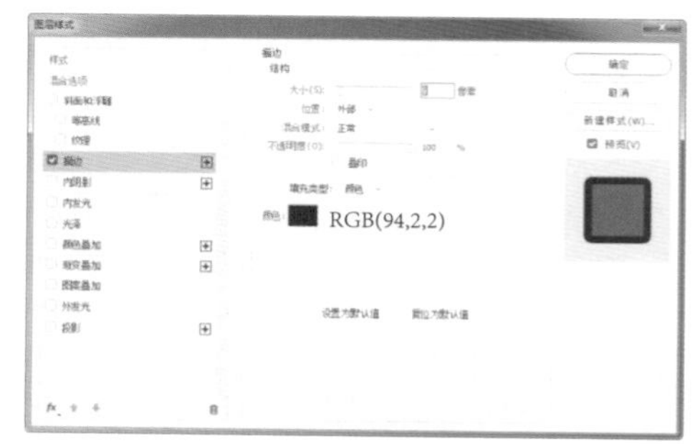

图 7-123

提示：在文字进入编辑状态时：双击选择一个词组（或单词），三击选择一行，四击选择一段，五击选择全部文本。使用Ctrl+A组合键可以选中全部文本。

步骤 04 继续选择“内发光”选项，参数设置如图7-124所示。最后选择“渐变叠加”选项，参数设置如图7-125所示。

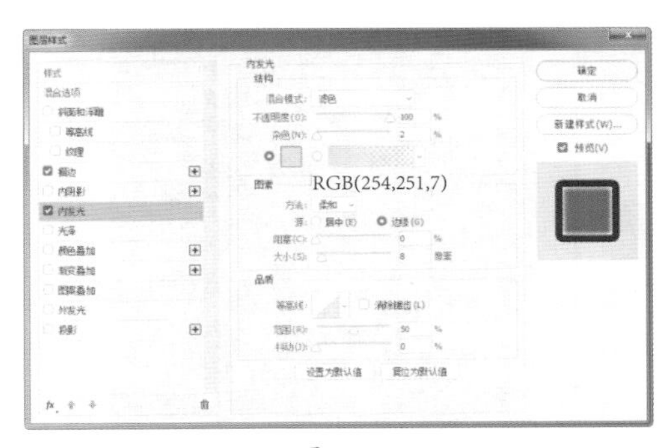

图 7-124

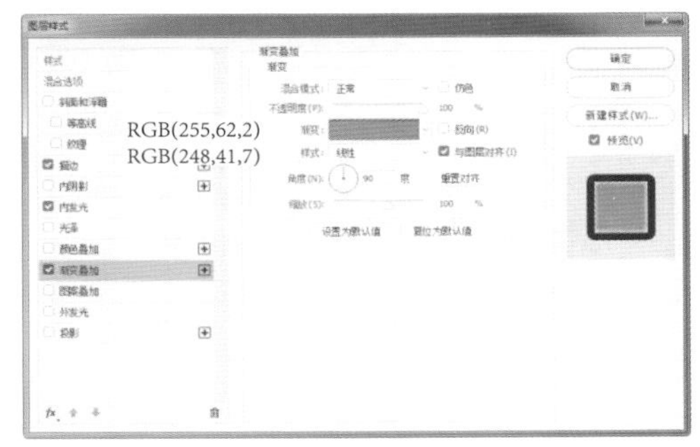

图 7-125

步骤05 单击工具箱中的“横排文本工具”按钮，打开“字符”面板，设置相关选项的参数，如图7-126所示，用相同的方法完成相似文字的制作，效果如图7-127所示。

图 7-126

图 7-127

步骤06 单击工具箱中的“圆角矩形工具”按钮，设置“填充”颜色为RGB（147,3,3），在画布中绘制如图7-128所示的圆角矩形。单击“图层”面板底部的“添加图层样式”按钮，在弹出的“图层样式”对话框中选择“描边”选项。参数设置如图7-129所示。

图 7-128

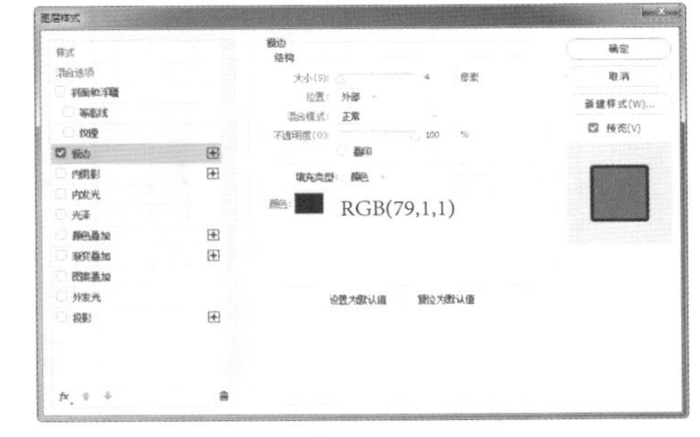

图 7-129

步骤07 继续选择“内发光”选项，参数设置如图7-130所示。单击“确定”按钮，完成“图层样式”对话框中各选项的设置，效果如图7-131所示。

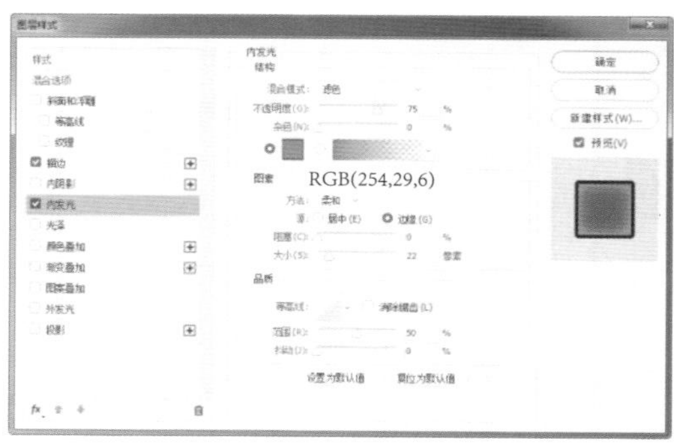

图 7-130

图 7-131

步骤08 执行“文件>打开”命令，打开素材图像“素材\第7章\714203.png”，效果如图7-132所示。单击工具箱中的“圆角矩形工具”按钮，设置“填充”颜色为RGB（113,0,0），在画布中绘制如图7-133所示的圆角矩形。

图 7-132

图 7-133

步骤09 单击“图层”面板底部的“添加图层样式”按钮，在弹出的“图层样式”对话框中选择“描边”选项，参数设置如图7-134所示。继续选择“渐变叠加”选项，参数设置如图7-135所示。

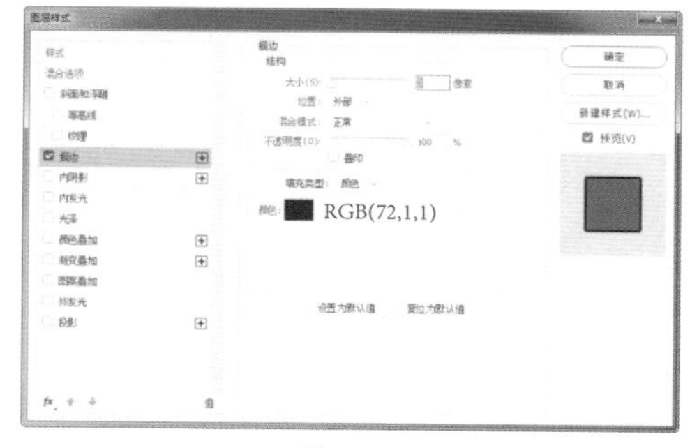

图 7-134

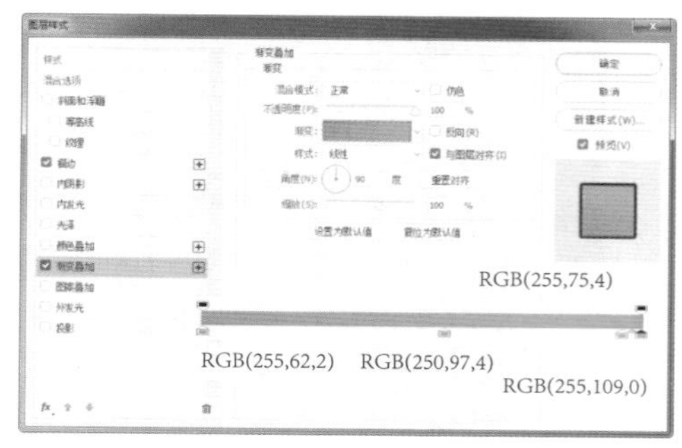

图 7-135

步骤10 最后选择“投影”选项，参数设置如图7-136所示。单击“确定”按钮，完成“图层样式”对话框中各选项的设置，效果如图7-137所示。

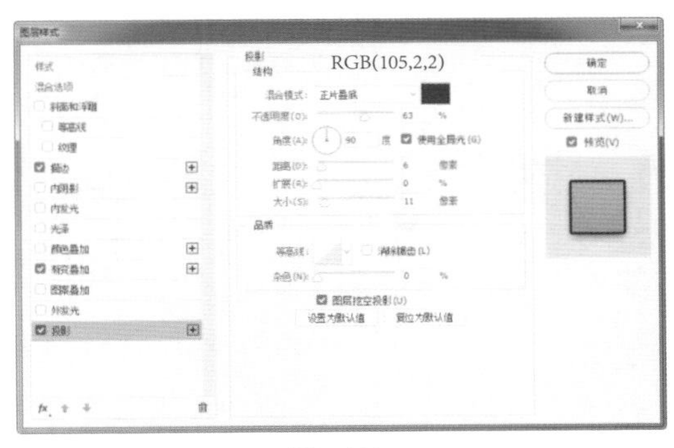

图 7-136

图 7-137

步骤 11 用相同的方法完成相似内容的制作，效果如图7-138所示。单击工具箱中的“自定义形状工具”按钮，设置“填充”颜色为RGB（113,0,0），在画布中绘制如图7-139所示。

图 7-138

图 7-139

提示：单击形状按钮右侧的下三角，可以打开“自定形状”拾色器。单击拾色器右上角的“设置”按钮，可以在打开的菜单中选择形状的类型、缩览图的大小，以及复位形状、替换形状等。

步骤 12 单击“图层”面板底部的“添加图层样式”按钮，在弹出的“图层样式”对话框中选择“渐变叠加”选项。参数设置如图7-140所示。继续选择“投影”选项，参数设置如图7-141所示。

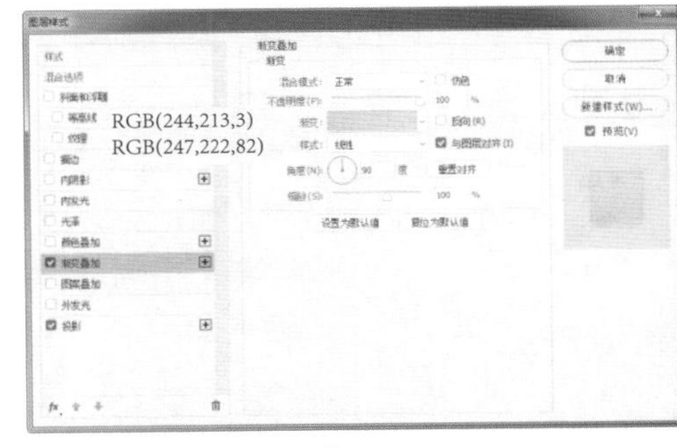

图 7-140

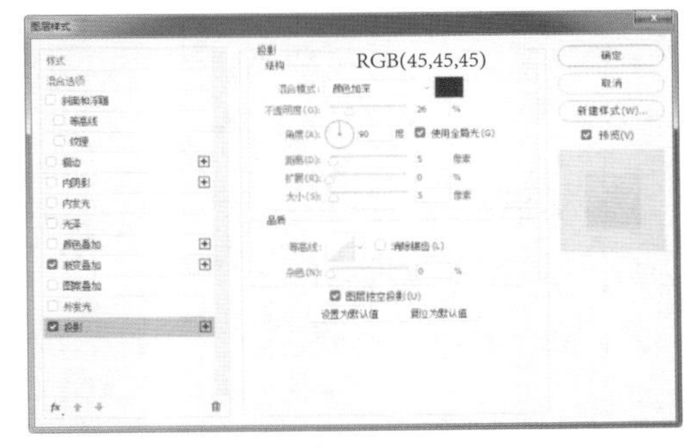

图 7-141

步骤 13 单击工具箱中的“横排文本工具”按钮，打开“字符”面板，设置相应的参数，如图7-142所示。单击“图层”面板底部的“添加图层样式”按钮，在弹出的“图层样式”对话框中选择“描边”选项，参数设置如图7-143所示。

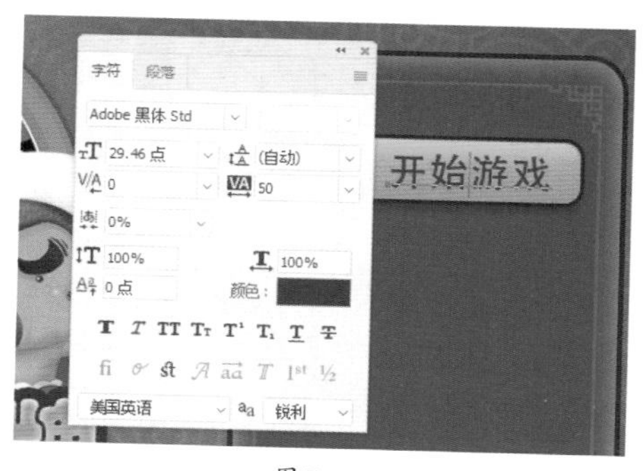

图 7-142

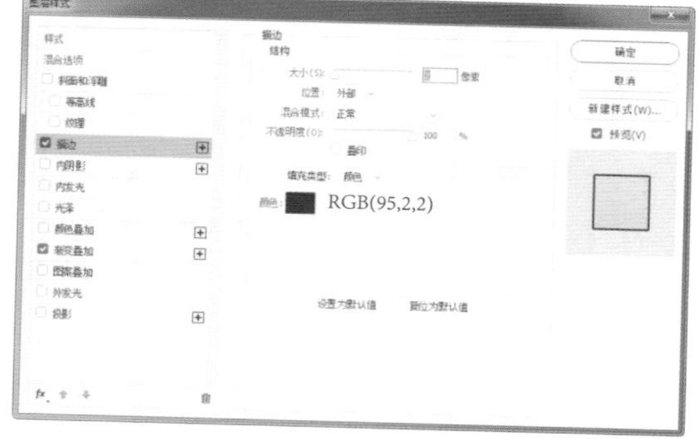

图 7-143

步骤 14 继续选择“渐变叠加”选项，参数设置如图7-144所示。单击“确定”按钮，完成“图层样式”对话框种各选项的设置，效果如图7-145所示。

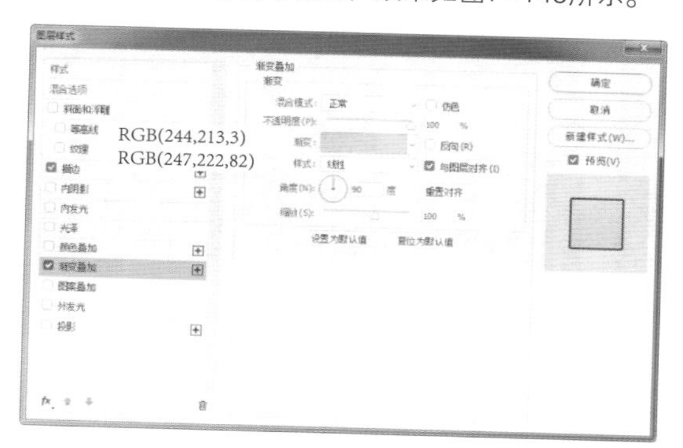

图 7-144

图 7-145

步骤 15 用相同的方法完成相似内容的制作，如图7-146所示。最终游戏界面效果如图7-147所示。

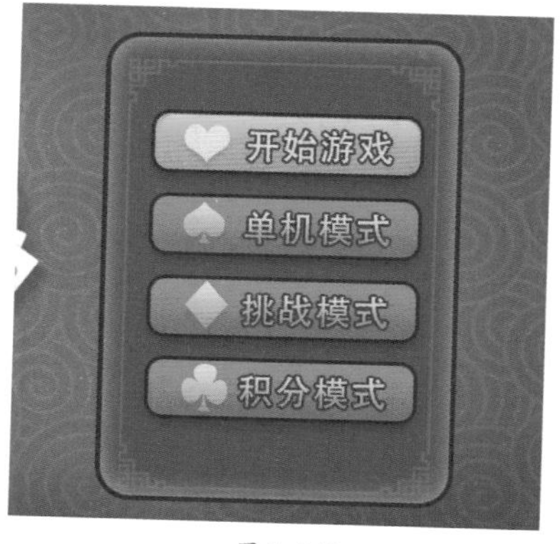

图 7-146

图 7-147

步骤 16 隐藏除“图层1”图层之外的全部图层，按Ctrl+A组合键全选画布中的图像，执行“编辑>选择性拷贝>合并拷贝”命令，如图7-148所示。执行“文件>新建”命令，弹出“新建文档”对话框，如图7-149所示。

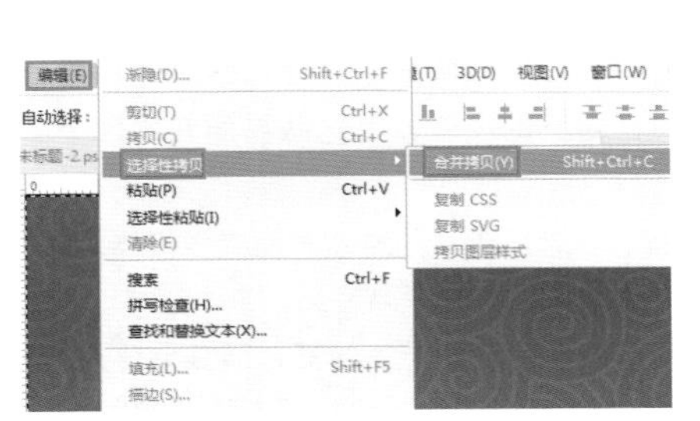

图 7-148

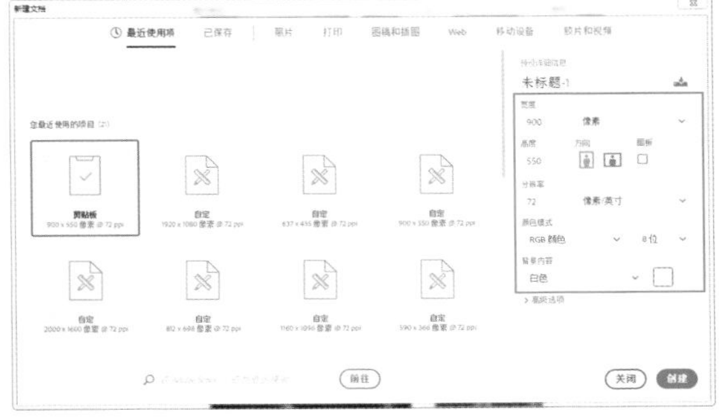

图 7-149

步骤 17 单击“确定”按钮新建文档，按Ctrl+V组合键粘贴图像，如图7-150所示。执行“文件>导出>存储为Web所用格式”命令优化图像，如图7-151所示。

图 7-150

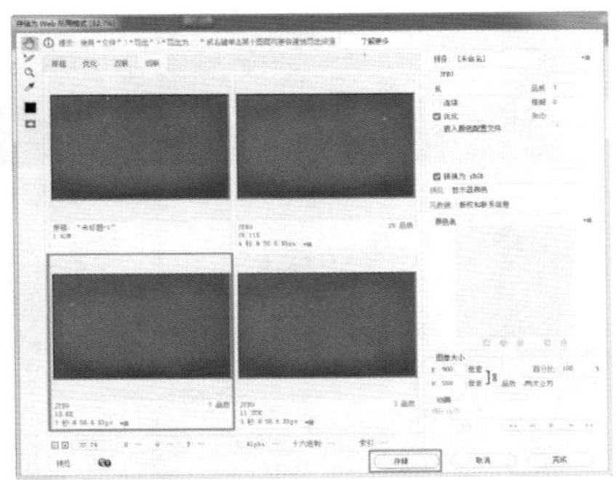

图 7-151

步骤 18 单击“存储”按钮将其重命名存储，如图7-152所示。用相同的方法将其余内容进行切图处理，切图后的文件夹如图7-153所示。

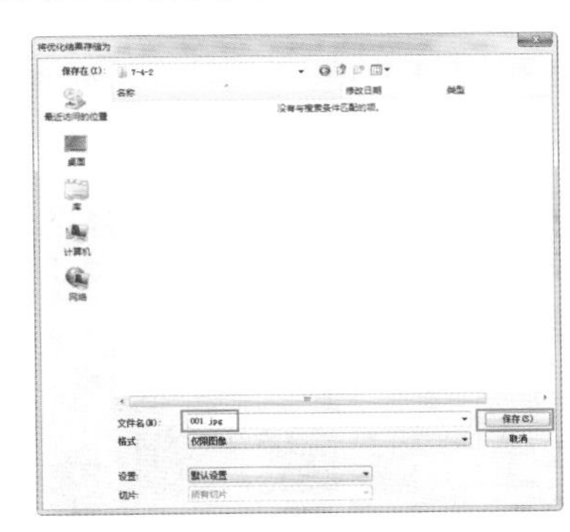

图 7-152

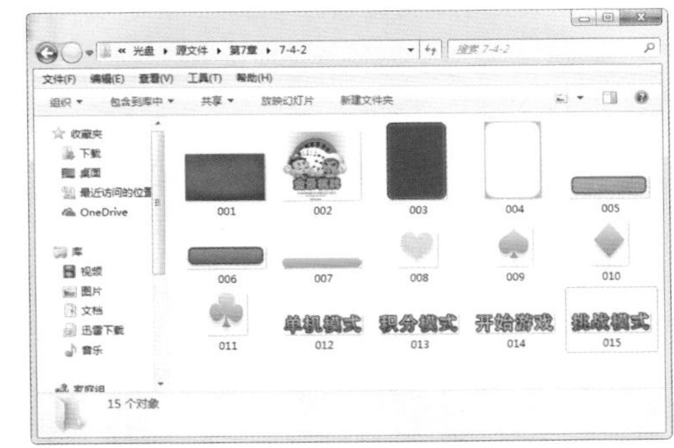

图 7-153

7.4.3 手机游戏UI设计常见问题

在手机屏幕上进行游戏 UI 设计时，要求设计师比网页设计师更加注重细节，因为玩家很容易看到屏幕内的全部内容。尤其是游戏界面较为简洁的时候，细节能决定一切。

1. 同类元素外观类型不一致

在一款游戏 UI 的按钮设计中，每个游戏界面中实现同一功能的按钮应该保持一样的外观或者风格。

提示：在一款游戏中，将每个界面中实现类似功能的按钮都设计为不同的风格或外观，这样会带给游戏玩家非常糟糕的用户体验，对于一个游戏玩家来说，自然的反应就是这些界面并不属于同一款游戏。

在同一款游戏 UI 设计中，并不是统一了美术风格之后就意味着所设计的游戏界面感觉很棒。作为一款高质量的智能手机游戏，设计师必须有统一的界面表现方式。

当同一个控件不同界面中的表现方式不同时，会让玩家对控件的功能产生怀疑，而且会让人产生整体游戏界面缺乏统筹性、各个界面风格迥异的感觉。如图 7–154 所示为设计合理的手机游戏界面。

图 7–154

2. 使用过多的字体类型

字体是界面设计中不可分割的一部分，在游戏界面的设计过程中，单纯地使用图形在很多情况下并不能把功能描述清楚，这时候就需要使用图标和文字相结合的方式进行表现，如图 7–155 所示为手机游戏界面中字体效果的表现。

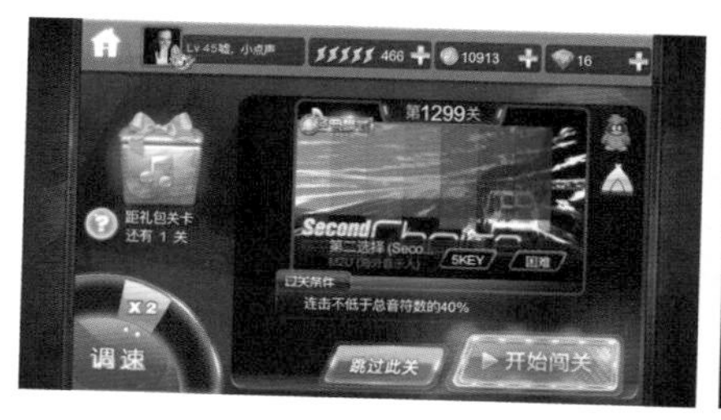

图 7–155

提示：在游戏界面的设计过程中，常出现的一种错误就是在界面中使用了多种不同类型的字体。字体类型过于繁多不仅会影响游戏UI的整体风格，带给人凌乱不堪的视觉感受，而且会降低游戏的运行性能，直接影响到该款游戏的用户体验。

3. 游戏界面之间的切换处理不当

智能手机游戏的 UI 设计不同于网页游戏的 UI 设计，在智能手机上游戏界面的切换细节很容易被玩家注意到。所以在手机游戏界面的切换处理上，应该尽可能设计得简洁、流畅，给玩家一种整体感。

提示：在手机游戏界面切换的过程中，如果时间太久，会让人感觉游戏枯燥乏味，但是过于花哨，又会让有感觉的游戏设计的重心走偏，占用较多的系统资源。

7.5 大型网络游戏界面

大型网络游戏是一种十分强调人机交互的软件，它不仅要通过具有自身特点的画面将游戏信息传递给玩家，同时也要接收玩家输入的信息，使玩家与游戏真正地互动起来。

7.5.1 游戏类别与UI设计的关系

清楚地了解游戏的类别对 UI 设计师来说是非常有必要的。虽然游戏设计也属于应用设计的范畴，适用 UI 设计的一般性原则作为指导，但是游戏毕竟有着自身不同的地方。

例如，用户对体验游戏和商务应用的使用预期不同，导致了交互逻辑、视觉等差异。按着这个思路去分析该游戏 UI 设计的特点及用户的特点才能创造出好游戏。反之，对需要做的游戏没有清晰的认识，完全照搬应用软件、网站等 UI 设计的理论，只会适得其反。

提示：在设计一款游戏之前，设计师需要做到胸有成竹：明确地知道它属于哪一个游戏类别；这个类别有哪些玩家喜爱的游戏；常用的视觉元素和交互逻辑是什么样子的。

1. 按游戏种类划分

- 休闲网络游戏：登录游戏厂商提供的游戏平台进行个人或多人的游戏，例如 QQ 游戏平台、联众游戏大厅等。如图 7-156 所示为 QQ 游戏大厅界面。
- 传统棋牌类：斗地主、象棋、五子棋等，腾讯、人人、开心旗下都有此类游戏。如图 7-157 所示为斗地主游戏界面。

图 7-156

图 7-157

- 网络对战类游戏：通过网络服务器或局域网，进行人机对战或玩家相互对战，例如《CS》《穿越火线》及《DOTA》等。此类游戏一般都会有一个在线平台，玩家可以登录游戏平队进行 PK，如图 7-158 所示为《穿越火线》游戏界面。

- 角色扮演类游戏：此类游戏一般都有较大的客户端，对计算机、手机的硬件配置有一定的要求。玩家在游戏中扮演一个角色进行任务，完成一定的目标，获得荣誉，例如《斗战神》和《魔兽世界》等。如图 7-159 所示为《魔兽世界》游戏界面。

图 7-158

图 7-159

2. 按游戏模式划分

- 角色扮演：角色扮演游戏是由玩家扮演一个或多个游戏中的角色，有一套完整丰富的故事背景。伴随着游戏剧情的发展，玩家需要利用角色自身的特点、技能，结合自己的操作和策略战胜敌人，完成某一既定目标。例如《斗战神》《剑灵》等。如图 7-160 所示为《剑灵》游戏界面。
- 动作游戏：动作游戏是指玩家控制游戏中的角色，利用自身的技能和武器想尽办法摧毁对手。这类游戏更强调战斗的爽快感，以打斗、过关斩将为主。例如《超级马里奥》《合金弹头》《波斯王子》《三国无双》等。如图 7-161 所示为《三国无双》游戏界面。

提示：此类游戏通常操作相对简单、容易上手，游戏节奏相对紧凑，对于故事背景和剧情的要求相对不高。

- 冒险游戏：冒险游戏是由玩家操作游戏角色进行虚拟的冒险，例如《求生之路》《寂静岭》等。如图 7-162 所示为《求生之路》游戏界面。

提示：该类游戏的任务剧情往往是单线程的。游戏过程强调的是根据某一线索进行游戏，因此与传统的角色扮演游戏还是有一定区别的。

- 策略类游戏：策略类游戏由玩家控制一个或多个角色，与 NPC 或者其他玩家进行较量。策略类游戏分为两种：一种是回合制的游戏，《三国志》系列游戏有很广泛的玩家基础，玩家与 NPC 势力进行各种较量，最后统一全国。另一种是即时策略战略类游戏，即时性较强，例如《帝国文明》《英雄联盟》等。如图 7-163 所示为《英雄联盟》游戏界面。

图 7-160

图 7-161

图 7-162

图 7-163

- 格斗游戏：格斗游戏是操作一个角色和玩家或计算机进行 PK。此类游戏基本没有故事剧情，战斗的场景也相对简单，一般有血、魔法、怒气、体力槽，有固定的出招方式和操作，讲究角色的实力平衡性，例如《拳皇》、《街头霸王》等。如图 7-164 所示为《街头霸王》游戏界面。
- 射击游戏：玩射击游戏时注意不要和《CS》《穿越火线》之类的游戏弄混淆，这里所说的是玩家控制飞行物或坦克等进行的游戏，一般以第一视角和第三视角居多，例如《突击》《枪神纪》等。如图 7-165 所示为《枪神纪》游戏界面。

图 7-164

图 7-165

- 益智类游戏：益智类游戏需要玩家开动脑子，通过自己的策略达到目的。有助于大脑健康、儿童智力的开发，例如《植物大战僵尸》《我的世界》等。如图 7-166 所示为《植物大战僵尸》游戏界面。
- 竞速游戏：竞速游戏是指在虚拟世界中操作各类赛车，与玩家进行比赛。游戏紧张刺激，且需要一定的操作强术，深受玩家的热捧，例如《极品飞车》《跑跑卡丁车》等。如图 7-167 所示为《跑跑卡丁车》游戏界面。

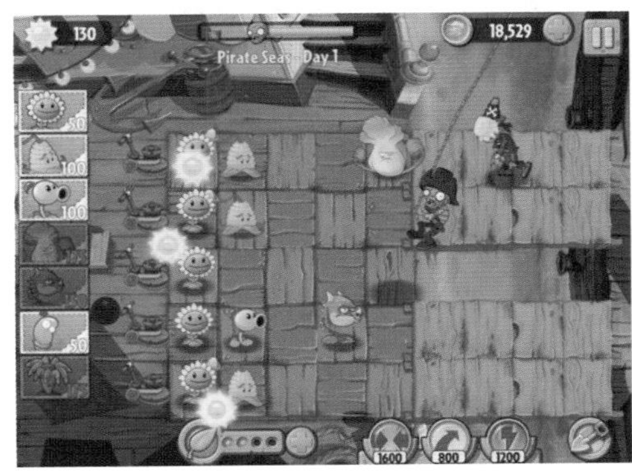

图 7-166

图 7-167

- 体育游戏：当前的体育游戏类型很广泛，足球、篮球最受玩家欢迎，特别是 3D 引擎技术的运用使游戏富有真实感，例如《FIFA》《NBA》等。如图 7-168 所示为《FIFA》游戏界面。
- 音乐游戏： 音乐游戏可以培养玩家的节奏感和对音乐的感知，伴随着美妙的音乐，有的需要玩家跳舞，有的需要熟练的指法操作，音乐游戏一直以来都是乐迷们的最爱，例如《QQ炫舞》和《劲舞团》等，如图 7-169 所示为《QQ 炫舞》游戏界面。

图 7-168

图 7-169

7.5.2 网络游戏界面设计要求

界面是游戏中所有交互的门户，不论是使用简单的游戏操作杆，还是运用具有多种输入设备全窗口化的界面，界面都是联系游戏要素和游戏玩家的纽带。

如何才能够设计出良好的网络游戏界面呢？这就需要设计师在设计网络游戏界面时遵守网络游戏界面的设计要求。

1. 降低计算机的影响

降低计算机的影响是交互性中一个比较抽象的概念。在设计一款游戏特别是设计游戏界面时，应该尽量让游戏玩家忘记他们正在使用计算机，这样会让他们感觉更好一些。如图 7-170 所示的《战神》的游戏界面简洁、明快，很容易给玩家一种代入感。

提示：尽量使游戏开始得又快又容易。游戏玩家进入一个游戏的时间越长，越会意识到这是一个游戏。好的游戏会尽量避免这种情况的发生，做到让玩家有一种身临其境的感觉，让他们认为游戏中的角色就是自己。

图 7-170

图 7-171

2. 尽量在游戏中加入帮助

尽量把用户手册结合到游戏当中，避免使游戏玩家打开屏幕让他们去看书面的文字，这方面通过优秀的界面设计是可以解决的，如果需要，可以将游戏帮助文本内容结合到游戏中。

如果有一幅让游戏玩家使用的地图，就不要让它成为文档的一部分，应该把它设计成屏幕上的图形。如图 7-172 和图 7-173 所示的《暗黑破坏神 3》游戏界面中地图清晰地显示在玩家面前，明确标出玩家所处的位置。

图 7-172

图 7-173

3. 避免运用标准界面

对于大部分在 Windows 环境下设计的游戏都不要运用常规的 Windows 界面。如果这么做，就又在提醒玩家们正在使用计算机。

提示：运用其他的对象作为按钮并重新定制对话框，尽量避免菜单等可能提醒玩家正在运用计算机的对象。

4. 综合集成界面

界面上关键的信息要简化。对许多产品来说，界面绝对是产品特征的门户，而对游戏来说，目标就是要让界面越来越深入到游戏本身的结构中去。对于大量的游戏玩家来说，其中只有少部分人具有计算机使用经验，因此，游戏界面就显得更加重要。

5. 界面定义游戏的可玩性

在一款游戏产品中，伴随着玩家从开始游戏到最终一直都是这个游戏的界面。从某种意义上来说，界面的存在规定了游戏的操作方式、对玩家行为的限制，以及玩家在游戏中所要达到的目的，把这些因素加起来，其实就定义了这款游戏的可玩性。

7.6 本章小结

本章通过基础知识和实际操作相结合的方式为用户详细讲解了如何设计和制作游戏界面。游戏界面的制作方法通常较为复杂，需要对软件有一定的理解，并通过长时间的实践，这样才能够制作出精美的游戏界面。

反侵权盗版声明

举报电话：（010）88254396；（010）88258888
传　　真：（010）88254397
E-mail：dbqq@phei.com.cn
通信地址：北京市万寿路173信箱
电子工业出版社总编办公室
邮　　编：100036